跨学科研究与非线性思维

（第2版·下册）

Interdisciplinary Research and Nonlinear Thinking (Second Edition)

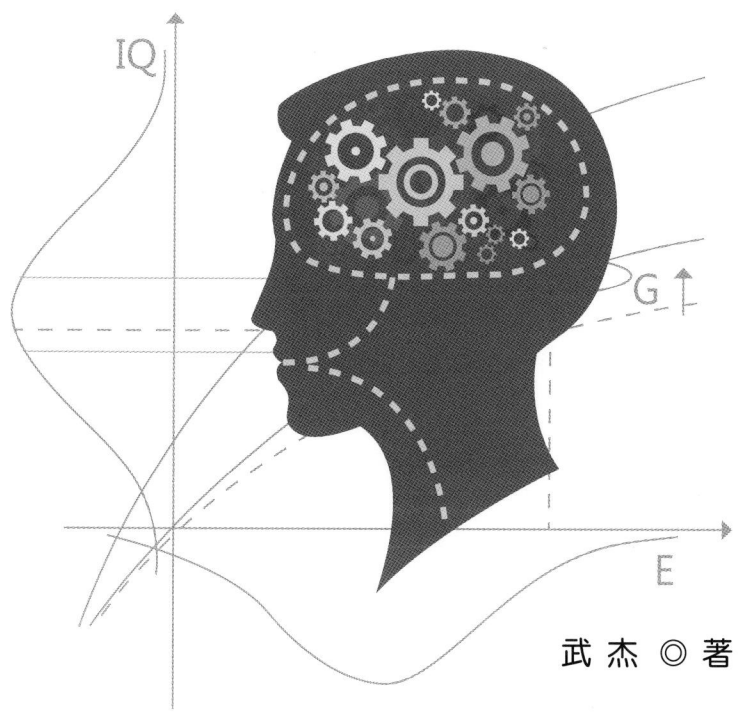

武杰 ◎ 著

把跨学科研究与非线性思维内在地关联起来，深刻感悟：跨学科研究是沟通知识的桥梁，非线性思维是创造知识的源泉。

中国社会科学出版社

目　录

第七章　从存在到演化 …………………………………………（349）
　一　存在是指什么？ ……………………………………………（350）
　　（一）存在范畴的提出 …………………………………………（350）
　　（二）存在意义的考析 …………………………………………（354）
　　（三）存在领域的分割 …………………………………………（358）
　二　物质的客观实在性 …………………………………………（364）
　　（一）物质范畴的探析 …………………………………………（365）
　　（二）世界的物质统一性 ………………………………………（368）
　　（三）物质的无限可分性 ………………………………………（373）
　　（四）物质形态的多样性 ………………………………………（379）
　三　物质存在的系统性 …………………………………………（389）
　　（一）系统的定义与特征 ………………………………………（390）
　　（二）系统的基本类型 …………………………………………（394）
　　（三）系统的基本原理 …………………………………………（396）
　四　物质系统的层次性 …………………………………………（403）
　　（一）层次结构的普遍性 ………………………………………（404）
　　（二）层次结构的基本特点 ……………………………………（408）
　　（三）层次结构的结合度 ………………………………………（411）
　　（四）层次结构的因果链 ………………………………………（414）
　五　系统演化的过程性 …………………………………………（416）
　　（一）宇宙和天体的起源与演化 ………………………………（417）
　　（二）地球的形成与演化 ………………………………………（421）
　　（三）生命的起源与演化 ………………………………………（423）

六　系统演化的方向性 …………………………………………（427）
　　　（一）时间之矢与不可逆性 …………………………………（427）
　　　（二）不可逆在演化中的作用 ………………………………（431）
　　　（三）进化与退化的统一性 …………………………………（434）
　　七　系统演化的自组织性 ………………………………………（441）
　　　（一）自组织概念的提出及含义 ……………………………（441）
　　　（二）自组织演化的过程与途径 ……………………………（444）
　　　（三）自组织形成的根据和条件 ……………………………（447）

第八章　非线性是世界的本质 ……………………………………（452）
　　一　物理世界的本质是非线性的 ………………………………（453）
　　　（一）经典物理学中的非线性问题 …………………………（453）
　　　（二）广义相对论的非线性本质 ……………………………（459）
　　　（三）量子力学线性与否的争论 ……………………………（460）
　　　（四）规范场理论也是非线性的 ……………………………（462）
　　二　复杂世界中的相干结构——孤子 …………………………（464）
　　　（一）从罗素的孤波到孤子 …………………………………（465）
　　　（二）自然界其他相干结构 …………………………………（468）
　　　（三）孤子的生成演化机制 …………………………………（471）
　　　（四）孤子的科学文化特征 …………………………………（475）
　　三　确定性系统的无规则运动——混沌 ………………………（479）
　　　（一）混沌的含义及其演变 …………………………………（479）
　　　（二）"混沌之父"——洛伦兹 ………………………………（482）
　　　（三）马康姆戏说混沌 ………………………………………（488）
　　　（四）确定性混沌的基本特征 ………………………………（490）
　　四　现实世界中的几何体——分形 ……………………………（495）
　　　（一）几种有代表性的分形体 ………………………………（496）
　　　（二）芒德勃罗分形几何的创立 ……………………………（501）
　　　（三）分形几何与复杂性研究 ………………………………（506）
　　　（四）分形结构的复杂性特征 ………………………………（515）

第九章 非线性是事物发展的终极原因 ……………………(523)
一 非线性是系统复杂性之根源 ……………………………(524)
（一）简单性原则的局限性 ……………………………(525)
（二）简单规则导致复杂行为 …………………………(533)
（三）非线性与系统复杂性 ……………………………(538)
二 非线性是系统结构有序化之根本 ……………………(545)
（一）序的概念和有序度的描述 ………………………(546)
（二）有序与对称性破缺的关系 ………………………(551)
（三）非线性与系统结构的有序化 ……………………(564)
三 非线性是人类创造性思维之源泉 ……………………(576)
（一）非线性现象带给人们的思考 ……………………(577)
（二）发散思维与收敛思维张力常新 …………………(582)
（三）从构成论向生成论的范式转换 …………………(586)
四 非线性是事物运动发展之终极原因 …………………(592)
（一）线性相互作用的"绝境" ………………………(593)
（二）非线性相互作用的机制 …………………………(595)

第十章 非线性提供了一种新的思维方式 …………………(599)
一 传统自然科学的局限性 ………………………………(600)
（一）分科的知识体系 …………………………………(600)
（二）机械论的自然观 …………………………………(602)
（三）还原分析的方法 …………………………………(604)
二 迈向一种新的思维方式 ………………………………(606)
（一）非线性系统的基本特征 …………………………(607)
（二）非线性科学引起的变革 …………………………(609)
（三）几种主要的非线性方法 …………………………(615)
三 科学向辩证思维的复归 ………………………………(618)
（一）恩格斯关于科学向辩证思维复归的思想 ………(619)
（二）普里戈金关于科学系统演化的三形态说 ………(620)
（三）从形而上学思维到辩证思维的复归 ……………(625)
四 非线性思维的基本内涵 ………………………………(627)

（一）线性思维与非线性思维概念的提出……………………（628）
　　（二）把思维对象作为非线性系统来识物想事………………（630）
　　（三）把思维过程作为非线性系统来规范运作………………（633）
　五　非线性思维的内在机制………………………………………（636）
　　（一）两可图识别的非线性机理………………………………（636）
　　（二）直觉产生的非逻辑特征…………………………………（639）
　　（三）灵感形成的非线性机理…………………………………（645）
　六　复杂性科学的哲学启示………………………………………（652）
　　（一）复杂性科学的学科特征及其社会影响…………………（653）
　　（二）复杂性科学在当代语境下的哲学启示…………………（658）
　　（三）中国传统文化对复杂性研究的现实意义………………（673）

外国人名译名及对照……………………………………………（690）

参考文献…………………………………………………………（699）

第一版后记………………………………………………………（724）

第二版后记………………………………………………………（726）

第七章 从存在到演化

在传统的意义上，科学认识和科学研究的对象是自然界，自然界是一个多元多层次的物质世界。物质世界的存在方式可以说千姿百态、各不相同。不同的物质存在方式表现出不同的属性，自然界就是在物质各种属性的相互联系和相互作用中发展变化的。而今天的"科学当然包括对自然界的操纵，但它也在试图理解自然，试图更深入地钻研那些曾被一代又一代人提出来的问题。其中的一个问题就像是几乎摆脱不了的主题，贯穿在本书的始终，如同它贯穿在科学与哲学史中一样。这就是存在与演化之间的关系问题，永恒与变化之间的关系问题。"[1] 所以说，自然界不仅是存在着，而且是生成着并消逝着："在我们看来，存在和演化并非都是彼此对立的，它们表达出现实的两个有关方面。"[2]

由此笔者认为，为了全面理解自然界的辩证法，需要我们在把握其存在方式的基础上，进一步讨论它的演化发展问题。本章试图首先从哲学的视角，通过对"存在"范畴的提出和"存在"意义的考析，阐述"存在"的基本含义；并从"存在领域"的分割来回答什么是物质？什么是精神？什么是信息？继而结合现代自然科学的巨大成就，深刻揭示作为存在自然界的物质性、系统性和层次性，然后从动态的角度进一步阐发作为演化自然界的过程性、方向性和自组织性。

---

[1] [比]伊·普里戈金、伊·斯唐热：《从混沌到有序：人与自然的新对话》，曾庆宏、沈小峰译，上海译文出版社1987年版，第347页。

[2] 同上书，第370页。

一 存在是指什么？

"物质"和"存在"可以说是本体论中两个最基本、最普遍的范畴。它们不仅是人们日常生活中频繁使用的概念，而且还作为一种形而上学的观念存在于玄奥的典籍之中。上一章我们曾引用过海德格尔的一句话，他说："任何存在论，如果它不曾首先充分澄清存在的意义并把澄清存在的意义理解为自己的基本任务，那么，无论它具有多么丰富多么紧凑的范畴体系，归根到底它仍然是盲目的，并背离了它最本己的意图。"[①] 然而，传统哲学认为"物质+精神"即"存在"本身，除此之外，别无其他，因此形成了唯物主义和唯心主义各种不同派别。如果我们再继续深入考察就会发现，还存在着一个比唯物主义或唯心主义更为基本的理论层面。这就是，哲学家们对世界上的所有事物和现象所做的具体分类，即邬焜教授所说的"存在领域的分割"[②]。因此，我们首先通过"存在"范畴的提出以及对"存在"意义的考析，来理解"存在"的含义；然后通过对"存在领域"的分割来回答什么是物质？什么是精神？什么是信息[③]？这样，有可能会出现一种新的情景。

（一）存在范畴的提出

在人们的日常生活中，"存在"（being）有其明确的含义：它是实实在在的有，是在那里，还没有消失；更准确地说，是指事物持续地占据着空间和时间。因此，一切具体的事物，如云彩、山川、河流、鸟兽、你和我等，都是存在的。这些事物都是在运动变化、生成着并消逝着。但是，在哲学史上，"存在"这一概念却源远流长，又令人费解。

[①] ［德］马丁·海德格尔：《存在与时间》，陈嘉映、王庆节译，生活·读书·新知三联书店2006年版，第13页。

[②] 邬焜：《存在领域的分割和信息哲学的"全新哲学革命"意义》，《人文杂志》2013年第5期，第1—6页。

[③] 1948年维纳在《控制论》中指出："信息就是信息，不是物质也不是能量。不承认这一点的唯物论，在今天就不能存在下去。"可见，维纳早已明确意识到了"信息"这一范畴的特殊意义，它有可能从根本上改变我们对世界的看法。——［美］维纳：《控制论》，郝季仁译，北京大学出版社2007年版，第109页。

1. 西方哲学史上的存在概念

大约在公元前 5 世纪上半叶，古希腊哲学家巴门尼德（Parmenides，约前 515—前 445 年）著有一首《论自然》的哲学诗。他的这首诗分为两部分，前一部分讲述"存在"、"真理"——即"真理之道"；后一部分讲述"现象"、"意见"——即"意见之道"。他认为，人的感官所感知的世界是现象世界，它是变动的、多样的和不真实的存在，即"非存在"；而在现象世界的背后则有一个不能感知的、不变的、唯一的和永恒的本体世界，它才是真实的"存在"。所以，在巴门尼德看来，所有的东西，将它们各自具有的特殊性一个一个地都去掉以后，最后只留下一个最普遍、最一般的共性，这就是"存在"。他还认为，"能够被思维的事物和思想的目标是同一的；因为你找不到一个思想是没有它所要表达的存在物的。"这本质上提出了"思维和存在的同一性"命题。[①]

在巴门尼德生活的时代，由于受神学思想的影响，依靠抽象思维，从感性世界概括出最一般的"存在"，对后人产生了深远的影响。从整个思想体系来看，他赋予"存在"以下五个基本特性：

（1）存在是永恒的、不生不灭、无始无终的，它没有过去，也没有未来，一直是现在这样。这就是说，对于"存在"而言，不发生什么本原的问题和时间的问题。既然它是永恒的，始终如一的，就无所谓它从哪里来，到哪里去的起始问题；也不会有如何变化，变成什么，为什么会生灭的问题。

（2）存在是"一"，是"全"，即是连续的、不可分的统一体。按照巴门尼德的理论，存在若是非连续的、可分的，就会发生各个存在（的部分）的聚合和分散，这样就会有生有灭了。聚合和分散是那时宇宙生成论的基本思想，巴门尼德否认"多"，否认可分性，也就否定了宇宙生成论。

（3）存在是不动的、永远静止的。在这里，巴门尼德吸取了毕达哥拉斯学派关于静止和运动、有限和无限的思想。在毕达哥拉斯学派的对立表中，静止、有限是和正义、善良属于同一系列，而运动、无限是和不正

[①] 北京大学哲学系外国哲学史教研室编译：《古希腊罗马哲学》，商务印书馆 1961 年版，第 50—55 页。

义、邪恶属于同一系列。因此,巴门尼德也用静止、有限和善良来说明完满和完善的存在。这是前两个规定的必然结论。

(4) 存在是有限定的,像个球体,从中心到任何方向上的距离都是相等的。因为在古代希腊人那里,平面的圆、立体的球都被认为是最完满的。也许出于形象化的考虑,"圆"是比任何其他形状更适合形容、描述"完满"的存在。

(5) 存在是看不见、摸不着的,要用思想才能具体把握。这就是说,存在可以被思想所理解和表述,因而要有真实的名称;而个别的、感性的、变化着的"非存在"没有固定的内容,因此不能对它们进行思想和命名。换言之,只有从"存在"中去进行研究,才能得出真理性的认识。

由此可见,巴门尼德的存在论对自然哲学的贡献可归结为以下三点[①]:

(1) 第一次在抽象的意义上提出"存在"的范畴。这意味着巴门尼德的"存在论"克服了古希腊早期思想的朴素性,扬弃了那种以感性具体的物质形态(水、气、火、土)为本原的本体论思维方式,把"存在"从具体的感性事物中抽象出来,赋予了独立的性质(尽管它还占据空间,没有完全脱离物质性)。从自然哲学的思想发展来看,说明了人的思维能力和概括能力有了很大的提高。

(2) 他留下了一句名言:"思维和存在是同一的",第一次在哲学史上明确表达了思维和存在这一哲学基本问题。虽然他对这两者的阐述有许多不清楚的地方,但是提出这样的命题,对于哲学的发展具有阶段性的意义,即在巴门尼德之后,"思维和存在的关系问题"逐渐成为哲学的基本问题。

(3) 从整个哲学思想的发展来看,巴门尼德区分了存在与非存在、变与不变、运动与静止、理性与感性、一与多、本体与表象、真理与现象等范畴,但把它们绝对地对立起来、割裂开来,从而开始了辩证法和形而上学的对立与分化。

2. 中国哲学史上的存在概念

在中国哲学史上,最早的存在论可以追溯到老子(约前571—前471

---

① 陈其荣:《当代科学技术哲学导论》,复旦大学出版社2006年版,第27页。

年间）的《道德经》。"道"是老子最早提出的哲学范畴，他在《道德经》中说："道生一，一生二，二生三，三生万物。"（《道德经》42章）在他看来，万事万物不是什么根本性的东西，天、帝、神也不是根本的东西，只有"道"才是宇宙万物的本原和本根。老子还写道："有物混成，先天地生。寂兮寥兮，独立而不改，周行而不殆，可以为天下母。吾不知其名，强字之曰：道。"（《道德经》25章）老子认为，"道"具有浑然一体、无声、无形、无体的特征，它只是一种理论上的抽象，"吾不知其名，强字之曰：道"。正是由于"道"是无声、无形、无体的，即"视而不见、听之不闻、搏之不得"，因此，老子将它规定为"无"。作为"道"的"无"，不是空无所有的无，而是无声、无形、无体的"无"。这个幽隐无形的"道"又潜藏着巨大的力量，蕴含着无限之"有"，宇宙万物便是从这个"无"产生出来的。即所谓"天下万物生于有，有生于无"。（《道德经》40章）

后来，庄子（约前369年—前286年）发挥了老子的思想，认为"夫道，有情有信，无为无形；可传而不可受，可得而不可见；自本自根，未有天地，自古以固存；神鬼神帝，生天生地"。（《庄子·大宗师6》）意思是说，道是真实有信验的，没有作为也没有形迹的；可以心传而不可以口授，可以心得而不可以目见；它自为本自为根，在没有天地之前，从古以来就已存在；它产生了鬼神和上帝，产生了天和地。他还特别指出"物物者非物"（《庄子·知北游22》），即"道"不是任何的"物"。因为任何"物"都是具体的，所以有限、有待，不能长久；而"道"的特性在于无限、无待、永恒。

3. 中西方存在概念的比较

由此可见，老庄的"道"论与巴门尼德的存在论有异曲同工之妙。既有惊人的一致性，又有重要的差异：其一，老庄在这里所讲的"有"，是指个别的、变化的感性世界中的万事万物，它同巴门尼德所说的"存在"正好相反，这个"有"更相当于巴门尼德的"非存在"。在老庄哲学及魏晋玄学的"贵无论"中，"无"高于"有"，"无"是无生灭的、真实存在的，是要靠理性才能把握的东西。这样的"无"恰恰相当于巴门尼德的"存在"。所以，巴门尼德的"存在"和"非存在"要是和老庄哲学中"有"和"无"相比，"存在"相当于"无"，"非存在"相当于

"有",字面上正好相反。其二,在巴门尼德的存在论中,"非存在"与"存在"是对立的,"存在"永远不会转变为"非存在","无"不能生"有";而在老庄的"道"论中,"无"蕴含着无限之"有",宇宙万物之"有"生于"无",即"道生一,一生二,二生三,三生万物"。

(二) 存在意义的考析

对于"存在"意义的追究,是一个永恒的哲学问题。正如维特根斯坦(Ludwig Wittgenstein)在《逻辑哲学论》中所言:"世界是怎样的这一点并不神秘,而世界存在着,这一点是神秘的。"[①] 意思是说,神秘的不是世界如何存在,而是那样存在。如何存在,属于具体经验领域的问题;那样存在,则超越了经验领域,是一个形而上学的问题。所以,存在意义的探寻一直延续至今。

1. 古希腊哲学家的追问

继巴门尼德之后,留基伯(Leucippus)和德谟克里特(Democritus)是最先对"存在"进行追问的古希腊哲学家。他们提出了著名的原子论,认为"原子"和"虚空"作为"存在"和"非存在",都是构造自然万物的本原。原子是内部充实而不可入的、不可分的、极其微小而不可感知的微粒;虚空虽然属于非存在,但却是实在的,为原子提供了位移运动的场所。古希腊这种原子论结构模型,虽然揭示了自然界现象和本质的统一,但只用原子的形状大小和形式结构来说明事物的质的多样性,缺乏内部动因,带有明显的机械论色彩。

柏拉图则把巴门尼德的存在论发展成为二重世界的学说——"存在"是不变的"理念"世界,"非存在"则是变异的可感世界。他认为理念世界是永恒的,不生、不灭、不动的,它是可感世界的范本;可感世界则是模仿或分有理念世界而派生的。也就是说,万物(世界)是按照"理念"建构起来的,可感世界是不真实的、虚幻的,是理念世界的影子。自然的真谛,不在于我们面前转瞬即逝的现象世界,而在于永恒不变的理念世界。按照柏拉图的看法,大多数人生存于可感世界,而生存于可感世界的

---

① [英] 路德维希·维特根斯坦:《逻辑哲学论》,郭英译,商务印书馆1996年版,第104页。

人，就好比囚禁在山洞里，他们除了看到洞壁上的影子之外，对于世界一概不知。所以，他的辩证法即是从现象世界出发，通过模仿、分有，达到完整的理念世界。

亚里士多德在《形而上学》一书中以其"潜能与现实"的实体学说来说明世界的运动变化规律，试图把本质与现象结合起来。他认为运动变化无须涉及"非存在"，而是一个从"潜能"到"现实"的过程。"潜能的事物（作为潜能者）的实现即是运动"①，"现实存在的事物是由潜能存在的事物产生的"②。例如，一粒种子是一棵"潜在"的而不是"现实"的树；当它长成一棵树时，其中的"潜在"就变成了"现实"。形而上学是研究作为存在的存在，而科学则研究存在的各个部分。他指出，"存在"是作为"存在着"的"存在"，不只是一个抽象的概念，而是一个实实在在的存在，是"实体"（ούσία）。"实体"（substantia）就是在某物之下支持着它（stands under others）的意思，转换成哲学概念就是能够独立存在的、作为一切属性的基础和万物的本原。亚里士多德说："有一个东西，万物由它构成，万物最初从它产生，最后又复归于它，它作为实体，永远同一，仅在自己的规定中变化，这就是万物的元素和本原。"③在亚里士多德看来，实体本身不依赖于其他东西而独立存在，它是一切事物的主体或基础，而其他东西，如数量、性质、关系等则属于主体并依赖于主体。因此，实体是"第一存在"——"完全意义的存在"，而属性是"第二存在"——"不完全意义的存在"，是"附属体"。所以，实体是独立的实在，它组成世界并具有各种属性，处于各种相互关系之中，发生各种相互作用和经历各种事件与过程；离开实体本身没有属性，没有相互关系也没有相互作用。正是在这个意义上，实体比属性具有更大的持续性、稳定性和个体性。

2. 近代哲学家的实体论

作为"近代哲学之父"的笛卡尔从普遍怀疑的原则出发，确定了心灵、上帝和物体三种东西的存在，并称之为"实体"。然而，"所谓实体，

---

① ［古希腊］亚里士多德：《物理学》，商务印书馆1982年版，第69页。
② 同上书，第119页。
③ ［古希腊］亚里士多德：《形而上学》，吴寿彭译，商务印书馆1959年版，第7页。

我们只能看作是能自己存在而其存在并不需要别的事物的一种事物。"①其中，上帝是最高实体，心灵和物体这两种实体彼此独立，互不相干，但最终都依赖于上帝。斯宾诺莎在吸收笛卡尔对实体定义的基础上，试图以一元论来消解笛卡尔哲学的矛盾。他认为，实体是"在自身内并通过自身而被认识的东西。换言之，形成实体的概念，可以无须借助于他物的概念。"② 也就是说，实体是唯一的、自因的，因而也是无限的、永恒的。他把这种实体称为"神"或"自然"。莱布尼茨不仅把实体视为自身独立存在而不受他物决定的东西，而且认为实体的运动变化也出于自身的原因而不受他物决定，提出了著名的单子论。他认为"单子"是一种在自身中具有活力的、不可分割的、绝对单纯的杂多实体，它是一切事物的"灵魂"和"隐德来希"（内在目的）。霍布斯则建立了系统的机械唯物主义自然观，他认为，"物体是不依赖于我们思想的东西，与空间的某个部分相合或具有同样的广袤。"③ 就是说，物体是具有广延性（即长、宽、高特性）的东西，即是有形的东西，它是一切性质、一切变化的主体。"根据这种意义说来，实体一词和物体一词所指的就是同一种东西"④，物体即物质实体。这是霍布斯在欧洲近代哲学史上第一个明确提出的物质概念。后来，18世纪法国唯物主义者都承认物质实体是唯一的、能动的、有形体的，精神只是它的一种机能或属性。

德国古典哲学的开创者康德则认为实体是永恒存在的，而变化只是实体的一种形式。他指出："永恒性乃实体之本质的完全特有的特征。""一切变易之基体者，乃永恒者即实体。"⑤ 人们通常用的"实体"概念是知性借以把经验现象有序化的先天范畴，因而也是人类作出判断的先决条件。黑格尔把实体作为"绝对精神"实现自身过程中的一个重要阶段或环节，是尚在被限制的必然性的形式里的理念，强调实体的能动性，提出真正的实体是主体或精神。"实体作为主体"本身就具有"内在的必然

---

① [法]笛卡尔：《哲学原理》，关文运译，商务印书馆1958年版，第20页。
② [荷兰]斯宾诺莎：《伦理学》，贺麟译，商务印书馆1983年版，第3页。
③ 北京大学哲学系外国哲学史教研室编译：《十六—十八世纪西欧各国哲学》，商务印书馆1975年版，第83页。
④ [英]霍布斯：《利维坦》，黎思复、黎廷弼译，商务印书馆1985年版，第308页。
⑤ [德]康德：《纯粹理性批判》，蓝公武译，商务印书馆1960年版，第183页。

性",必然把自己表现为精神。唯物主义哲学家 M. 邦格（Mario Bunge）则主张"实体一元论",认为"只有一种实体,即物质"[①]。他明确指出,物质是独立于人的意识之外的客观实在,并能为人的意识所反映;物质是能动的,是一切属性的基础。

3. 现代哲学家的诠释学

海德格尔是存在主义哲学的创始人和主要代表之一,他曾指出:从柏拉图说人人都熟悉"存在"的意思其实并没有人真正懂得,到今天（1953 年）"对存在问题的追问正激荡着作为此在的我们"[②]。他认为"存在"不是任何现成的"存在者"或实体,不管它是物质的还是精神的实体。自希腊以降的西方传统本体论所追问的不是"存在",而是"存在者";回答的又不是"存在者"怎样,而是"存在者"是"什么"。"存在"与"存在者"不同,"存在者"是已经存在并显示出存在的东西;"存在"优于"存在者",因为任何"存在者",必须首先存在,然后才能是既定的"存在者",否则,"存在者"就不可能呈现在那里,"存在"在那里。在传统本体论里"存在"被遗忘了,被隐蔽起来了,因此,这种本体论是一种"无根的本体论"。在他看来,只有从"存在"出发,从"存在"着眼建立的本体论才是"有根的本体论"。

那么,什么是真正的"存在"呢?什么能作为"存在者"的前提,或者说使"存在者"能够存在的"存在"呢?海德格尔的回答是"人的存在"即"此在"（Dasein）。他强调:人是与众不同的"存在者",因为他是以领悟自己的存在方式而存在着的;相反,人以外的那些"存在者"虽然也存在着,但它们并未意识到自己的存在。正是在存在的过程中,人领悟到自身的存在,并认识到自我存在的意义和价值;也正是在存在的过程中,人与外部世界发生了千丝万缕的联系,并对一般存在的意义产生了认识。所以,海德格尔认为:"哲学是普遍的现象学存在论;它从此在的诠释学出发,而此在的诠释学作为生存的分析工作则把一切哲学发问的主

---

① [加] 马里奥·邦格:《科学的唯物主义》,张相轮、郑毓信译,上海译文出版社 1989 年版,第 26 页。

② [德] 马丁·海德格尔:《存在与时间》,陈嘉映、王庆节译,生活·读书·新知三联书店 2006 年版,第 7 版序言。

导线索的端点固定在这种发问所从之出且向之归的地方上了。"① 这也就是说，探讨"存在"的意义问题，这是诠释学、现象学的任务；对"存在"本身的展现和领悟，即是通过"人的存在"对自身存在的理解和解释来达到和实现的。

20世纪60年代，伽达默尔（H. G. Gadamer）秉承海德格尔的诠释学存在论，把诠释学进一步发展成为哲学诠释学，提出了著名的"理解本体论"命题——"能被理解的存在就是语言"②。他认为"世界本身是在语言中得以表现的"，所以，这一命题并不是说存在就是语言，而是说我们只能通过语言来理解存在，或者说，世界只有进入语言，才能表现为我们的世界，被我们所理解。因此，对这一命题必须在这个意义上去领会："它不是指理解者对存在的绝对把握，而是相反，它是指：凡是在某种东西能被我们所产生并因而被我们所把握的地方，存在就没被经验到，而只有在产生的东西仅仅能够被理解的地方，存在才被经验到。"③ 这也就是说，感性把握到的现象是非真实的存在；只有理性把握到（理解）的本质才是真实的存在。所以我们将它称之为"理解本体论"。

（三）存在领域的分割

综上所述，广义的"存在"即"有"，它是世界上所有事物和现象的统称。历史上，各种不同的哲学派别对世界本原、本性的追问，无不是从对存在领域的构成范围的思考开始的。这便产生了种种关于存在领域分割的相关理论。有鉴于20世纪以来，"唯物主义哲学（它把物质说成是唯一真正的实在）不仅在世界上许多国家成为现行官方世界观的组成部分，而且即使在西方哲学中，譬如在所谓身心讨论的范围内，也常常处于支配地位。"④ 所以，我们的讨论只针对传统唯物主义哲学。

---

① [德] 马丁·海德格尔：《存在与时间》，陈嘉映、王庆节译，生活·读书·新知三联书店2006年版，第45页。

② [德] H. G. 伽达默尔：《真理与方法：哲学诠释学的基本特征》，洪汉鼎译，上海译文出版社1999年版，第606页。

③ 同上书，序第13页。

④ [德] 施太格缪勒：《当代哲学主流》下卷，王炳文、燕宏远译，商务印书馆1992年版，第536页。

1. 存在领域传统分割方式的缺陷

传统的唯物主义一元论哲学，承认物质是世界的本原，是世界自身存在的根据，而其他一切事物和现象，或者是物质的具体存在形式、属性、状态，或者是由物质派生出来的。所以，恩格斯在《反杜林论》一书中明确提出，"世界的真正的统一性在于它的物质性"[1]。进入20世纪，列宁依据物质形态的多样性、物质结构的非单一性和物质特性的不可穷尽性，在总结唯物主义和唯心主义论争的基础上，对"物质"这一概念给出了如下明确的定义："物质是标志客观实在的哲学范畴，这种客观实在是人通过感觉感知的，它不依赖于我们的感觉而存在，为我们的感觉所复写、摄影、反映。"[2] "物质的唯一'特性'就是：它是客观实在，它存在于我们的意识之外。"[3]

当代的许多学者对列宁的物质定义提出了种种责难，其中最多的是关于这一定义的机械反映论性质。在这里，我们首先关心的是列宁定义的方法以及这一定义所隐含的存在论意义的基本信条。由此笔者想到，当今诠释学（Hermeneutic）作为一门研究理解和解释的哲学学科，已经从方法论和认识论性质的研究转变为本体论性质的研究，它标志着人类思维能力和概括能力的又一次提升。正如海德格尔所言："存在论与现象学不是两门不同的哲学学科，并列于其它属于哲学的学科。这两个名称从对象与处理方式两个方面描述哲学本身。哲学是普遍的现象学存在论；它从此在的诠释学出发，而此在的诠释学作为生存的分析工作则把一切哲学发问的主导线索的端点固定在这种发问所从之出且向之归的地方上了。"[4] 所以，我们试图通过研究和分析人类一切理解活动得以可能的基本条件找出人的世界经验，在人类有限的历史性存在方式中发现人类与世界的根本关系。很显然，在这里哲学诠释学就成为一门诠释学哲学。

因而可知，列宁的上述定义显然是通过物质和意识的相对关系给出

---

[1] 《马克思恩格斯选集》第3卷，人民出版社1995年版，第383页。
[2] 《列宁选集》第2卷，人民出版社1995年版，第89页。
[3] 同上书，第192页。
[4] ［德］马丁·海德格尔：《存在与时间》，陈嘉映、王庆节译，生活·读书·新知三联书店2006年版，第45页。

的。这个定义隐含着首先必须承认这样一个存在论前提：整个存在领域是由物质和意识这两大领域分割的。这一前提集中体现在传统哲学中未经证明但已被公认的一个基本信条：整个存在世界可以分割为物质（质量和能量）和精神两大领域，精神是主观存在，物质是存在于精神之外的"客观实在"，而精神之外又只能是客观存在的世界。[①] 基于这一基本信条我们可以给出如下的存在论前提：

等式一：存在＝物质＋精神

由此前提又可以得出一个推论："客观实在"和"客观存在"这两个概念的内涵和外延是完全相同的，则有：

等式二：客观实在＝客观存在＝物质

然而，整个存在领域由物质和精神两个方面组成的信条，以及客观实在＝客观存在的推论都是难以成立的。也就是说，上面的"等式一"和"等式二"都还只是未经科学考察或逻辑论证的两个先验的观念。因此，恩格斯说："在我们的视野的范围之外，存在甚至完全是一个悬而未决的问题。"[②] 尽管如此，列宁的定义毕竟给出了这样一种意见，即"物质＝客观实在"。只要我们沿着这一思路的真实指谓去继续考察，就可能得到"物质"范畴的真谛以及存在领域的正确外延范围。

2. 存在领域分割的逻辑推演

如果我们假设：客观的＝P；实在的＝Q，那么，客观的反题"主观的"就是－P（读"非P"）；实在的反题"不实在的"就是－Q（读"非Q"）。

现在我们在这四个命题中建立两两组合的合取式，便可得到如下六个逻辑关系式：

[①] "客观实在"是"指独立于人的意识之外、能为人的意识所反映的客观存在，即物质。"——辞海编辑委员会：《辞海·哲学分册》，上海辞书出版社1980年版，第56页。

[②] 《马克思恩格斯选集》第3卷，人民出版社1995年版，第383页。

$P \wedge Q$; $P \wedge -Q$; $-P \wedge Q$; $-P \wedge -Q$; $P \wedge -P$; $Q \wedge -Q$

去掉后面两个违反形式逻辑"不矛盾律"的"永假公式",将其余四个公式所对应的字面含义分列如下:

$$P \wedge Q = 客观实在$$
$$P \wedge -Q = 客观不实在$$
$$-P \wedge Q = 主观实在$$
$$-P \wedge -Q = 主观不实在$$

这四种意义在我们的宇宙世界中是否都确有所指呢?下面我们分别予以说明:

"客观实在"是确有所指的,即列宁所说的物质,因为物质的唯一特性就是它是客观实在。

"客观不实在"是否也确有所指呢?按照上述传统哲学对存在领域的分割方式,"客观不实在"是不可能存在的。因为"客观实在=客观存在",所以,只要是"客观的"东西就是"实在的",不可能是"不实在的"。然而,正如我们已经指出的那样,这样的一种传统信条是未经严格科学考察或逻辑论证的、难以成立的先验性观念。我们注意到,列宁曾经表达过这样一种思想:一切事物间都具有类似于反映的特性。[①] 反映的实质就是将某物的内容、特性等在另一物中映现出来;这种映现出的某物的内容、特性显然并不等同于某物本身,也并不等同于映现着这些内容、特性的另一物。我们绝不可以说水中的月亮和天上的月亮是同一回事。天上的月亮是客观的、实在的月亮,它是一个直接以物质体的方式而存在着的月亮;水中的月亮也是客观的,它在人的意识之外,不以人的意志为转移,但是水中的月亮却并不具有实在的特性,它只是实在月亮的一个影子,而映现或载负这个月影的水却又不是实在的月亮本身,虽然水本身是

[①] 列宁在《唯物主义和经验批判主义》一文中有三段讨论该议题的文字:"以明显形式表现出来的感觉只和物质的高级形式(有机物质)有联系,而'在物质大厦本身的基础中'只能假定有一种和感觉相似的能力。""跟那种由同样原子(或电子)构成但却具有明显表现出来的感觉能力的物质如何发生联系的问题,我们还需要研究再研究。""假定一切物质都具有在本质上跟感觉相近的特性、反映的特性,这是合乎逻辑的。"——《列宁选集》第18卷,人民出版社1988年版,第39、40、90页。

实在的水，但水中却没有实在的月亮。"水中捞月"之所以荒唐，就在于把水中的月亮也看成实在的月亮了。所以，"水中月、镜中花"一类现象中的"月"或"花"，既是客观的又是不实在的。这其实只是一个通俗浅显的例证，相关的更为深刻的例子我们可以举出很多。例如，树木的年轮、DNA 遗传编码、地层结构、文化遗址等都凝结着许多相关关系和历史关系的内容，它们都具有客观不实在的特性。这样我们就找到了一个"客观不实在"的存在领域。[①] 邬焜教授指出：这些在客观世界中普遍映射、建构的种种自然关系的"痕迹"正是储存物物间种种反应（类反映）内容的特定编码结构。正是在这一特定意义上，我们说"客观不实在"与标志"客观实在"的物质存在方式具有本质的区别。[②]

"主观实在"指的是什么呢？唯物反映论认为，主观的东西归根到底是主体对客体的一种反映。既然是反映，那么反映的内容就不是被反映对象本身，它也就不可能是实在的。这也类同于我们对一般事物间普遍存在的类反映现象的内容的分析。所以"主观实在"其实是没有什么东西可指谓的。

"主观不实在"显然指的是精神、意识之类的现象。它们是主体对客体的主观反映或虚拟建构，本质上就是主观的，不实在的。

依据上述分析，我们可以得出如下结论：整个宇宙（世界、自然）中的一切"存在"都可以归结为客观实在、客观不实在和主观不实在这样三大领域。客观存在的范围大于客观实在（物质）的范围。物质范畴并不能囊括精神之外的全部世界，在精神和物质之间还有一个传统科学和哲学未曾予以足够重视的"客观不实在"的领域。精神（主观存在）与"客观不实在"具有共同的"不实在"的本质。所以，整个存在领域既可由客观存在和主观存在来划分，也可由实在和不实在来划分。

因为只有客观实在是实在的，所以实在范畴和物质范畴具有完全一致的内涵和外延。如果我们从实在和不实在的相关性出发进行分析，那么我们便可能得到关于物质范畴和它之外的世界领域的更为具体的规定性。

[①] 早在 1961 年，德国哲学家格奥尔格·克劳斯（Georg Klaus）就曾指出：在物质和意识之间存在一个"客观而不实在"的信息领域，但他没有对此作出详尽的论证。——参见其《从哲学看控制论》，梁志学译，中国社会科学出版社 1981 年版，第 62 页。

[②] 邬焜：《信息哲学——理论、体系、方法》，商务印书馆 2005 年版，第 37 页。

3. 存在领域的重新分割

我们说，天上有一个月亮，水中有一个月亮。天上的月亮是实在的，水中的月亮是不实在的。水中的月亮的存在是因为天上的月亮的存在，前者是后者的"影子"。这样，我们便在实在的月亮和不实在的月亮之间建立起了一种对应关系：即可以从这种对应关系出发，把实在的月亮叫作直接存在的月亮，而把不实在的月亮叫作间接存在的月亮。因此，就可以把实在和直接存在看成是类同概念，而把不实在和间接存在看成是类同概念。从间接存在的角度来看，间接存在是直接存在的反映（广义的）；从直接存在的角度来看，间接存在是直接存在的显示。意识是一种反映，在意识之外有一个直接存在的对象，在意识中有一种关于这个对象的摹写、表象和知识等。因此，主观存在归根到底是反映直接存在的一种间接存在。

直接存在就是我们对物质范畴的一种具体规定，而间接存在则可以用现代科学中的"信息"概念来规定。邬焜教授早年已经给出一个精辟的定义：

"信息是标志间接存在的哲学范畴，它是物质（直接存在）存在方式和状态的自身显示。"①

根据以上讨论，我们可以列出如下四个新的表达式：
物质＝客观实在＝实在＝直接存在；
不实在＝客观不实在＋主观不实在（精神）＝间接存在＝信息；
客观不实在＝客观间接存在＝客观信息；
主观不实在＝主观间接存在＝主观信息。

根据这四个表达式，我们可以对存在领域做出一个新的分割，如图7—1所示。从图中我们可以清晰地看出，信息是怎样迫使已经由物质和精神分割完毕的存在领域给它让出一块地盘的，以及信息是怎样在自身本性的意义上来规定精神现象的。事实上我们已经清楚，如果从信息的产生、运动和发展的角度把信息区分为自在信息、自为信息和再生信息三种形态的话，那么精神现象就可以用信息形态的运动变化来加以解释。这也

---

① 邬焜：《哲学信息的态》，《潜科学杂志》1984年第3期，第33—35页。

就是说，精神现象实际上是三态信息在人脑中的运动转化，最后在社会信息中达到一种"人同自然界的完成了的本质的统一"①。

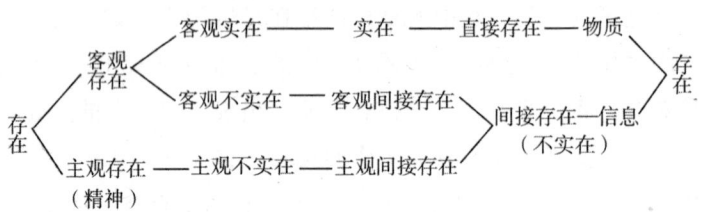

图 7—1　存在领域分割示意图

综上所述，我们面对的世界是一个崭新的双重存在的世界。由于信息世界的发现，世界以及世界上的一切存在物都不能再简单地归结为那种单纯的、干瘪的、混沌未开的、未曾展示自身丰富性、复杂性的直接存在的物质世界了。在这个物质世界中载负着另一个显示这个物质世界多重规定性的信息世界（包括信息的主观形态精神）。整个世界以及世界上的存在物的这种双重存在性，意味着一切存在物都只能是直接存在和间接存在的统一体——既是物质体，又是信息体。所以，信息世界的发现从根本上改变了我们关于"存在"的观念，正是在这种物质和信息双重存在的世界图景中，信息哲学确立了它作为元哲学或第一哲学的基点。② 这种在存在领域分割方式上的变革，也许能够为人类哲学的发展提供一次具有根本性变革意义的范式转换。

二　物质的客观实在性

本章在万余字的"引言"之后，实际上我们要探讨两方面的内容：其一，是作为存在的自然界——自然存在论。即同形而上学③追问"存

---

① 《马克思恩格斯全集》第 42 卷，人民出版社 1979 年版，第 122 页。
② 邬焜：《信息哲学——理论、体系、方法》，商务印书馆 2005 年版，第 39 页。
③ 形而上学（metaphysics），拉丁文为"metaphysica"，来源于希腊文"τα μετα τα φύσικα"（ta meta ta physika，即"物理学之后"），意思是"超出存在者"。中美合作编译的《简明不列颠百科全书》对形而上学做了权威性的概括，认为形而上学是"一种哲学研究"，具体有四种看法：（a）它是对存在物的探求；（b）它是关于终极实在的科学；（c）它是对世界整体的研究；（d）它是第一原理（或本体）的理论。

在"一样，追思"物质"，回答"物质是什么"、万物由什么构成、如何存在等问题，阐述物质存在的普遍方式和物质系统的层次结构，展现无限层次网络结构的自然图景。其二，作为演化的自然界——自然演化论。即架构从存在到演化的桥梁，阐释宇宙万物怎样生成、如何演化，描绘自然界演化发展的全景画面，阐明自然界是"过程的集合体"和时间存在于演化之中的思想，展示自然系统演化的分岔、突现方式，揭示自然系统演化的自组织机制。

（一）物质范畴的探析

回顾哲学发展的历史，除了"存在"这一概念令人费解外，还有一个概念也困扰了哲学家两千多年，这就是"物质"范畴。自从亚里士多德在《形而上学》一书中提出"存在是什么？"这个永恒的哲学问题以后，诸如"实在是什么？"的一系列问题便不断地提出。很多书中都指出，客观实在是指独立于人的意识之外，能为人的意识所反映的客观存在，即物质。当然，若有人一直追问下去，有可能进入"恶的无限性"之中。以至有学者发出这样的感叹："物质是什么？没人问我，我很明白；一旦问起，我便茫然。"[①] 好在我们上面的讨论已把整个存在领域分割为直接存在（物质）和间接存在（信息）两部分，有这样一个存在论作"底气"，我们就可以"理直气壮"地对直接存在（物质）予以具体的规定和进一步的讨论。

1. "物质"定义的追寻

物质是一切唯物主义哲学的最高范畴。在西方，物质（matter）一词最早是由希腊文"母亲"（mother）演化而来，意即"创造者"。它是天地之母，万物由它生成，被它创造，因而是所有存在物的本原、本质和共同根据。我国古代也有类似的说法，王充在《论衡·自然篇》中指出："万物之生，皆禀元气。天地合气，万物自生，犹夫妇合气，子自生矣……天覆于上，地偃于下，下气蒸上，上气降下，万物自生其中间矣。"

到了18世纪，法国著名唯物主义哲学家霍尔巴赫（P. H. D. Holbach）在《自然的体系》一书中认为："直到现在为止，人们对物质还没有给予

[①] 罗嘉昌：《从物质实体到关系实在》，中国社会科学出版社1996年版，序言。

一个令人满意的定义。"① 于是，他从物质的特性和主客体关系出发，提出了一个有史以来最完善的"物质"定义："一切物质的共同特性是广延、可分性、不可入性、形状、可动性或为某个物质的运动所引动的性质。……因此，对于我们说，物质一般地就是以任何一种方式刺激我们感官的东西；我们归之于各种不同物质的那些特性，是以物质在我们内部所造成的不同的印象或变化为基础的。"② 从霍尔巴赫的物质定义可以看出，他归之于物质的那些特性都是物质的力学性质，仍然停留在机械力学的水平。后来恩格斯在《自然辩证法》一书中写道："物、物质无非是各种物的总和，而这个概念就是从这一总和中抽象出来的。"③

2. 列宁的物质定义

进入20世纪初，列宁在《唯物主义和经验批判主义》一书中给物质下了一个更明确的定义："物质是标志客观实在的哲学范畴，这种客观实在是人通过感觉感知的，它不依赖于我们的感觉而存在，为我们的感觉所复写、摄影、反映。"④ 从列宁的物质定义可知：物质是标志客观实在的哲学范畴；是对一切可感知的事物的共同本质的科学抽象；它独立于我们的意识而存在；为我们的意识所反映。这便是物质范畴的四个基本含义。它的意义在于以下四个"相区别"：列宁的物质概念指明了自然界物质的根本属性是客观实在性，因此它将唯物主义与唯心主义相区别。列宁的物质定义解释了物质的可知性，即可以通过我们的感觉所感知，因此又将可知论与不可知论相区别。列宁的物质概念还解释了一切物质形态的共同本质，并将辩证唯物主义与旧唯物主义相区别，也将哲学的物质概念与自然科学的物质概念相区别。当然，列宁的物质定义也受到了一些学者的质疑。

3. 马克思主义的物质观

我们认为，尽管列宁的物质定义距今也已有100多年，但它毕竟奠定了马克思主义哲学的物质观基础：世界的本性或本原是物质的，"物质是

---

① [法]霍尔巴赫：《自然的体系》上册，管士滨译，商务印书馆1964年版，第35页。
② 同上书，第35—36页。
③ 《马克思恩格斯选集》第4卷，人民出版社1995年版，第343页。
④ 《列宁选集》第2卷，人民出版社1995年版，第89页。

自然界中一切过程的唯一源泉和终极原因"①。在统一的物质世界中包含着无限多样的物质形态。运动是物质的根本属性，是物质存在的根本方式。世界就是无限的永恒运动的物质总体，时间和空间则是运动着的物质的存在形式。自然界（包括人类社会）的一切现象，都是运动着的物质的各种不同表现形态。意识是物质高度发展的产物。物质不能被创造，也不能被消灭，世界上各种事物的产生和消失，只是物质形态在一定条件下的相互转化。

按照辩证唯物主义的基本观点，物质是标志"客观实在"的哲学范畴，是"直接存在"的原型世界。它是从其他各种具体的直接存在的形式中抽象出来的。正因为它是一种哲学的抽象，所以，它便具有了两种性质：其一，它不能简单等同或归结为各种具体的直接存在形式；其二，它又不能不包括这些各种具体的直接存在形式的共同本质。所以，我们要对直接存在（物质）范畴进行具体规定，就有必要把它所包括的各种具体的直接存在形式罗列出来，这就是这个直接存在的外延。根据以上的哲学分析和当代自然科学的发展，我们可以将直接存在（物质）的外延归纳为以下三个具体层次：

（1）直接存在物：包括实物（实体）和场两种具体形式；

（2）直接存在方式（包括状态）：运动、时空、差异、层次、结构……；

（3）直接存在关系（过程是事物纵向运动的关系）：相互作用、功能实效、物物转化、流变生成……

直接存在的这三个层次的内容在本质上是一回事：在直接存在的领域里，物有它的方式，而方式又是物的；物和方式都在关系中存在，关系也同时就是关于物和方式的。一分为三，三而合一。自然界中根本不可能有三者分离，或两两分离的东西。我们把它叫作"分而不离"的整体认识论立场。直接存在的这三个层次的区别，与其说是关于物本身的，倒不如说是关于物的描述而已。所以，正确把握这种"分而不离"的辩证关系，有助于我们理解科学认识的普遍性和客观性；有助于我们理解科学是一种本质上不同于技术的实践活动；有助于我们理解科学的主要任务和基本功

---

① ［苏］罗森塔尔、尤金：《简明哲学词典》，生活·读书·新知三联书店1978年版，第255页。

能在于认识自然和理解社会,更好地造福于人类。

(二) 世界的物质统一性

恩格斯在《反杜林论》中指出:"世界的统一性并不在于它的存在,尽管世界的存在是它的统一性的前提,因为世界必须先存在,然后才能是统一的。在我们的视野的范围之外,存在甚至完全是一个悬而未决的问题。世界的真正的统一性在于它的物质性,而这种物质性不是由魔术师的三两句话所证明的,而是由哲学和自然科学的长期的和持续的发展所证明的。"[①] 所以,我们先看看20世纪哲学的发展对此做了些什么?然后再看20世纪自然科学的发展对此又做了些什么?

1. 直接存在与物质世界

邬焜教授在考察直接存在与间接存在的关系时已经发现,间接存在与直接存在相比,并不具有绝对的独立性,它是由直接存在派生出来的,又必须存在于直接存在之中的一个世界。从间接存在的角度来看,间接存在是直接存在的反映;从直接存在的角度来看,间接存在是直接存在的显示。无论是反映也好,显示也好,间接存在都是以直接存在为根据的。例如,水中的月亮以天上的月亮为根据;人脑中的认识以认识的对象为根据。另外,间接存在并不是在间接存在自身中来反映、显示直接存在的。水中的月亮必须依赖于水这个直接存在;脑中的认识必须依赖于脑这个直接存在。直接存在归根到底是在直接存在中映现、反映、显示自身的。间接存在离不开直接存在的载负。作为在直接存在中反映(显示)直接存在的间接存在,无论从内容上,还是从存在方式上都具有以直接存在为根据、为条件的特性。这就是世界的统一性问题,亦即世界统一于物质、统一于客观实在、统一于直接存在的逻辑。所以我们说,"物质=客观实在=直接存在"这三个范畴是直接同一的。

我们需要强调的一条原则是:说世界统一于物质,并不意味着世界上除了物质没有其他。正确的说法是,其他都是由物质派生出来的,是以物质为根据、为条件的。这条原则规定了辩证唯物主义与庸俗唯物主义的根本区别和界限。但是,我们强调说"除了物质还有其他",这只是在相对

---

① 《马克思恩格斯选集》第3卷,人民出版社1995年版,第383页。

的、特定的角度和方向上成立的。如果从绝对的意义上来考察,我们又可以断言:"世界上除了运动着的物质,什么也没有,而运动着的物质只能在空间和时间中运动。人类的时空观念是相对的,但绝对真理是由这些相对的观念构成的;这些相对的观念在发展中走向绝对真理,接近绝对真理。正如关于物质的构造和运动形式的科学知识的可变性并没有推翻外部世界的客观实在性一样,人类的时空观念的可变性也没有推翻空间和时间的客观实在性。……这就是而且唯有这才是真正划分根本哲学派别的认识论基本问题。"[1]

如上所述,间接存在(信息)是由直接存在(物质)派生出来的,是以直接存在(物质)为根据、为条件的。这样就可以说,间接存在与直接存在相比,直接存在是第一性的,而间接存在则是第二性的。在一般表现着的层面上,世界是由直接存在和间接存在两大存在领域构成的。但是,从世界的本原或本性上来说,又可以归结为直接存在(客观实在或物质)。所以,在本体论承诺的前提下,间接存在可归纳为三个方面:一是关于事物自身历史的反映(包括曾经发生过的与他物之间的关系);二是关于自身性质的种种规定,这些规定在其展示的时刻是一种直接存在的过程,但是,在其未曾展示的时候还只能是一种现实的间接存在;三是关于自身变化、发展的种种可能性。这便是关于事物历史、现状和未来的三种间接存在。这三种间接存在都具体地凝结在一个具有特定结构和状态的直接存在物中;同理,任何存在物的结构和状态都映射和规定着关于自身历史、现状和未来的信息。所以说,任何存在物都是一个直接存在和间接存在的统一体,既是物质体,又是信息体。

总之,由于物质和信息双重存在图景以及存在领域分割理论的提出,传统哲学中所表述的关于"思维和存在的关系"的哲学基本问题有必要实现新的转换,即由多重领域的关系构成。这一多重存在关系最起码应该包括三个相互关联的关系问题——物质和信息的关系、物质和精神的关系、精神和信息的关系问题。[2]

2. 两次哥白尼式的革命

随着人们对世界认识的不断深入,哲学理论发生了两次"哥白尼式

---

[1] 《列宁选集》第2卷,人民出版社1995年版,第137—138页。
[2] 邬焜:《信息哲学——理论、体系、方法》,商务印书馆2005年版,第41页。

的革命",即从本体论到认识论再到语言哲学的三段式的哲学转向。发生在18世纪的康德"批判"哲学被人们称为一次"哥白尼式的革命"。当时康德面对"在一个严格遵守自然法则的世界上,人究竟有没有自由,有没有独立的价值和尊严"的问题,他从知识问题入手,设想"如果知识必须符合对象这条路走不通,我们不妨像哥白尼那样换一个角度,把知识与对象之间的关系颠倒过来,看一看让对象符合知识亦即主体固有的认识形式会有什么结果。"由此可见,康德的哲学革命包括两方面的内容:一方面,它通过主体先天的认识形式来确立科学知识的普遍必然性;另一方面,则通过对认识能力的限制为自由开辟道路,而且这后一方面真正体现了康德批判哲学的根本精神。[①]

那么,发生在20世纪初的"语言学转向"是一次更深刻的哲学变革,语言取代认识论成为哲学研究的中心课题。由于这次转向对传统哲学理性的强烈震撼和对后世哲学的决定性影响以及这场转向与科学进步之间的千丝万缕的联系,被称为又一次"哥白尼式的革命"。"人们不再全力关注知识的起源、认识的能力和限度、主体在认识活动中的作用等问题,转而探究语言的意义、语言的理解和交流、语言的本质等问题。它把语言本身的一种理性知识提升到哲学基本问题的地位,哲学关注的主要对象由主客体关系或意识与存在的关系转向了语言与世界的关系"[②],并认为"世界本身是在语言中得以表现的",所以我们只能通过语言来理解存在,或者说,世界只有进入语言,才能表现为我们的世界,被我们所理解。

可见,20世纪哲学的"语言学转向"是从关注本体论的古希腊哲学转向关注认识论的近代哲学之后的又一次根本性的变革。"它是在现代科学革命尤其是数理逻辑技术的影响下,把认识的基点定位于'逻辑—语言'的基础上。它关注于'语词—世界'之间的抽象关联、'语词—规则'之间的形式关联、'语词—现象'之间的经验关联以及'语词—实体'之间的具体关联,这就为哲学研究提供了新的方向和起点。由此,建立精确的形式语言成为人们共同的理想,语义分析方法成为最广泛的方法论手段。更为重要的是,这场哲学革命不是单纯认知方式的一次变革,

---

[①] 张志伟:《西方哲学史》,中国人民大学出版社2010年版,第391—393页。
[②] 郭贵春、成素梅:《科学技术哲学概论》,北京师范大学出版社2006年版,第117页。

而是思维领域内的一场根本性革命。"① 当科学实在论者们回首和反思这一历程时,恍然发现人们过去对待语言学转向的意义过分表面化了,尤其是他们意识到科学哲学的各个领域都在寻找一种跨学科的结合。原因在于:"第一,各个学科的本体论界限在有原则地放宽;第二,各个学科的认识论疆域在有限度地扩张;第三,各个学科的方法论形式在有效地相互渗透。同时,科学哲学研究的本体论性在从给定的学科性质中弱化,认识论性在从给定的学科性质中摆脱了狭义的束缚,而方法论性则从给定的学科性质中解构出来。实际上,'语言学转向'的深层影响正在促使人们将语言学、解释学和修辞学的转向统一起来,将语形、语义及语用分析方法结合起来,推动着方法论的大融合与大渗透的趋势。"② 正是在这个意义上,可以说,科学实在论的发展就是科学哲学的进步,科学实在论的趋向就是未来 21 世纪科学哲学的走向!

3. 坚持辩证的理论思维

无论科学家所使用的语言表述是多么的不同,实际上,他们一般都能够自觉地意识到有一个离开主体而独立存在的外部世界,这是科学家从事自然科学研究的基础和基本信念。正如爱因斯坦所说:"相信有一个离开知觉主体而独立的外在世界,是一切自然科学的基础"③,"相信世界在本质上是有秩序的可认识的这一信念,是一切科学工作的基础。"④ 由此可见,承认世界的合理性和可知性是一代又一代科学家所持有的坚定信念。正因为如此,才使人类不断获得对自然规律的认识和掌握。与哲学家不同的是,自然科学家更关注自然界物质的具体形态,以及不同形态物质运动的具体规律。然而,人类对自然界的认识是一个复杂的过程,包括认识的程序和范围,认识主体对客体的参与,客体的可建构性以及主体的参与和客体的可建构性同自然物的客观实在性的统一。也正是由于自然科学家忘我的工作努力和超凡的创造力才发现了自然界各种运动形式背后所隐藏的规律性,才使我们对物质实在性的理解更加深入而富有实证意义。

20 世纪 60 年代以来,随着自然科学在研究上越来越远离经验这一具

---

① 郭贵春、成素梅:《科学技术哲学概论》,北京师范大学出版社 2006 年版,第 119 页。
② 同上书,第 171 页。
③ 许良英等编译:《爱因斯坦文集》第 1 卷,商务印书馆 1976 年版,第 292 页。
④ 同上书,第 284 页。

体现实，科学理论的建构、解释和评价问题在科学哲学研究中愈来愈占据突出的地位。在这样的大背景下，科学实在论就成为科学理论发展征途中自然而又必然地需要面对的一种思潮。许多科学实在论者为了在语境的基底上重建科学实在论，采取了防御性的"撤退"策略。退却的路径之一是：由物质论到客观实在，再由客观实在的"属性"到"关系"。郭贵春教授指出："对于科学理论来说，最有意义的不是直接观察到的东西的精确性质，而是对被观察到的东西（即理论事实）给出解释性的表述，因为正是这些理论事实的集合构成了科学知识的基础。同时，理论事实不是孤立的，它们结合在一起并形成了对经验进行完全数学化表述的规律'网络'，无论是理论事实还是与这些事实相关的联系都不能孤立于网络的其他部分而独立地被决定，假设系统必须受到作为整体的经验的检验。世界不但不能在经验之外存在，而且也不能在逻辑之外存在。超出于逻辑之外的也就是超出于世界之外，世界的界限也就是逻辑的界限。因此，如何合理有效地在逻辑（语言）、理论、经验之间保持一致的张力，成为人们关注的中心。"[①] 正是在这个前提下，科学实在论既揭掉了覆盖在语境上面的神秘抽象的面纱，同时也升华了它的具体的操作个性，将其推向了重构科学实在论的方法论历史前台。

所以，在这里我们要特别强调，马克思在其"包含着新世界观的天才萌芽的第一个文件"：《关于费尔巴哈的提纲》中指出，"从前的一切唯物主义——包括费尔巴哈的唯物主义——的主要缺点是：对对象、现实、感性，只是从客体的或者直观的形式去理解，而不是把它们当作人的感性活动，当作实践去理解，不是从主体方面去理解。因此，结果竟是这样，和唯物主义相反，唯心主义却发展了能动的方面，但只是抽象地发展了，因为唯心主义当然是不知道现实的、感性的活动本身的。"[②] 所以，我们要克服旧唯物主义的单纯受动性、直观性，消除旧哲学中客观性原则与能动性原则相分离的状况，就应该像莱维（Albert Lévy）所指出的那样，"马克思认为：应该把这些能动力从唯心主义手中夺过来，也把它们引入唯物主义的体系，但是，当然必须把唯心主义不能承认的那种实在的和感

[①] 郭贵春、成素梅：《科学技术哲学概论》，北京师范大学出版社2006年版，第118页。
[②] 《马克思恩格斯选集》第1卷，人民出版社1995年版，第58页。

性的特性给予这些能动力。"① 引入这种"能动力"的根本之点，就是把作为一种客观实在的人的感性活动或实践引入到对"世界的物质统一性"的理解之中。而实践作为一种客观实在，是人的能动的客观活动，并提供了一种连接、沟通思维和存在的中介。这样，在我们的思想中，对于物质概念的理解就不再是一种纯粹的直观性、受动性，而是受动性与能动性的统一，并且"这种统一在每一个时代都随着工业或慢或快的发展而不断改变"②。在这一基础上，思维与存在、精神与物质、意识与信息、主体与客体的对立统一和相互作用也就合理地导入了唯物主义体系之中，从而成为我们一切实践和科学研究的自觉或不自觉的前提。正是在这个意义上，我们说，不掌握自为的辩证法的世界观理论，就不可能深刻理解和表达自在的辩证法。

（三）物质的无限可分性

"哲学的探究是一种以学术培养品格，以真理指导行为的努力。"③ 然而，无论时代精神多么强烈地呼唤着哲学的变革，这种变革也只能是在对哲学传统和现实的批判中得以实现。因为没有这种批判，自然科学的革命性成果就可能被既定体系僵化、教条化后加以包容，折射着丰富思想的时代精神也可能游离于现实哲学发展的主流之外，仅被技术性地加以介绍。基于这种认识，我们在分析了存在领域的分割理论和世界的物质统一性命题之后，需要对另一个经典的，同时也是公众心理顽固坚持的命题——物质的无限可分性，做一批判性的考察与介绍。

1. 从粒子到场的转变

自然科学中的物质概念不同于哲学意义上的物质概念。自然科学中的物质多是指物质的具体形态，它们具有各自不同的具体属性，比如气体有气体的属性，固体有固体的属性。又比如，我们将铜材料分割，当分割到原子甚至原子核尺度时，铜原子或铜原子中的电子、质子和中子显然已经不具有宏观意义上的铜材料的特征了。我们在研究人类社会时常说到历史

---

① 转引自《列宁选集》第2卷，人民出版社1995年版，第80页。
② 《马克思恩格斯选集》第1卷，人民出版社1995年版，第76页。
③ 贺麟：《哲学与哲学史论文集》，商务印书馆1990年版，第120页。

不能重演，这句话在自然科学领域中同样具有重要意义。我们不能奢望无限分割出来的物质依然具有原先存在物的属性，甚至分的方法本身也具有了哲学和自然科学的双重意义。哲学上讲"物质是无限可分的"，中国古代有所谓"一尺之捶，日取其半，万世不竭"（《庄子·天下篇》）的说法。但是在自然科学中，还原论方法早已显现出明显的局限性，正如黑格尔所说："砍下来的手是名义上的手。"所以，恩格斯指出："从前被描写成可分性的极限的原子，现在只不过是一种关系"[①]。

现代高能物理学根据 γ 射线的探测，确认基本粒子存在深层的夸克结构。有的科学家还预言了"亚夸克"的存在，主张夸克也有自己的结构。但问题是在现代物理学中的确也出现了一系列不能用构成论观点解释的粒子的产生、湮灭和转化的现象。例如原子核的 β 衰变（$n^0 \to p^+ + e^- + \bar{\nu}_e$），光子与正负电子对的相互转化（$e^- + e^+ \leftrightarrow \gamma + \gamma$），以及高能态下 π 介子被击碎时，不是"分割"成它的部分，而是产生了一系列新的 π 介子[②]，等等。

事实上，粒子的构成与粒子的产生、湮灭和相互转化，形成了现代物理学发展的两条相互联系的线索；粒子物理学和量子场论正是沿着这两条线索前进的。从现代的粒子物理学和量子场论来看，上述现象所以出现是和场的效应相联系的。即粒子和场其实是紧密地联系在一起的，场是具有无限多自由度的连续形态的物质，粒子是由场中激发出来的自由度有限的不连续形态的物质，二者构成了物质世界连续与不连续的统一。

根据量子场论，粒子仅相应于场体系的平面波振荡，粒子的产生和湮灭相应于场体系的激发和跃迁。当场处于能量最低的基态，即真空态时，场就不能通过状态的变化释放能量而输出任何信号，从而不会显现出直接的物理效应，这时看不到粒子的存在。但各种量子场还在，只是没有激发而已。若某一量子场获得能量被激发，相应的粒子就从真空这个物质背景中跃出，表现为粒子产生，因此粒子产生是场处于激发状态的表现；若被激发的量子场退激发，粒子又重新跃回到真空态，表现为粒子湮灭，因此粒子湮灭是场退激发的表现。

那么，场为何会激发或退激发呢？这是因为量子场之间充满着相互作

---

① 《马克思恩格斯全集》第 31 卷，人民出版社 1972 年版，第 309 页。
② 质子 p^+ 轰击 π^- 介子的变化：$\pi^- + p^+ \to \Lambda^0 + K^0 \to (\pi^- + p^+) + (\pi^+ + \pi^-)$。

用。所以，量子场之间的相互作用是粒子产生、湮灭和相互转化等过程的动力学根源和基本机制。正如恩格斯所说："相互作用是我们从现代自然科学的观点考察整个运动着的物质时首先遇到的东西。""因此，自然科学证实了黑格尔曾经说过的话（在什么地方？）：相互作用是事物的真正的终极原因。"① 一旦认识了这一点，物质世界出现的种种粒子产生、湮灭和相互转化的现象就变得明朗了。β 衰变就是电子—中微子场与原子核的弱相互作用，相互作用的结果使得核子的量子态改变，伴随以电子、中微子从其场中产生。这犹如量子化的电磁场与电子的相互作用，作用结果使电子的量子态改变，伴随以光子从电磁场中产生或湮灭。

由此可见，量子场论的诞生深化了现代物质观，使物理学中的一切物质现象都可以归结为量子化的场。想到这个名称是受到法拉第"电磁场"概念的启发，与经典的电磁场类似，量子场也遍布于整个时空。场作为全空间分布的物质，集波动性和粒子性、连续性和分离性于一体，是物质存在的更为基本的形式；粒子只是场的一种特殊形态。一句话，现代物理学发生了从粒子到场的深刻转变。"粒子＋相互作用"的图景应该由场的观念来代替。当代著名物理学家丽莎·兰道尔（Lisa Randall）夫人也有两段精彩的表述：

"根据量子场论，可以把粒子想象成量子场的激发状态。一个没有任何粒子的状态是真空，它所含的场是不变的；而有粒子存在的状态所包含的场会发生相应的隆起和扭曲，场得到一个隆起就产生一个粒子；当它将这隆起吸收，场再归于稳定，粒子便被摧毁。

"产生电子和光子的场必须是无处不在的，这样才能保证在时空的任一点，所有的相互作用都会发生。这一点很重要，因为相互作用只发生在局部，就是说，只有同一地点的粒子才有可能参与，超距作用更像是天方夜谭，粒子没有超感觉（ESP）——它们必须直接接触才能发生相互作用。"②

---

① 《马克思恩格斯选集》第 4 卷，人民出版社 1995 年版，第 327 页。
② [美] 丽莎·兰道尔：《弯曲的旅行》，窦旭霞译，北方联合出版传媒（集团）股份有限公司 2011 年版，第 120 页。

2. 虚粒子是实在的吗？

根据量子力学的不确定性原理，宇宙中的能量于短暂时间内在固定值左右起伏，起伏越大则时间越短，从这种能量起伏中产生的粒子叫作规范玻色子（gauge Bosons）。规范玻色子是传递各种相互作用的媒介粒子，是一种永远不能直接检测到的，但其存在确实具有可测量效应的粒子，所以又称为"虚"粒子。这种用来传递作用力的基本粒子包括：光子（承载电磁力）、中间玻色子（承载弱力）、胶子（承载强力）和引力子（承载引力），因此它们有时也被称为相应力的携带者。

作为量子力学的结果，虚粒子是真实粒子的孪生兄弟，它们神出鬼没，倏然而逝。虚粒子与真实粒子有着相同的电荷、相同的相互作用，但能量却明显不同。例如，高速运动的粒子携带着巨大的能量，但虚粒子的速度可以高得惊人但却没有能量（或静止质量为零）。那么，这一奇异特征是怎么产生的呢？

在量子力学中，不确定性原理允许粒子的能量产生暂时的偏离，只要它的存在时间短到根本无法测量。事实上，虚粒子可以具有任意能量，只是与相对应的真实粒子所携带的能量不同而已。如果能量相同，它就成了真实粒子，而非虚粒子了。倘若不是不确定性原理，外借能量的虚粒子就根本不可能存在。你可以把真空看作是能量库——虚粒子就是暂时借来一些能量而在真空中出现的。它们倏忽一闪，很快又消失在真空里，带走借来的能量。这些能量可能会重新回到它们起源的地方，也可能会转移到其他位置的粒子。因此，虚粒子在传递相互作用时，尽管名称是"虚"粒子，其实它们是实实在在的东西。

（1）"虚"粒子是在传递相互作用的量子化的场中激起的"扰动"，量子化的场是物质的，是实在的东西，那么它的"扰动"自然也是实在的东西。

（2）这种"扰动"不但可以传递能量、动量、电荷等，而且可以保证能量守恒、动量守恒、电荷守恒。在这里，能量、动量、电荷都是实在的东西，作为这些实在东西的携带者和传递者的"虚"粒子，自然也不可能是不实在的东西。

（3）真空的作用也是通过"虚"粒子来实现的。既然真空的作用是实在的，那么实现真空作用的"虚"粒子又怎么能不是实在的东西呢？

科学上有些名词是从历史上沿用下来的，随着科学的发展早已赋予了新的内涵。正如"真空"不空，"虚"粒子也不虚，自然，光子也是实在的物质,尽管它没有静止质量。所以,即使从场论的角度看,也不能因为"光子是光同实物粒子相互作用时生成的",就说"光子不是组成光的实体"。1905年,爱因斯坦提出光量子假说,认为光不仅在发射与吸收时,而且在传播过程中,都具有粒子的性质。光是一粒一粒地以光速运动的粒子流,这种粒子就是光子。对于频率为 ν 的光波,光子的能量为 $h\nu$,动量为 $h\nu/c$,质量为 $h\nu/c^2$。由于光量子假说成功地解释了光电效应[①],爱因斯坦获得了1921年的诺贝尔物理学奖。20世纪30—40年代,量子电动力学曾预言光子的交换能产生电磁力。如图7—2所示的过程:两个电子进入相互作用区域,交换一个光子,然后受其所传递的电磁力的影响而出现在另外的路线上。这个图示还可以解释为电子对的湮灭。所以说,传递相互作用的虚粒子都是真实的物理粒子。

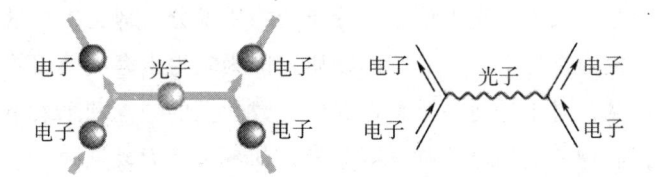

图7—2 电子—光子转化图

3. 物质无限可分的新观点

为了避免歧义性,我们主要在物理客体的意义上来讨论物质无限可分的问题。在古代人们建立了两种对立的物质结构模型,一是连续体;二是离散集合体。应该说,这两种模型在日常生活中都可以找到大量的例证。被古希腊许多哲学家当作物质始基的水、气、火,就是一种连续体结构,而人们面对的经验世界,又都是分立的个体的集合。今天,我们仍然可以在思维中明确地抽象出连续体和离散集合体来,并且总可以在思维中把一个物理客体的部分与整体加以分辨,从而说:在连续体中,物质的部分与整体同性(如一滴水与一碗水都是水);在离散集合体中,物质的部分与整体异性(如桌子的腿不是桌子)。这样,我们就建立了"连续体"和"离散集合体"两个概念。

---

① 光电效应:是指微弱的紫光照射到金属表面时,金属中的自由电子会被光子激发而形成电流逸出金属表面,然而很强的红光却不能打出电子。这说明光电效应的产生只取决于光的频率而与光的强度无关。这种神奇的光生电的现象是由赫兹于1887首先发现的。

这样,"可分"也就有了两种基本含义,一是可分割;二是可分辨。可分割既有数学上的可分割,如任意一条线段都可以分成两条长度相等的线段;也有物理的可分割,如用一把小刀把一个苹果切成两半。可分辨也有两种,一是思维中的可分辨,比如,对于任何客体,想象部分与整体总是可能的;二是物理上的可分辨,即通过实验观测或相应的理论考察,来发现或判明两个物理客体或同一物理客体的两个部分之间有差异。对一个物理客体来说,可分割与可分辨并不总是一致的。显然,对于任一宏观物体(如苹果),它既是数学上可分割的(因为它有有限的尺寸),也是物理上可分割的(用机械的方法即可);既是思维中可分辨的,也是物理上可分辨的(由于苹果颜色分布的不均匀,可以通过肉眼对其中两部分加以分辨)。但是,对于微观客体(如核子),由于量子色动力学的建立,它所预言的夸克成为物理理论上可分辨的物质部分,但也正是量子色动力学,使核子成为物理上不可分割的物质,因为它得出夸克禁闭的结论。

由此可见,对于任何一个物理客体,数学上的分割和思维中的分辨总是可能的,而物理上的可分割与可分辨,却不是显而易见的,这主要是一个物理学问题。在明确了连续体和离散集合体两个概念以及"可分"的四种含义之后,我们有必要从现代物理学的角度对物质的可分性提出以下观点:

(1)物质的可分性并非指物质由大到小无休止的机械分割,而是以统一体内有其复杂的内部结构和矛盾运动为特征的可分。这种可分不等于分割,也不等于分离,而是指物理上或思维中的可分辨。

(2)物质的可分性与物质的层次结构相联系——有层次即可分,可分都是一定层次的可分;不同层次的可分性有不同的含义,这里有质的差别。

(3)物质的可分性与物质的基本形态密切相关——物质具有间断性的实物和实物粒子以及连续性的场两种基本形态,它们的可分性不尽相同。

(4)物质的可分性与物质的物理特性密切相关——宏观物体由于质量、密度等特性的不同,人们对它分割的方式也不同;微观粒子由于电荷、自旋等特性的不同,对粒子可分的形式也会产生影响。"夸克禁闭"实际就是物质结构形式多样化的体现。

(5)物质可分形式的不同,最终还是取决于物质内部相互作用的不同。物与物之间相互作用的多样性决定了物质可分形式和结构形式之间的多样性。"在现代物质结构理论中,物质由连续性的场量所构成,和粒子一样,场也是可分的,而且是无限可分的。"①

所以,黑格尔说,"物质既是两者,即可分的和连续的,同时又不是两者。"② 这一思想的要点首先是指,可分与连续,两者的统一才是真理;其次是指,物质只有就其可能性而言才是可以分割到无限的。"纯粹的量的分割是有一个极限的,到了这个极限它就转化为质的差别"③。所以,我们主张"对具体问题要作具体分析"④。

(四) 物质形态的多样性

自然科学中的物质概念是哲学物质概念的逻辑展开,而哲学物质概念则是一切具体物质形态共同本质与基本属性的高度概括。自然界的演化发展使具体的物质形态具有多样性和复杂性。所以,我们的世界是五彩斑斓、复杂多样的,有日月星辰、江河湖海,也有声光电磁以及各种矿物质、无机物和有机物。盖尔曼用了一个形象的比喻说:"夸克和美洲豹正是大自然中我称之为简单和复杂的两个方面。夸克是物理定律中的一个符号,一旦提出了,在人类并未充分分析之前,就完全接受了它;美洲豹也是如此,虽然在灌木丛中人们可以闻到它那刺鼻的气味,但它也只是一个不可捉摸的复杂适应系统的一个可能的隐喻,它同样没有经过仔细的分析。"⑤

1. 物质的基本分类

自然科学的研究需要对物质进行分类,分类的标准不同,分类的具体结果也就不同。根据物质是否具有生命特征,可以将自然界的物质系统划分为无生命的物质世界和有生命的物质世界两大类。根据自然界物质存在

---

① 李宏芳:《从现代物理学看粒子到场的转变》,《自然辩证法研究》,2003年第8期,第88页。

② 转引自[德]恩格斯《自然辩证法》,人民出版社1971年版,第223页。

③ 《马克思恩格斯选集》第4卷,人民出版社1995年版,第313页。

④ 《毛泽东文集》第7卷,人民出版社1999年版,第265页。

⑤ [美]M. 盖尔曼:《夸克与美洲豹》,杨建邺、李湘莲等译,湖南科学技术出版社1997年版,第11—12页。

的聚集状态，又可以将自然界的物质划分为固态、液态、气态、等离子态、超密态、真空场和反物质等七态。其中，真空场是指没有实物粒子（如电子、质子等）的一种总能量处于最低状态的场，即基态的量子场。因为所有基本粒子都有相应的反粒子，那么由"正"粒子（如质子、中子等）构成的物质叫"正"物质，由"反"粒子（如反质子、反中子等）构成的物质叫"反"物质。根据物质是否有基本粒子等"实体"物质构成，又可以将它们分为实物和场两种基本形态。实物包括原子、分子、宏观物体、天体等；场包括引力场、电磁场、介子场等。实物和场有明显的区别。实物具有间断性、并列性和不可入性，有静止质量；场则具有连续性、弥漫性和叠加性，没有静止质量。场和实物一样，具有物质的基本属性，如运动质量、动量和能量。它的作用和引出的效应，如引力场引起苹果落地和光线弯曲，电场引起磁针偏转，磁场引起电流，介子场（核力）把质子紧束在核中等，都可以使人们感知到它们的存在。因此，人们根据基本粒子的自旋不同，把粒子分为两大类：

（1）自旋为 1/2 奇数倍的粒子，它们满足费米—狄拉克统计，也就是每个量子态只能容纳一个这样的粒子（遵循泡利不相容原理）。这类粒子统称为费米子，它们是组成实物的粒子。

（2）自旋为整数的粒子，它们满足玻色—爱因斯坦统计，也就是每个量子态可以容纳任意多个这样的粒子（不遵守泡利不相容原理）。这类粒子统称为玻色子，它们是传递作用力的虚粒子。

根据现代自然科学的研究，非生命世界最简单的物质形态是基本粒子和夸克。所谓基本粒子，就是现阶段尚未确切证明是由其他粒子构成的并能够以自由状态存在的各种最小物质粒子。20世纪20年代，人们最早知道的基本粒子只有电子、光子、质子和中子4种，目前已知的基本粒子多达477种（其中包括共振态）。随着科学技术的发展，基本粒子的数目还在增加。在已知的各种基本粒子中，数目最多的是强子。强子都是由夸克组成的共振态，因此基本粒子并不基本，很可能有些基本粒子有更为复杂的内部结构。目前已知的夸克共有6种，分别是：上夸克 u、下夸克 d、奇异夸克 s、粲夸克 c、底夸克 b 和顶夸克 t。一般基本粒子都存在自己的反粒子，反粒子与粒子的质量相等、自旋相同，同生同灭，但电荷、磁矩、重子数、轻子数、奇异数、超荷等物理量却等值反号。每一种粒子同它们的反粒子相碰撞都会变成光子（或介子）而发生湮灭。按照基本粒子的性质不同，也可以把它们分为四个家族，如图7—3所示：

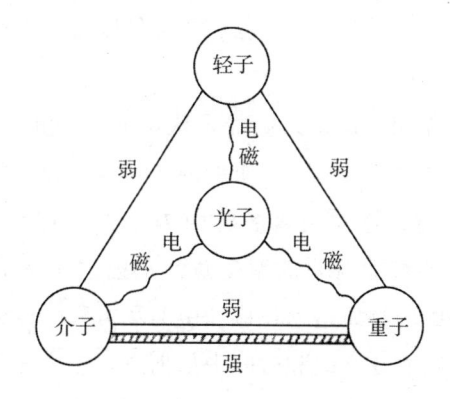

图7—3 粒子的分类与相互作用

（1）光子族：只有光子 γ，没有静止质量，自旋为1，具有传递电磁作用的性质。

（2）轻子族：包括电子 e 和电子中微子 ν_e，μ 子 μ 中微子 ν_μ，τ 子 τ 中微子 ν_τ 以及它们的反粒子。这些粒子的质量一般很小，自旋为 1/2，与介子以及重子之间只发生弱相互作用，并可进行电磁相互作用。

（3）介子族：例如 $\pi^{\pm,0}$ 介子、$\rho^{\pm,0}$ 介子、$K^{+,0}$ 介子、ψ/J 介子等以及它们的共振态。这些粒子的质量一般介于电子与质子之间，自旋为 0 或 1，一般都可参与强、弱、电磁相互作用。

（4）重子族：包括核子 p^+ 和 n^0，超子 Λ^0、$\Sigma^{\pm,0}$、Ω^- 等以及它们的反粒子和相应的共振态。这些粒子的质量一般都很大，自旋为 1/2（或它的奇数倍）。重子与重子、重子与介子、介子与介子之间都能发生强相互作用，因此，重子和介子又统称为强子。

2. 自然界中的四种相互作用

宇宙中的各种物质运动都是由相互作用引起的，并且相互作用也决定了物质的结构和性质。在基本粒子领域中，相互作用被归结为四种基本形式：引力相互作用、电磁相互作用、弱相互作用和强相互作用。相互作用可以引起若干碰撞粒子的能量、动量及类别发生变化，也可以在自发衰变过程中使孤立粒子发生变化。物理学家认为，这四种基本相互作用可以相当完整地说明物质的各种特征。对应于长程力的引力作用和电磁作用可在宏观层次上起作用而表现为宏观现象，因此早在近代关于宏观物理的研究中就被人们认识到了。对应于短程力的核力和弱力是在原子核和基本粒子层次上显示的微观现象，直到20世纪30年代以后，才通过原子核物理的发展被人们所认识。

(1) 引力相互作用。这是人们最先认识的一种相互作用。17世纪牛顿的万有引力定律描述了任意两个质点的相互吸引力，它可以解释行星绕太阳运动的椭圆轨道，这就是著名的引力平方反比定律：$F = GMm/r^2$。1916年爱因斯坦采用弯曲时空的黎曼几何来描述具有引力场的时间和空间，给出了引力场中的物质运动规律和引力场方程。以此为理论基础的广义相对论，阐明了物质在空间和时间中如何进行引力相互作用。爱因斯坦还预言了以光速传播的引力波的存在，但由于引力实在太微弱了，远不足以在目前实验所能达到的能量水平上产生任何影响，所以至今尚未观测到。根据现代量子场理论，物体之间存在引力相互作用是通过交换引力子而发生的，但引力子还未曾发现。

就适用范围来说，引力作用是自然界普遍存在的一种基本相互作用，不论是宏观物体还是微观粒子，所有具有质量的物体之间都存在引力相互作用。引力是长程力，它没有饱和性，随着质量的增大而增大。在天体物理领域中，因为质量巨大，引力起着首要的作用；而在基本粒子物理学中，由于微观粒子的质量很小，引力作用完全可以忽略不计。在四种基本相互作用中，引力作用的强度远小于其他三种作用力。所以，在研究基本粒子时，引力只是在标准模型的某些延伸里才有意义，例如，目前的弦理论希望能够解答：为什么引力相比其他已知力更加微弱？怎样将引力和量子力学在所有距离尺度上协调起来？是否还有其他力我们未能探测到？

(2) 电磁相互作用。它也是人们比较熟悉的一种相互作用。自18世纪末建立库仑定律①开始，随后在电磁学中又发现了一系列基本定律，逐渐形成了宏观的电磁相互作用理论，它被总结在1864年麦克斯韦的电磁场方程组中。到20世纪麦克斯韦理论与量子力学原理的结合，形成了微

---

① 库仑定律是电学史上的第一个定量规律，它是由法国物理学家查尔斯·库仑于1785年首先发现的。具体内容是：在真空中两个静止点电荷之间的相互作用力与距离平方成反比，与电量乘积成正比，作用力的方向在它们的连线上，同号电荷相斥，异号电荷相吸，即 $F = kQ_1Q_2/r^2$。

观的电磁相互作用理论即量子电动力学（QED），它主要研究电磁场与带电粒子相互作用的基本过程，其原理在原则上概括了原子物理、分子物理、固体物理、核物理及粒子物理各领域中的电磁相互作用过程。这是目前描述各种相互作用的量子场理论中发展得最为完整的理论。

现代量子电动力学的研究表明，电磁相互作用是带电粒子与电磁场的相互作用以及带电粒子之间通过电磁场传递的相互作用。带电粒子可以发射和吸收光子，它们之间的电磁作用通过光子场来传递（在量子电动力学中电磁场实际上就是量子化的光子场）。在强度上电磁作用次于强相互作用居于四种相互作用的第二位，其有效力程可达无穷远，所以电磁相互作用也是一种长程力。它形成的电磁场就在我们的周围，这些变化的电磁场（电磁波）在空间的传播形成了各种各样的电磁辐射。我们身边的电脑、电视、微波炉以及现代的许多方便设施都会产生电磁辐射。电磁辐射按照频率从低到高可分为：无线电波、微波、红外线、可见光、紫外线、X 射线和 γ 射线等。人眼可接收到的电磁辐射，波长大约在 380—780 纳米之间，称为可见光。因此，绝大多数电磁波是我们人类素未谋面的"朋友"。这里麦克斯韦的最大贡献是提出了描述电磁场的方程组，运用这一方程组可以从电荷和电流的分布推导出电磁场的值。所以，理查德·费因曼赞誉说："从人类历史的长远角度来看——比如说，从现在算起到一万年以后——19 世纪最为重要的事件，几乎毫无疑问地要算麦克斯韦电动力定律的发现。"[①]

（3）弱相互作用。除光子和胶子外，其他所有粒子都参与弱相互作用。最早观察到弱力现象的是原子核的 β 衰变，它是放射性原子核放射电子（β 粒子）和中微子而转变为另一种核的过程。1896 年贝克勒尔首先发现了铀的放射性；1897 年卢瑟福和 J. J. 汤姆孙在磁场中研究铀的放射线偏转时，发现放射线有带正电、有带负电和不带电三种，分别被称为 α 射线（氦核 $_2^4\text{He}$）、β 射线（电子束）和 γ 射线（高能光子束），相应的发出 β 射线的衰变就被命名为 β 衰变。但是核子 β 衰变时，放出 β 粒子的能量是连续分布的（且能量出现亏损）。为了解释这一现象，1930 年泡利

---

① 转引自丽莎·兰道尔《弯曲的旅行》，窦旭霞译，北方联合出版传媒股份有限公司 2011 年版，第 117 页。

提出了 β 衰变的中性微粒假说。1933 年费米在此基础上提出了 β 衰变的电子中微子理论。这个理论认为：中子和质子可以看作是同一种粒子（核子）的两个不同的量子状态，它们之间的相互转变，相当于核子从一个量子态跃迁到另一个量子态，在跃迁过程中放出电子和中微子。这样，β 衰变实际上是核内中子通过弱相互作用衰变成了质子、电子和中微子。费密的这一理论给出 β 衰变的定量描述并成功地解开了 β 粒子能谱连续之谜。但是，直到 1956 年莱因斯（F. Reines）才在实验中首次发现了中微子，1968 年戴维斯（R. Davis）又探测到宇宙中微子，他们分别获得 1995 年和 2002 年的诺贝尔物理学奖。

20 世纪 40 年代后，人们又发现了多种弱相互作用，并发现这些弱力都有一个共同的作用强度。按强度排列，弱力在强力和电磁力之后居于第三位，其力程在四种相互作用中是最短的，所以在宏观领域里根本观测不到这种作用。到了 20 世纪 60 年代，格拉肖、温伯格、萨拉姆分别提出了弱电统一理论，认为弱相互作用和电磁相互作用一样，是由一种力粒子传递的，这种力粒子被称为中间玻色子。然而，有质量的中间玻色子使得弱力对距离的依赖关系与电磁力和引力极为不同——距离超出 10^{-16} cm 作用力陡然下降（光子和引力子均无质量）。另外，在 β 衰变的研究中还有一个重要的突破是：1956 年李政道和杨振宁提出了弱相互作用下宇称不守恒假设，第二年吴健雄等人利用极化 Co^{60} 核的 β 衰变实验证实了这一假设，如图 7—4 所示。这一发现不仅促进了 β 衰变本身的研究，也促进了粒子物理学的发展，特别是彻底改变了人们对对称性的认识，促成了此后几十年物理学界对对称性的关注。

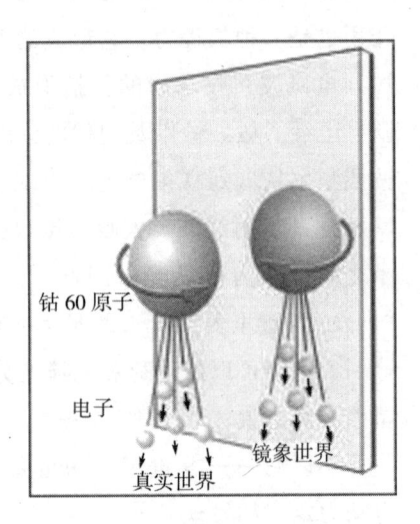

图 7—4 Co^{60} 核的 β 衰变实验

（4）强相互作用。这是物理学家最后才认识的一种相互作用。人们发现了原子核以后，才开始对强相互作用进行实验观测和理论研究。最早研究的强相互作用是核子之间的核力。1934 年，日本物理学家汤川秀树

(Yukawa Hideki)曾提出，核力是一种交换介子的相互作用，因此他获得了1949年的诺贝尔物理学奖。介子理论可以解释强作用的许多特性，但还不能说明一切已知的实验事实。目前，被认为最有希望的强相互作用理论是量子色动力学（QCD），它可以统一描述强子的结构和它们之间的相互作用。根据量子色动力学理论，强相互作用是通过胶子来传递的，因为它们传递的力就像"胶"一样，能把作用的粒子紧紧地黏合在一起。与其他相互作用相比较，强相互作用的强度最大，但其作用范围即力程很小，如同弱作用一样在宏观领域里也观察不到。计算显示，弱力的强度同电磁力、引力一样，会随着距离的增大而下降；但人们惊奇地发现：强力会随着距离的增大而加强，甚至会产生夸克囚禁现象。1973年三位美国物理学家格罗斯和他的研究生维尔泽克以及波利泽分别得出同样的计算结果，证明粒子在强相互作用下存在一种渐近自由现象——在远距离上，虚粒子不仅没有屏蔽强力使其变弱，反而加强了胶子间的相互作用。丽莎·兰道尔夫人指出：

"这一现象的关键在于胶子本身的性质。胶子与光子的一个重要差别在于，胶子之间也会相互作用。胶子可以进入作用区域，转化成一对虚胶子，从而影响力的强度。与所有虚粒子一样，这些虚胶子也只是存在片刻，但是随着距离的增大，它们的影响会累加起来，直到强力变得异常强大。计算结果表明，虚胶子在相距较远的粒子间会大大地增加强力的强度，粒子间的相隔距离越远，强力越强。"

"尽管非常令人惊讶，但强相互作用会随距离的增大而加强，这足以解释强力许多独特的特征。它解释了为什么强力这么强，能将夸克束缚在一起，形成质子和中子；为什么夸克会被困在喷射流中——强力在远距离上变得如此强大，以至于经受强力的粒子永远不可能彼此远离，像夸克这种通过强力相互作用的基本粒子从来就没有孤立存在过。"[①]

此外，强相互作用还有一个特点，即与其他三种基本作用相比较，在

[①] ［美］丽莎·兰道尔：《弯曲的旅行》，窦旭霞译，北方联合出版传媒股份有限公司2011年版，第171—172页。

强作用的过程中存在更多的守恒定律。粒子之间相互作用的不同,为守恒定律适用范围的研究提供了最好的检验基础。例如,同位旋守恒,在电磁作用中遭到破坏;同位旋、奇异数、宇称、电荷共轭等不变性在弱相互作用中均遭到破坏,但在强相互作用中,它们是守恒的。实验证明,相互作用越强,所遵循的守恒定律就越多,对称性也就越高,所涉及的粒子却越少;反之,相互作用越弱,守恒定律被破坏得就越多,对称性也就越差,所涉及的粒子反而越多。

总之,通过以上四种相互作用的简单介绍,特别是讲述了有关弱力、强力和电磁力对距离的不同依赖关系后,我们需要做一个简单的小结。1974年,乔治(H. Georgi)和格拉肖曾提出过一个大胆的设想:这三种力随距离和能量而变化,当能量达到极高时,它们会融合成一个统一的力,这就是所谓的大统一理论(GUT)①。

"根据乔治和格拉肖的大统一理论,在宇宙演变早期,温度极高,能量极大——温度要超过100亿亿亿K,能量超过1000万亿GeV——除引力之外的三种力各自的强度都同样大,因此,这三种力便融为一体,统称为'力'。

"随着宇宙的演变,温度逐渐降低,统一的力分裂成为三种各不相同的力。每种力对能量的依赖也不同,通过它们不同的能量依赖,渐渐演变为我们现在所知的三种力。尽管起初是一个统一的力,但在低能量上,由于虚粒子对它们产生的不同影响,它们就有了不同的作用强度。

"这三种力就像由同一个受精卵发育形成的三胞胎,最终成长为三个性格各异的青年:其中一个可能留着染了色的朋克头;一个留着水手样的小平头;而另一个则像艺术家一样扎着小辫子。但不管现在外形差异有多大,他们仍有着相同的DNA,小时候是很难让人分清彼此的。"②

---

① [美] H. 乔治、S. 格拉肖:《基本粒子力的统一理论》,刘克桓译,《自然杂志》1981年第7期,第497—505页。
② [美] 丽莎·兰道尔:《弯曲的旅行》,窦旭霞译,北方联合出版传媒股份有限公司2011年版,第173页。

所以，在宇宙发展的早期，这三种力是难以区分的，但它们最终由于对称性的自发破缺而分裂。正如希格斯（P. W. Higgs）机制使弱电对称破缺一样，它也打破了大统一力的对称，留下了我们现在看到的三种各不相同的力，再加上引力就是目前自然界存在的四种相互作用力。下面将这四种相互作用的主要特征列表如下（见表7—1）[①]，并做一些比较。

表7—1　　　　　　　四种相互作用的主要特征与比较

名　称	引力相互作用	弱相互作用	电磁相互作用	强相互作用 基本作用	强相互作用 剩余作用
强　度	10^{-40}	10^{-14}	$e^2/\hbar c = 1/137$ （$\sim 10^{-2}$）	2.4—6.3	1
作用力程	∞	$<10^{-16}$m	∞	10^{-17}— 10^{-18}m	10^{-15}m
特征时间	—	$>10^{-10}$秒— 15分	10^{-16}— 10^{-20}秒	$<10^{-23}$秒	
规范玻色子	引力子？	中间玻色子	光　子	胶　子	介　子
被作用对象	一切物体	强子、轻子	强子、e、γ	夸克、胶子	重　子
典型现象	天体运动	β衰变	原子—分子力	强子结合	核　力
理　论	广义相对论	弱电统一理论	量子电动力学	量子色动力学	

3. 量子场论——物质存在形态的新观点

在当代物理学中，场的观念日益占据主导地位，粒子也被看成是场的一种特殊形态。这种观念集中反映在量子力学和粒子物理学的最新发展——量子场论中。

量子场论向我们描述的是一个场与粒子相统一的物理图景：全空间同时相互重叠地充满了各种场，每种场各对应于一种粒子。电磁场对应着光子，电子场对应着电子，中微子场对应着中微子……它们同时存在于全空间。

场的能量最低的状态称为基态。当某种场处于基态时，场由于不可

---

① 王纪龙等：《大学物理学》下册，兵器工业出版社2000年版，第52页。

通过状态变化释放能量，而无法输出任何信号和显现出直接的物理效应，观测者也因此无法观测到粒子的存在，所以被称为真空态（量子场的基态）。场的能量增加可称为激发。当基态的场被激发时，它就处于能量较高的状态，称为激发态。场处于激发态时就产生了相应的粒子。场的不同激发态所对应的粒子数目及其运动状态是不同的，粒子的产生和湮灭代表量子场的激发和退激发。由此可见，量子场是较粒子更基本的物质存在形式，粒子只是量子场处于激发态的表现。现代物理学研究表明，真空（基态的量子场）中尽管不存在大时空尺度下可观测的实粒子，但在极小的时空尺度下，会产生正反虚粒子对，如果外界不输入能量，这些虚粒子对会迅速湮灭。因此，真空中不断地有各种虚粒子对的产生、湮灭和相互转化的现象发生，这一现象称为真空涨落，它是真空的固有属性。

量子场论认为，物质存在的基本形态是三种基本场，它们是粒子与场互相对应的量子场。三种基本场分别为：

（1）实物粒子场。它是由自旋量子数为1/2奇数倍的费米子组成，包括轻子（电子就是一种轻子）和夸克。目前认为，轻子和夸克是所有实物的最小基石（轻子—夸克模型），至今尚未发现它们有内部结构。已发现的轻子和夸克之间有一种微妙的对称，人们将它们分为三代。

稳定的普通物质都是由第一代轻子（电子 e，电子中微子 ν_e）和夸克（上 u，下 d）组成的。第二代轻子（μ 子，μ 中微子 ν_μ）和夸克（奇 s，粲 c）除中微子外极不稳定，它们所构筑的各种粒子很快就会发生衰变。第三代轻子（τ 子，τ 中微子 ν_τ）和夸克（顶 t，底 b）也是如此。因为这些粒子的种类称作"味"，夸克是3色6味共18种，轻子是6种，每一种粒子又都有一个反粒子，所以被视为宇宙中实物基石的实物粒子（场）共有48种费米子。目前，学术前沿的问题是为什么会有三代轻子和三代夸克存在？是否会发现更多代的轻子和夸克？

（2）规范玻色子（媒介子）场。它是由传递实物粒子之间的相互作用力的虚粒子组成。这些粒子的自旋为1或2，属于规范玻色子。它们分别是传递强力的胶子（8种），传递电磁力的光子，传递弱力的 W^+、W^-、Z^0 粒子和传递引力的引力子，共13种。目前，未观察到自由状态的胶子，但有充分的实验证据证实它的存在。由于引力的强度很弱，至今还没有引力子存在的直接实验证据。

（3）希格斯粒子场。它是由自旋为0的粒子组成，这是电弱统一理论预言的一种场。依照这个理论，在宇宙演化的早期，电磁力和弱力本来是一种统一的电弱相互作用，W^+、W^-、Z^0和光子原本都没有质量。统一的电弱力具有比较高的对称性，但是随着温度和能量的降低，这种对称性自发破缺，统一的电弱力分解为电磁力和弱力。在这个过程中，零质量的粒子与一种名为希格斯的粒子作用便获得质量，W^+、W^-、Z^0因此成为静质量不为零的粒子，而光子未参与这种作用，静质量仍为零。量子场论预言，在宇宙空间中至少有一种中性的自旋为0的希格斯粒子存在，并对其动力学和运动学特征作出了精确描绘。1988年诺贝尔物理学奖获得者莱德曼（L. Lederman）认为希格斯玻色子（Higgs boson）是物质的质量之源，并把它称为"上帝粒子"，是"指挥着宇宙交响曲的粒子"。

从1964年弗朗索瓦·恩格勒（Francois Englert）和罗伯特·布绕特（Robert Brout，1928—2011年）与彼得·希格斯分别提出希格斯机制和希格斯玻色子理论以后，证实希格斯粒子的存在就成为粒子物理实验的前沿课题。2012年7月4日，欧洲核子研究中心利用大型强子对撞机终于发现了这一粒子。它的确认为科学家解开了无数关于质量、粒子和宇宙的谜团，被誉为21世纪人类最伟大的发现之一，恩格勒和希格斯也因此获得了2013年的诺贝尔物理学奖。由上可知，最基本的粒子(场)有48种费米子、13种规范玻色子和至少一种希格斯粒子，共62种，目前只剩引力子还尚未找到。

三　物质存在的系统性

自然界的物质形态是多种多样的，各种具体的物质形态又是普遍联系和相互制约的。这使系统成为物质世界的一种普遍的存在方式。自然系统的相对稳定性和差异性，使系统方式具有复杂多样的类型，但整体性是一切自然系统的普遍属性。一般系统论的创立者贝塔朗菲形象地说，现代系统论赋予人们一种透视的眼光来考察世界。这种"把世界看作一个巨大组织的机体主义观点，它完全不同于把世界进程看作是盲目的自然法则所统治的机械论观点。"① 正是在这种意义上，我们说，伴随着现代系统科学的发展，"一种新的世界观正在全世界先进科学思考者的头脑中形成。用这种世界观，我们最有希望理解和控制那个影响我们所有人生活的进程。"②

（一）系统的定义与特性

20世纪40年代以来，随着系统科学的建立和发展进一步揭示了自然界物质存在的系统性。然而，现实存在的系统都是具体的，如物理系统、生物系统、生态系统、社会系统等。撇开组成成分的基质特性，仅仅把对象看成系统，就是所谓一般系统。一切系统共有的、与组成部分基质无关的特性，就是系统的一般特性。本节着重介绍系统的几个基本概念，对于在不同领域、不同层次上描述系统现象和处理系统问题，它们都是必需的和基本的。

1. 系统的几种定义及其要点

对于不同的客体、不同的研究方式、不同的学科，由于其侧重点不同，导致对系统的定义有百余种之多。在技术科学层次上，通常采用钱学森的定义："把极其复杂的研究对象称为系统，即由相互作用和相互依赖的若干组成部分结合成具有特定功能的有机整体，而且这个系统本身又是它们从属的更大系统的组成部分。"③ 这个定义强调的是系统的功能，因为从技术的角度看，研究、设计、制造、管理过程都是为了实现特定的功能目标，具有特定功能是系统的本质特性。在基础科学层次上，通常采用贝塔朗菲的定义："系统是处于一定相互联系中的与环境发生关系（从而形成组织整体）的各组成成分（元素）的总体。"④ 任何元素，只要它们处于某种相互联系中，并形成组织整体，它就构成一个系统。例如氢原子

---

① [奥] L. V. 贝塔朗菲：《普通系统论的历史和现状》，载中国社会科学院情报所编译：《科学学译文集》，科学出版社1981年版，第321页。
② [美] E. 拉兹洛：《用系统的观点看世界》，闵家胤译，中国社会科学出版社1985年版，前言。
③ 钱学森、许国志、王寿云：《组织管理的技术——系统工程》，《文汇报》1978年9月27日。
④ [奥] 贝塔朗菲：《一般系统论》，《自然科学哲学问题丛刊》1979年第1—2期。

和氧原子相互联系组成水分子。这个定义强调的不是功能，而是元素之间的相互作用以及系统对元素的整（综）合作用，由此形成系统的整体特性。

我们把贝塔朗菲的表述稍加精确化，就可以得到如下的定义：

定义　如果对象集 S 满足以下三个条件：

（1）S 中存在着能相互区别的实体（entities）叫作元素（或要素）；

（2）S 中元素之间存在着某种关系或关系的网络；

（3）这些关系对于产生一个与周围环境区别开来的新的组织整体（organized whole）、新的系统分析层次是充分的，则称 S 为一个系统。

在过去的系统科学教材中，对于系统的一般定义只强调（1）、（2）两点，但从系统科学近期的发展来看，第（3）点是很重要的。它蕴示了系统具有某种复杂的动态整体性，系统与它的要素相比，具有某种突现性质。这一特征预示着后面各章需要展开的内容，它以一种胚芽的形态蕴含于系统的一般定义之中。[①]

在此基础上，复旦大学陈其荣教授指出："所谓'系统'，是由若干相互联系、相互作用的要素组成的具有特定结构与功能的有机整体。这一概念包含着以下四个要义：

第一，系统是由若干要素组成的，要素是构成系统的组分或单元，单一要素不能成为系统，即系统内部具有可分析的结构；

第二，'系统'在于'系'，即系统内诸要素之间、系统要素与系统整体之间的相互联系、相互作用，形成了特定的结构；

第三，'系统'还在于'统'，即要素彼此之间联系成为一个统一的有机整体；

第四，系统作为一个整体对环境表现出特定的功能，功能之所以为整体所具有，是由于功能以结构为载体，并在系统诸要素的功能耦合中突现出来。"[②]

2. 系统的基本概念及其特性

笔者认为，从自然观的角度看，可以认为系统是物质的一种普遍联系

[①] 颜泽贤、范冬萍、张华夏：《系统科学导论——复杂性探索》，人民出版社 2006 年版，第 71 页。

[②] 黄顺基：《自然辩证法概论》，高等教育出版社 2004 年版，第 52 页。

方式，它是由若干有特定属性的要素经特定关系构成的具有特定结构并与其环境发生特定作用而显示其特定功能的有机整体。在自然科学中，系统又称"体系"、"物系"或"系"，如物理化学中的"相系"、天文学中的"星系"等。按照这种系统概念的定义，系统表现出以下几方面的基本特性：

首先，系统是由要素组成的，要素是构成系统的组分或组元。单一要素不成系统，至少要有两个或两个以上的要素才能构成系统。要素是系统的基本成分，系统的性质很大程度上决定于要素的属性，要素间的协调性是系统整体性的条件。对于一定的系统来说，重要的不是要素本身是由什么构成或为什么具有那种属性，而是要素具有什么属性和处于什么状态。

其次，系统内部诸要素间特定的相互联系、相互作用的形式或方式构成系统的结构。结构是系统中各种联系和关系的总和，它表现为要素在系统内部稳定的分布和排列并形成的相互关系。由于系统要素间的相互关系的多样性，导致系统结构的多样性，如标志物质客体广延性和方位性的空间结构（晶体结构、DNA 双螺旋结构等），表现为物质运动的持续性和顺序性的时间结构（生物钟、地球的自转和公转等）以及时空统一的时空结构（树木的年轮、化学反应中时空有序的耗散结构等）。不同的系统表现为不同的结构特征，如 DNA 双螺旋结构是由其中的共价键和氢键（相互作用）所决定的；原子核结构是由核子间的强相互作用所决定的；而化学反应中的时空有序结构是由非线性相互作用所决定的。所以，相互作用是系统结构得以形成的主要杠杆（机制）。

再次，系统的结构使得它成为一个具有特定功能的有机整体。功能是具有特定结构的系统在内部与外部关系中表现出来的特性和能力。系统的功能作为一种属性与系统要素的属性相关，但不同于要素的属性，也不等于组成系统的各个部分的功能之和，它是系统整体才具有的功能和属性。例如，Na 没有咸味，Cl 没有咸味，而 NaCl 则是具有咸味的晶体。功能之所以为整体所具有是因为功能需要以结构为载体，是系统诸要素的功能（属性）耦合的突现，即结构决定功能。但结构对功能的决定不是单值决定，而是或然决定，二者之间存在多种多样的对应关系：组成系统的要素不同、结构不同，其功能不同；要素相同、结构不同，其功能不同，这体现了结构对要素的相对独立性；一种结构表现为多种功能，或一种功能可以映射多种结构，体现功能与结构的相对独立性；功能反作用于结构，可以影响结构的存在和变化，即系统的功能又是保持系统结构稳定性的必要条件（如用进废退）。如果一个系统不能发挥它特有的功能，这个系统就无法保持结构上的稳定性。功能的发挥会损耗系统结构，而在一定条件下功能的发挥又会"改进"系统的结构，生命系统正是在发挥功能中维持其结构，并使结构进化的。

最后，系统的功能是在与外部环境的相互作用中表现出来的。系统总是处于一定的环境之中，系统与环境的相互作用表现为二者之间有物质、能量和信息的输入输出。凡是与系统组成要素发生相互作用而不属于系统的事物，均属于系统的环境，即环境的定义是系统本身定义的反面。系统诸要素之间的相互作用大大强于它们与外部的作用，从而使系统整体从环境中区分出来。这就形成了所谓边界，它是指系统与环境之间的分界面或假想界限。这样，系统就具有了相对的封闭性，否则不成其为系统。从逻辑上看，边界是系统构成关系从起作用到不起作用的界限，系统质从存在到消失的界限。边界具有客观性、低维性和复杂性，同时边界也具有把系统与其环境联系起来的功能（即渗透性）。1995年沃尔德罗普（M. Waldrop）在《复杂：诞生于秩序与混沌边缘的科学》一书中专章介绍了"混沌边缘的生命"：1986年圣菲研究所的克里斯·朗顿发现处于"混沌边缘"的元胞自动机既有足够的稳定性存储信息，又有足够的流动性来传递信息。当他把这种规律与生命和智能联系起来，敏锐地意识到生命或智能就可能起源于混沌的边缘。于是，他开创了"人工生命"这一崭新的研究领域。[①]

3. 小结

由上可知，系统存在的普遍性是显而易见的。然而，当我们说系统是一种联系方式时，并不意味着所有的联系都可称为系统。自然界事物之间的联系是普遍的，但只有那些有物质、能量和信息的交换并且造成新属性突现的联系，才能构成系统。因此，王浣尘教授指出："什么是系统？系统是由相互联系相互作用着的一些事物组成的总体。也可以概括地说，系

---

① ［美］米歇尔·沃尔德罗普：《复杂：诞生于秩序与混沌边缘的科学》，陈玲译，生活·读书·新知三联书店1997年版，第6章。

统是由关联部分组成的总体。"① 显然，他的这一概念与一般的系统概念是有区别的。他没有采用"整体"而是用"总体"一词来定义"系统"，并且认为构成一般系统的要件只有两种，"部分"（parts）和"关联"（interactions）。这一定义与贝塔朗菲的定义基本一致。后来，他又专门论述了"总体"这个概念。他用了一个形象的比喻说："'部分'指的是树木，'整体'指的是森林，'总体'指的是同时地既见树木又见森林的含义。只见树木不见森林，或者只见森林不见树木的观点方法，统统不是系统的观点方法。"②

可见，系统概念的发展体现了一个从低级到高级，从不完备到完备的过程。关于系统的概念，还可以举出许多，它们大都反映了上文所说的四个方面的基本特性，所以笔者认为，系统"是由若干有特定属性的要素经特定关系构成的具有特定结构并与其环境发生特定作用而显示其特定功能的有机整体。它是事物存在的一种普遍方式。"要素、结构、功能、环境是完备描述一个系统所必需的。系统的功能依赖于其要素、结构和环境，而要素、结构和环境的变动又会影响系统功能的表现。只有同时从各个方面来认识系统，包括系统与要素的关系、系统与环境的关系、结构与功能的关系等，才能全面而深刻地把握自然界物质存在形态的系统性。

（二）系统的基本类型

科学革命是"范式"的转换，当科学换上"系统"这一透视的眼光再度观察世界，则没有任何对象不被纳入系统的范畴。也就是说，系统是物质存在的基本方式，任何对象都可以看作系统。因此，我们可以从研究的不同角度和不同层次将世界分为不同类型的系统。目前对系统的分类至少有以下几种，如图7—5所示。

（1）根据系统与环境的关系，可将系统划分为孤立系统、封闭系统和开放系统。孤立系统是指与环境既无物质又无能量交换的与世隔绝的系统；封闭系统是指与环境只有能量和信息交换而没有物质交换的系统；开放系统是指与环境既有物质又有能量和信息交换的系统。以上是在严格意

---

① 王浣尘：《系统的基本特征》，《系统工程理论与实践》1986年第2期，第73页。
② 王浣尘：《总体和整体》，《系统工程理论与实践》1986年第4期，第79页。

义下的划分,而现实的系统往往不能严格符合上述定义,常常做近似的处理。

(2) 根据系统所处的状态,可将系统区分为平衡态系统、近平衡态系统和远离平衡态系统。平衡态系统是指内部无差异的系统,如温度和压力处处相同;近平衡态系统是指内部有差异但这种差异只能使线性相互作用表现出来的系统;远离平衡态系统是指内部差异显著从而使非线性相互作用表现出来的系统。

(3) 根据系统的复杂性和随机性程度,可将系统区分为确定性系统、随机性系统和伪随机性系统。在第一章"导言"中,我们已经提到韦弗于1948年在《科学与复杂性》一文中,将系统区分为有组织的简单性系统,即确定性系统,它是经典物理学主要解决的基于两个变量之间的确定性问题;无组织的复杂性系统,即随机性系统,它是19世纪基于概率论的统计物理学所处理的巨变量的随机性问题;有组织的复杂性系统,它是介于上述两者之间的伪随机性系统,如生命组织、经济系统等中等尺度的有组织的复杂性问题多属于这类混沌系统,如图1—3所示。

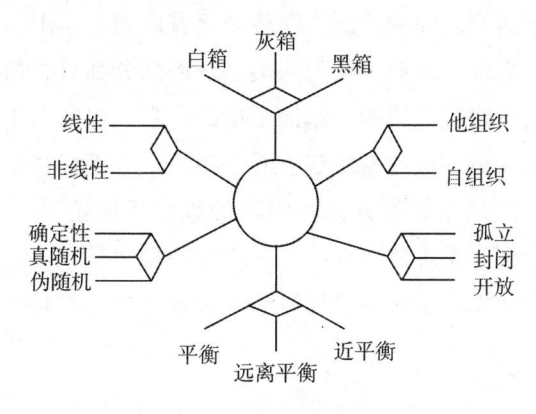

图7—5 系统的基本分类方式

(4) 根据系统中各要素相互作用的关系,可将系统区分为线性系统和非线性系统。线性系统是比较简单的系统,各要素之间的联系方式是线性的,即系统整体等于部分之和;非线性系统是比较复杂的系统,内部存在非线性相互作用,系统整体属性不能通过要素间的简单相加而获得。

(5) 根据对系统的认识程度,可将系统区分为黑箱系统、白箱系统和灰箱系统。黑箱系统是指人们对其要素和结构尚(或假定)一无所知的系统；白箱系统是指人们对其要素和结构了解很清楚的系统；灰箱系统是指人们对其要素和结构的认识若明若暗的系统，是介于黑箱系统与白箱系统之间的系统。

（6）根据系统的组织方式，可将系统区分为自组织系统和他组织系统。在第五章《从平衡到非平衡》中，我们曾引用哈肯的定义："如果系统在获得空间的、时间的或功能的结构过程中，没有外界的特定干预，我们便说系统是自组织的。这里的'特定'一词是指，那种结构和功能并非外界强加给系统的，而且外界是以非特定的方式作用于系统的。"[1] 相应地，如果系统是在外界特定干预下获得空间的、时间的或功能的有序结构，我们便说系统是他组织的。人工系统大都是他组织系统。

总之，根据系统的特性和研究工作的需要，可将系统区分为不同的类型，如依据系统的规模和范围，还可区分为微观系统、宏观系统和宇观系统；从系统的运动状态来看，在一极上，有元素之间的相互关系被固定起来的系统，即静态平衡系统（如一只钟表）；在另一极上，有几乎毫无约束关系的元素构成的系统（如理想气体分子运动系统）。本书所要研究的系统是介乎于这两极之间的系统，即将变化着的相互作用和固定着的相互作用结合起来的系统。因此，任何一类系统的划分都只有相对的意义。系统科学显然是注重研究开放的、远离平衡的、自组织的、非线性的复杂系统，而从更一般或更彻底的系统观点看，现实世界不存在没有任何关联度的事物和现象，只是相关的方面和强弱的程度不同罢了。后来的研究表明，即便是被看作非系统的沙堆，在"自组织临界性"[2] 研究中也成为重要的模型，并由此发现了许多以往科学未曾发现的有关系统的非线性动力学机制和规律。

（三）系统的基本原理

整体性是系统科学中最基本也是最重要的原理，它从反面衬托出传统科学分析程序的局限性，是对机械论模式的否定。贝塔朗菲指出："复杂

---

[1] ［德］H. 哈肯：《信息与自组织：复杂系统的宏观方法》，郭治安译，四川教育出版社2010年版，第18—19页。

[2] Per Bak, Tang Chao, Kurd Wiesenfeld. "Self-organized criticality: an explanation of 1/f noise." *Physical Review Letters.* 59 (1987), pp. 381—384.

现象大于因果链的孤立属性的简单总和。解释这些现象不仅要通过它们的组成部分，而且要估计到它们之间的联系的总和。有联系的事物的总和，可以看成具有特殊的整体水平的功能和属性的系统。""'整体大于部分之和'，这句话多少有点神秘，其实它的含义不过是整体性特征不能用孤立部分的特征来解释。因此，整体的功能与其要素相比似乎是'新加的'或'突现的'。"① 亚里士多德"整体大于部分之和"的哲学命题，以一种"隐喻"的方式生动地表达了系统论的整体性原理，宣布了系统论对传统分析方法的超越，从而成为贝塔朗菲"机体论革命"的一面旗帜。整体性原理是系统论最重要的原理，也是系统科学之所以称为科学革命的根本所在。它告诉我们：要理解或把握一个系统（总体）不仅要了解其各个组成部分，更要了解它们之间的关系。所以，系统整体的不可分性、非加和性、突现性、层次性（开放性）可作为次一级的原理，统摄在这一总的原理之下。为了阐明其具体意义，下面我们从四个方面来进行论述：

1. 不可分原理——否定表述：原子性原则不成立

整体性是一切自然系统的普遍属性。从基本粒子到总星系，从核酸、蛋白质到人体，从天然自然到人工自然，每一具体物质形态都是以系统的方式存在的有机整体，呈现出各种各样的整体性。所以，自然是"包容统一体的综合"，"其中的任何一个都无法从这一关联组织中除去。但其中每一包容体都具有整个综合体所具有的实在性。"② 由于系统的整体性，系统的组成要素不能——从整体中分解出来。如果硬要分解，那么分解出来的要素就不再具备在系统整体中所具有的性质、功能和规律。也就是说，组成部分（要素）是在整体制约下的相对独立的成分，一旦脱离了系统整体，就会丧失其作为系统组成要素所具有的特性、功能和行为。正是在这种意义上，黑格尔说："一只手，如果从身体上割下来，按照名称虽仍然可叫作手，但按照实质来说，已不是手了。"③ "因为这些肢体器官只有在它们的统一体里，它们才是肢体和器官，它们对于那有机的统一体

---

① 转引自魏宏森《系统科学方法论导论》，人民出版社 1985 年版，第 24 页。
② [英] A. N. 怀特海：《科学与近代世界》，何钦译，商务印书馆 1989 年版，第 70 页。
③ [德] 黑格尔：《小逻辑》，贺麟译，商务印书馆 1980 年版，第 405 页。

是有联系的,决非毫不相干的。只有在解剖学者手里,这些官能和肢体才是些单纯的机械部分。但在那种情况下,解剖学者所要处理的也不再是活的身体,而是尸体了。"①

其实,不仅在生命系统中,就是在非生命系统中,情况也不例外。比如在微观领域中,当我们说强子是由夸克构成时,对于"构成"的含义就不能拘泥于"组成上层"那样的通常理解。"一个自由电子在和原子核结合成原子时,只消耗它的静能的极小一部分来作为结合能,好像它在结合过程中只损失了一根毫毛,仍不失其原来的面目。可是夸克在结合成强子时,几乎花费了它全部的静能来作为结合能,这样在结合的过程中,夸克已弄得血肉模糊面目全非了。这样我们有理由怀疑在强子内部的夸克,和脱离强子而存在的夸克是否是相同的东西。"②

所以,系统整体性原理的最基本含义是它的不可分性。这与传统科学"把问题分解成尽可能小的一些部分……以致我们竟时常忘记把这些细部重新装到一起"③的分析方法明显不同。这种"拆零—累加"的原子性原则只适用于那些系统要素之间的关系是线性的或者它们之间的相互作用是可以忽略不计的系统,即具有"整体等于部分之和"的加和性关系。因此,系统的不可分原理与非加和性原理密切相关。

2. 非加和性原理——否定表述:累加条件不成立

由整体不可分原理可知,系统的整体性具体表现在系统的整体与部分(或要素)的关系之中。部分是指构成系统的各种要素和各种关系,它既可是某一要素,也可是某些要素的组合。部分是构成整体的基础,同时又受到整体的制约。整体与部分的关系可有三种情况:整体等于部分之和、整体大于部分之和、整体小于部分之和。前一种情况是加和关系,后两种情况是非加和关系。加和性关系存在于系统之中,例如,在原子系统中,正电荷数等于质子数之和,负电荷数等于电子数之和;在分子系统中,分子量等于原子量之和。然而,系统之所以成为系统,正是由于系统中同时存在着非加和性关系。当然系统的非加和性关系不能仅做以上简单的

---

① [德] 黑格尔:《小逻辑》,贺麟译,商务印书馆1980年版,第282页。
② 殷鹏程:《基本粒子探索》,上海科学技术出版社1978年版,第190页。
③ [美] 阿尔文·托夫勒:《前言:科学和变化》,[比] 伊·普里戈金、伊·斯唐热:《从混沌到有序》,曾庆宏、沈小峰译,上海译文出版社1987年版,第5页。

理解。

系统的非加和性就在于系统的整体特性不能只归结为它的组成部分的特性，而是应表征为部分组成系统整体时表现出部分所不具有的新属性，表征为系统与其构成要素之间的质的差异。生命体是由化学元素组成的，但生命体的遗传、变异特性不是化学元素属性的简单相加；热力学系统的特征量温度是分子所不具有的。

整体对部分的非加和性是整体相对于未形成系统前自由的"部分"而言的，系统中的部分已经受到了整体的约束，其属性已有所改变。如 NaCl 中的 Na 已不同于单质的 Na，它已由原子变为离子，Cl 也已由单质状态的原子变为离子。正是由于组成系统的各个部分间的彼此选择与约束，经过物质、能量和信息的交换，发生耦合关系而形成整体。新属性的突现是耦合各方互相协同而使原有的属性拓宽放大的结果。只有彼此具有相干性的部分才能通过选择机制发生耦合关系形成整体。Na 和 Cl 存在相干性而耦合形成 NaCl，这是一个选择、约束、协同和放大的过程。Na 具有失电子性而 Cl 具有得电子性，使得二者彼此具有相干性，通过选择离子键被约束在一起；Na 和 Cl 的协同作用，一方面使得它们丧失了各自的一些属性，如电中性、化学活性等；另一方面却使得 NaCl 整体通过放大机制获得一些新的属性，如稳定性、白色结晶、有咸味等。系统的非加和性正是耦合各方属性相干所致，不相干的属性则表现为加和性，即累加条件成立，例如 NaCl 的分子量就等于 Na 和 Cl 的原子量的代数和。

以上通过对系统整体与部分之间的加和性、非加和性、相干性、耦合性以及选择、约束、协同、放大机制的了解，就能比较好地把握系统的整体性特性。

3. 突现性原理——否定表述：还原性原则不成立

突现性是系统整体性原理的最明显的标志和判据。突现（emergence），亦称涌现，一般是指多个要素组成系统后，出现了系统组成前单个要素所不具有的性质（结构、功能、属性）。突现是系统演化的重要特征，它的新奇性在于系统的整体行为超越了其组分个体的结构、功能和属性的简单相加，我们无法通过对其组分的认识而获得对系统整体的预测。人们对这一现象的研究萌芽于生物学，滥觞于人工智能和复杂性研究。随着现代科学的发展，突现问题在系统科学、物理学前沿以至社会科学中日益兴盛起来，"整体性"、"新颖性"、"不可预测性"和"不可还原性"是它们的典型特征。[①] 比如，氢和氧如何相互作用形成与它们性状完全不同、组分保持不变的液态水？天气、因特网这些在结构上很好理解的对象为何其行为在时间上是难以预测的？大脑为何在有限空间内能实现结构与功能的无限复杂化？所有这些问题都可以看作是某种演化。可见，突现是一个系统演化学的概念，它表征系统的"整体性"从潜在的有（无）到实在的有的创生过程。因此，自然系统演化过程的展开，本质上就是系统的对称性不断破缺、新质逐级突现的结果。摩尔根（T. H. Morgan）1923年就指出："宇宙在进化的每一阶段上都有新的性质、新的事物突然地、神秘般地被创造出来。"[②]

那么，如何解释系统演化中的这种突现现象呢？我们知道，突现是"上行"时突然出现的某种意想不到的"新奇事物"，一般表现为"整体大于部分之和"，原因在于"上行"时，原先系统要素之间的关系出现了对称破缺，形成了新的特定模式或构型。突现现象一旦形成，就会对系统的组成要素施加一种约束，改变其功能与行为，甚至改变其性质，使它们整体地组织起来而共同行动，并与环境发生新的联系。这时整体就变成一种新的实体，表现出组元集合所不具有的特殊性质和行为方式，并受某种新的规律所支配。因此，这就需要一种经过科学论证的新的机制和术语来描述和解释这些"上行"过程中宏观层面所显现的整体特征。

由此可见，突现实质上是一种层级之间的跃迁，是在新的层次上出现了新的行动者或新的控制关系和行为方式。这是自然选择机制发挥作用的前提和基础，也是系统演化中突现的"异化"或异己的下向因果关系的一种最重要的特征。所以说，系统论不同于以往的还原论，不仅关心要素的状态和性质，而且更关心系统各部分之间的关系，其研究重心在于部分组成系统时，新出现的控制关系或关联方式。因此，我们要研究和把握系统的突现性原理，首先要依据上向因果关系作出有限的还原论解释；其次

---

① 武杰、程守华：《量子场论的还原性问题》，《自然辩证法研究》2007年第1期，第9—13页。

② ［美］R. W. Sperry. "Neurology and the Mind – Brain Problem." *American Science*, 40 (1952), p. 295.

要根据本层次系统组成要素之间的相互作用关系作出横向解释；最后要依据下向因果关系作出高层次系统对低层次组成要素所产生的支配、约束、激活和影响作用的分析。①

同时，在形成系统整体时，伴随着突现性现象出现的是简并性现象：要素在构成整体时，会丧失部分特性和功能，或者要素的某些特性和功能会被遮蔽或压抑；反之，整体在分解为部分时，也会得到一些整体所没有的属性和功能，我们把这种现象叫作还原释放性。比如 H 和 O 组成 H_2O，具有了水的特性和功能，但是却丧失原来 H 和 O 的特性和功能；同样，H_2O 电解为 H 和 O 时，水的特性和功能没有了，却表现出 H 和 O 的属性和功能。正是在这个意义上可以说，突现性是整体大于部分之和，简并性则是整体小于部分之和。我们必须把整体与部分的关系建立在对立统一的基础上。所以，要精确描绘事物的发展，"只有不断地注视生成和消逝之间、前进的变化和后退的变化之间的普遍相互作用才能做到"②。

4. 层次性原理——否定表述：孤立性原则不成立

系统的层次性原理是一般系统论的主要支柱，也是系统的基本特征之一。层次性原理是系统论与传统机械论的又一个重要区别。系统层次性是由整体的突现性所决定的，当要素与系统处于不同层次时，一层一层地组合为层次愈来愈高的系统，是实在——作为一个整体——的特征，特别在生物学、心理学和社会科学中表现得更为明显。

现实的系统都是有层次差异的，就科学所观测的宇宙看：从总星系、星系、恒星、行星、一般宏观物体、分子、原子、基本粒子、夸克，就是按空间尺度和质量大小划分的一般物质的层次结构。而从国家、省、市、县、社区、单位、个体的划分便是一种社会的层次结构。与传统科学的同质的等级层次不同，系统的等级层次性突出了部分与整体间的质的差异，强调高层次向低层次的不可还原性，即孤立性原则不成立。一般系统论把宇宙看作是一个庞大的层次结构。从时间上看，系统的层次正是通过进化

---

① 武杰、李润珍：《对称破缺的系统学诠释》，《科学技术哲学研究》2009 年第 6 期，第 35—36 页。

② 《马克思恩格斯选集》第 3 卷，人民出版社 1995 年版，第 362 页。

过程中的突变而形成的，高层（复杂）系统是由低层（简单）系统组织、整合起来的，因此具有低层系统所不具有的性质和机制（或规律），即突现性。从空间上看，在多层次系统中，子系统是按照层次划分的，它也是在不可逆时间演化的过程中形成的。因此，层次是从"原子"到各级系统的质变过程中呈现出来的进化阶梯——即层次越高，数量越少；层次越高，结合度越低。所以，层次是质变或部分质变的结果，我们显然不能把生物、人和人类社会还原为简单的物质层次，即使是生物学规律也不能简单地套用到人类社会。

由此可见，具有多级异质层次的系统必然是复杂的。同理，一切复杂系统都是由异质的不同层次组成的。系统不仅具有空间的整体性，而且具有时间的整体性，这种整体性是在生成演化的过程中形成的，而不是简单地"装配"起来的。无论是系统的形成、维持或演化，等级层次结构都是复杂系统最合理或最优化的组织形式，也是一条需要我们深刻领会和把握的方法论原则。

系统的层次与层次之间具有不可分割的相互联系和相互作用。原则上一切系统，特别是有机系统都是开放的。就客观世界而言，孤立性原则不能成立；就科学方法而言，尽管不可能考虑所有的因素和相互关系，但必须考虑尽可能多的因素和相互关系。系统科学的主要任务就是探索复杂性，特别是开放的复杂巨系统如何划分层次，层次如何形成？如何过渡？如何提升？等等。系统科学着重于对系统整体结构的把握，它不仅要了解每个个别层次内的状态和规律，而且要探究这些异质层次间的状态和规律，更要把握跨越所有层次的系统统一性及其整体性规律。正如贝塔朗菲所说："在现代观念中，实在是有组织实体的庞大的层次序列……科学的统一性，不是把所有的科学虚幻地还原为物理与化学，而是来自实在的不同层次的一致性。"[①] 这再一次告诉我们，科学是内在的整体，学科之间却是彼此分割的，所以，我们要提倡跨学科的研究和教育，因为它是沟通知识的桥梁。

以上从整体与部分的关系出发，阐述了系统的整体性原理。系统的整体所表现出来的新质归根到底来自部分之间的相互作用关系，从这个意义

---

① 转引自李曙华《从系统论到混沌学》，广西师范大学出版社2002年版，第55页。

上说，部分决定整体。反过来，各部分也只有在系统整体中才具有部分的地位和作用，如果把一个部分从系统整体中、从相互作用关系中割裂出来，就会丧失其作为系统整体一部分的地位和作用。正如黑格尔所说："割下来的手就失去了它的独立的存在，就不像原来长在身体上时那样……只有作为有机体的一部分，手才获得它的地位。"[①] 从这个意义说，整体决定部分。整体与部分既相互区别、对立，又相互依赖、统一，从而决定着系统的存在、演化和发展。

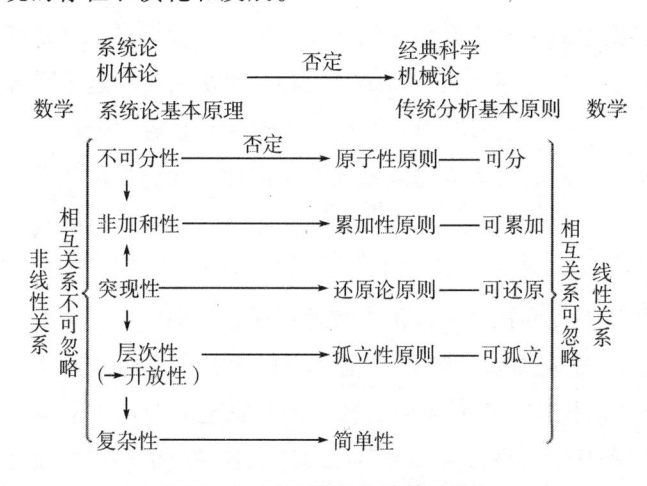

图 7—6 系统论基本原理示意图

综上所述，系统论的基本原理，逐条批判并否定了传统分析方法的基本原则，从根本上动摇了传统科学的基础。由此可见（如图7—6），机体论取代机械论是科学革命的关键，而相互关系是否可以忽略，是系统论与机械论的分水岭，表述它们的数学有线性和非线性的根本差别。从机体论可以推出整体性原理，其中不可分性和突现性是最核心的，也是最根本的原理，由此可以自然而然地推出复杂系统的其他特征和原理，而非线性数学表述的正是复杂系统的关系和规律。

四 物质系统的层次性

层次性是自然界物质存在的一个普遍特性。我们从系统的定义可知，

---

① 黑格尔：《美学》第 1 卷，朱光潜译，商务印书馆 1979 年版，第 156 页。

系统的要素通常也是一类系统（子系统），系统的环境和系统又构成一个更大的系统。所以，系统观念内在地包含着层次观念：构成性关系和相干性关系是系统层次结构的两个主要特点；层次结构是系统的各种可能结构形式中更加稳定的结构形式；系统的高低层次之间存在着双向因果链。

（一）层次结构的普遍性

"层次"是系统科学中的一个重要概念，从某种意义上讲，系统科学就是研究层次之间的相互联系和相互作用的。一般情况下，系统的性质主要由层次决定，一个系统内子系统是否存在层次结构是这个系统是否复杂的主要标志之一，系统科学对系统的分类也主要依赖它们的层次结构。为了在理论上深刻理解自然界物质系统的层次性，我们先从感性上对它做一简单了解。

1. 空间层次结构

自然物质系统和社会系统都内在地存在着层次结构，按照不同的标准可以划分出不同的层次。100多年前，恩格斯在《自然辩证法》中就曾指出："关于物质构造不论采取什么观点，下面这一点是非常肯定的：物质是按质量的相对的大小分成一系列较大的、容易分清的组，使每一组的各个组成部分互相间在质量方面都具有确定的、有限的比值，但对于邻近的组的各个组成部分则具有在数学意义下的无限大或无限小的比值。可见的恒星系，太阳系，地球上的物体，分子和原子，最后是以太粒子，都各自形成这样的一组。"[①] 在这里恩格斯所说的"组"，实质上就是现在说的自然界物质系统的层次，现代科学已证明他的划分基本上是正确的。以质量作为划分"组"的标准，这是由于科学发展水平所限，犹如当时把"以太粒子"看作是最小的实物粒子一样。

根据现代科学的研究成果，在非生命世界中，按照物质质量和空间尺度可以将物质层次划分为：宇观、宏观、微观三个层次。现在已知的物质最小构成单元是夸克，由它们构成了质子、中子等基本粒子。若干个基本粒子通过强相互作用构成原子核。原子核与电子构成原子。若干原子通过价键形式构成分子。分子是保持物质化学性质的最小微粒。一

---

① [德] 恩格斯：《自然辩证法》，人民出版社1971年版，第248页。

第七章 从存在到演化

一般认为，分子以上的世界称为宏观世界。从夸克、基本粒子、原子核到原子，这是微观领域几个基本的物质层次。宏观领域的物质层次从典型的分子尺寸开始，直到行星系、恒星系，都包括在这个层次之内。超越银河系之外的星系、星系团和总星系（我们的宇宙），属于宇观领域的物质层次，如图7—7所示。

1958年，海森堡在《物理学与哲学》一书中首先提出自然界的三个普适常数（光速c、普朗克常数h和第三个普适常数）对应不同时空层次的思想[1]。受这一思想的启发，1984年，马名驹教授提出用普朗克常数h、万有引力常数G和哈勃常数H分别作为微观、宏观和宇观层次的表征[2]。

1989年，我国著名科学家钱学森注意到德国物理学家普朗克在1912年将万有引力常数G、光速c和普朗克常数h结合在一起形成一个长度，即普朗克长度：

$$l_p = \sqrt{\frac{hG}{2\pi c^3}} \approx 1.61624 \times 10^{-34}（厘米）$$

钱学森指出，过去多少年，人们只知道普朗克长度是一个有趣的量，但并不了解它有什么具体意义。近年来，理论物理学家为了把自然界中的四种力（引力、弱力、电磁力、强力）纳入一个统一的理论，即所谓超大统一理论，提出了一个"超弦理论"（superstring theory）。这里"超弦"的长度正好大约是10^{-34}厘米。超弦世界比今天已经发现的质子、中子等"基本粒子"的10^{-15}厘米世界还要小19个数量级！他认为，这超弦世界是一个比微观世界更下一个层次的"渺观"世界。既然从渺观到微观相差19个数量级，那么不妨让微观世界到人们所熟悉的宏观世界之间也相差19个数量级，而微观世界的典型长度为10^{-15}厘米，因此宏观世界的典型长度就是$10^{-15} \times 10^{19} = 10^4$（厘米）$= 10^2$（米）。从宏观世界往上是宇观世界，如果它与宏观世界也相差19个数量级，那将是$10^2 \times 10^{19} = 10^{21}$（米）$= 10^5$（光年）（相当于银河系的大小）。在宇观世界之上还

---

[1] ［德］W. 海森堡：《物理学和哲学：现代科学中的革命》，范岱年译，商务印书馆1981年版，第106—107页。

[2] 马名驹：《宇观概念的认识论意义》，《国内哲学动态》1984年第3期，第18—20页。

有一个层次，他称为"胀观"。"胀观"比宇观再大 19 个数量级，典型尺度就是 $10^5 \times 10^{19} = 10^{24}$（光年）$= 10^{16}$（亿光年），它比我们现在所在的宇宙的尺度即大约 200 亿光年大得多了，如表 7—2 所示。[①]

表 7—2　　　　　　　普朗克长度与自然界的物质层次

层次	典型尺度	过渡尺度	例子	理论
胀观	10^{40} 米 $= 10^{24}$ 光年 $= 10^{16}$ 亿光年	3×10^6 亿光年	银河星系 太阳系 篮球场 大分子 基本粒子	？
宇观	10^{21} 米 $= 10^5$ 光年	3 亿千米		广义相对论
宏观	10^2 米	3×10^{-6} 厘米		牛顿力学
微观	10^{-17} 米 $= 10^{-15}$ 厘米	3×10^{-25} 厘米		量子力学
渺观	10^{-36} 米 $= 10^{-34}$ 厘米			超弦理论？

2. 时间层次结构

我们知道现在的宇宙已经存在大约 150 亿—200 亿年的历史，即 10^{18} 秒，太阳系的年龄大约在 50 亿年左右。粒子物理学的研究表明，有一类基本粒子（玻色子 Z^0）的寿命仅为 10^{-25} 秒，两者相差为 43 个数量级。在生命世界中，生物体从低级到高级的进化是一个漫长的历史过程，每一种生物个体从生到死也是一个延续的过程。所以，生物体个体的发育与种群的进化之间具有某种对称性关系，1866 年海克尔将它概括为生物重演律——"个体发育史是系统发展史的简单而迅速的重演"。按照复杂生命个体和生物种群演化发展的时间顺序，从低到高依次排列为：生物大分子（蛋白质和核酸）、病毒、细胞、组织、器官、系统、个体、种群、群落、生态系统、生物圈等生命层次。其中，蛋白质和核酸是生命活动和决定生命体形态结构的基本单位。细胞的形态和生理功能发生分化，形成不同的生物组织，不同的组织形成了器官，由器官组成了执行各种生理功能的系统，各种系统又组成了生物个体。同种生物个体的集合，组成了生物的种群。生活在一个地区或水域内的各种动植物组成了生物群落。生物群落连同它们生活的无机环境构成了生态系统。地球表层所有的生物与它们的生存环境构成了地球的生物圈，这就是生命界的最高层次结构，如图 7—7 所示。

---

① 钱学森：《基础科学研究应该接受马克思主义哲学的指导》，《哲学研究》1989 年第 10 期，第 5—6 页。

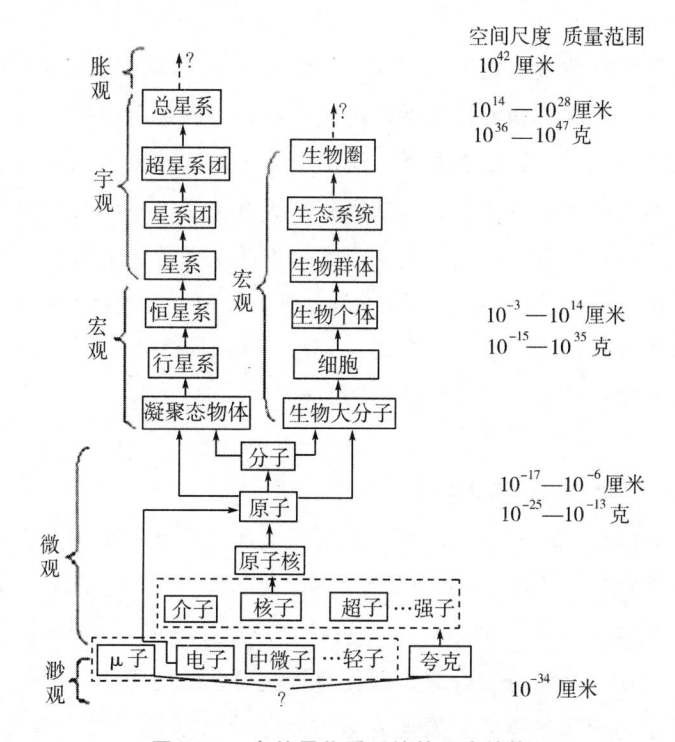

图 7—7 自然界物质系统的层次结构

从生物进化的角度来看，来自火星的陨石中含有 36 亿年以前微小而原始的单细胞生命形式。大约在 17 亿—18 亿年以前，真核细胞的细胞核内由核糖核酸和蛋白质组成的染色体系统，成为遗传的中心，标志着生命进化的一个新阶段。在真核细胞基础上，单细胞生物发展为多细胞生物，并分化为植物和动物两支。植物沿着菌藻植物→苔藓和蕨类植物→裸子植物→被子植物的方向进化；动物则沿着无脊椎动物→脊椎动物的方向进化；而脊椎动物又沿着鱼类→两栖类→爬行类→鸟类和哺乳类方向发展，直到人类出现。这一漫长的演化历程正如恩格斯所说："母体内的人的胚胎发展史，仅仅是我们的动物祖先以蠕虫为开端的几百万年的躯体发展史的一个缩影"，实际上"十月怀胎"的过程把生物 36 亿年进化的历史重演了一遍。同样"孩童的精神发展则是我们的动物祖先、至少是比较晚些时候的动物祖先的智力发展的一个缩影，只不过更加压缩了。"[①]

---

① 《马克思恩格斯选集》第 4 卷，人民出版社 1995 年版，第 383 页。

3. 小结

以上我们从微观、宏观、宇观三个层次，从时间、空间两个侧面反映了自然界物质层次结构的普遍性。由此可见，层次是系统内部各要素所组成的结构之间的一种稳定性联系。层次从属于结构并且依赖于结构。层次性反映了结构从简单到复杂、从低级到高级的关系。系统内部的结构具有同级和上下级的关系，层次主要反映了结构的上下等级关系。自然界物质系统的层次具有无限性和多样性。层次之间具有内在的因果关系，低层次系统是高层次系统的组成部分，同一层次不同系统之间存在相干性关系。系统的层次结构具有相对稳定性和历时性。

（二）层次结构的基本特点

我们从时间、空间两个侧面，微观、宏观、宇观三个层面了解到自然界的物质系统具有复杂的等级层次结构。所以，层次也是一个演化的概念，是质变或部分质变的结果。一般讲，简单系统只有组分（元素）和整体两个层次，把组分整合起来即可直接获得系统的整体涌现性。这样的涌现性必定是简单平庸的，以至许多学者不承认这种系统也有层次结构。而复杂系统从组分层次到整体层次的涌现不可能经过一次整合就完成，需要经过多次逐级整合，逐级涌现，才能完全实现从元素质到系统质的飞跃。在这一过程中，每一次整合只完成一次部分质变，经过多次部分质变最后完成总的质变，获得总系统的整体涌现性。[①] 所以，层次就是在这种逐级整合过程中形成的涌现等级，低层次支撑高层次，高层次束管低层次。通常把经过3次以上逐级整合的系统称为具有等级层次结构的系统。在这种复杂系统中，每个层次都有自己独特的涌现性，都有新质的产生。那么，系统的等级层次结构有哪些特点？系统是如何形成它的等级层次结构的？又有哪些基本的机制和规律呢？

1. 层次结构的含义

"层次"在中文和英文中都早已有之，但它的广泛使用却得益于科技哲学的研究和系统科学的传播。中文"层次"是由"层"（表示"重叠"）和"次"（表示"次序"）两个词组成的复合词，表示"（说话、作

---

① 苗东升：《系统科学精要》，中国人民大学出版社2006年版，第59页。

文）内容的次序"、"相属的各级机构"或"同一事物由于大小、高低等不同而形成的区别"①。这和英文中的 level 或 hierarchy 是相近的。在英文中，层次这个词有两个含义：具体的、个别的层次（相当于英文 level），完整的层次结构（相当于英文 hierarchy）。而在哲学上，《中国大百科全书（哲学卷Ⅰ）》（1987）对"层次"概念的界定是："表征系统内部结构不同等级的范畴。任何系统内部都具有不同结构水平的部分，如物体可分为分子、原子、原子核、'基本粒子'等若干层次；高级生命体可分为系统、器官、组织、细胞、生物大分子等若干层次。层次从属于结构，依赖结构而存在。系统内部处于同一结构水平上的诸要素，互相联结成一个层次，而不同的层次则代表不同的结构等级。层次依赖于结构，结构不能脱离层次，没有也不可能有无层次的结构。"② 1999 年，奉公教授鉴于"层次"概念的混乱使用，明确指出：层次的准确含义应该是"若干个下一级通过相干性关系构成具有新的性质的上一级的逐级构成性关系的等级结构"，并建议用"质级"一词来替代"层次"概念专指这种"上下级之间性质不同但又存在着构成性关系的'梯级'序列。"③

2. 层次结构的特点

自然界的物质处于普遍的联系之中，既表现为纵向联系，又表现为横向联系。若干要素经相干性关系构成系统，若干系统经相干性关系构成新系统，这样形成的逐级构成的结构关系就是层次结构。其中参与构成的系统称为低层系统，构成后的新系统称为高层系统。自然物质系统和社会系统都内在地存在着层次结构，称为系统的层次性。显然，物质系统的层次性主要是物质系统纵向联系的体现，而层次结构的形成又主要表现为物质系统的横向联系。对于一个具体的系统来说，它是相干性关系和构成性关系的统一体。

通过对层次结构形成机制的分析，不难看出它的基本特点主要包括两

---

① 中国社会科学院语言研究所词典编辑室：《现代汉语词典》，商务印书馆 2005 年版，第 139 页。
② 中国大百科全书总编辑委员会（哲学）编辑委员会：《中国大百科全书（哲学卷Ⅰ）》，中国大百科全书出版社 1987 年版，第 84—85 页。
③ 奉公：《"层次"概念的混乱与对策》，《科学技术与辩证法》1999 年第 4 期，第 7—10 页。

个方面：一方面，低层系统对高层系统具有构成性关系，即物质系统间的纵向关系。在这种关系中，低层系统是高层系统的组成部分，高层系统以低层系统为存在基础。另一方面，同一层次的系统之间存在着相干性关系，即物质系统间的横向关系。只有通过相干性关系，它们才能结合起来构成高一级系统。例如，只有具有相干性的原子才能构成高一级的分子系统，Cl 和 Na 之间存在着相干性耦合而成为 NaCl；而 He 和 Mg 之间缺乏相干性，故形不成独立的分子体系。由于这种横向关系的存在，才导致了纵向层次间的质的差异。随着每一个新物质层次的形成，总会有新质的突现和新功能的问世。然而，新质的突现并不意味着新层次的结构一定比原有层次复杂。恰恰相反，相干性关系所造成的新层次往往在结构上更简单一些，从而为低层次能够并入高层次的活动模式创造条件。系统哲学家拉兹洛指出："上层系统并不是一定比它的下层系统更复杂。譬如像 H_2O 这样的分子，其结构就要比氢和氧的原子结构简单得多。细胞群体的结构要比组成这群体的细胞的结构简单"，原因在于，"系统进化创造出来的等级不单单是结构等级，而且还是控制等级。"[①] 所以，我们在明确了层次结构（质级）是通过多级相干性关系逐级构成的整体结构，就可以说"上层系统并不一定比它的下层系统更复杂"。

3. 小结

总之，层次结构中的相干性关系导致层次间质的差异，层次结构中的构成性关系使得物质系统呈现出多级结构、多级功能、多级环境。也就是说，层次结构是通过多级相干性关系构成多级整体结构的。所以，我们在定义一个层次结构时：

(1) 要明确研究对象的系统类别，即从什么角度分类的；
(2) 要明确这些系统间的构成性关系；
(3) 要明确构成性关系得以实现的相干性关系。

因而，层次结构的间断性与连续性正是相干性与构成性的统一，并表现为层次结构的多样性与整体性。物质系统间的相干性关系的存在才使物质系统间的构成性关系得以实现。

[①] [美] E. 拉兹洛：《进化：广义综合理论》，闵家胤译，社会科学文献出版社 1988 年版，第 34 页。

（三）层次结构的结合度

物质系统层次结构的构成性和相干性两个特点决定了系统各层次结合的紧密程度互不相同。随着层次由低到高推进，结合的紧密程度由大到小而递减。将夸克结合为基本粒子的力量是非常强大的；将中子和质子结合为原子核的核力就弱了一些；将原子核和电子结合在一起的电磁力又弱了一些；将原子结合为分子的共价键或离子键再弱一些；将化学分子结合为生命大分子的力就更弱一些；将多细胞结合为生命整体的力量尤弱；至于维持生物群落和生态系统的力量，则难以与物理和生物化学的力量相比拟了。这一现象反映了系统层次结构形成的重要原理。

1. 结合度递减率的形成

我们把系统层次结构中的这一特性叫作结合度递减律。它是由美国物理学家 V. F. 韦斯科夫（V. F. Weisskopf）1963 年首先提出的。他认为自然界特定层次的物质系统的尺度 L 与它的组成要素之间的结合能 E 有反比关系，即 $L \times E = k \approx 10^{-7} \mathrm{cm} \cdot \mathrm{eV}$。这也就是说，除天文学方面的层次外，系统的层次结构愈高，在"量子阶梯"上的能级就愈低，物质的组织和分化程度也就愈高。反之，系统的层次愈低、尺度愈小，它的结合能则愈大，系统整体也就愈加牢固。[①] 如果不是这样，系统层次结构的形成就不可想象。同时，特定层次物质形态的多样性与其在自然界的丰度成反比。这表明自然界物质系统的丰度与层次结构的高度成反比。这样一部绝妙的物质发展史向我们表明：只有愈来愈少的物质参与了由低级到高级发展的全过程。物质的层次愈高，该层次的物质形态在宇宙中的丰度就愈少，而其结构功能的多样性就愈明显。后来，诺贝尔经济学奖获得者西蒙（H. A. Simon）将这一现象概括为自然界有序演化的层级原理（Hierarchy Principle）。所谓层级（hierarchy）是现实生活中处处可见的一个由不同层次（level）的相互联系的子系统所组成的更大系统。

20 世纪 70 年代，系统哲学家拉兹洛发展了韦斯科夫的"量子阶梯"概念，指出："低层次系统有较强的结合力（如核力与电力结合成原子结

[①] ［美］V. F. 韦斯科夫：《人类认识的自然界》，张志三等译，科学出版社 1975 年版，第 127—132 页。

构),而高层次系统明显地是由较弱的结合力造成的(有机体有化学键,群体与生态系统的结合则依靠位置的结构,共生行为是由基因编码造成,社会系统的结合通常要求有价值、规范和法律等)。"① 据此,他将自然界的物质系统划分为次有机组织、有机组织和超有机组织三个等级。所谓"次有机组织",是指物理、化学、天文学、地学所研究的实在对象;"有机组织",是指生物科学研究的实在对象;"超有机组织",是指社会科学所研究的实在对象。② 这种推进表现为系统之上再叠加系统,组成了一个连续的等级结构。1986年,拉兹洛在《进化——广义综合理论》一书中进一步指出:"当我们从初级组织层次的微观系统走向较高组织层次的宏观系统,我们就是从被强有力地、牢固地结合在一起的系统走向具有较微弱和较灵活的结合能量的系统。"③

2. 等级层次原理的应用

从层次结构的基本特点来看,结合度递减的趋势乃是必然的。试想,如果高层系统的结合度不是小于而是大于低层系统,那么在高层系统形成时,低层系统岂不早已土崩瓦解而不成其为一级整体了吗?哪里还谈得上构成性关系和相干性关系?系统的稳定性也就不复存在。同样,如果杀死我们身体内的细菌的温度或能量(就像人们因病发高烧来杀死细菌或病毒一样)就足以分解高分子、小分子,甚至足以分解其中的原子和原子核,也就不会有低层系统的存在。因此,这一原理也可以看作是系统层次结构的一个存在性定律。

正因为存在着结合度递减的趋势,所以高层系统的解体可以不影响低层系统的稳定性,有可能在稳定的低层结构之上重新建立新的构型,表现为变构过程中的稳定转变。比如,化学反应一般只涉及核外电子的排布而不涉及原子核,因而从原子到分子再到生物大分子的化学进化是比较平稳的,其成功率远比从基本粒子直接合成生物大分子的成功率高得多。人工合成胰岛素如果不是按层次由无机分子开始逐渐过渡到有机小分子、氨基

---

① Ervin Laszlo. *Systems Science and World Order.* Oxford: Pergamon Press, 1983, p. 117.
② [美] E. 拉兹洛:《用系统论的观点看世界》,闵家胤译,中国社会科学出版社1985年版,第25页。
③ [美] E. 拉兹洛:《进化——广义综合理论》,闵家胤译,社会科学文献出版社1988年版,第32页。

酸分子和合成 A 链、B 链，而是用 C、H、O、N 等元素直接合成胰岛素的成功概率几乎等于零。同时也因为低层系统的结合度更大一些，才使得上一层次的瓦解可以不导致一切从头开始的彻底重组。这正是等级层次结构能成为各种可能结构形式中更加稳定的结构形式的原因。因而，西蒙指出："在具有给定的体积和复杂性的各种可能存在的系统中，通过其演化过程最可能出现的是由子系统构成的分层等级系统。自然选择的机制产生出分层等级系统的速度将比产生同样体积的非分层系统的速度迅速得多，因为分层结构的各部分本身都是稳定的系统。"所以说，"自然系统的存在与演化取决于它的稳定性"[①]。

1962 年，西蒙用组装钟表的例子做了一个很好的分析。他假定甲、乙二人都用 1000 个零件组装钟表，每装 100 个零部件，有一次受干扰的机会，使组装工作需要从头来做。甲分三层进行组装，每个部件由 10 个零件组装而成，他必须完成 111 个分部组件。而乙不用分层的办法，一气呵成，直接将 1000 个零件组装成钟表。西蒙计算概率得到的结果是：乙组装一只钟表要用的时间平均为甲的 4000 倍。西蒙由此得出一个结论："如果存在着稳定的中间形式，复杂系统由简单系统（分层）演化而来的过程要比不存在稳定的中间形式的情况快得多。在前一情况下，复杂系统的结果将是等级层次性的。"[②] 这是因为前者自会聚、自组织的失败不会破坏整个系统，而只是分解为低一层次的子系统；而后者的自组织如果失败，就要一切从头再来。由于结合能与尺度成反比的规律决定了这种"稳定的中间形式"是可以存在的，所以，西蒙的结论所要求的条件是具备的。

3. 小结

有鉴于此，我们在认识天然自然物时，对其低层系统在一定范围内黑箱化是有充分理由的。为了研究生物大分子的结构，可以把无机小分子和原子结构黑箱化。这样做的目的当然在于收缩探索范围，把注意力集中到需要解决的问题上，而这样做的理由就在于低层系统比高层系统结合得更

---

① ［美］赫伯特·A. 西蒙：《管理决策新科学》，李柱流、汤俊澄等译，中国社会科学出版社 1982 年版，第 97 页。

② ［美］ H. A. Simon. "*The Architecture of Complexity.*" in G. J. Klir. *Facets of System Science.* Amsterdam: Kluwer Academic/Plenum Publishers, 2001, pp. 548—559.

加牢固。当我们的研究对象是高层系统时,可以把低层系统看成是它的要素——相信它们是单体稳定的。同样,在创造人工自然物时,分层控制的等级结构应当成为优先考虑的结构形式。比如,我们要研究 DNA 的合成时,应该优先考虑选择核苷酸分子,因为它们最容易在连续中实现进化。在控制论方面,奥林(A. Aulin)将系统层级理论总结为必要的层级定律(Law of Requisite Hierarchy):"调节与控制能力的缺乏,可以在一定程度上用增加组织层级来补偿。"[1] 或者说控制能力越弱,就越需要增加必要的组织层级。

(四) 层次结构的因果链

层次结构的基本特点也决定了其中必然存在双向因果链:低层系统作为原因可以在高层系统中引起一定结果,这可以称为上向因果链;高层系统作为原因又会在低层系统中引起某些结果,这可以称为下向因果链。双向因果链既造成了层次之间的差异,也沟通了层次之间的联系。

1. "自下而上"的上向因果链

层次之间由于新质突现而有质的区别,这是显而易见的。一个多世纪以前,恩格斯已明确反对过把生命层次归结为化学分子层次的观点。他说:"终有一天我们可以用实验的方法把思维'归结'为脑子中的分子的和化学的运动;但是难道这样一来就把思维的本质包括无遗了吗?"[2] 爱丁顿也曾在他的巨著《物质世界的本性》中明确指出"第一级定律"(控制单个粒子的行为)和"第二级定律"(适用于粒子之间的集合)的区分,其实质同样是强调层次间的区别。[3] 正因为存在着这种差别,企图用一种语言、一种理论来表述各个层次的规律是不会成功的,应该是关于高层次的理论和关于低层次的理论、宏观的理论和微观的理论共同存在、相互补充。玻尔在认识微观客体时特别强调了互补性原理,因为量子力学就是用宏观量来描述微观粒子的,所以量子力学是不完备的。

但是,层次间质的差异归根到底来自上向因果链的存在,即低层系统

---

[1] [美] A. Aulin. *The Cybernetic Laws of Social Progress*. Oxford: Pergamon, 1982, p. 115.
[2] 《马克思恩格斯全集》第 20 卷,人民出版社 1971 年版,第 591 页。
[3] [比] 伊·普里戈金、伊·斯唐热:《从混沌到有序》,曾庆宏等译,上海译文出版社 1987 年版,第 41 页。

及其相干性关系作为原因导致了高层系统特点的出现。只要从低层系统的规律和相干性特点出发，并考虑到相应的对应规则，高层系统的特点可以得到递进性阐明。比如，从化学规律出发加入一些边界条件（例如生物大分子的结构等）而导出生命现象的解释，就是如此。这种递进性阐明包括对相干条件的分析，充分考虑了低层系统之间的相干性关系，因而属于对上向因果链的揭示，与那种把高层现象简单还原为低层现象的还原主义是不同的。因此，我们"要从互补性原理学到的真正教训，一种也许能够转移到其他知识领域的教训，在于强调现实的丰富，它超过了任何单一的语言，任何单一的逻辑结构。每一种语言所能表达的只是实在的一部分。例如，音乐的任何一种实现，任何一种作曲风格，从巴赫到勋柏格，都没有穷尽音乐。……量子力学也使我们懂得，情况并非如此简单。在所有层次上，现实都隐含着一个基本的概念化要素。"所以说，"物理学所研究的实在也是一种精神结构，它不仅仅是被给出的。我们必须区分在数学上用算符表示的坐标或动量的抽象概念和能够通过实验得出的它们的数值实现。"①

2. "自上而下"的下向因果链

当然，高层系统出现之后，低层系统及其规律并没有消失，它们仍然存在于高层系统的整体结构中，并有了新的约束，其功能、属性、规律会以"扬弃"的形式表现出来。这就构成下向因果链，即高层规律对低层规律的限制和影响。通过限制和影响，低层系统的活动范围、条件和方向均受到选择、激活和放大，从而落入高层规律所允许的范围内。比如，按热力学第三定律，分子热运动所表现出的温度只有下限而无上限，但在高等生物体中由于受生理规律的调节，体温却只有很小的变动范围。因此，从高层规律出发，考虑到相应的边界条件和对应规则，也可以对加入高层系统的低层现象作出解释和预言。例如，我们可以参照人类社会的运动规律去研究动物群体的"社会现象"。

3. 还原论与整体论的有机结合——双向因果链

总之，层次结构中的双向因果链既表明了低层系统对高层系统的基础

---

① [比]伊·普里戈金、伊·斯唐热：《从混沌到有序》，曾庆宏等译，上海译文出版社1987年版，第275页。

性作用，又表明了高层系统对低层系统的支配调节作用。科学史上出现过的还原主义力图把高层次的规律归结为低层次的规律，而特创主义则把高层次规律看成是突如其来的东西，它们都人为地割断了层次结构中的因果链，因而在本质上是不正确的。所以，我们在自己的研究工作中应该从整体出发，经过分析研究，再把它们综合起来，这样得到的结果可能会更正确一些。因为"我们面对的是一个复杂的世界，但人的知识是有穷的和受到限制的。A. N. 怀特海警告说：'自然界可不会变得像你所能想象的那样简简单单，清清楚楚。'他进而对那种异常清楚和美妙的宇宙论提出质疑。理论就像窗户框上的玻璃，只要它们本身是清洁的，看上去就是清清楚楚的，可外面的世界却不会变得像所有的玻璃那样一清二楚，因而我们必须知道，为把它搞清楚，在哪些地方我们还要做工作。尽管科学理论要比现实世界简单，但无论如何它必须反映现实世界的基本结构。因而，科学必须谨防一味地追求简单而丢掉了那种结构；真要是那样的话，就是把小孩同洗澡水一起泼出去了。"[①]

五　系统演化的过程性

"自然界不是存在着，而是生成着和消逝着"[②]，也就是在演化着。自然界的演化 (evolution)，有进化，也有退化。进化是指"复杂性和多样性的增长"[③]，在这个不断分化的过程中导致了许多在不同的等级层次上同时形成新结构的现象。然而，19 世纪以前的自然科学，特别是在牛顿力学框架下对自然界的描述缺乏历史性思想。它们为各种具体的物质形态提供了一个永恒不变的参照系，普遍认为时间、空间、质量和整个宇宙都是不变的。19 世纪的科学成就，特别是生物进化论和热力学第二定律等科学理论从不同侧面揭示了自然界的历史性（加马克思创立的唯物史观统称为 19 世纪的三大演化理论）。恩格斯在总结 19 世纪自然科学主要成

---

① ［美］E. 拉兹洛：《用系统论的观点看世界》，闵家胤译，中国社会科学出版社 1985 年版，第 11 页。

② 《马克思恩格斯选集》第 4 卷，人民出版社 1995 年版，第 267 页。

③ ［英］罗素：《人类的知识——其范围与限度》，张金言译，商务印书馆 1983 年版，第 42 页。

就的基础上，系统地阐述了自然界的历史观，提出"世界不是既成事物的集合体，而是过程的集合体"①的著名论断，即自然界是一个相互联系和相互转化的过程构成的系统。20世纪以来的科学进展进一步丰富、完善和发展了恩格斯关于自然界的历史观思想。依据目前人们的科学认识水平，可对自然界的演化过程做如下的唯象描述。

（一）宇宙和天体的起源与演化

"上下四方曰宇，古往今来曰宙。"（尸佼：《尸子》）二字连用，始见于《庄子·齐物论》曰："旁日月，挟宇宙，为其吻合。"可见，中国古人已将空间和时间合称为"宇宙"，后来意指天地万物。辩证唯物主义哲学认为，宇宙在时间上、空间上以及物质存在的形式上都是无限的，如张衡在《灵宪》中所言"宇之表无极，宙之端无穷"。然而，一切有起源的东西，本身就包含着有限，所以我们这里所讲的宇宙（universe, cosmos）是指"我们的宇宙"，即天文观察所及的宇宙——直径约为200亿光年的总星系，而不是哲学意义上的宇宙。

1. 宇宙的起源与演化

世上"有两样东西，越是经常而持久地对它们进行反复思考，它们就越是使心灵充满常新而日益增长的惊赞和敬畏：我头上的星空和我心中的道德法则。"②康德的这句话深刻地道出了人类数千年的心声。从遥远的神话时代一直到今天，关于宇宙起源和演化的假说很多。目前，最有影响的是大爆炸宇宙论［1948，乔治·伽莫夫（George Gamow）］和由此发展而成的暴胀宇宙论［1981，阿兰·古斯（Alan H. Guth）］。按照这两种学说，宇宙起源于150亿—200亿年前的一次大爆炸。宇宙大爆炸之初是一个高温、高压、高密度的"奇点"。从大爆炸开始至10^{-43}秒（普朗克时间）之间有一个过渡的混沌状态，它包含有随机的量子涨落和临界不

---

① 《马克思恩格斯选集》第4卷，人民出版社1995年版，第244页。
② 李秋零主编：《康德著作全集》第5卷（实践理性批判），中国人民大学出版社2007年版，第169页。

稳定性所造成的许多被称为"泡沫"的区域。在10^{-43}秒的瞬间①,宇宙的温度高达10^{32}开尔文,热辐射能量为10^{28}电子伏特。

在宇宙大爆炸后的10^{-43}—10^{-36}秒(一刹那=0.018秒),随着宇宙的膨胀,温度的下降,宇宙进入一个"假真空"的状态。这种"假真空"不同于真的物理真空,它具有巨大的能量密度(可能达到10^{88}焦耳/厘米^3,相当于原子核能量密度的10^{59}倍),表现出巨大的负压力,引起引力排斥效应,使宇宙从10^{-36}秒后发生按指数规律的急剧膨胀(暴胀阶段),以致在10^{-36}—10^{-32}秒内,宇宙的半径增大了约10^{50}倍。暴胀骤然发生时,宇宙分裂为以事件的特殊视界而彼此隔离的区域,其中的每一个区域实际上就是一个独立的宇宙。它们在暴胀后都超过我们可观测宇宙的部分,而人类就只生活在其中的一个宇宙之中。

在暴胀结束后(10^{-32}—10^{-6}秒),宇宙进入对称破缺阶段,由"假真空"转变为"真真空",其多余的能量释放出来,在真空中产生了诸如夸克、轻子之类的最基础的基本粒子,标志着宇宙的诞生。随着宇宙温度和密度的逐渐下降,宇宙又经历了以下几个演化阶段:

(1)强子时代。当宇宙时为10^{-6}秒时,温度急剧下降到10^{12}K,热辐射能也为10^9电子伏特,夸克进入"袋"中,即发生了夸克—强子转换,这时强子(质子、中子、介子、超子等)成为宇宙中最活跃的进行强相互作用的基本粒子。

(2)轻子时代。当宇宙时为10^{-4}秒时,温度降到10^{11}K,宇宙进入轻子(电子、μ子、τ子和中微子)及其反粒子占主导地位的时代。这一时代的主要特征是粒子的分解和正反粒子的湮灭,如中子衰变成质子放出电子和中微子,电子和正电子相遇湮灭为两个光子。这两个反应的不断进行,导致光子和中微子大量产生。当温度降到10^{10}K时,光辐射占据优势,宇宙演化进入下一个阶段。

(3)辐射与核合成时代。这一阶段从宇宙时1秒持续到1万年。起初辐射占优势,实物粒子只占次要地位。当宇宙时为1—3分钟时,温度

---

① 梵典的《僧只律》记载:"一刹那者为一念,二十念为一瞬,二十瞬为一弹指,二十弹指为一罗预,二十罗预为一须臾,一日夜有三十须臾。"即一昼夜=24小时=86400秒,一须臾=2880秒=48分,一弹指=7.2秒,一瞬间=0.36秒,一刹那=0.018秒。

从 10^{10}K 降到 10^9K，开始发生核反应，中子和质子合成氘核，进而合成氦、锂等元素核。在核合成结束时，氦的含量按质量计算约占 25%—30%，氘占 1%，其余大部分都是氢。

（4）实物与星系时代。宇宙时为 1 万年后，温度降到 10^5K，自由电子开始被原子核俘获，形成稳定的原子。随后，辐射开始退耦，实物粒子逐渐占据主要地位，万有引力与辐射退耦在宇宙的进一步演化中起主导作用，这时实物粒子从离子态演化成气状物质。之后，随着宇宙的进一步膨胀和温度下降，气状物质被撕裂；大约在宇宙时 70 万年，温度降到 3×10^2K 时，开始形成原始星云，进而形成星系团，再从星系团分化出星系（如银河系）。当宇宙时为 50 亿年时，星系进一步凝聚而形成第一代恒星。

（5）宇宙未来的发展。有一种宇宙模型［弗里德曼（A. Friedmann）的闭模型］认为，在万有引力作用下，宇宙膨胀将逐渐减慢，到了某一最大体积后开始收缩，温度也随之升高，直至收缩到"原始火球"状态。然后在一定的条件下，宇宙再一次发生爆炸而膨胀。随着膨胀和收缩的更替，"我们的宇宙"有生有灭，在循环中运动，而且每经过一个周期，宇宙规模都要加大，所以人们称之为振荡式（脉动）宇宙模型，如图 7—8 所示。

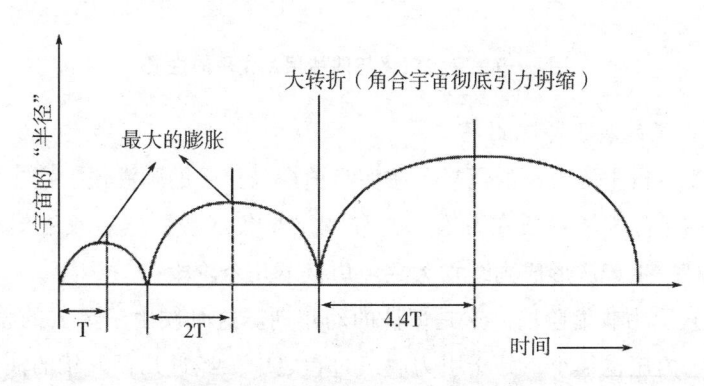

图 7—8　振荡式（脉动）宇宙模型

需要说明的是，支配宇宙演化的各种自然力本质上是统一的。在宇宙诞生的极早期，也就是在大约 10^{-43} 秒之前，统一的力支配着所有的相互作用。今天我们所知道的四种基本相互作用，即引力、强力、弱力和电磁力，那时是不可区分的。随着宇宙的膨胀和降温，真空发生了一系列相变：在大爆炸后 10^{-43} 秒，温度下降到 10^{32} K 时，引力首先分化出来，但强、弱、电三种作用力仍不可区分，夸克和轻子可以互相转变；到大爆炸后 10^{-36} 秒，温度降到 10^{28} K 时，大统一相变发生，强作用同电、弱作用分离，物质和反物质之间的不对称（即质子、电子这类物质多于反质子、正电子之类反物质的现象）开始出现；当宇宙时 10^{-12} 秒后，温度降到 10^{16} K 时，弱电相变发生，弱作用和电磁作用分离，完成了四种相互作用逐一分化的历史，如图 7—9 所示。①

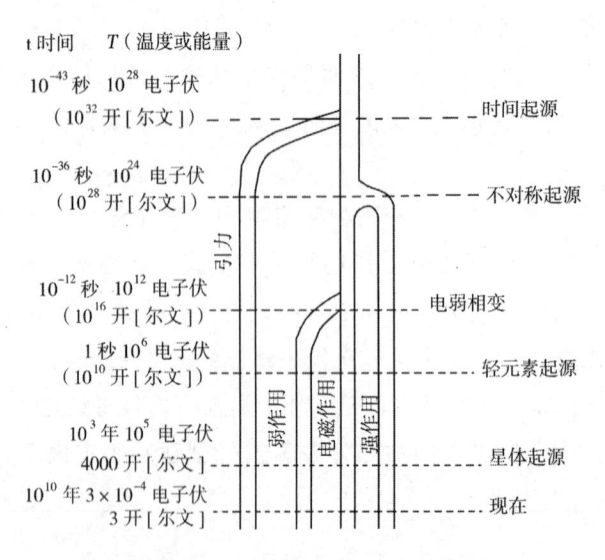

图 7—9 宇宙演化与四种相互作用的生成

2. 恒星的演化与观测事实

作为宇宙主要天体的恒星，按照目前广为接受的弥漫说，它主要是由低密度的星际弥漫物质在万有引力作用下聚集成块，然后收缩演化而成的。恒星一生，从形成到衰亡大致经历以下几个阶段：

（1）引力收缩阶段。这是恒性的幼年期。这时候由于星云的密度小、温度低、内压也很小，处于引力收缩过程之中。经过几百万年的演化，星云就收缩为一种似云非云或者似星非星的原恒星，其表面温度可达几百度，放射出红外线。

（2）主序星阶段。这是恒星的成年期，其中心温度可达近百万度，

---

① 陈其荣：《自然哲学》，复旦大学出版社 2004 年版，第 90 页。

氢核聚变为氦核，吸引与排斥作用势均力敌。这是恒星停留时间最长的阶段。太阳正处于这一阶段，已过去近 50 亿年，而它的寿命预期可达 100 亿年。

（3）红巨星阶段。这是恒星的中年期，吸引超过排斥，中心区因收缩而温度高达一亿度。这时引发的氦核聚变为碳核的反应使恒星的外壳急剧膨胀，表面温度降低而发红光。

（4）脉动和爆发阶段。这是恒星的老年期。氦聚变之后会依次出现碳聚变、氧聚变、硅聚变等热核反应，恒星的体积和亮度发生周期性的脉动，很大一部分恒星还会发生爆发以恢复内部平衡。

（5）高密恒星阶段。这是恒星的衰亡期。恒星爆发后抛出一部分物质，留下的中心部分会收缩为各种高密星体。一般有三种结局：小质量恒星坍缩为白矮星；质量为 1—3 个太阳质量的恒星坍缩为中子星；质量超过 3 个太阳质量的恒星坍缩为黑洞。

大爆炸宇宙论和暴胀宇宙论之所以能够得到科学界的更多认同，一个很重要的原因是它们当初所提出的不少预言后来得到了观测事实的支持。例如，宇宙天体的实测氦丰度为 25% 与其预言的 25%—30% 相近；宇宙实测的空间各向同性的 3K 微波背景辐射与其预言的 5K 相近；实测到的河外星系的谱线红移现象表明所有河外星系都在远离我们而去；观测发现所有宇宙天体的年龄都小于 200 亿年；在直径大于 1 亿光年的宇宙空间，星系（物质）的分布是均匀的、各向同性的。

（二）地球的形成与演化

在原始星云收缩为恒星的过程中，有的恒星周围剩留的弥漫物质分裂收缩为围绕恒星旋转的本身不发光的行星。太阳系就是这样一个恒星—行星系，地球是太阳系的八大行星[①]之一。地球从形成至今约有 48 亿年的历史，经历了一系列的演化过程。

（1）地球内圈层的形成和演化。地球形成初期是匀质低温的球体，

---

① 2006 年 8 月 24 日，国际天文学联合会在布拉格举行的大会上投票通过了行星的新定义，根据冥王星轨道运行的特点将其降为"矮行星"。这样太阳系原来的九大行星就变为现在的八大行星：水星、金星、地球、火星、木星、土星、天王星和海王星。

由于引力势能和陨石碰撞动能转化为热能，特别是放射性蜕变热能的积聚，使地球温度不断上升。当地球内部温度超过铁的熔点（1535℃）时，地球物质便发生熔融和重力分异。大约经过10亿年左右的演化，以铁、镍等重元素为主的物质下沉形成地核；硅酸盐等较轻的物质上浮形成地幔；更轻的元素组成的花岗岩等上浮于地表，形成原始地壳。

（2）地球外圈层的形成和演化。在原始地球内圈层分异的过程中，由于高温的作用，大量气体逸出地表，在重力或引力作用下形成了原始大气圈，固定在地球周围。它的主要成分是一氧化碳、二氧化碳、甲烷、氨气和水蒸气，缺乏游离氧，是还原性气体。以后由于太阳紫外线对水的光解作用和植物的光合作用，原始大气中产生了氧气，并在氧化的作用下，逐步变成以氧气和氮气为主要成分的现代大气。原始大气圈中的水蒸气因温度下降而凝结成液态水，降到地面成为原始水圈，以后才逐渐循环演化成今日的江、河、湖、海。大约在36亿年前，地球上产生了最初的生命物质，形成了原始生物圈。随后经过30多亿年的演化、变迁、发展，形成了我们人类栖息的环境。

（3）地壳的运动和海陆分化。关于地质演化的板块构造说认为，整个地壳由若干板块组成，板块悬浮在地幔软流层上。随着地幔物质的对流带动板块移动，板块承载着大陆移动，大陆不断漂移，有分有合。海底地壳不断从大洋中脊处生成，又不断在深海沟处消亡，不停地更新。海底更新和大陆漂移引起海洋的不断变化，时而扩大，时而缩小。板块之间的相互作用形成造山运动，板块边界处分布着全球主要的地震带、火山带、造山带、海沟和断裂带等。喜马拉雅山就是两个板块相互挤压而形成的世界屋脊。

（4）冰期和间冰期的寒暖交替。在地球的演化过程中，地球表面广布冰川、气候十分寒冷的大冰期只占整个地质时期的10%。已知被亿年以上间冰期间隔的大冰期有七次，而其中冰期持续时间较长的三次是：公元前7亿—公元前6.5亿年的大冰期，公元前3.5亿—公元前2.7亿年的大冰期，公元前0.02亿年以来的大冰期。各次大冰期的强度和分布地域有所不同。上述第一次为6级，第二次为4—5级，第三次为3级。最近发生在公元前200万年的第三次大冰期主要分布在北美洲、欧洲大陆和西伯利亚西部，世界有32%的面积被冰川所盖。这次大冰期内还存在不同级别的小冰期和小间冰期。关于最近这次冰期是否结束，目前认识还不一致。一些人认为高潮已过，另一些人则认为尚处在间冰期。根据斯台奈尔（J. Steiner）的研究发现，在30亿年中的11个银心点有7个与已发现的七次大冰期相对应，这与太阳系绕银心的公转周期2.74亿年比较接近，因而人们猜测地球冰期的形成与银河年之间存在一定联系。

（三）生命的起源与演化

生命是一种复杂的、高级的物质运动形式。一般认为，生命是由蛋白质和核酸等物质成分组成的多分子体系，它具有不断繁殖后代以及对外界产生反应的能力。关于生命的起源问题，在历史上曾经出现过各种假说，有神创论、自生说、外星论等。19世纪70年代，恩格斯根据当时生物学的研究成果明确提出："生命是蛋白体的存在方式，这种存在方式本质上就在于这些蛋白体的化学成分的不断的自我更新。"[1] 并指出："生命的起源必然是通过化学的途径实现的。"[2] 这一论断指明了20世纪关于生命起源的研究方向。从现代生物学的观点看，在初具地理轮廓的原始地球上，原始生命的起源和发展需要经过化学进化和生物进化两个阶段。20世纪70年代，艾根建立了核酸和蛋白质是在一个超循环中共同进化的超循环理论，认为在地球上生命起源的化学进化阶段和生物进化阶段之间，还应该有一个生物大分子的自组织阶段。

1. 生命起源的化学进化

目前认为，生命起源于化学进化，大体在地球诞生后的10多亿年的时间里经历了如下四个阶段：

（1）从无机小分子到有机小分子。在还原性的原始大气中，氢、甲烷、水、氨等无机小分子在太阳能、雷电、宇宙射线和其他自然能源的作用下，合成了氨基酸、核苷酸和单糖等有机小分子。

（2）从有机小分子到生物大分子。在原始大气中生成的有机小分子随着雨水汇集到原始海洋中，在特定条件下，氨基酸脱水缩合为蛋白质分子，核苷酸脱水缩合为核酸分子，单糖缩合为多糖。这些不是普通的有机

---

[1] 《马克思恩格斯选集》第3卷，人民出版社1995年版，第422页。
[2] 同上书，第413页。

高分子，而是直接通向生命的生物大分子。

（3）从生物大分子到多分子体系。在原始海洋中生物大分子愈积愈多，加上江河溶解和冲刷带来的大量无机盐和其他有机物，为形成多分子体系创造了条件。蛋白质和核酸就聚合成一种有一定内部结构的颗粒。有人把它叫作"团聚体"[coacervate，1924，奥巴林（A. I. Oparin）]，也有人把它叫作"微球体"[microsphere，1960，福克斯（S. W. Fox）]。这种多分子体系已经能够与外界环境进行原始的物质交换、能量转换和信息传递。

（4）从多分子体系到原始生命。生命是由核酸与蛋白质组成的、具有自我更新和自我复制能力的多分子体系。一些多分子体系经过长期的不断演变，随着结构与功能的逐渐完善，最终形成能把同化作用和异化作用统一于一体产生出原始的新陈代谢，并且能进行自我繁殖的"过程或组织形式"。这样，多分子体系就进化成为原始的生命形式，此后便开始了漫长的生物进化过程。

2. 生物大分子的自组织进化

我们在第六章第三节中已经提到，核酸是遗传信息的载体，蛋白质是各种功能的执行者。这也就是说，没有核酸，蛋白质不能形成；没有蛋白质，核酸也不能形成。由此讨论了"先有核酸还是先有蛋白质"的问题。针对这个长期争论不休的话题，艾根建立了核酸和蛋白质是在一个超循环中共同进化的超循环论，认为在生命起源的化学进化阶段和生物进化阶段之间，还有一个生物大分子的自组织阶段。在这个阶段中，才形成了具有统一的遗传密码的细胞结构。这样，在逻辑上可以把生命的起源和进化分为三个在时间上并非完全割裂的阶段[①]：

（1）前生物的化学进化阶段；

（2）生物大分子的自组织阶段；

（3）达尔文揭示的生物进化阶段。

其中，生物大分子的自组织过程采取了超循环的组织形式。"一旦这个闭合的超循环圈形成，我们就找不到起点和终点，也分不清谁先谁后。

---

① [德] M. 艾根、P. 舒斯特尔：《超循环论》，曾国屏、沈小峰译，上海译文出版社1990年版，第222页。

最初可能是一个偶然产生的拷贝，可以看作是一个微涨落。由于表现出最高的选择价值，它迅速地在竞争中获胜，取得优势，扩大成巨涨落，最后占据了整个'信息空间'。它造成了信息沿 DNA→RNA→蛋白质这个方向传递的通讯系统，造成了在'原始汤'中多种生化分子排列的空间秩序的对称性破缺。信息就这样通过随机组合、竞争和选择创造出了，生命就这样诞生了。至此我们就能正面回答前面提出的问题：核酸和蛋白质是同时进化出来的，正像'有了蛋就有了鸡，有了鸡就有了蛋'。"[1] 所以，艾根强调指出，只有通过超循环的自组织形式，才有可能实现蛋白质和核酸的相互合作，促使生命信息的起源和进化。这种把生命起源作为自组织现象来描述的理论，为研究生命起源特别是生命信息的起源提供了一种新的思路。[2]

目前的科学考察认为，距今 4.5×10^9 年前的地球，正处于化学演化阶段，那时候地球上没有氧，但充满着原始大气。从 1953 年米勒（S. L. Miller）的高压放电模拟实验到对陨石、化石的分析，均证明氨基酸都以等量 D-型和 L-型混合物存在，是没有光学活性的外消旋体。距今 3.2×10^9 年前地球进入了生物进化阶段，出现了病毒、细菌和蓝藻等简单微生物。由 L-型氨基酸合成蛋白质，由 D-型单糖合成核酸。那么在这两个历史阶段从化学进化到生物进化之间，即距今 3.8×10^9 年前后的岁月中，必然有一个过渡阶段，即手性分子立体选择、系统形成阶段。在此阶段中，组成蛋白质的 L-型氨基酸逐渐大于 D-型，形成核酸的 D-型单糖逐渐大于 L-型。这时，通过生物大分子的自组织演化，地球上手性分子系统建立，标志着生命的诞生。因此，自然界光学活性的起源是生命起源的一个重要课题，也是其重要标志（详见第九章第二节相关内容）。

3. 生命的生物进化

原始生命出现以后，又经历了从非细胞到细胞，从原核细胞到真核细胞的演化过程。大约出现在 17 亿—18 亿年前的真核细胞的细胞核内由核糖核酸和蛋白质组成的染色体系统，成为遗传信息的中心，它标志着生命演化进入了一个新里程。大约在 12 亿年前，真核细胞具有了植物和动物

---

[1] 闵家胤：《进化的多元论》，中国社会科学出版社 2012 年版，第 108 页。
[2] 涂序彦、尹怡欣：《人工生命及应用》，北京邮电大学出版社 2004 年版，第 134 页。

的双重属性，既能进行自养生活，又能进行异养生活，于是在一定条件下（大约在 5 亿—6 亿年前）分化为单细胞植物和单细胞动物两个分支。此后，在适应环境的过程中，植物沿着菌藻植物→苔藓和蕨类植物→裸子植物→被子植物的方向进化；动物则沿着无脊椎动物→脊椎动物的方向进化。而脊椎动物又沿着鱼类→两栖类→爬行类→鸟类和哺乳类方向发展，直到人类的出现。至此，生物界就由原来的单极生态系统过渡到由动物、植物和微生物构成的多极生态系统，逐步形成了现在的由 150 多万种动物、40 多万种植物和 10 多万种微生物组成的多姿多彩、生机勃勃的自然界，如图 7—10 所示。

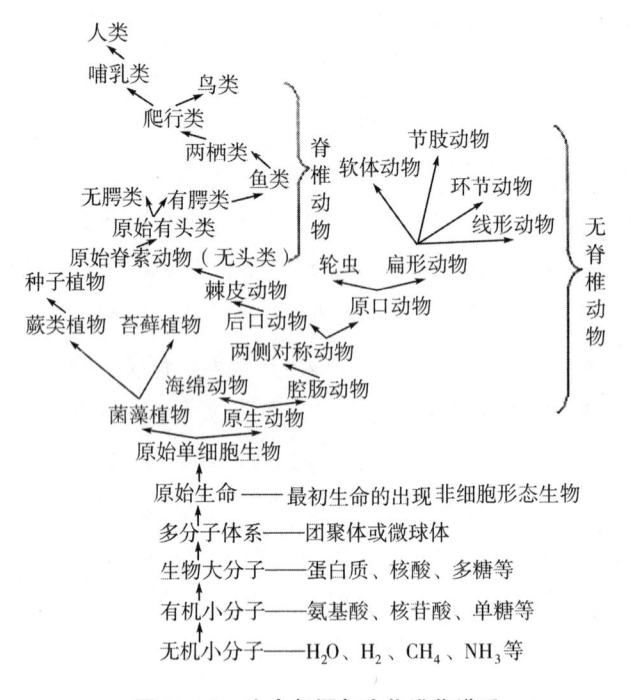

图 7—10　生命起源与生物进化谱系

以上我们对自然界茫茫宇宙、芸芸众生的演化发展的描述既是唯象的，也是粗糙的，其中不仅存在许多问题与空白，而且也难免存在错误与缺陷。随着自然科学的发展将会不断地使问题得到解答，空白得到填充，错误得到纠正，缺陷得以弥补，使演化细节的描述趋于完善，自然界的历史性观念不断得到强化。然而，笔者强调：生命的诞生是地球上物质发展史上的一个里程碑，特别是人类的出现是自然界演化发展中最绚丽的花朵。由于产生了生命，才使地球历史从化学进化推进到了生物进化。生命的诞生，也意味着物质发展的异化，产生了否定自身的因素，即生命使其与物质相对立的思维、精神现象成为现实。从此，自然界从亿万斯年的沉睡中苏醒，开始了自己认识自己，并且自觉地指导和控制自身发展的历程。

六　系统演化的方向性

由上可知，"宇宙"、天体和各种生命体以及人类自身都处于演化的洪流之中，都要经历发生、发展和灭亡的历史过程。这种历史过程的新旧交替，表现为物质形态的由生到灭和由灭到生；表现为与物质形态相对应的运动形式的相互转化，即由简单的机械运动→物理运动→化学运动，到复杂的生命运动→社会运动。因此，自然界的演化是有方向性的，表现为进化和退化两个方向。而方向（direction）作为描述运动变化的概念，一般是指自然界物质运动自发趋向某种状态的变化。所以，方向性是自然系统运动规律的一种基本表现，它强调的不是起点，而是终点，与目的性概念颇为相似。现代系统科学的研究成果表明：进化是自然系统演化的熵减方向；退化是自然系统演化的熵增方向；自然界的整体演化乃是一个熵变过程。

（一）时间之矢与不可逆性

自古以来的经验告诉人们，时间是永远朝一个方向前进的。真是光阴似箭，日月如梭，一去不复返了。正是由于时间的这种不可逆性，自然界的演化才有真实的内容，自然界才有真正的历史。因此，研究自然界演化的方向性，首先要从对时间的认识开始。

我们每一个人都生活在一定的时间和空间中，各种学问也都离不开时空的概念。历史上许多大学问家都对时间和空间做过研究，所以，许多人都认为时间、空间早已被人们发现了，是人们熟知的东西。然而，"遗憾的是，常识往往是对真实世界的误导"[1]，"熟知并非真知"[2]——熟知的

---

[1] ［英］彼得·柯文尼、罗杰·海菲尔德：《时间之箭》，江涛等译，湖南科学技术出版社2007年版，第56页。

[2] ［德］黑格尔：《小逻辑》，贺麟译，商务印书馆1980年版，第37页。

东西并不一定是我们真正了解的东西,原因就是因为它是熟知的,而未加深思。黑格尔的这句名言告诉我们,熟知与真知有别。名称只是一种常识,一种熟知,概念则是一种真知,一种理论。因此,我们不但要探索我们不熟悉的东西,而且还要留心我们熟知的东西,要注意研究它们。"时间"就是我们非常熟悉的,而现代科学的每一次重大突破都发生在对"时间的再发现"上。

1. 与经典力学相联系的时间

众所周知,在经典力学中,牛顿第一次把"时间"概念引入科学殿堂,并把它作为最基本的物理量之一。牛顿的时间定义是:"绝对的、真正的和数学的时间自身在流逝着,而且由于其本性而在均匀地,与任何其他外界事物无关地流逝着"[①]。这种时间概念,导致牛顿对任何事物运动的描述都是等价的。换句话说,经典力学描述的质点运动是典型的可逆过程,运动轨迹中的状态序列既可以按 $t \to +\infty$ 的方向展开,也可以按 $t \to -\infty$ 的方向展开,两种过程具有相同的物理图像。这就意味着系统的过去和未来、始态和终态没有差别。

我们可以用精确的数学语言来刻画这种可逆过程。如果描述一个过程的动力学方程,比如牛顿方程为:

$$F = m \cdot \frac{\partial^2 r}{\partial t^2}$$

此式在时间反演变换($t \to -t$)下保持不变,则我们称这个过程是时间反演对称的,亦即可逆过程。在相对论力学和量子力学中,它们的基本方程也都是时间反演对称的。这就是说,在这些方程中时间是可逆的,时间仅仅是从外部描述运动的一个参量。它的变化并不影响运动的性质,因而也无法从运动来判别时间。因此,可逆性就是运动过程的时间反演对称性。

所谓过程是指在时间中展开的一定状态序列,属于动力学的研究对象。其中,可逆过程是指一个物质系统从某一状态出发,经过某一过程达到另一状态,如果存在另一过程,它能够使该物质系统和外界环境完全复

---

① [美] H. S. 塞耶编:《牛顿自然哲学著作选》,王福山等译,上海译文出版社2001年版,第26页。

原（即物质系统回到原来的状态，同时消除了原来过程对外界环境的影响），则原来的过程称为可逆过程，简称可逆。反之，用任何方法都不可能使物质系统和外界环境完全复原，则原来的过程称为不可逆过程，简称不可逆。显然，可逆与不可逆是刻画过程的概念，只有对两种以上状态所构成的过程才谈得上可逆与不可逆。可见，在经典力学中并不存在时间之矢，也就没有真正的演化和发展，时间箭头在这里没有实质性的意义。我们把时间是可逆的这类物理学理论称为"存在物理学"。

由此可见，"时间之矢"是指时间是否具有一维性或非对称性的问题。换句话说，时间的流逝对于系统的演化来说是不是单向的？如果是单向的，则是不可逆的，将出现时间箭头；如果不是单向的，则是可逆的，就无所谓时间箭头的问题。这是自然界演化发展的一个根本性问题，即可逆与不可逆的问题。

2. 与热力学和进化论相联系的时间

1850年克劳修斯发现，"热量不能自动地从低温物体传向高温物体"[①]。或者说，一个孤立系统的热运动总是自发地朝着从高温到低温，从不平衡到平衡的方向变化的。这一定律揭示了热量的传递方向。1864年克劳修斯又在《热之唯动说》中引入了"熵"[②]的概念，用来反映热运动的这种不可逆性，并把热力学第二定律表述为"熵增加原理"："系统只能自发地朝着熵增大的方向发展，最终达到熵最大的平衡态。"因此，熵是一个反映热运动过程和方向的物理量。熵增加原理第一次把"时间之矢"引进物理学，使它成为区分可逆过程和不可逆过程的判据。它的基本思想是：存在一个态函数——熵（entropy），只有不可逆过程才能使孤立系统的熵增加（$ds/dt > 0$）；可逆过程不会改变孤立系统的熵（$ds/dt = 0$）。

大家最熟悉的例子是，在一杯清水中滴入一滴墨水，墨水分子将随着时间的推移而自动扩散到与水分子均匀混合；而要把墨水分子重新集结起来，再与水分子分离开来，这种现象是不可能自发产生的。这时候时间已

[①] 热力学第二定律的克氏表述：不可能把热量从低温物体传到高温物体而不引起其他变化。

[②] 熵的德文词为 Entropie，中文定名则来源于热量除以绝对温度所得的"商"之同音约定：$S = \Delta Q/T$。

不再是描述系统运动的外在参量,而是和不可逆过程联系在一起产生了有实质内容的时间箭头。我们把时间是不可逆的这类物理学理论称为"演化物理学"。

大约与此同时,1859年达尔文发表《物种起源》提出了生物进化学说,认为生物界由于遗传和变异的矛盾,在自然选择的作用下,适应能力差的旧物种不断灭绝,新物种不断产生,遗传信息量也不断增加。整个生物系统处于由无序到有序、由简单到复杂、由低级到高级的不断变化(发展)之中。这种由自然选择而导致的物种进化也是需要用不可逆性来刻画的。

这样,我们得到了两个宏观的时间指向:一个是以热力学第二定律为代表的用孤立系统的熵增加来定义的热力学指向;一个是以生物进化论为代表的开放系统的用信息增益(信息是负熵)来定义的历史指向。两个指向都有大量的事实根据,都是不可逆的。然而两个指向却是相反的:热力学指向自然界演化的退化方向,它表明非生命物质的演化是由有序到无序(如离散度的增加),表现为熵增方向;生物学指向自然界演化的进化方向,它表明生命物质的演化是由无序到有序(如新物种的产生),表现为熵减方向。

综上所述,克劳修斯热力学第二定律的提出具有重要的历史意义:它揭示了自然界演化的方向性和不可逆性,提出了与牛顿机械论宇宙观完全不同的演化图景;尽管这个演化的方向是向下的,与达尔文的生物进化论形成了鲜明的对照,但它们共同发展了"演化"概念,深化了人类对宇宙的认识。难怪百年之后(1959年)英国著名学者查尔斯·斯诺会说,不了解热力学第二定律与不懂得莎士比亚(William Shakespeare)同样糟糕。总之,19世纪的科学发展使人们重新认识到时间是不可逆的,应该有自己的方向。所以,普里戈金指出,熵的概念的提出是对19世纪科学思想的巨大贡献,但是,19世纪却是带着一种矛盾的情景——作为自然的世界和作为历史的世界——离开我们的。[①] 爱因斯坦也曾指出:"熵理论,对整个科学来说是第一法则。"约翰·惠勒(John A. Wheeler)甚至

---

① 湛垦华、沈小峰等:《普利高津与耗散结构理论》,陕西科学技术出版社1982年版,第V页。

认为："一个人如果不懂得'熵'是怎么回事，就不能说是科学上有教养的人。"① 原因在于熵理论反映了客观事物运动变化的规律，它为人们提供了一种新的世界观。

（二）不可逆在演化中的作用

自然界发生的实际过程严格地说都是不可逆过程，可逆过程只是对某些现实过程的简单化、理想化处理。因此，不可逆过程所导致的时间对称性破缺是一件很有意义的事情，它意味着所有自然系统都处于程度不同的演化之中。这也就是说，在不可逆过程存在的情况下，演化才是可能的，质的多样性才能显示。所以，普里戈金指出："不可逆性远不是什么幻影，而是在自然界中起着重要作用，并且处在大多数自组织过程的始端。"今天，我们在各处都可看到不可逆过程所起的作用，看到涨落所起的作用。"因为我们知道，不可逆性可能是有序的源泉，相干的源泉，组织的源泉。"②

1. 与平衡态相联系的不可逆性

在发现和研究不可逆性的初期，不可逆过程总是和热力学的平衡态联系在一起的。所谓热力学平衡态仅指那种宏观无差异、微观状态分布最为混乱的状态，即熵最大的状态。比如，在一个存在着温度差异较为有序的热力学系统中会出现热传导现象，不可逆过程却要消除原来系统中的温度差，最后使系统达到熵最大的平衡态，不再有宏观的热运动；在气体扩散现象中，不可逆过程会消除原来较为有序的不均匀的气体密度，使其趋向均匀分布，最后达到等概分布的平衡态，停止扩散运动；在化学反应中，不可逆过程总要使系统趋向于化学平衡，一旦达到化学平衡，便不再有宏观的化学变化了。总之，在上述物理和化学系统中，不可逆过程总是起着破坏有序结构使系统趋向无序的消极作用。

不可逆过程的这种消极作用，是由玻尔兹曼于1877年从分子运动论的角度给出概率解释的。他认为，一个系统的热运动总是跟它的无序程度

---

① 转引自［美］J. 布里格斯、F. D. 皮特《湍鉴：混沌理论与整体性科学导引》，刘华杰、潘涛译，商务印书馆1998年版，第156页。

② ［比］伊·普里戈金、伊·斯唐热：《从混沌到有序》，曾庆宏等译，上海译文出版社1987年版，第48页。

有关。在没有外界条件的干预性，一个系统总是自发地从有序走向无序。于是，他从熵与热力学几率的联系出发，提出了著名的玻尔兹曼公式：系统的熵 S 等于玻尔兹曼常数 k 乘以热力学概率（微观组态数）P 的自然对数，即

$$S = k\ell n P$$

这个关系式表明，系统的熵与热力学概率的对数成正比，表示宏观参量熵 S 是系统微观组分混乱程度的量度，并随着热力学几率的增大而增大，即熵增对应着无序化程度的增加，熵减对应着有序化程度的增加。熵在平衡态达到最大值，表示系统微观混乱达到最大程度。这样就把系统的宏观状态与微观运动联系起来了。根据这种解释，平衡无序态是最可几状态，一切非平衡态都受平衡态的吸引，不可逆地趋向于这种状态；而且一旦达到这种状态，系统就会"忘却"它的一切初始的不对称性，仅在这个对称性最大的状态附近涨落。这就是说，玻尔兹曼熵概念的概率解释①揭示了平衡态这种"吸引中心"的特殊性，一般把它称为平衡吸引子。

但是，这种向最可几状态演化的解释也存在着理论和实践上的困难。从理论上说，概率解释是以微观粒子（如分子）的可逆性为基础的，即组成整个体系的微观粒子的运动服从力学规律，能够恢复到初态。而这种微观可逆过程的叠加为什么会导致宏观不可逆呢？这个问题是我们下一步要研究的课题。从实践上说，生命的起源和生物的进化是很难用概率解释加以说明的，因为"概率论告诉我们，由纯粹的偶然性导致正确结果的可能性是 $10^{2400000}$ 分之一（即 1 后面有 240 万个 0！）。"② 还有像激光效应、化学振荡、贝纳德花样等现象也不服从概率解释。因为它们出现的概率极低，是高度不可几事件。这就提出了对不可逆作用的重新认识问题。

---

① 1948 年，维纳在《控制论》中指出："信息量是一个可以看作概率的量的对数的负数，它实质上就是负熵。"即 $I = \log 1/P = -\log P$。可见，"信息量的概念非常自然地从属于统计力学的一个古典概念——熵。正如一个系统中的信息量是它的组织化程度的度量，一个系统中的熵就是它的无组织程度的度量；这一个正好是那一个的负数。"——[美]维纳：《控制论》，郝季仁译，北京大学出版社 2007 年版，第 59、19 页。

② [德]弗里德里希·克拉默：《混沌与秩序》，柯志阳、吴彤译，上海科技教育出版社 2010 年版，第 19 页。

2. 与非平衡态相联系的不可逆性

在麦克斯韦妖①（1871年）引起科学界的困惑长达70多年之后，也就是当科学进入20世纪40年代，随着薛定锷的生命负熵论、维纳的信息负熵论以及申农的通信信息论的相继问世，科学的视野逐渐从对孤立系统的研究转向了对开放系统的研究，使人们逐渐把熵、信息、负熵这样一些概念联系起来，从而有望解开作祟多年的"妖精"之谜。

按照目前的理解，不可逆过程如果发生在近平衡态附近，即非平衡线性区，那么，它的作用的确是导致有序结构的破坏。但是，最小熵产生原理表达了某种"惰性"，使其尽可能地靠近平衡态。所以，非平衡线性区的这种"演化"不可避免地导致任何差别、任何特殊性的消灭。不可逆过程如果发生在远离平衡态的非线性区，再加上其他条件，它就具有了重要的建设性作用。比如，著名的贝纳德花样和目前已经研究得比较清楚的激光、化学振荡，甚至天空中的"云街"、岩石中的规则花纹、固体中的"类流态"现象，都是自然界中普遍存在的非平衡有序结构。

现代系统科学越来越揭示出不可逆性的积极意义。从生物学、经济学、社会学到宇宙学的广阔领域，不可逆过程更多地与系统有序演化联系在一起。生物物种总是沿着从简单到复杂的方向演化。人总是沿着从小到大再到老的单一历程生活，君只见"高堂明镜悲白发"，却未闻"暮如霜雪朝复青"。假如你能深入到生命的微观层次也会发现，在最简单的细胞中也存在着数以万计的化学耦合反应及其他复杂而有序的操作，它们受到来自整个机体的精巧控制。这种高度的相干性作用是在生物机体的不可逆演化过程中进行的。就是平衡有序结构（如晶体、铁磁体）也是在一定条件下，系统不可逆地趋向于自由能最小态的过程中形成的。基于这些事实，普里戈金指出，不可逆性之所以具有重要的建设性作用，那是因为它

---

① 1871年，麦克斯韦在《热的理论》一书中提出一个与热力学第二定律相悖的理想实验：假定把一个温度为T的容器分为A、B两部分，中间开一个小洞，由一个神通广大的"妖精"把守洞门，只允许快粒子进入B室，慢粒子进入A室。一段时间后，原来等温的容器出现了两个不同温度的相，从而导致系统的熵减少。1929年，齐拉德（Leo Szilard）在《精灵的干预使热力学系统的熵减少》一文中，证明"麦克斯韦妖"其实是个有智力的存在物，它有记忆、储存和识别能力。由此他提出了"负熵"（negative entropy）的概念。
——W. 艾伦伯格：《麦克斯韦妖》，《科学的美国人》，1967年第5期；王德禄：《关于熵和信息联系的一篇早期文献》，《自然辩证法通讯》1985年第2期，第52—53页。

是一切相干过程的基础和自组织过程的始端,像正反馈之类的相干效应就是在不可逆过程中表现出来的。例如激光,一个光子打到活性原子上,不仅不被吸收,反而激发出一个新的同样的光子。这种受激辐射就是在不可逆过程中完成的,而受激辐射正是产生激光的重要机制。他还进一步指出,"没有不可逆过程就不可能有生命"[1],"而以通信为基础的逐渐增加知识,大概是人类思维所能接近的最不可逆过程。"[2]

综上所述,不可逆过程既可以导致有序结构的破坏,也可以导致更加有序结构的产生。因此,与不可逆过程相联系的时间箭头既可以指向退化的方向,也可以指向进化的方向。如果说经典热力学主要研究了不可逆过程的消极作用的话,那么,非平衡自组织理论则更加重视不可逆过程的建设性作用。近年来,随着现代自然科学的发展特别是非线性科学(复杂性科学)的兴起,为我们提供了一种新的思维方式,许多自然科学家和社会科学家开始采用跨学科研究的路径,探索本学科领域内的复杂性问题,例如:纳米材料的自组织合成、生态系统的自组织演化、复杂适应系统的优化处置和创造性思维的非线性分析,等等。

(三) 进化与退化的统一性

不可逆过程的双重作用,导致了系统在演化中会有两个方向:进化方向和退化方向,这个矛盾困惑了人们百年之久。然而,冲突是融合的前提,对立为统一创造了条件。正如怀特海(A. N. Whitehead)所说,"几种学说的交锋并不是一场灾难,而是一个好机会。"[3] 为了解决这个矛盾,首先要弄清什么是进化?什么是退化?以及两者之间的关系。

1. 进化与退化的规定性

一般讲,变化是事实判断,进化是价值判断,要评价就要有评价标准。进化的标准是一个很复杂的问题。达尔文认为,生物器官的专业化和完善的程度是判定生物进化的标准。他把退化理解为生物为适应简单生活条件而使其器官变小、构造简化、功能减退,甚至完全消失。例如仙人掌

---

[1] [比]伊·普里戈金、伊·斯唐热:《从混沌到有序》,曾庆宏等译,上海译文出版社1987年版,第169页。
[2] 同上书,第352页。
[3] 转引自上书,第261页。

叶子的针状化。退化就是简单化。可见，达尔文实际上是把生物进化理解为从简单到复杂，从低级到高级的演化过程。但他也感到判断孰高孰低，并不是一件容易的事情。他说："由于所选择的标准不同而产生不同的结论，或是认为鱼类的构造进化了，或是认为退化了。要想对不同大类之间的成员进行等级高低的比较，几乎是不可能的，谁能够决定乌贼是否比蜜蜂高等呢？"[①]

然而，系统科学特别是复杂性科学的兴起，为自然界的演化发展和进化标准提供了一个比较好的说明。进化作为一种特定方向的演化，是指事物上升的、从无序到有序、从低序到高序的不可逆过程或复杂性与多样性的增长。退化一般是指事物下降的、从有序到无序、从高序到低序的不可逆过程或从宏观有序态到"混沌态"以及不同"混沌态"之间的更替。这里"序"（order）的基本内涵是"次序"、"排列"，可以引申为一种有规则的状态，但在现代科学中，序的概念不仅表现为空间结构的某种规则性，也可以反映系统演化的某种规律性。因此，广义的序或有序是指客观事物或系统组成要素之间有规则的联系、运动和转化；无序是指客观事物或系统组成要素之间无规则的联系、运动和转化。把握"序"的概念我们要注意以下几点：

（1）系统的有序或无序是一个整体性概念。单个事物或孤立的要素是无所谓有序或无序的。例如，对于由大量原子组成的物体，从整体上说，可以是有序的晶体结构，也可以是无序的非晶体；而对孤立的一个原子来说，就没有这种有序或无序的问题。当然把原子作为一个系统整体，把电子、质子和中子作为其组成部分，又会产生其他的有序或无序问题，这就引出了前面所说的层次性问题。

（2）系统有序表现为要素分布的不均匀性。一个系统的各个要素总是出现在某些特定的空间位置或时间位置上，它就显得井然有序；如果要素的分布是均匀的，即任何要素都可以出现在任何位置上，整体上就显得混乱而没有规则。一个系统中物质和能量分布不均匀，形成一定的梯度，就会显示出有序性。这里要特别注意的是有一个观念的变化：不均匀→有序；均匀→无序。系统的有序还意味着要素分布和运动的某种一致性或协

[①] ［英］达尔文：《物种起源》，舒德干等译，北京大学出版社2005年版，第209—210页。

调性。如激光是有序的，自然光是无序的；前者的光子具有相同的频率和相位，后者则不然，它是七色光的均匀混合。

（3）任何系统都是有序和无序的辩证统一。这种统一的不同程度，就构成了系统的一定秩序，即有序度。事物或状态不同的有序度构成一系列的阶梯。如果系统向有序化发展，我们就说它的有序度愈来愈高；反之，如果系统向无序化发展，我们就说它的有序度愈来愈低。

（4）系统的有序和无序处于对立统一之中。一方面，没有离开有序的绝对无序，例如分子的无规则热运动在宏观上表现为物体温度的高低；另一方面，也没有离开无序的绝对有序，人脑是一个高度有序的系统，但也并非绝对有序。人脑的进化并没有走到终点，它还要不断消除自身的无序，向更高的有序发展。不过，对于某一具体系统，在确定了"零序面"之后，有序和无序便有了绝对的意义。有序和无序相对立而存在，并在一定的条件下互相转化。

第五章我们已经指出，自然界中存在着两种有序结构：平衡有序和非平衡有序。像晶体和铁磁体中出现的那种有序就是平衡有序，它们是在微观分子水平上定义的有序。这种有序一经形成，就不再随时间空间的变化而改变。因此，通常认为平衡结构是一种"死"结构。非平衡有序是指呈现在宏观尺度上的时空有序。这类有序只有在非平衡条件下，通过与外界环境不断交换物质和能量才能形成和维持。生物有机体就是一种空间有序、时间有序和功能有序相结合的耗散结构。所以，常称耗散结构是一种"活"结构。不同的学科对客观事物或系统的有序或无序程度的描述各不相同。在热力学、控制论、信息论和协同学中，分别用熵、负熵、信息量和序参量来度量。这样，序参量、信息量的增加一般可表示进化，而熵的增加则表示退化。[①]

这里要注意的是，并非所有有序程度提高的过程都能称为进化。像生物的生长发育过程（如胚胎发育）一般是有序程度提高的过程，而衰老死亡过程一般是有序程度降低的过程，但很难称之为进化或退化。拉兹洛指出："现在，我们知道有两种变化形式，切不可将它们混为一谈。一种变化是预先编好程序的，譬如像胚胎在母体子宫内的演变和生长"；"另

[①] 武杰、李润珍、程守华：《从无序到有序》，《系统科学学报》2008年第1期，第14页。

外一种类型的变化是'种系发生'"。前一种"个体发生"的变化是"没有创造力的",而后一种"种系发生"的变化被称为"创造性的推进",它标志着真正的进化。① 所以我们说:"一般的变化是事实判断,只需有新状况的产生;而进化则是价值判断,必须有新质的产生或涌现。"②

2. 进化与退化的一般特点

对立统一是宇宙的根本规律。为了探索进化与退化的统一性,先要分析一下两者的共同特点。

(1) 自我否定性。进化和退化都是事物的自我运动和自我否定。它们不是按照来自外界的特定指令而变化,而是在一定的外部条件下按照内部的根据自组织或自瓦解。比如,产生激光无疑要求外界泵浦功率达到一定阈值,但外界泵浦并没有特定指令传给每个发光粒子。因此,在这里他组织(有明确外部指令)和自组织(无明确指令而只有一定外部条件)、硬控制(完成预定程序目的)和软控制(只施加影响手段而不规定程序)的区别就成为判定进化或退化的重要依据。

(2) 重建稳定性。当原有事物或系统出现了失稳状况时,才会进入进化或退化的过程,其结果是新的稳定状态的确立。如果先前的状态是非常稳定的,那就无法进化或退化。比如,平衡区中的熵最大状态,其稳定性是有保证的,新的有序结构不可能从这里产生;非平衡线性区中的熵产生最小状态,其稳定性也是有保证的,新的有序结构也不可能从这里产生;只有在远离平衡的状态下稳定性才没有保证,更加有序的耗散结构才有可能产生。因此,所谓自组织现象就是在动态中产生和维持的有序结构,一旦系统失稳,便可能产生进化或退化。

(3) 分岔(离散)突现性。进化和退化主要是在连续过程的中断中实现的,其中也有某些方面的连续性,但进化或退化的完成往往要经历突变。比如,贝纳德花样的出现并不是一层一层形成的,而是在温度梯度达到一定阈值时突然出现的。当然,分岔(离散)突现性并不意味着没有任何中间阶段,只是这些中间阶段的稳定性极差,转瞬即逝。1987年,

---

① [美] E. 拉兹洛:《用系统的观点看世界》,闵家胤译,中国社会科学出版社1985年版,第41—42页。

② 武显微、武杰:《从简单到复杂》,《科学技术与辩证法》2005年第4期,第64页。

巴克（P. Bak）与其合作者首先提出"自组织临界性"的概念，较好地解释了系统处于临界状态时一个微小的局域扰动就可能产生类似"多米诺骨牌效应"的"雪崩"事件。尽管"自组织临界性不是复杂性的全部，但它或许打开了通向复杂性的一扇大门。"它把看似毫不相干的现象用一个简单的幂次分布规律联系在了一起。沙堆是我们习以为常的东西，但其中就孕育着复杂性的奥秘，也隐藏着混沌边缘的发生机制。[①]

3. 进化与退化的辩证关系

进化和退化是自然界中广为存在的两种趋势和过程。它们都具有一定的普遍性，但都不是唯一普适的现象。

应当肯定，在自然界的演化中确实存在着大量的进化事实。从宇宙奇点的大爆炸到弥漫星云，从弥漫星云到有序星系和恒星；从氢元素到氦元素再通过一系列的聚变反应发展成100多种复杂的元素；……在地球上则是生命的起源，物种的进化和人类的诞生；甚至天上的云街、彩虹，水中的漩涡、涌浪，都是如此。达尔文的进化论重视的正是生命世界中的这类事实。

同样应当肯定，在自然界的演化中也确实存在着大量的退化事实。利用效率较高的能量变为利用效率较低的能量（功热转化），组织性较强的体系变为组织性较差的体系（物质扩散），都是如此。热力学第二定律重视的正是无生命世界中的这类事实。

因此，我们必须承认有一个多元化的世界，在这个世界中，进化的过程和退化的过程并存着。简单地用一类事实否定或代替另一类事实，显然是不妥当的；简单地将两类事实看成是并行不悖的，也是不妥当的。恩格斯曾经指出："宇宙中每一个吸引运动，一定由一个大小与之相当的排斥运动来补充，并且反过来也一样。"[②] 在此处"我们的宇宙"在膨胀、在排斥；在别处"另外的宇宙"在收缩、在吸引。排斥和吸引、聚集和扩散往往是互补的，只是看以谁为主。笔者认为，重要的问题在于探讨进化与退化之间的统一性，这种统一性主要表现在以下几个方面：

---

① ［丹麦］帕·巴克：《大自然如何工作》，李炜等译，华中师范大学出版社2001年版，序言、第54—60页。

② ［德］恩格斯：《自然辩证法》，人民出版社1984年版，第126页。

第一，同生共处，两者相伴。进化与退化往往是同时发生，一起存在的，它们是一个过程的两个方面。从某一些层次、角度、侧面来看是进化（或退化）的过程，在另一些层次、角度、侧面来看就是退化（或进化）的过程。比如，一个系统有序程度的提高，需要以负熵的引入为代价，这相当于把系统的熵增转移到了环境之中，或者说，系统的进化以环境中某些方面的退化为代价。正常工作的激光器，必然以激励源中的耗散过程为代价；人类生产活动的进行，往往会带来生态环境的局部恶化。"文明每前进一步，不平等也同时前进一步"①。数千年文明制度的建立，是以原始平等的丧失和纯朴道德的失落为代价的。进化与退化的同生共处，表明事物的发展都是用某种代价换来的，而代价又是为寻求发展而付出的。两者相伴相随，有所得必有所失，有所失才能有所得。所以，"舍得是智慧的回归，更是人生的顿悟。"为了有所得，必须付出一定的代价，付出艰辛的努力！

第二，相互包含，两者统一。以进化为主的过程往往内在地包含着退化，同样，以退化为主的过程也常常内在地包含着进化，纯粹的进化或纯粹的退化至少是极其罕见的现象。例如，人类达到了动物进化的最高序列，人类的智慧无与伦比，然而在视力、听力、攀援能力和消化能力等方面却退化了。所以，恩格斯指出："有机物发展中的每一进化同时又是一个退化，因为它巩固一个方面的发展，排除其他许多方面的发展的可能性。"②

从层次结构的观点来看，这种相互包含是理所当然的。由低层系统形成高层系统时，一方面是有序程度的提高；另一方面则是活动区间的收缩，以这种收缩为代价才能形成新的耦合关系。比如，基本粒子可以稳定存在于很高的温度下，而由基本粒子所构成的原子和分子，其稳定活动的温度范围就小了一些；由分子构成的生物大分子，其稳定活动的温度范围又小了一些；由生物大分子构成的高等动物，其稳定活动的温度范围则变得极其狭小。这显然是并行不悖的两个方面：一方面是新的功能不断涌现；另一方面则是发挥功能的区域逐渐缩小。进化过程实现于这两者的统

---

① 《马克思恩格斯选集》第3卷，人民出版社1995年版，第482页。
② ［德］恩格斯：《自然辩证法》，人民出版社1984年版，第290页。

一之中。所以，笔者明确提出"对称性破缺创造了现象世界"，这是自然界演化发展的一条基本原理。

进化与退化的相互包含，表明了具体事物的完善总是要受到一定限制的，企求绝对完满或绝对无矛盾的事物是不存在的。所有否定性定理也都证明，不确定性、不完备性和不相容性是事物的本质属性，它们之间有着深刻的内在联系。[①] 所以，"天道忌满，人生忌全"。我们要学会随时调整自己的心态，防止在人生的转折点走向自己的反面。

第三，相互交替，两极相通。进化与退化往往是交替进行相互转化的，当进化或者退化的总体进程发展到一定程度时，它们就会向各自的对立面转化。

在这方面，非平衡自组织理论提供了许多令人信服的证据。耗散结构理论和协同学最初都把研究重点放在无序向有序的转化上。它们发现，在不违反热力学第二定律的前提下，有些系统可以经过自组织过程而从无序演化为有序。进一步的研究却又发现，时空有序结构在外部控制参量增大到一定程度时，便会进入混沌状态。混沌（Chaos）是一种宏观上无序无律，微观上有序有律的状态。它与平衡状态下的无序是不同的：从宏观上看，它的有序程度的确是降低了；但在微观上却显示出一种无限嵌套的自相似几何结构。这样，一个非平衡系统在其演化过程中，随着外部控制参量的变化，可以循序经过无序——有序——混沌的历程。在这里，系统的宏观熵增与微观熵减两极相通，处于一体化之中。比如，恒星的一生就是从无序到有序再到无序的演化过程。自然界的演化不会沿着一个方向简单地、无限地走下去，而是要经历一系列进化与退化的螺旋式发展。从这个意义上讲，宇宙"膨胀——收缩"的演化模型就具有其合理性，它把宇宙进化与退化的演化过程统一在了一个"循环"之中。因此，物质世界的任何一种属性永远也不会丧失，它不可能单调地走向有序，也不可能单调地走向无序。丰富多彩的物质形态会同时并存，并在无限的时间中永远地"重复"和连续地更替。也就是说，物质形态的同时并存与时间演化是互补的。进化与退化的相互交替，表明了自然界的演化是一个曲折的过程，追求直线型的演化图景原

[①] 武杰：《浅谈否定性定理》，《山西高等学校社会科学学报》1996年第1期，第29页。

则上是不会成功的。

总之，自然界的两种演化趋势都具有一定的普遍性，它们相互包含、相互交替、互为因果，共同构成了自然界丰富多彩的演化历程。

七　系统演化的自组织性

自然界物质系统的演化是熵减与熵增的转化过程，包括进化与退化两个方向。在这个过程中，熵减实质上是自组织过程的状态表现，而熵减又是与熵增互为条件的，两者相互依赖，交相映现。因此，自然界的演化过程是以自组织形式来实现的，不管自然界被分成多少种不同的系统和不同的层次，也都遵循着自组织的演化规律。恩格斯曾经把"能量守恒与转化定律"称为自然界"伟大的运动基本规律"[①]，类似地我们可以把"自组织"称为自然界演化发展的基本规律。

（一）自组织概念的提出及含义

"组织"一词既可做名词（organization）用，是指某种特定的系统；又可做动词（organize）用，是指某种特定的运动过程，即原来分散的、相对独立的要素形成具有一定整体结构与新属性的系统的过程。我们这里主要指做动词用。

1. 自组织概念的提出

对于自然界的自组织现象，哲学家们早已注意到了。中国古代老子在《道德经》中讲："天下万物生于有，有生于无"；"道生万物"也有同样的意思。老子的"无为而治"，就是相信自然界本身可以自我协调、自我发展，自身会产生天然的活力、自己向前演化，无须"上帝"的第一推动。古希腊哲学中也有所谓万物"自己运动"之说。这些都是系统自组织理论的思想萌芽。

不过在科学和哲学上首先提出"自组织"这个概念的应该是18世纪德国哲学家康德。他试图理解自然的内在目的，认为某种外在意图并不能

[①] ［德］恩格斯：《反杜林论》，《马克思恩格斯选集》第3卷，人民出版社1995年版，第351页。

提供给我们对这个自然目的的理解，只有自然的组成部分的相互作用才能提供给我们对自然目的的理解。他在《判断力批判》（1790）一书中说："只有在这个条件下和这样的期间里这样的一种产物才是有组织的，并且是自组织的（Self-organized），因而被称作自然的目的。"他举例说，钟表是有组织的却不是自组织系统，因为它不能自我创生、自我繁殖和自我修复，而是要依赖于外在的钟表工。[①] 其实，他在《宇宙发展史概论》（1755）一书中已经写道："物质是能从它的完全分解和分散状态中自然而然地发展成为一个美好而有秩序的整体的。"[②] 自然界具有"一种能自行从混沌变成完善的宇宙体系的神奇本领"[③]。并指出由于引力和斥力相互作用的结果，决定了各种天体系统之间的相互联系，形成了宇宙的有规则的结果。这是讲内部矛盾是自然界运动和发展的内因，也是对组织的生成和演化的概括。

同样在18世纪，经济学家亚当·斯密在《国富论》（1776）中也论述了一个无人关照的社会福祉怎样在一种相互作用的均衡中达到。对于这个模型，斯密写道："每个人都在力图应用他的资本，来使其生产品能得到最大的价值。一般地说，他并不企图增进公共福利，也不知道他所增进的公共福利为多少。他所追求的仅仅是他个人的安乐，仅仅是他个人的利益。在这样做时，有一只看不见的手引导他去促进一种目标，而这种目标决不是他所追求的东西。由于追逐他自己的利益，他经常促进了社会利益，其效果要比他真正想促进社会利益时所得到的效果为大。"[④]但是，由于时代的限制，他们的概括未能揭示自组织的具体过程和机制，甚至对"自组织"没有一个明确的定义。

2. 自组织与他组织

到了20世纪60年代，自组织问题已经不是18世纪近代科学中的目的整体论与机械还原论的竞争与协调问题，而是在系统科学发展的第二个

---

① [德] I. Kant. *The Critique of Judgment*. Oxford: Clarendon Press, 1980, p. 65.
② [德] 伊曼努尔·康德：《宇宙发展史概论》，全增嘏译，上海译文出版社2001年版，第8页。
③ 同上书，第9页。
④ [英] 亚当·斯密：《国富论》，[美] 萨缪尔森：《经济学》上册，高鸿业译，商务印书馆1979年版，第59页。

阶段，试图解决复杂系统形成过程中出现的一系列深层次的问题。那么，什么是自组织（Self-organization）呢？哈肯是这样定义的："如果系统在获得空间的、时间的或功能的结构过程中，没有外界的特定干预，我们便说系统是自组织的。这里的'特定'一词是指，那种结构和功能并非外界强加给系统的，而且外界是以非特定的方式作用于系统的。"① 各种天然系统都是自然界在没有人干预的情况下自行组织起来的系统，即自组织系统。相应地，我们可以把"他组织"（Heter-organization）定义为：如果系统是在特定的外部干预下获得其空间的、时间的或功能的结构，我们便说系统是他组织的。人工系统大都是他组织系统。例如，各种机器是人按照特定的方式和需要设计制造的；甚至绵羊"多莉"也是科学家用克隆技术复制的。

由此可见，自组织和他组织都是系统获得其空间、时间或功能结构的过程。这两类过程都是在开放系统中实现的，都依赖于来自系统外部的作用。外部作用分两种：一种作用有特定的作用方式；一种作用没有特定的作用方式。在他组织过程中，系统承受来自外部的、包含有关未来结构的信息的特定作用；在自组织过程中，只存在来自外部的非特定的作用方式，即在这种作用方式中不包含有关未来结构的信息。例如，早在1900年发现的贝纳德花样。试验者从外部输入的是无规则的热量，系统内部却自发地产生了有序的空间结构，千百万个分子像是受到某种暗示似的突然把自己组织在六角形的对流元胞中。它像是存在着一个神通广大的"妖精"，也预示作祟百年之久的"妖精"之谜得以解决。因此，颜泽贤教授等在归纳多种不同定义的基础上认为："所谓自组织，就是通过低层次客体的局域的相互作用而形成的高层次的结构、功能有序模式的不由外部特定干预和内部控制者指令的自发过程，由此而形成的有序的较复杂的系统称为自组织系统。"② 理解这一概念需要把握以下三点：

（1）自组织系统首先是一个有组织的系统。即以有秩序的方式、有相对稳定的结构功能模式存在的系统，因此需要有一个有序程度的量度或

---

① ［德］H. 哈肯：《信息与自组织》，郭治安等译，四川教育出版社2010年版，第18页。
② 颜泽贤、范冬萍、张华夏：《系统科学导论——复杂性探索》，人民出版社2006年版，第333页。

判据。我们可以借用信息论中的"剩余度"来表示：

$$R = 1 - \frac{H}{H_m} \qquad 显然有 0 \leqslant R \leqslant 1$$

其中 R 可称为系统的有序度，这样系统熵 H 和系统最大熵 H_m 的比值 H/H_m，就是系统混乱程度的量度，叫作相对熵。这个数值越小，系统的混乱度就越小，有序度反而越高；当这个数等于 1 时，即系统的熵等于最大熵时，这个系统的混乱度达到最大，有序度则为 0。

（2）自组织是一个由无序到有序以及有序度增加的过程。即自组织是一个有序度随时间而增加的过程。它必须满足如下公式：

$$\frac{\mathrm{d}R}{\mathrm{d}t} > 0 \qquad 即 \quad \frac{\mathrm{d}}{\mathrm{d}t}\left(1 - \frac{H}{H_m}\right) > 0$$

解这个微分不等式，可得：$H\dfrac{\mathrm{d}H_m}{\mathrm{d}t} > H_m \dfrac{\mathrm{d}H}{\mathrm{d}t}$

对于这一不等式，要使其成立，$\dfrac{dH_m}{dt}$ 要增大，表示系统要不断增加要素，从环境中吸取更多的营养，以壮大自己的规模，这是自组织；而 $\dfrac{\mathrm{d}H}{\mathrm{d}t}$ 要缩小，表示系统要从环境中引进负熵或获得信息，提高自身适应环境的能力，这也是自组织。

（3）自组织过程是一个既不受外界特定干预也不受内部指令控制的自发过程。达尔文进化论和当代自组织理论都表明，系统自组织的形成主要是低层要素之间的局域相互作用（非线性相干效应）和系统适应环境的结果。所以说：非线性是系统有序化的动力源泉，适应性是实现目的的主要途径。

因此，组织性、由无序到有序以及有序度的增加、序的分布式的自发产生，就成为自组织过程的三个要点。但关键的问题是：一个系统从混沌到有序以及有序度的增长何以可能的问题。

（二）自组织演化的过程与途径

在系统演化的实际过程中，自组织与他组织并不存在绝对的界限。人工设计的各种自动装置既是他组织系统，又有自组织行为（如智能机器人)。在实验室中观察到的各种自组织现象,外部参量的改变也都是由人控制的。所以,自组织理论认为,可以用统一的观点对两类系统加以描述。这里问题的关键在于:如何能找到一种方法,把外力也当作内部因素来处理,使全过程包含两个相关的方面,一个是自组织的;一个是他组织的。协同学的任务就是要"建立自组织和(他)组织之间的合作"[1],使系统在与外界不断进行物质、能量和信息交换的情况下发生一个质的变化。

1. 自组织演化的三种过程

通过以上对自组织概念的考察分析,可以发现:自组织作为自然秩序形成的主要模式是对系统演化过程的一种科学抽象,它具体包括以下三类过程:

(1) 由非组织到组织的过程演化。普里戈金认为,不可逆性大多数发生在自组织过程的始端,所以,这一过程表现为从非组织到组织,从混沌到有序,它意味着组织的起源或有序的开始,比如,自然界发生的"四大起源"。

(2) 由组织程度低到组织程度高的过程演化。西蒙指出:"如果存在着稳定的中间形式,复杂系统由简单系统(分层)演化而来的过程要比不存在稳定的中间形式的情况快得多。"[2] 所以,这一过程是系统等级层次的跃升过程,也是系统有序度得以提升的过程。因此艾根认为,在生命起源的化学进化阶段和生物进化阶段之间,还应该有一个生物大分子的自组织阶段。

(3) 在相同组织层次上由简单到复杂的过程演化。这一过程表现为系统的组织结构与功能在相同组织层次上从简单到复杂的水平增长,例如,细胞的有序分裂,从单细胞到多细胞体系;高等哺乳动物的生长发育、技能学习,等等。

这三类过程分别表现为组织的起源、新组织的产生和有序化程度的增加,它们在系统的实际演化过程中,往往相互包含,总是呈现出交互作用

---

[1] [德]哈肯:《协同学讲座》,宁存政等译,陕西科学技术出版社 1987 年版,第 136 页。

[2] H. A. Simon. *"The Architecture of Complexity."* in G. J. Klir. *Facets of Systems Science.* Amsterdam: Kluwer Academic/Plenum Publishers, 2001, pp. 548—559.

的情形。

2. 通向自组织的三种途径

哈肯认为，如果某个参量在系统演化过程中从无到有地变化，并且能够指示出新结构的形成，反映新结构的有序程度，它就是序参量。"序参数具有两面性或双重作用。一方面它支配子系统，另一方面，它又由子系统来维持。"[①] 简单地说，就是序参量支配子系统，子系统伺服序参量，所以，协同学表明有三种通向自组织的途径：

（1）最基本的一种是逐步改变控制参量而导致自组织的途径。如在物理系统中产生的激光和1900年发现的贝纳德花样。

（2）通过改变系统的组分数走向自组织，甚至只要把不同的组分放在一起就可能在宏观水平上出现全新的行为。如在化学系统中发生的化学振荡；就是在生产劳动中，也有所谓"男女搭配，干活儿不累"的说法。

（3）通过瞬变走向自组织的道路。系统在演化过程中弛豫到一种新的状态时，通过突然改变控制参量也可能引起系统的自组织过程。如在流体力学中出现的湍流现象；人们在创造活动中，偶然情景诱发的灵感思维，等等。

综上所述，自组织乃是开放系统中大量子系统整体协同作用的一个过程，而新的有序结构和功能的产生便是这种整体协同效应的结果。由此，我们可以把进化理解为自组织和自然选择的联姻，同时对自组织也有了更深刻的理解。"所谓自组织就是系统通过自身的力量自发地增加它的活动的组织性和结构的有序度的进化过程，它是在不需要外界环境和其他外界系统的干预或控制下进行的。它是在远离平衡态和输入负熵的条件下，通过涨落或噪声以及系统要素之间的表现为自催化、交叉催化和超循环等形式的非线性协调相互作用，使系统发生分叉和突变，从而重新组织自己的实体、过程和力，形成新的有序结构的过程。"[②]

[①] ［德］赫尔曼·哈肯：《协同学——大自然构成的奥秘》，凌复华译，上海译文出版社2001年版，第154页。

[②] 颜泽贤、范冬萍、张华夏：《系统科学导论——复杂性探索》，人民出版社2006年版，第149页。

(三) 自组织形成的根据和条件

对自组织现象的研究有着重要的理论和实践意义。它可能是理解宇宙、天体、生命、人类等"四大起源"的钥匙；是解决达尔文与克劳修斯矛盾的关键；也是研究激光技术、生物工程和纳米材料的重要手段；甚至是认识昆虫和动物社会，了解某些社会行为和经济现象等复杂性问题的工具。但是，不同学科按照各自研究对象的特点揭示出不同的演化模式，很难将它们通约为单一模式。比如，20世纪形成了不同层次自然图景的五大科学模型：物质结构的夸克—轻子模型、宇宙演化的大爆炸模型、地壳运动的板块模型、核酸结构的双螺旋模型和认知活动的图灵计算模型。然而，目前系统科学，特别是各种非平衡自组织理论尽管背景和对象有很大差别，但它们都试图解决这个普遍性的问题：即无序和有序相互转化的机制和条件问题。

有序之源何在呢？或者说有序结构是怎样从无序状态中产生出来的呢？

1. 开放性是系统有序演化的必要条件

支撑这一原理的有两块基石：一是经验基石——是指一切生命系统的有序演化都以系统与环境不断交换物质、能量和信息为先决条件，正如薛定谔在《生命是什么》一书中所说"生命以负熵为食"；二是理论基石——即热力学第二定律断言任何与环境没有物质能量交换的系统必然走向无序的平衡态，不可能导致有序结构的产生（逻辑反征法）。前面我们已经指出，普里戈金在深入研究热力学的基础上，认为一个系统的总熵变 dS 是由两方面的因素引起的：一方面，是系统与环境的相互作用，即由物质和能量的交换过程所引起的熵变，叫作熵流 d_eS；另一方面，是系统内部不可逆过程所产生的熵变，叫作熵产生 d_iS。于是他得到了一个任意系统的总熵变公式：$dS = d_eS + d_iS$。这个公式被称为广义热力学第二定律，是开放性原理的数学基础。由它可以导出以下结论：

第一，有序演化与热力学第二定律并不矛盾，也就是说，孤立系统和封闭系统只是开放系统的特例；开放系统有可能产生与封闭系统本质上不同的行为。

第二，开放性是系统有序演化的必要条件，但不是充分条件；只有当

系统从外部输入的负熵流的绝对值大于系统内部的熵产生时,才会实际上出现有序演化,即当 $d_eS<0$,且 $|d_eS|>d_iS$ 时,则 $dS<0$,系统将沿着熵减方向走向有序。

第三,系统一旦封闭起来,无论是物理系统、化学系统、生命系统,还是社会系统都会自发地走向无序。所以,薛定谔明确指出:要避免死亡,唯一的办法是冲破禁闭、汲取负熵。马克思在青年时代就曾指出:"妄自菲薄是一条毒蛇,它永远啮噬着我们的心灵,吮吸着其中滋润生命的血液,注入厌世和绝望的毒液。"[1] 所以,一个国家、一个民族,包括我们每个人都不能把自己封闭起来,封闭自己等于死亡。所谓开放,就是要借助外部环境输入的负熵流克服、抵消系统内部的熵产生。因此,开放是系统自组织得以形成的必要条件。

2. 远离平衡态是系统有序演化的外部源泉

这一原理认为,系统从平衡态过渡到近平衡态,再从近平衡态过渡到远离平衡态,是通过外界对系统施加的非平衡约束(天然的或人工的)来实现的。这里所说的约束是指环境对系统施加的持续作用,而瞬时存在的外部作用叫作对系统的扰动。有约束就必然会引起系统的某种反应或响应,这就是适应的过程。一般情况下,约束的强弱决定系统离开平衡态的远近。与零约束相适应的是平衡态,内部扰动只能使系统暂时微小偏离平衡态;与弱小的非平衡约束相适应的是熵产生取极小值的非平衡定态,干扰使系统暂时离开定态后,系统自身的稳定性机制($dP/dt \leq 0$)将使系统回归到最小熵产生的定态($dP/dt=0$);与强约束相适应的是远离平衡态,这时存在一个临界约束值,小于此值不适应性就是次要的,系统无须作结构性调整,一旦约束超过临界值,系统将发生结构性突变(也叫非平衡相变),重建要素之间的关联方式,一种新的有序结构就产生了。正是在这个意义上,普里戈金才强调"非平衡是有序之源"[2]。

3. 非线性相互作用是系统有序演化的内在根据

非线性相互作用是相对于线性相互作用而言的。线性相互作用使得系

---

[1] [德] 卡尔·马克思:《青年在选择职业时的考虑》,《马克思恩格斯全集》第40卷,人民出版社1982年版,第5页。

[2] [比] 伊·普里戈金、伊·斯唐热:《从混沌到有序》,曾庆宏等译,上海译文出版社1987年版,第228页。

统各要素之间彼此独立，要素间的组合只有量的增长，而不会有质的变化。非线性相互作用会使系统各要素丧失独立性而产生相干效应。例如，杂乱的发光原子线性叠加后，仍然是杂乱地发出自然光，而当发光原子产生非线性相干效应后，就可能形成相位和频率都一致的激光。非线性相互作用还会使系统的演化产生多个可能的分支，即出现各种不同的演化结果。用数学语言来描述就是非线性方程在一个确定的参量下，可以同时有几个不同的分支解，从而使系统的演化呈现出多样性和随机性，如图7—11所示。

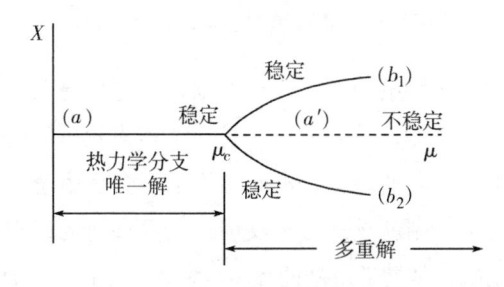

图7—11 系统演化的分岔示意图

比如，在贝纳德对流中，系统将面临左旋还是右旋的选择；生物大分子也有左右旋的选择。所以说，非线性相互作用是现实世界无限多样性、奇异复杂性、随机多变性的真正根源，即"非线性可以导致分岔，而分岔则是概率性之源"。因此，非线性相互作用是事物运动发展的真正的终极原因。[①]

4. 正反馈是系统有序演化的内部机制

非线性相互作用使系统具有滚雪球式的增长效应，使过程的结果又影响到过程的原因和过程本身，这就是反馈（feedback）作用。反馈分为正反馈与负反馈。负反馈通常会使系统的变化衰减，强化系统原有状态的稳定性，不利于系统的进化。只有非线性相互作用的正反馈才会使系统的变化被放大和加剧，加速系统的自组织过程，使系统失稳而发生质变，形成新的有序结构。例如，乙酸甲酯（CH_3COOCH_3）水（H_2O）

---

① 武杰、李润珍：《非线性相互作用是事物的终极原因？》，《科学技术与辩证法》2001年第6期，第15—19页。

解生成乙酸（CH₃COOH）和甲醇（CH₃OH）的自催化反应就是一个正反馈过程。随着乙酸的生成，它作为催化剂迅速推动反应向右进行，反应方程式如下：

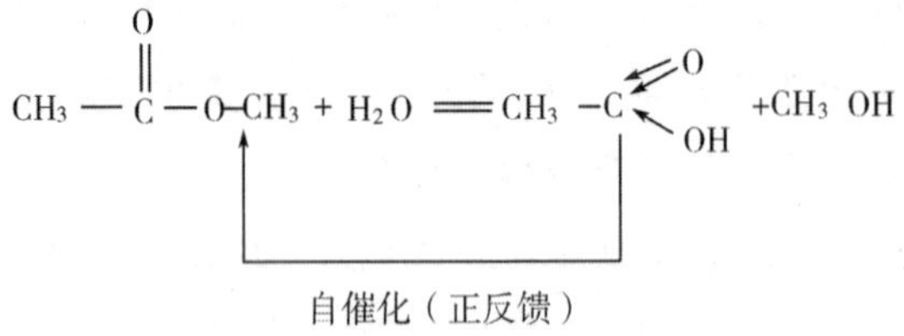

$$CH_3-\overset{O}{\overset{\|}{C}}-O-CH_3 + H_2O \rightleftharpoons CH_3-C\overset{O}{\underset{OH}{\diagdown}} + CH_3OH$$

自催化（正反馈）

图7—12 乙酸甲酯水解的自催化反应

在这方面诺伯特·维纳做出了突出贡献，他把系统在功能和行为上的同构性作为科学抽象的基础，重新界定并扩展了行为和目的的概念，突破了生命与非生命之间不可逾越的鸿沟，由此建构了一套适用于一切控制系统的基础理论。其中，自组控制就是通过正反馈机制探索新的稳定态，使系统在新的稳定点上稳定下来，从而适应新的环境，实现系统的有序演化（进化）。

5. 内部涨落是导致系统有序演化的直接诱因

一个开放系统处于远离平衡态并有非线性相互作用存在，只是提供了系统有序演化的可能性，而涨落的放大才最终把系统推向有序。即当系统的控制参量逼近临界点时，系统内部的涨落就会被正反馈机制放大，形成宏观尺度上的巨涨落，使系统发生突变，导致系统的有序演化。用协同学的术语来讲，这个过程是组成系统的子系统仿佛得到某种"精灵"的指导，迅速建立起协作关系，以自组织的方式协同行动，从而导致系统宏观性质的突变。用耗散结构理论的观点看，这是一个探寻耗散结构的过程，即一方面系统要耗散物质和能量；另一方面却建立起新的有序的结构。当然，系统在临界点的行为是不完全确定的，它存在多个可能的演化分支。系统究竟向哪个分支演化，随机涨落起着很重要的选择作用，即随机选择的非决定论发挥了作用。由此可见，无规则的涨落形成了有规则的结构，这正是一种"相反相成"的辩证法。正是在这种意义上，普里戈金指出："在非平衡过程中……涨落决定全局的结果"，"通过涨落达到有序"[①]。

---

① [比]伊·普里戈金、伊·斯唐热：《从混沌到有序》，曾庆宏等译，上海译文出版社1987年版，第225页。

这就是所谓系统科学的"生序原理"。

从以上讨论可知,自然界普遍存在的以自组织形式实现的进化过程是在具备了开放性、远离平衡态、非线性相互作用、正反馈机制和涨落等诸多条件的前提下进行的,缺少任何一个条件系统都难以产生新的有序结构(有的文献将正反馈机制归并在非线性相互作用中)。因此,探索复杂性将是我们理解自然界演化发展的一个重要方面,也是我们形成如下观念——自组织是自然界演化发展的基本规律——的必要环节。因为这种认识,是今后对自组织过程本身进行更为丰富多彩的研究的既得基础,也是我们摆脱任何与它分离的、处在它之上和之外的传统哲学,形成系统性思维方法的主要途径。

原因在于,自古希腊文明以来,在西方科学中形成了一个基本信念——相信现实世界的简单性。特别是近现代自然科学的发展,把复杂的系统分解为简单的要素来研究并取得了极大的成功,使人们习惯在平衡、线性、负反馈,甚至在一味求稳、封闭、保守的范式中来认识自然、把握自然。这实际上反映了传统科学关于自然界存在图景的主导观念,体现出认识论上的简单性原则。当代自然科学特别是非线性科学的发展使人们从自然界的存在世界走向演化世界,从认识论上的简单性观念转向复杂性观念,否则片面强调事物简单性的方面,就会导致简单化的倾向,难以在探索复杂性的科学背景下,"追随我们时代的主要潮流,并把时代的发展、变化和向前的趋势反映到科学之中。"[①] 另外,层级理论也指出,只要我们能够正确区分复杂系统中所有的中间稳定态层次,并据此建构出一个由诸多不同规律、不同规则所组成的一一对应的控制序列,层级理论就能发展出一个有效的等级控制理论,它将"完备地说明元素的集合怎么可以作为一个整体的这个集合之约束下分离出持久不变的特殊功能"[②],从而为我们正确理解和解决各种复杂问题提供理论指导。

---

① [比]伊·普里戈金:《科学对我们是一种希望》,《自然辩证法研究》1987年第2期,第1—4页。

② [德] I. Kant. *The Critique of Judgment*. Oxford: Clarendon Press, 1980. p. 65.

第八章　非线性是世界的本质

20世纪80年代以来，伴随着工业—机械文明向信息—生态文明的大转变，科学也处于大转折时期，一些有远见卓识的科学家已经开始探索这一新的历史性转折，并取得了一些重大成果。比利时布鲁塞尔自由大学的尼科里斯和普里戈金在他们1986年合著的《探索复杂性》一书的序言中指出："无论我们专心致志于哪种专业，都无法逃避这样一种感觉，即我们生活在一个大转变的年代。我们必须寻求和探索新的资源，更好地了解我们的环境，并与大自然建立一种较少破坏性的共存关系。这些主要的目标发生质的改变所需要的时间与生物及地质演化过程中浩瀚的时间跨度是不能相提并论的，它的数量级以十年计，正好干预着我们自己和下一代人的生活。"虽然"我们并不能预期这一转变时期的后果，但十分清楚的是，在我们努力迎接认识环境和改造环境的挑战时，科学必将发挥日益重要的作用。一个严肃的事实是，在这紧要的关头，科学本身也正经历着一个理论变革时期。"[1] 正如夸克理论的提出者盖尔曼所说：在这一时期"我们必须给自己确立一个确实宏伟的任务，那就是实现正在兴起的、包括许多学科的科学大集成。"[2]

这一科学大集成实质上就是要走跨学科研究的道路，探索世界的复杂性，因为"复杂性和非线性是物质、生命和人类社会的进化中最显著的特征"[3]，

---

[1] ［比］G. 尼科里斯、I. 普里戈金：《探索复杂性》，罗久里、陈奎宁译，四川教育出版社2010年版，序。

[2] 转引自成思危《复杂科学与管理科学》，任定成等：《科学前沿与现时代》，江苏人民出版社2001年版，第200页。

[3] ［德］克劳斯·迈因策尔：《复杂性中的思维》，曾国屏译，中央编译出版社1999年版，中文版序言。

第八章　非线性是世界的本质

甚至我们的大脑也表现为受制于我们大脑中复杂网络的非线性动力学。这就导致了人们对自然界的重新思考：非线性是自然界的本质吗？所以，本章试图在笔者原有论文的基础上，首先对物理世界的非线性本质进行探讨，其中涉及经典力学中的单摆问题和三体问题，广义相对论、量子力学和规范场理论。然后重点介绍复杂世界中的相干结构——孤子，确定性系统中的"无规则"运动——混沌，现实世界的几何体——分形。从中我们可以发现，非线性科学对于世界本质的新认识、新理解和新描述是深刻而具体的。它是对传统科学的一次真正的颠覆，因而，非线性科学被誉为"21 世纪的科学"。

一　物理世界的本质是非线性的

在 19 世纪末 20 世纪初，尽管一系列的科学发现冲击着物理学大厦的基础，但是物理学家们仍然继续着经典科学的研究传统，几乎一致承认宇宙的基本定律是决定性的和可逆的。那些不适合这一程式的过程都被认为是例外，仅仅是人为的产物，是因为我们的无知或对所涉及的变量缺乏控制才造成的复杂性。现在，我们又处在一个新的世纪之初，越来越多的人开始认为，那许许多多塑造着自然之形的基本过程本来就是随机的和不可逆的，而那些描述基本相互作用的决定性和可逆的定律不可能告诉人们自然界的全部真情。这就导致了人们对自然界的重新认识：不再用机械的线性自然观来看待世界，而是用一种"与自发的活性相关联的新的见解"。这种变化是深刻的——开始了"一种人与自然的新的对话"[①]。

（一）经典物理学中的非线性问题

我们已经知道，相对论和量子力学这两门学科都起始于对经典力学的修正，但是一当宇宙常数 c（光速）和普朗克常数 h 的作用被发现以后，就变成为必不可少的学科了。"可是今天这两者却出乎预料地来了一个'时间'反转：量子力学在其最有趣的部分讨论起对非稳定粒子的描述及

---

① ［比］G. 尼科里斯、I. 普里戈金：《探索复杂性》，罗久里、陈奎宁译，四川教育出版社 2010 年版，序。

它们的相互转变，而开始作为一种几何理论的相对论现在却主要地与宇宙的热历史打交道了。"这也就是说，"基本粒子和宇宙学相应于最极端的状态——它们是高能物理学的一部分。但是在我们所处的宏观范围内情况也是这样的，物理学正在经历根本性的转变。甚至在前几年，若是一位物理学家被问及什么是知道的，什么是不知道的，他会回答说，真正的问题仅存在于宇宙的前缘领域，发生在基本粒子层次和宇宙学层次上；而另一方面他会声称，与宏观层次有关的基本定律已经一清二楚了。今天，一个正在壮大的少数派开始怀疑这种乐观的论调。就在我们的宏观层次上，一些基本问题还远未得到解答。"[①]

1. 经典力学中的两大难题

在物理学中，非线性问题由来已久。从伽利略—牛顿时代开始有了精确自然科学起，就碰上了非线性问题：伽利略研究过的单摆和牛顿研究过的天体运动，都是非线性力学中的典型问题。19世纪经典力学的两大难题——刚体定点运动和三体问题——就是上述两个问题的延续。它们曾难倒了不少科学家，因而也推动了经典力学的发展。然而，在近代自然科学发展的早期，为了追求目标的简单性避免数学上的复杂性，物理学家对非线性问题大都做了线性化的近似处理。

例如，伽利略的单摆的等时性原理，尽管可以用一个其解能线性叠加的线性微分方程来表示，然而这种简单关系只有在摆角 θ 很小（$\sin\theta \approx \theta$）时才成立；当 θ 角增大时，线性微分方程就成为非线性的了。所以，单摆的等时性（线性关系）只是非线性振动的线性近似。还有牛顿，他虽然阐述过非线性问题（牛顿力学中的运动方程确切地说是非线性方程），但是，由于他无法找到非线性方程的通解，于是从一开始他就不得不考虑可行的简化方案。事实上，经典物理学中所处理的不少线性相互作用，都是非线性相互作用在一定条件下的近似结果。

对于只包含两个运动物体的系统，如月球绕地球、地球绕太阳的运动，牛顿方程可以精确求解：即月球绕地球的运行轨道可以准确测定。也就是说，对于任何理想化的二体系统，轨道都是稳定的。但是，这里忽略

---

① [比] G. 尼科里斯、I. 普里戈金：《探索复杂性》，罗久里、陈奎宁译，四川教育出版社2010年版，序。

了太阳以及其他行星对这个理想二体系统的影响，也忽略了潮汐对月球运动的拖曳效应，人们才可以认为月球将不停地按既定轨道绕地球运转，直到永远。问题是当我们只要迈出小小的一步，由二体问题到三体问题时，牛顿方程就变得不可解了。数学上已经证明，三体方程不能确切求解；它要求有一个逼近序列，正好"收敛"到答案。例如，为了计算太阳和木星对小行星带（位于火星和木星之间）中小行星运动的引力效应，物理学家必须使用一种他们称之为"摄动理论"的方法。木星运动对一颗小行星的小的附加作用必须加到理想的二体解中，以一系列的逐次近似表示出来。每次近似都比上一次更小，把这些潜在的无穷多个纠正累加起来，物理学家希望能够得出正确的答案。可是，接下来会发生什么问题？是当时人们始料不及的。

上述这种简化主义做法的累加效果导致人们形成了一种错误的，并且妨碍物理学发展的思想。即认为线性关系才是物理学追求的目标，以致非线性关系长期被排除在科学研究的范围之外，一直未能成为物理学研究的主流方向。直至19世纪末"山雨欲来风满楼"的时候，法国数学家彭加勒发现某些特殊的微分方程的可解性与解值对其初始条件的敏感依赖性：初始条件的细微差别可导致方程解值的巨大偏差，甚至产生无解现象。他的计算表明，来自第三个物体的极其微小的引力作用也可能使得一颗行星的轨道晃来晃去，像喝醉了酒一样迂回行进，甚至可能完全脱离轨道飞出太阳系。但是，没有人想到，正是彭加勒的研究成果拉开了非线性科学的序幕。

2. 彭加勒研究成果的再发现

现在我们知道，19世纪末"彭加勒的发现的直接意义是，向宏伟的牛顿范式——为科学服役已近200年了——提出了挑战。"[1] 他的发现本应给当时的物理学注入一股新的活力，然而由于习惯性思维作梗，彭加勒的科学思想提出很久之后，经典力学仍居于统治地位。当时为了阐明牛顿力学中的决定论思想，拉普拉斯曾经写道："我们应当把宇宙目前的状态视为其过去状态的结果和未来状态的原因。"[2] 因此，物理学家约瑟夫·

---

[1] ［美］J. 布里格斯、F. D. 皮特：《湍鉴》，刘华杰、潘涛译，商务印书馆1998年版，第35页。

[2] 转引自［美］约瑟夫·福特《混沌：过去、现在、特别是未来》，《走向混沌》，上海新学科研究会1995年。

福特（Joseph Ford）指出，拉普拉斯的世界不仅是确定的，而且是可预测的，因为借助于充分的知识和技能，他就有把握精确地预测太阳系甚至整个宇宙的运动。数十年来，这种哲学世界观日益渗透到日常思维和科学思维中，甚至彭加勒的深刻见解——"决定论观念是拉普拉斯的一种幻想"① ——也未能动摇这种虔诚的信仰。直到20世纪60年代，彭加勒的考察才从旧的教科书中被发掘出来，并与非线性和反馈、熵以及有序系统的内在非平衡性等新的工作融会贯通。在现代非线性科学中，很多概念和思想都来源于彭加勒，因此人们普遍认为非线性科学是由彭加勒所奠定的。

1892年，彭加勒基本完成了处理非线性系统的数学工作。他认为，遵循确定性轨道的运动只有在那些适用线性微分方程的系统中才会出现，而且常常仅为近似的。而在非线性系统中，它们要经历一个或多个分岔点，因而成为不确定的。这种潜在的混沌系统通常包含反馈耦合的非线性结构，并强烈地依赖于初始条件。因此，在具有潜在非线性结构的系统中，一个运动物体可能有四种不同的行为方式，如图8—1所示。首先，它可以混沌地运动；其次，它可以趋向于一个中心；再次，它可以进行简单的振荡；最后，它可以进行更高周期的振荡。

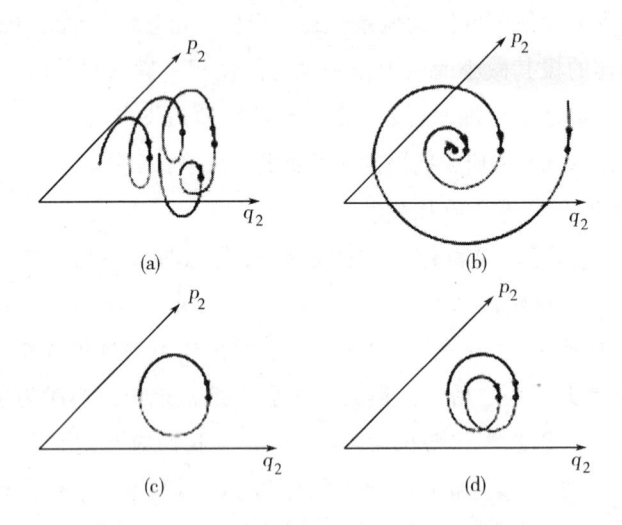

图8—1　彭加勒图中四种性质不同的轨道

---

① ［美］约瑟夫·福特：《混沌：过去、现在、特别是未来》，《走向混沌》，上海新学科研究会1995年。

第八章 非线性是世界的本质

1972年，法国数学家托姆（René Thom）创立了突变论（Catastrophic Theory），试图将自然界中各种形态的发生归因于对称破缺和分岔突变，以便提供一个形态发生的数学描述。

可以说，彭加勒对于"分岔系统"的兴趣，部分地是由于他长期以来关注天体力学中的"三体问题"所激发的。也就是说，这个问题是在牛顿力学庆祝它的一个伟大成功[①]之后产生的。1889年，瑞典皇家科学院发起了一次悬赏征文竞赛——我们的太阳系是稳定的吗？彭加勒证明，关于这个问题的确定性答案是根本不可能的。然而在这负面回答的背后，正面的结果是，分岔数学的产生和确定性混沌的发现。更仔细的分析表明，行星系统的稳定性问题蕴含着一个更为深远的关于系统演化的问题。它的回答需要一个全新的智慧概念——彭加勒的分岔数学。[②]

3. 三体问题——双摆

实际上，摆为三体问题的研究提供了一个方便的实验装置。地球上一个普通的摆就反映了一个二体问题，它由摆的质量与地球之间的相互吸引力所支配。摆锤从一个框架上悬挂下来，因而被阻止落向地心。因此，它就围绕着摆的轴线作简谐振动（例如，见图8—1（c））。二体就是摆锤和地球。类似地，三体问题可以用双摆来研究，即一个摆连接在另一个摆的下面。如图8—2所示，双摆可以描述为具有一个膝关节的摆。两个摆各自独立地摆动，但它们还是耦合的。这个非常复杂的行为最好通过彭加勒提供的表示方法来理解；我们并不需要连续地记录运动的状况，只需记录以某种方式反映系统特征的某些时刻的运动状况——例如，当两臂充分伸展的时候。在这种情况下，人们测定它的角度和相应的动量。原则上，可能出现以下几种情况[③]：

（1）纹丝不动。这是通常在系统达到其稳定位置时的情形。就是说，它已经停了下来并且不再有人推它或"踢"它。然而，还有另外一种可

[①] 这一伟大成功是指1846年9月23日柏林天文台的伽勒（Johann G. Galle）在法国天文学家勒威耶（Urbain Le Verrier）根据万有引力定律计算出的位置上，发现了海王星。所以，后人称海王星是"笔尖上发现的行星"。

[②] ［德］弗里德里希·克拉默：《混沌与秩序》，柯志阳、吴彤译，上海科技教育出版社2010年版，第153—154页。

[③] 同上书，第154—156页。

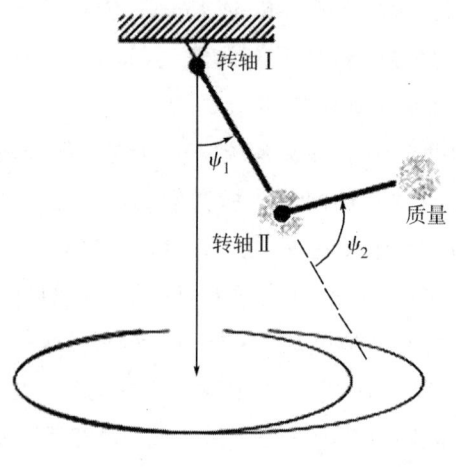

图 8—2 双摆示意图

能的情况，即一个或两个摆臂垂直向上。这个状态是不稳定的，非常难以实现，因为即使最轻微的振动也会导致摆臂倒下。

（2）双摆做周期性振荡。当摆的两部分以一个固定的比率摆动时，就会出现这种情况——例如，下面（较短）的摆以上面的摆两倍的频率摆动。

（3）第三种可能性是拟周期运动。就是说，摆动比率是固定的，但为无理数。这种情况也会导致周期运动。对应的运动形式在图 8—1 的彭加勒图中可以找到踪迹。即在低能态下双摆具有某些椭圆"轨道"。

（4）在更高能量下，摆开始呈现混沌行为。如果施加一个能量强大的推动，这个双摆就会经历那些位于明确的椭圆轨道之外的状态。这时虽然存在某些有序的孤岛，但整个事件的平面逐渐布满了点，系统变得混沌起来。最后，当能量处于某个特定值时，有序区域消失不见了。然而，在更高的能量下，有序的孤岛再次涌现，逐渐变得越来越大，直到剩下少量的混沌带。对此的解释很简单：在旋转动量很大的情况下，第三个物体，即地球及其引力，发挥着越来越小的作用。就是说，旋转动量和双摆的离心力变得如此之大，使得相比之下的地球引力可以忽略不计。这时系统减少了一维，近似于二体问题了。

本章我们将会继续讨论这类系统，但要预言一个潜在的混沌系统何时将会成为混沌，这是根本不可能的。这种"不可预言性"是混沌行为的显著特征。因此福特说：上帝和整个宇宙都在玩骰子，并且它们总是在暗中捣鬼。我们的目标就是要找出它们捣鬼的方法并为我们所用。然而，现代基础物理中关于非线性的研究和对自然界是线性还是非线性问题的关注则始于爱因斯坦的广义相对论和杨－米尔斯规范场论的出现。这两个理论表明自然界在本质上是非线性的，而这个认识过程涉及当代物理学主要理论的发展及其哲学论争。

（二）广义相对论的非线性本质

非线性科学的发展深刻地改变着人们对周围世界的思维方式，可以说到了重塑自然观的时候了。事实上，从爱因斯坦以来，物理学家们就开始了对世界本质的探讨。他们大多数把非线性作为衡量物理理论"完备"与否的标准之一。

狭义相对论起源于麦克斯韦的电磁场理论，这两个理论都是线性的。它们对自然界的描述都是在一个特定的范围内和一定的条件下给出的，都是"不完备"的理论。1915—1916年，爱因斯坦也正是不满意狭义相对论线性的"狭窄"，才将其推广建立了非线性的广义相对论。事后，爱因斯坦回忆说："当我力图在狭义相对论的框子里把引力表示出来的时候，我才完全明白，狭义相对论不过是必然发展过程的第一步。在用场来解释的古典力学中，引力势表现为一种标量场（只有一个分量的、理论上可能的最简单的场）。……然而，实现这个纲领的可能性，一开始就成问题……这就使我相信，在狭义相对论的框子里，是不可能有令人满意的引力理论的。"[①]

1946年，爱因斯坦在其《自述》中谈到由狭义相对论到广义相对论的建立时明确指出："惯性质量同引力质量相等的事实，很自然地使人认识到，狭义相对论的基本要求（定律对于洛伦兹变换的不变性）是太狭窄了，也就是说，我们必须假设，定律对于四维连续区中的坐标的非线性变换也是不变的。"[②]

这个想法产生于1908年。7年后，广义相对论建立了，它的引力场

[①] 许良英等编译：《爱因斯坦文集》第1卷，商务印书馆1976年版，第28—29页。
[②] 同上书，第30页。

方程确实是非线性的。这不仅印证了上述想法，而且使爱因斯坦进一步认识到，麦克斯韦理论的线性形式根源于它的"方程是同无限弱的电磁场的经验相符合的表述方式。……这种［线性］定律对于它们的解来说是满足叠加原理的，因而并不含有关于基元物体的相互作用的任何论断。真正的定律不可能是线性的，而且也不可能从这些线性方程中得到。我从引力论中还学到了另外一些东西：经验事实不论收集得多么丰富，仍然不能引导到提出如此复杂的方程。一个理论可以用经验来检验，但是并没有从经验建立理论的道路。像引力场方程这样复杂的方程，只有通过发现逻辑上简单的数学条件才能找到，这种数学条件完全地或者几乎完全地决定着这些方程。"① 于是，他相信，"创造的原理却存在于数学之中"，所以"我们能够用纯粹数学的构造来发现概念以及把这些概念联系起来的定律，这些概念和定律是理解自然现象的钥匙。经验可以提示合适的数学概念，但是数学概念无论如何却不能从经验中推导出来。当然，经验始终是数学构造的物理效用的唯一判据。"②

事实证明，广义相对论的创立，对 20 世纪物理学的发展和人们思想观念的转变可谓影响深远。布里格斯（John Briggs）和皮特（F. David Peat）在《湍鉴》一书中指出："广义相对论方程本质上是非线性的，由这个理论的非线性所预言的一个惊人事物是黑洞，即时空织锦上撕裂的孔洞，在这里，物理学的有序定律失效了。"③

（三）量子力学线性与否的争论

与广义相对论不同，量子力学是线性理论。尽管量子理论与非线性的经典理论有着很深的渊源，但是，量子力学在其通常形式下"仍然确确实实是一种线性理论。"线性的含义是，"尽管量子方程是非线性的，但可以通过薛定谔方程对付它们。也就是说，寻找某些变换矩阵，这些薛定谔方程必定是线性方程。"④ 提出测不准原理的海森堡在 1966 年的慕尼

---

① 许良英等编译：《爱因斯坦文集》第 1 卷，商务印书馆 1976 年版，第 39—40 页。
② 同上书，第 316 页。
③ ［美］J. 布里格斯、F. D. 皮特：《湍鉴》，刘华杰、潘涛译，商务印书馆 1998 年版，第 27—28 页。
④ ［德］W. Heisenberg. *Physics Today*, Vol. 20, No. 5, 1967, pp. 27—33.

黑"国际非线性数学与物理学暑期研修班"上有一个报告。他在报告中指出:"实际上理论物理学中的每个问题都是由非线性数学方程刻画的,量子力学也许除外,但量子力学最终是线性的还是非线性的理论,还是一个颇有争议的问题。因此,理论物理学的绝大部分要归为非线性问题。"①

由此可见,在海森堡看来,"物质与场的相互作用一般是非线性的,因而非线性问题在物理学中扮演主角。事实上,因为对大自然来说非线性如此基本,所以,本质上线性的量子力学理论甚至也可能最终不得不被一种非线性理论取代。"他说,"量子力学理论的线性有一种更深层的、近乎哲学的理由,不仅仅与某种近似有关。在量子力学中我们不与事实打交道,而是与概率打交道:波函数[模]的平方描述了概率,并且波函数的叠加(两个解相加可以构成一个新的解)对整个量子力学的基础来说是绝对必要的。所以,说量子力学的线性特征与麦克斯韦的线性在同样意义上是近似的,将必定是错误的。量子力学方程的线性对于理解量子力学、对于把量子力学方程解释成计算原子所发生事件的一种统计根据,是必要的。"②

然而在量子理论的发展史上,爱因斯坦扮演了一种特殊的角色。一方面,他孤军奋战,坚持不懈地发展量子论,并做出了卓越的贡献;另一方面,在量子力学的解释问题上,他又与当时占主导地位的哥本哈根学派进行了针锋相对的论争。每当谈起量子力学的逻辑基础时,他都引用德国著名诗人莱辛(G. E. Lessing)的一句话:"为寻求真理的努力所付出的代价,总是比不担风险地占有它要高昂得多。"③ 这也是他终生奉行的格言,在促进量子理论的发展中最能体现他的这种顽强的探索精神。马克斯·玻恩认为,"在征服量子现象这片荒原的斗争中,他是先驱",也是"我们的领袖和旗手"④。亚伯拉罕·派斯(Abraham Pais)也认为,"爱因斯坦

---

① [德] W. Heisenberg. *Physics Today*, Vol. 20, No. 5, 1967, pp. 27—33.

② Ibid..

③ 许良英等编译:《爱因斯坦文集》第 1 卷,商务印书馆 1976 年版,第 50 页。(对于莱辛的这句话,爱因斯坦有另一种说法,见《爱因斯坦文集》第 1 卷,第 394 页。——引者注)

④ 转引自周培源《〈爱因斯坦文集〉序》

许良英等编译:《爱因斯坦文集》第 1 卷,商务印书馆 1976 年版。

不仅是量子论的三元老（指普朗克、爱因斯坦和玻尔）之一，而且是波动力学唯一的教父"，因为他直接推动了薛定谔波动力学的建立。但是，对于线性的量子力学理论，爱因斯坦始终持有异议，这便是著名的 EPR 之争。[①] 爱因斯坦不满意量子力学统计性的理论基础，他认为："唯一可能作为量子力学根基的原理，该是一种能够把场论翻译成量子统计学形式的原理。至于这种原理实际上能否以一种令人满意的方式得出来，那是谁也不敢说的。"[②] 在爱因斯坦看来，"量子力学固然是堂皇的。可是有一种内在的声音告诉我，它还不是那真实的东西。这理论说得很多，但是一点也没有真正使我们更加接近于'上帝'的秘密。我无论如何深信上帝不是在掷骰子。"[③] 怀疑的结果便是爱因斯坦试图沿着广义相对论的路线，推出一个适合描述质点运动的非线性方程。现在"……我正在进行非常吃力的工作，要从已知的广义相对论的微分方程推导出当作奇点来看待的质点的运动方程。"[④]

继爱因斯坦之后，杨振宁也表明过自己的态度。他说："爱因斯坦不相信现有对量子力学的理解是最后的结论，我也不相信这一点。""量子力学在某些方面取得极其巨大的成功，但在另一些方面还是不安稳的，我们将等待着提出最终的结论。"[⑤] 那么，爱因斯坦和杨振宁为何都不相信量子力学是最终的完备理论呢？我们认为线性特征无疑是它不安稳的原因之一，因为世界在本质上是非线性的。

（四）规范场理论也是非线性的

20 世纪 50 年代，杨振宁和米尔斯建立了规范场理论。这一理论本身是非线性的，同时它还表明，除电磁相互作用外，自然界所有的相互作用都是非线性的。以非阿贝尔规范场为基础建立的弱电统一理论、量子色动

[①] EPR 之争亦称为 EPR 佯谬，是指 1935 年 5 月爱因斯坦、玻多尔斯基（Podolsky）和罗森（Rosen）三人合作在美国《物理评论》上发表了题为《能认为量子力学对物理实在的描述是完备的吗？》而闻名天下。

[②] 许良英等编译：《爱因斯坦文集》第 1 卷，商务印书馆 1976 年版，第 394 页。

[③] 同上书，第 221 页。

[④] 同上。

[⑤] 宁平治、唐贤民、张庆华：《杨振宁演讲集》，南开大学出版社 1989 年版，第 399 页。

力学（强相互作用的理论）都是非线性的，而且与实验符合的很好。正在构建的大统一理论也是非线性的，几乎所有的物理学家都相信最后的统一场论一定也是非线性的。至此，从场的概念进入物理学以后，人们发现麦克斯韦电磁场理论、狭义相对论、量子力学是线性的理论，而广义相对论、规范场以及建立在规范场基础上的所有统一理论都是非线性的。显然这里有一个矛盾，即自然界的本质究竟是线性的，还是非线性的？麦克斯韦的电磁场理论是规范场中的一个特殊形式；狭义相对论仅适应于惯性系，爱因斯坦正是不满足于线性的狭义相对论的"狭窄"才开始把它推广到非惯性系，建立了广义相对论。然而，量子力学却是20世纪物理学所证明的关于微观世界的"完备"的理论。因此，在线性还是非线性问题上，量子力学与广义相对论的冲突，提出了究竟哪一种理论更客观、更深刻、更正确？由于引力场也是一种规范场，所以最后的问题就存在于量子力学与规范场之间。这两种理论都经历了一次又一次的重大考验，时至今日，人们还不能作出最后的裁决。问题究竟怎样？我们也引用爱因斯坦曾经多次引用过的一句名言来鼓舞自己："对真理的追求要比对真理的占有更为可贵。"[1]（爱因斯坦对德国诗人莱辛名言的另一种说法——引者注）

随着非线性科学的深入发展，大多数科学家都认为非线性并非只存在于宏观层次，微观领域和宇观领域本质上也是非线性的，即整个世界本质上是非线性的。宏观层次有混沌，微观和宇观层次也有混沌。尽管量子世界的量子混沌仍有争议，但量子混沌的研究无疑丰富了人们对微观世界的了解。关于量子混沌现存的争议其实仍然来源于量子力学的线性特征。量子系统的状态由波函数来描述，由于叠加原理成立，波函数满足的薛定谔方程必定是线性方程。线性波动方程不可能有不稳定性，因此典型的量子系统不可能有混沌。如此看来，线性的量子力学的确是有待进一步考察的课题。

如果世界的本质确实是非线性的，那么在一个非线性的宇宙中，什么事情都可能发生。形态可能分解成混沌，亦可能编织成秩序；具有相干结构的孤子有出奇的稳定性，并且几何形状是分形的。世界就是这么奇妙，

---

[1] 许良英等编译：《爱因斯坦文集》第1卷，商务印书馆1976年版，第394页。

这也许就是它的非线性本质的体现。所以，我们应该相信大哲学家维特根斯坦说过的一句话：

> 世界"不存在什么谜。如果一个问题全然可以提出来，那么它就可以回答。因为疑问只在问题存在的地方存在，问题只在回答存在的地方存在，而回答只在可以言说的地方存在。"①——暂时不能言说的，就应当保持沉默！

二 复杂世界中的相干结构——孤子

20世纪60年代以来，科学研究的范式发生了新的变化，几乎同时从非线性系统的两个极端方向取得了突破。一方面，从可积系统的一端，即研究无穷多自由度的非线性偏微分方程的一端，比如，在浅水波方程中发现了"孤子"，并发展出一套系统的数学方法，对这一类非线性方程给出了解法；另一方面，从不可积系统的一端，比如，在天文学、气象学、经济学、生态学等领域对一些看起来相对简单的不可积系统的研究中，都发现了确定性系统中存在着对初始条件极为敏感的无规则运动——混沌运动。促成这种变化的一个重要原因是计算机的广泛应用和由计算机的应用而诞生的"计算物理"和"实验数学"这两个新兴领域的出现。计算机作为科学工作者的研究手段，使得他们可以"进攻"以往用解析手段不可能处理的问题，从中得出规律性的认识，也使得科学工作者可以打破原有的学科界限，从共性、普适性的角度来探讨各种非线性系统的行为。这样就形成了一门贯穿信息科学、生命科学、空间科学、地球科学和环境科学等领域，解析、计算和实验三种手段并用，揭示非线性系统共性、探索复杂性问题的新兴学科领域——非线性科学。所以我们说，"非线性科学是研究非线性现象共性的一门学问"②。

---

① 转引自[德]弗里德里希·克拉默《混沌与秩序》，柯志阳、吴彤译，上海科技教育出版社2010年版，第147页。

② 武杰、李宏芳：《非线性是自然界的本质吗?》，《科学技术与辩证法》2000年第2期，第1页。

（一）从罗素的孤波到孤子

湍动的大气、奔腾的河流、振动的琴弦、被磁场束缚着的高温电离气体、大量原子结合起来的固体、收缩的动物肌肉，都是典型的复杂系统。在认真观察这些复杂系统的运动状态时，除了发现人们预料中急剧变动的复杂运动形态外，还会发现与这些运动共存的空间上局域、时间上寿命很长的规整结构，即相干结构，孤子就是一种特殊的相干结构。

1. 罗素孤波的发现

当我们路经一片平静的水面，向湖心投掷一块石头，波纹会马上扩展开来，逐渐耗散。这表明一般水波具有破碎的本性。但是，在科学史上有这样一个记载。1834年8月的一天，26岁的英国工程师约翰·司科特·罗素（John Scott Russell）骑马沿着爱丁堡附近的尤宁运河（Union Canal）行进时，发现了一个奇妙的景象：

"我正在观察一条船的运动，这条船沿着狭窄的河道由两匹马快速地曳进。当船突然停下时，河道中被推动的水团并未停止，它聚积在船首周围，剧烈翻腾。然后，呈现滚圆光滑、轮廓分明、巨大的、孤立耸起的水峰，突然，以很快的速度离开船首，滚滚向前。这个水峰沿着河道继续向前行进，形态不变，速度不减。我策马追踪，赶上了它。它以每小时八、九英里的速度滚滚向前，同时仍保持着长约三十英尺、高约一到一点五英尺的原始形状。它的高度渐渐下降。我追逐了一两英里后，在河道的拐弯处，被它甩掉了。"[1]

罗素作为一名训练有素的船舶设计师，将这堆水波称为"孤波"（solitary wave），并认为它应当是流体力学方程的一个解。但当他十年后向英国科学促进会报告自己的观点[2]时，却未能说服同事们，争论持续了几十年。直到1895年，荷兰数学家科特韦格（D. J. Korteweg）和他的学

---

[1] [美] J. 布里格斯、F. D. 皮特：《湍鉴》，刘华杰、潘涛译，商务印书馆1998年版，第216页。

[2] J. S. Russell. "*Report on Waves*". British Association Reports. John Murray. 1844, p. 311.

生德夫里斯（G. de Vries）在小振幅与长波的假定下，从流体动力学导出了著名的浅水波 KdV 方程，并给出了一个类似于罗素孤波的解析解[1]，争论才告平息。以后，这件事也渐渐地被人们忘记了。

现在，科学家们知道，罗素 1834 年观察到的波，具有某种稳定地把各个正弦波维系在一起的非线性相互作用。这种非线性作用发生在运河河底的附近，使得各正弦波彼此反馈，产生湍动的反面。在临界值附近，光滑振荡的水波没有逐渐破碎，而是各正弦波彼此耦合起来形成了一种奇特的现象：一个正弦波试图加速并逃离孤子时，它与其他正弦波的相互作用又把它拉了回来。所以，《湍鉴》一书的作者指出：我们可以"想象一下马拉松比赛，起初上千人都聚在一块。比赛一开始，运动员们便开始分开，不久群队瓦解。这正是常规波的表现。然而孤波好比赛跑中的强手。一英里又一英里，他们靠反馈保持耦合。只要一个选手试图拉开距离，其他选手就会补上来，群体保持原样。"[2]

KdV 方程还证实了罗素观察到的两个孤波碰撞时发生的情况。这已经被现代水槽观测和计算机模拟所支持。高而瘦的、驼峰一样的孤波赶上它的矮胖兄弟，两波相遇，结合一会儿又相互分离。这时发生的事情十分令人吃惊，如图 8—3 所示。合成后的孤波相互分离——高而快的波以它原来的运动速率继续传播，把矮而胖的波甩在了后头。在两孤波相交之处，并不存在一个波与另一个波的分离，可两个波又能完整复现——快波穿越了慢波。这一现象能否说明，在非线性耦合中有某种"记忆"，即这些波记住了它们原来的秩序？另外，人们还发现，这些波能够存在与运河的深度有关。如果尤宁运河过深，罗素可能永远看不到他的孤波。

目前，世界上最强烈的孤波无疑是海啸，即地震波。尽管海啸是在海洋中由于地震波冲击海底而形成的，数学处理上却等效于浅水波（运河中的波）。这是因为海啸的巨大波长可达数百米，其线度远大于此处海洋的深度。历史上，人类的灾难始于海啸到达大陆架之时。在浅水中，海底处的非线性效应迫使波长缩短，高度增加，结果令人生畏。海啸从几英寸

---

[1] D. J. Korteweg, G. de Vries. *Phil. Mag.* 39 (1895), p. 422.

[2] ［美］J. 布里格斯、F. D. 皮特：《湍鉴》，刘华杰、潘涛译，商务印书馆 1998 年版，第 218 页。

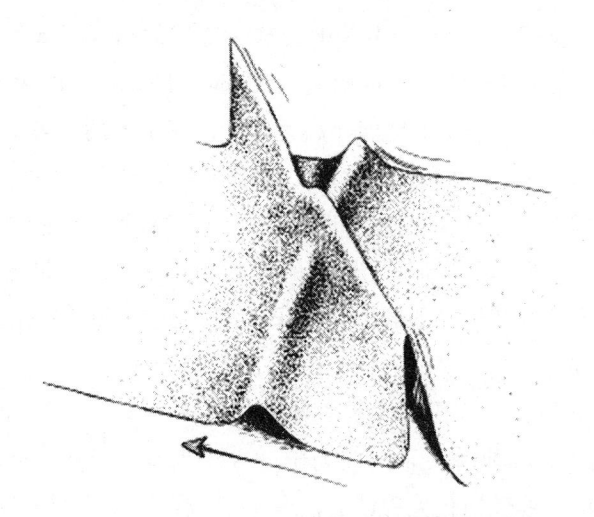

图 8—3 两个孤波碰撞时快波穿过慢波的情形

或几英尺高的孤波（地震波），变成冲击海岸和海口的 100 英尺高的水山。1775 年在里斯本害死数千人的海啸，曾使启蒙时代的许多作家怀疑仁慈上帝的存在。[①] 2004 年 12 月 26 日在印度洋发生了里氏 9.3 级的大地震，是历史上仅次于 1960 年智利 9.5 级的第二大地震。此次地震引发的南亚海啸波及范围达到了 6 个时区之广，导致了近 30 万人罹难。

2. 孤子理论的建立

孤波被重新记起并被命名为"孤子"（Soliton），那是 20 世纪 60 年代电子计算机广泛应用之后的科学成就。40 年代中期电子计算机的出现和应用，使科学家们敢于也可能去探索过去解析手段难于处理的复杂问题。首先进行这种探索的是著名物理学家费米（Enrico Fermi）和他的两位同事帕斯塔（John Pasta）和乌拉姆（Stanislav Ulam）。他们于 1952 年开始，利用当时美国用来设计氢弹的马尼亚克（Maniac）计算机，对由 64 个谐振子组成的、振子间存在微弱非线性相互作用的系统进行计算，企图证实统计物理学中的"能量均分定理"。1955 年，他们完成的研究表明，结果同预期相反：起初集中在某一振子上的能量，随着时间的演化并不均匀地分布到其他振子上，而是出现了奇怪的"复归"现象。每经过一段"复

[①] 转引自［美］J. 布里格斯、F. D. 皮特《湍鉴》，刘华杰、潘涛译，商务印书馆 1998 年版，第 223 页。

归时间",能量又回到原来的振子上。这一奇异的结果引起了贝尔公司一批科学家的兴趣。1965 年扎布斯基（Norman J. Zabusky）和克鲁斯卡尔（Martin D. Kruskal）公布了他们在高速电子计算机上的计算结果，发现费米等人的谐振子系统可以看作是 KdV 方程的极限情况，可以用这个方程的孤波解来解释初始能量的复归现象。更为重要的是，他们通过"计算机实验"，发现两个以不同速度运动的孤波相互碰撞后，仍然保持形状不变，具有出奇的稳定性，如同刚性粒子一般。于是，他们首次将这种非线性方程的孤波解叫作"孤子"。

1965 年之后，随着计算机实验和解析方法的结合，人们进一步发现除 KdV 方程外，其他一些非线性偏微分方程也有孤子解，并且发展出一套系统地求解非线性演化方程的方法——"散射反演法"（亦称反散射方法），成为孤子理论的重要组成部分。由于其基本思路与求解线性问题的傅立叶（Jean B. Joseph Fourier）变换十分相似，因此散射反演法也可以看作是傅里叶变换在非线性问题中的推广。目前，这一方法在理论上已有相当深入的研究，并且迅速在固体物理、等离子体物理、规范场论和光学实验中被推广应用。更令人振奋的是，这些似乎是纯数学的发现，不仅为实验所证实，而且还找到了实际应用。通常光纤通信中传输信息的低强度光脉冲由于色散变形，不仅传输的信息量低、质量差，而且必须在传输线路上每隔一定距离加设波形重复器，花费很大。20 世纪 70 年代，理论上首先发现的"光学孤子"可以完全克服这些缺点，并且大大提高了信息传输量，目前已进入广泛的实用阶段。因此，在一定的意义上可以说，"纯粹思维能够把握实在"[①]。

（二）自然界其他相干结构

上面我们讲的孤子是一种特殊的相干结构。它之所以能长期局域化，是由于系统中的色散与非线性两种作用相互平衡的结果。它的出奇的稳定性与这些非线性系统具有无穷多守恒律密切相关。除孤子外，自然界还存在着大量的其他相干结构。最引人注目的是各种尺度的涡旋，大者如木星上直径 4 万公里的大红斑，小者如只有几个纳米的晶体中的电荷密度波，

---

① 许良英等编译：《爱因斯坦文集》第 1 卷，商务印书馆 1976 年版，第 316 页。

奇者如神经脉冲沿蛋白质分子的螺旋传递。它们与孤子相似之处在于空间上局域，时间上长寿，相当稳定；不同之处是它们在相互作用时并不严格保持形状不变，而是可以汇合、分裂。几个流体旋涡可集合成一个大旋涡，一个大旋涡也可以在很强的外力作用下被打碎。对这些结构形成机理的认识和相互作用的探索，仍是非线性科学的前沿。通过计算机模拟和实验室仿真，对木星红斑的形成机理已有了较好的理解。[①]

1. 木星上的大红斑

罗素孤波是在液体中产生的相干结构，那么在气体、固体中能否也产生类似的结构？近些年来，气象学家对大气孤子也做了认真研究，并已知存在有两种形式的孤子：一种叫 E—孤子或"凸波"，相当于罗素的水波；另一种叫 D—孤子或"凹波"，是另一种类型的反孤子。1976 年美国加利福尼亚大学的两位科学家提出，木星上的红斑是一个庞大的 E—孤子，是一个陷于两个 D—孤子之间的非线性凸波。

按照这一模型，大红斑并不很深，它漂浮在木星大气的上面。关于红斑孤子特性的说法，最早来自 1664 年英国科学家罗伯特·胡克（Robert Hooke）的观测。红斑位于木星的南半球，正好在赤道下方，大得可以轻松地装下整个地球。20 世纪 50 年代天文学家发现，木星上的大红斑与南热带低气压的运行密切相关。这一低气压区开始靠近红斑，继而进入红斑并消失掉，但是在另一边又脱离接触，恢复原状。如果在线性世界里这种行为是完全无法想象的，可是在现实世界里却是真实存在的。1988 年，加利福尼亚大学机械工程系的菲利普·马库斯（Philip S. Marcus）验证了木星红斑的孤子理论，并制作了一部栩栩如生的计算机影片。影片显示出小涡旋如何自发形成，在木星大气中给定的切变风的适宜条件下，小涡旋又如何被扫入较大、较稳定的红斑。用这一理论的创立者英格索尔（A. P. Ingersoll）的话来说就是："给人以大尺度秩序自发地从小尺度混沌中产生的印象。"或者说，"红斑主动地吸收在其附近偶然形成的所有小涡旋"[②]。

[①] 宋健、惠永正：《现代科学技术基础知识》，科学出版社、中共中央党校出版社 1994 年版，第 130—131 页。

[②] 转引自［美］J. 布里格斯、F. D. 皮特《湍鉴》，刘华杰、潘涛译，商务印书馆 1998 年版，第 227 页。

2. 神经脉冲的螺旋传递

神经生理学的研究发现，通过神经传递信号的生物系统也采用了孤子的形式。第二次世界大战期间，电子学得到长足的发展，已有能力作出快速而精密的电子测量。英国科学家阿兰·霍奇金（Alan L. Hodgkin）战时在研究雷达，1945 年才回到他的剑桥实验室。在他的学生安德鲁·赫克斯利（Andrew F. Huxley）的协助下，霍奇金着手研究枪乌贼巨神经轴突中发生的电变化。他们的研究表明，神经传递根本不像电话线中的信息传递；却与以恒定的速度、不变的形态沿神经扩布的局域脉冲有关，而且各脉冲只有在能量达到某一临界值时才会产生，这时脉冲的运动速度为每秒 10 米左右。

这一研究表明：神经脉冲像我们现在称作孤子的东西，以恒定的速度无耗散地传播。神经孤子的传播和相互作用牵涉到"记忆"，在另一个孤子产生之前，它有一个休眠期。一般情况下，神经元对先前通知它的信息保持一种敏感性。这一事实对于提出大脑记忆的一般理论可能有一定意义。如今，已发展出一个全新的研究领域：研究神经纤维中孤子如何碰撞，如何排除不规则性，以及如何在接头处相互作用。[①] 有的学者已把神经孤子称为"思维之基本粒子"。霍奇金、赫克斯利和埃克尔斯（J. C. Eccles）也因此获得了 1963 年的诺贝尔生理学—医学奖。

总之，孤子和其他相干结构存在于连续介质或用流体力学方程描述的系统中。与平面摆等只具有几个自由度的动力系统相比，流体系统实际上是具有无穷多自由度的复杂系统。然而，正是在这个无穷维系统中却可以形成结构规整、相当稳定的孤子和涡旋，这表现了非线性作用的非同寻常之处。所以，布里格斯和皮特指出："作为能量内向和外向扩散之间的一种平衡，孤子是大自然不可思议的魔术之一。""它表明非线性世界是整体世界；它是一个任何事物都相互联系的世界，因此总会出现精致的秩序。甚至表观的混乱之中也包含高度的隐关联。有时候这一隐含的关联可被激发出来，表现为系统的形态。因此，孤子行为就是混沌的镜像。在镜子的一面，有序的系统成为吸引混沌的牺牲品；在镜子的另一面，混沌系

---

① [美] J. 布里格斯、F. D. 皮特：《湍鉴》，刘华杰、潘涛译，商务印书馆 1998 年版，第 235 页。

统在其相互作用中发现了吸引秩序的潜在性。在这一面，简单的规则系统展现隐含的复杂性；在另一面，复杂性呈现隐含的相干性。"[1]海洋孤子就是一个极好的例子。由于非线性相互作用总会出现，海洋高度复杂的面具下隐藏着一种精致形式的秩序，它可以由海啸引发。这些巨浪可看成是海洋记忆以孤子形式的自我凝聚或显现。

（三）孤子的生成演化机制

振动是自然界中最常见的运动形式之一。物体在平衡位置附近做具有时间周期性的往复运动，称为机械振动。广义地讲，任何一个物理量（如位置、矢量、密度、电流、电压、场强等）在某个定值附近反复变化，都可称为该物理量在振动。其中，最简单最基本的振动是位移（或角位移）按余弦或正弦函数规律随时间变化的简谐振动。一切复杂的振动都可以分解为若干个简谐振动。波是振动在空间中的传播，是自然界普遍存在的一种现象。所以，振动和波动的关系十分密切，振动是产生波动的根源，而波是振动的传播。声波、水波、电磁波、光波等都是波，各种信息的传播几乎都要借助于波；如果没有波，我们将处于黑暗和寂静之中，没有波的世界是不可想象的。尽管波的物理性态和空间分布千差万别，通常我们可将它分为两大类：机械振动在弹性介质中的传播称为机械波；电磁振动在空间中的传播称为电磁波。机械波和电磁波是本质上完全不同的两类波，产生的条件和方法不同，与物质相互作用的规律也不一样，但是，它们又有许多波的共同特征。例如，它们在波动过程中都伴随着能量的传播，它们都能产生反射和折射现象，它们都会出现干涉和衍射现象。不仅如此，机械波和电磁波还遵守一些共同的传播规律，能够用同样的数学方法进行研究和描述，因为任何一种波均由一系列的单色波按确定的频率与振幅分布叠加构成。

1. 波与色散和非线性作用的关系

波的运动性质是由其频率、振幅和相位共同决定的。波因频率不同会产生色散效应，单色波列合成的波包在介质中传播会产生非线性作用，相

---

[1] ［美］J. 布里格斯、F. D. 皮特：《湍鉴》，刘华杰、潘涛译，商务印书馆1998年版，第231页。

位的时空关联会表现出波的相干性。所以,波的运动与色散、非线性作用和相干性息息相关。

(1)波与色散作用的关系。实际存在的波大多以波包的形式出现。构成孤立波包的单色波列频率分布展宽一般较窄,各波列的振动合成基本上集中在一定的空间区域。各单色波在色散介质中传播时,相速大小随频率而变,此现象称为色散。[1] 当波包受到色散作用时,各列单色波传播的步调不可能协同一致,随着时间的演化将导致各单色波叠加在空间上错位拉开,波包分布范围扩大,使波包坦化。从波包形状改变的态势来看,色散作用将导致波包前沿点的传播速度相对较快,后沿点的速度相对较慢,使波包拉宽。持久的色散作用会使波包及其能量弥散在空间中。因此,波包的内在结构和外在形态表现为一种复杂的系统行为。各单色波构成了波包内部的多元个体,它们在色散作用下,不能协调同步地传播,就会在空间上扩散开来。多元化的群体相对于同一环境有其各自不同的行为是事物存在的个性,群体的个性差异在彼此的相互作用中将推动系统的演化发展。用整体的目光去考察波包内多元个体在色散作用下显示出的集体行为,其态势是一种多元个体行进的不同步,导致总体走向的分散。实际上复杂系统都存在发散性的一面,只是不同的系统其发散机制不同而已。从广义的角度讲,色散导致波包外形的拉宽效应是复杂系统发散性的具体表现之一。孤子的发散性通过色散机制来实现,并通过多元单色波群在空间上的分散趋势显示出来。[2]

(2)波与非线性作用的关系。波包在传播过程中还会受到载体的非线性作用,导致波包凸起位移越大的点速度越快,反之则越慢。由于波包前沿点比中间凸起部分的位移要小,其速度相对较慢,后面凸起位移较大的部分以较快的速度向前挤压,使波包的前沿不断变陡。后部因前沿的阻滞也会进一步隆起,使波包形状凸起变窄,产生自陡峭现象。自陡峭现象若无恰当的反约束作用,最终会使波包崩塌"破裂"。这就是海边常看到的滚滚而来的波浪涌向岸边碎成浪花的原因。实际上,多元单色波群叠加

---

[1] 所谓色散,是指同一光学介质对不同波长光的折射率是不同的,也就是说,对于一枚镜头而言,不同色光的焦点位置实际上是不一样的,这就必然导致很多成像问题,其中之一就是色散。

[2] 李梅、梅素珍:《孤子的实在特性与哲学意蕴》,《系统科学学报》2008年第2期,第41、43页。

形成的波形决定了非线性作用的强弱,即非线性作用机制与多元单色波群的组合结构相关。简言之,非线性作用可导致波包形状变窄,并逐渐锐化,能量在空间上趋于集中;反过来,锐化后的波形又加强了非线性作用。这种正反馈机制使多元单色波群在空间上不断聚敛。这也就是说,复杂系统不仅有发散性的一面,也有收敛性的一面。非线性对波包的锐化作用使多元单色波群在空间上不断聚敛就是复杂系统收敛性的一种具体表现,即孤子的收敛性是通过非线性作用机制来实现的,并通过多元单色波群在空间上的聚敛趋势表现出来。

(3) 色散和非线性的双重作用。波包在介质中传播时,一般会同时受到色散和非线性的双重作用。无论是水波、光波,还是其他不同性质的波,虽然各自的色散和非线性作用不尽相同,但色散总会使波包变宽,而非线性则会使波包变窄,两者关于波包变形的作用完全相反。色散和非线性中任何一种的单独作用或过度作用都不可能保证波包运动形态不变,当且仅当两者以相互补充的方式协调波包处在运动平衡的态势,方能使波包稳定地形成孤子。如果波包受到的色散效应大于非线性效应,波包仍然会坦化变宽;反之,如果波包受到的色散效应小于非线性效应,波包也会锐化变窄。相对于波包运行的具体物理环境,当某一组恰当的单色波列构成特定形态的波包传播时,刚好使色散效应与非线性效应达到动力学上的平衡,波包展宽与变窄点点互相补偿,便可形成稳定的孤子。相对于孤子内部波列的组成结构,仅当波包内一系列单色波列在恰当强度比例的色散和非线性作用下才能序化为规整的多元波群结构,组成一个和谐同步的统一体,形成特定恰当的波形。反过来,这种波形又使色散和非线性作用步入相互补偿、动态平衡的稳定态势,促使波包形成具有一定抗干扰能力的稳定孤子。简言之,色散和非线性作用在互补机制中使波包优化成规整的相干波列结构,反过来,具有规整相干的单色波列结构的波包(孤子)又会使二者形成稳定而互补的动态平衡。也就是说,孤子单色波群的内在规整优化与色散和非线性之间的对偶作用强弱的调节相辅相成,规整优化与对偶作用动态地交织在一起,使孤子在运动中形成一种自我稳定的张弛机制。[1] 所以,色散和非线性作用的协同互补、平衡制约

---

[1] 李梅、梅素珍:《孤子的实在特性与哲学意蕴》,《系统科学学报》2008年第2期,第41、43页。

是实现孤波（孤子）和谐稳定、有序传播的内在机制。

2. KdV 方程的意义与两波碰撞

由上可知，孤波是色散效应和非线性作用协同、互补、平衡的结果。支配孤波运动的波动方程属于非线性演化方程。最早最有名而又相对简单的莫过于 KdV 方程，其基本形式如下[①]：

$$\frac{\partial u}{\partial t} + 6u\frac{\partial u}{\partial x} + \frac{\partial^3 u}{\partial x^3} = 0$$

其中，波函数 u 表示水波相对于静止水面垂直凸起的位移，或波幅，它依赖于时间 t 和空间 x。方程的第二项是非线性项，体现流体的非线性作用；第三项是频散项，体现流体对波的色散作用。三者共存于同一方程，构成一种动力学上的量化平衡。受此量化关系的制约，在确定的物理条件下，可得到孤波解：

$$u(t,x) = 2a^2 \mathrm{sech}^2[a(x - 4a^2 t)]$$

它的函数图像犹如一个以速度 $c = 4a^2$ 向右运动的脉冲，其形如钟状。而这在现象上正是激起罗素极大兴趣的孤波。这种波形恰好可以使色散效应和非线性效应相互补偿平衡，确保波包在传播时保持形状不变。任何波形都具有自己确定的频率与振幅分布的单色波群结构，因此，满足 KdV 方程的孤波是由其特定的多元单色波群和谐稳定地构成的。

两个 KdV 孤波碰撞后，其波形和速度保持不变，具有很强的自适应调控稳定能力。人们在很多领域发现了不同类别的非线性方程，如正弦戈登（Sine – Gordon）方程、非线性薛定谔（NLS）方程、广田（Hirota）方程等，从中可得到类似于 KdV 方程的孤波解；但也有一些方程虽然存在孤波解，却不具有碰撞的稳定性。为了强调这种差异，人们将具有碰撞稳定性的孤波称为孤子。孤子碰撞的特性综合表现为：

（1）在同一空间区域彼此"透明"地穿过对方后，保持原有的速度、方向、形状、能量和动量不变，这意味着孤子可携带信息相融交叉地穿过对方后而不失真；

---

① 陈陆军、梁昌洪：《孤子理论及其应用》，西安电子科技大学出版社 1997 年版，第 101 页。

（2）两孤子碰撞时相互融合在一起，其高度低于碰撞前波幅较高的一个，这表明孤子的非线性碰撞过程不满足线性叠加原理；

（3）碰撞后孤子的运行轨道与碰撞前有所偏离，这说明孤子在碰撞时发生了相位移。

3. 小结

以上我们以 KdV 方程为例，详尽地讨论了孤子的生成机制。在其他各个领域发现的孤子，虽然非线性方程的形式会略有差异，生成孤子的具体物理过程也会各不相同，但从物理学的本质来看，与各种孤子生成相对应的色散和非线性的自适应调控激励机制则基本类似。所以，要形成稳定有序的相干结构，亿万分子必须具有一种"通信"的手段。系统要作为一个整体来活动，色散效应和非线性作用就好像都得到了关于系统整体的"通知"一样，两者对立统一、相辅相成，确保孤子的敛/散行为能够在动态平衡中具有自稳定性，成为产生孤子的物理学基础。因此，导致非线性相干结构的反馈耦合和自发秩序是紧密地联系在一起的。

"波的相干性是不同时空点相位关联程度的体现，不同时空点的单色波交叉积项决定了相干作用的强度。孤子方程的非线性项会生成一系列的多元单色波交叉积项，同频率单色波的交叉积项存在相位关联，因此孤波将产生相干效应。孤子的频带宽度较窄，振幅较大的单色波之间的频率相差很小，因此这些频率相近的单色波各自的相干作用行为近乎一致，具有较好的协同性，表明孤子具有较强的相干度。孤子的非线性作用，使多元单色波列之间既相互独立，又相互渗透，整体上步调相近，协同调控，呈现出非独立的相干作用效应，而其外在形态则不断锐化集中。孤子在色散和非线性作用的相互调控下，可适度地自动平衡补偿，使孤子形成规整序化的多元单色波群，同时也使孤子具有和谐稳定的相干结构。"[①]

（四）孤子的科学文化特征

综上所述，孤子具有两大基本特征：其一，有限的能量分布在有限的空间区域；其二，两波碰撞为弹性碰撞，即碰撞后保持原有的速度和形状

---

① 李梅、梅素珍：《孤子的实在特性与哲学意蕴》，《系统科学学报》2008 年第 2 期，第 41 页。

不变。① 孤子的这两大特征表明："孤子具有和谐的规整结构，色散与非线性效应使孤子的动量、能量和运动所占据的空间相对局域化，表现出特有的稳定性。孤子的稳定性一方面表现为整体形态、能量、动量在传播与碰撞作用下不变；另一方面则表现为其内部单色波群能在时间的演化中保持其序化、规整的频谱分布和谐不变地同步运行。"② 这两大特征充分表明孤子是一种同时集波动性和粒子性于一身的客观实在。

1. 波动性和粒子性的传统理解

长期以来，宏观的物理运动分化为波和粒子两种运动类别，波动性和粒子性不能共处于同一客观对象，似乎客观世界本身就存在着两种泾渭分明的波和粒子的运动行为。在这种线性化的经典物理学背景中，物质运动的波动性和粒子性是两种完全不相容的运动形式。波是振动的传播，其能量和动量不可能局域化，无论其初始波包的范围多么小，最终将弥散于整个空间，成为一种弥散性存在。经典粒子则完全是另一种运动图景，其形可局域化，甚至可抽象为一点，能量和动量亦被范围在其形所在的局域中。这样，经典粒子就被理想化为一种没有内部结构的局域化存在。

实际上，自然界本质上是非线性的，对于简单系统而言，非线性小量的忽略，无关大局，不会改变系统质的行为；但对于复杂系统而言，非线性小量可能是系统某种新现象生成的根本机制，抛弃非线性小量，并不是忽略大树之小叶，而是可能丢弃了一颗具有新质的种子。此种抛弃实际上是丢掉了复杂系统的某些实在本质。现在人们已经认识到，经过线性化洗礼后的世界图景不再是自然的全真属性。当我们意识到复杂世界应当用非线性科学来描述时，也终于明白波动性和粒子性并非是截然分开、不可融合的对立的运动形式。考虑到波包在受到色散作用的同时也不可避免地要受到非线性作用的制约，就会发现自然界普遍存在着孤子这种独特的实在，它可以同时集波动性和粒子性于一身。所以，孤子的波粒二重性③并

---

① 黄景宁、徐济仲、熊吟涛：《孤子：概念、原理和应用》，高等教育出版社2004年版，第17页。

② 李梅、梅素珍：《孤子的实在特性与哲学意蕴》，《系统科学学报》2008年第2期，第42页。

③ 为了与微观客体的波粒二象性相区别，这里将孤子同时具有波动性和粒子性的属性称为孤子的波粒二重性。

非是在不同测量条件下表现出来的两种行为，而是在运动过程中就同时荷载有波和粒子的基本属性。

2. 孤子同时具有波粒二重性

20世纪初，尽管普朗克的能量子假说非常重要，但只有在德布罗意、薛定谔和马克斯·玻恩的进一步努力下，量子力学中波和粒子的联系才渐渐明朗起来。其中德布罗意提出了一个伟大的建议，将普朗克的能量子假说调转了，由此跨出了关键的第一步，旧量子论的自由漫步终于迈向了真正的量子力学的理论道路。然而，孤子理论的建立使我们在波的世界与粒子世界的鸿沟上又搭建了一座新的桥梁。孤子空间的局域化，是由各点振动集合界定而成，各振动点的振动以恒定的速度向前传播，使孤子外形以相同速度同步不变地向前推进，显示出波是振动传播的内涵。另外，孤子是一种具有确定频谱分布的单色波群，表明其恪守波动的分解与叠加规则，因此，孤子具有波的基本属性。孤子在传播过程中保持形态和速度不变，有其确定的外形，具有恒定的能量和动量，此行为等同于自由粒子的运动特征。孤子碰撞后，仍然保持原有形态和速度不变，服从能量、动量守恒定律，具有弹性粒子的特征。由此可见，孤子也具有粒子运动的根本特征。由以上两点可知，孤子是一种同时集波动性和粒子性于一身，具有波—粒运动的双重属性。这一特点是孤子运动对线性物理世界波/粒运动分离图景的超越，它与微观客体的波粒二象性也存在本质上的差异。后者是指在不同的物理测量场景下微观物质表现出来的波动性和粒子性，但对于宏观物质却不可能明确地显示出这种自在的微观行为。所以，孤子的波粒二重性意味着是在非线性物理背景下，客观物质世界同时显示出来的属性，即波动性和粒子性不可分割地同时寓于孤子的自在之中。[1]

3. 孤子碰撞行为的科学内涵

由图8—3可知，两孤子在碰撞时构成一个短时的组合系统，二者和谐地融合在一起。它既不像经典波那样遵守线性叠加原理，也不像常规粒子那样不能共存于同一空间，而是在色散和非线性作用下，协同相干地携带原有的全真信息"透明"地穿过对方。孤子碰撞相合而不恪守线性叠

---

[1] 李梅、梅素珍：《孤子的实在特性与哲学意蕴》，《系统科学学报》2008年第2期，第42页。

加,表明复杂系统的"整体不等于部分之和"不仅体现在系统的内在功能方面,而且外在的振动强度和实在形体表现的相加也是如此。我们把孤子碰撞时的这种"相融而不相扰"的特点称为孤子的超常稳定性。这一特点表明孤子的稳定是以其内部结构的相干性与秩序的和谐性为基础的,即色散和非线性相互补偿的作用机制是孤子内在多元波群和谐共处的保证。孤子系统的这种相关协同机制、和谐共处特性以及整体稳定性的相互依托的关联保证关系,是复杂系统稳定性内涵的一种具体表现。实际上,任何复杂系统的稳定都是以其内部的多元群体的和谐性作为基础的,而和谐性则是依靠内部某种互补机制的合理运作而生成的。在复杂系统中,面对多元群体看似无序的混沌作用,若没有内部自在合理的互补和自适应的调控激励运行机制,要实现多元群体之间的和谐共处是不可能的。因此,对于复杂系统,只有当多元群体建构起和谐共生的约束性关系时,才能使系统形成具有抗干扰能力的自稳定性。所以,孤子是一种完全不同于经典波和常规粒子的新客体,其内部自适应调控激励机制生成多元波群的和谐关系,多元波群的协同运动又促成孤子整体存在的自稳定性,表现出丰富的科学文化内涵。总之,孤子既具有波的基本属性,又具有粒子的根本特征,同时还具有粒子和波所不可能具有的碰撞行为,这些特殊秉性和奇妙行为是其内在和谐关系和外在稳定性的综合表现。[①]

综上所述,孤子理论从1834年约翰·罗素在尤宁运河上发现孤波,至今正好走过了180年的历程。60年的争论、60年的寂静和60年的发展,充分说明基础理论研究的重要性和艰辛性。同时我们也了解到:孤子的超常稳定性"是以其内部的相干结构与秩序的和谐性为基础的,其所特有的科学内涵表明孤子是一种同时集波粒二重性于一体的客观实在。孤子的发散与收敛构成了孤子演化的两个对立面,其发散性通过色散机制来实现,其收敛性通过非线性的相干作用机制来实现。色散与非线性的自适应调控激励机制使孤子生成和谐规整的相干波列结构,确保了孤子的敛—散行为能够在动态中均衡互补,具有自稳定性。"或者说,孤子良好的内在生成机制和外在稳定性,两者相互依赖的物理成因具有哲学层次上的启

[①] 李梅、梅素珍:《孤子的实在特性与哲学意蕴》,《系统科学学报》2008年第2期,第42页。

发性，它体现了一般复杂系统动态稳定的本质内容。[①] 目前，孤子理论在多学科、多领域中已有广泛应用，我们要以史为鉴，继续推进基础科学的理论研究；特别是在当今科学本身也正经历着一个理论变革时期，我们必须给自己确立一个宏伟的目标，那就是实现正在兴起的、包括许多学科的科学大集成——走跨学科研究的道路，乘非线性思维之灵机，努力探索世界的复杂性！

三 确定性系统的无规则运动——混沌

混沌（Chaos，或译为浑沌）作为非线性科学的另一主体，与在无穷多自由度的复杂系统中可以促成规整性的孤子遥相呼应，从另一个极端向人们展示了在微观和宏观两个层次上，由确定性方程所描述的简单系统可以出现貌似无规则的运动。这一发现进一步动摇了牛顿以来占主导地位的"机械决定论"。混沌物理学家约瑟夫·福特曾经预言，混沌理论对科学思想的影响，最终将与20世纪早期的相对论和量子力学相媲美，并称之为20世纪物理科学中的"第三次大革命"。他说："相对论排除了对绝对空间和时间的牛顿幻觉；量子论排除了对可控制的测量过程的牛顿迷梦；混沌则排除了拉普拉斯决定论的可预见性的狂想。"[②] 一句话，随着混沌的到来，人们看到了整个科学开始改变航向的端倪。

（一）混沌的含义及其演变

混沌现象在自然界和人类社会都普遍存在，如漂浮的云彩、飞腾的烟雾、急速的湍流、揣摸不透的股市以及心脏和大脑的振动，等等，这些行为都遵循新发现的同样的定律。当今，这种认识不仅改变了天文学家看待太阳系的方式，也开始改变企业家作出保险决策的方式，甚至改变着政治理论家谈论紧张局势与武装冲突的方式。然而，描述这类现象的概念在东西方古已有之。我们的先民确信，"浑沌与秩序的相互作用是被束缚的张

---

① 李梅、梅素珍：《孤子的实在特性与哲学意蕴》，《系统科学学报》2008年第2期，第40页。

② [美]詹姆斯·格雷克：《混沌：开创新科学》，张淑誉译，高等教育出版社2004年版，第5页。

力的组成部分,是各种和谐中的一种和谐。他们把浑沌构想为某种博大而有创造力的东西。"①

1. 古典哲学中的混沌概念

早在公元前560年左右,中国古代思想家老子就有了"道可道,非常道"之说,并初步提出了宇宙起源于混沌的哲学思想。《易纬·乾凿度》给混沌下了个定义:"浑沌者,言万物相混成而未相离。"也即"气似质具而未相离者谓之浑沌"。看来,混沌是一种未经分化的实在统一体,它蕴含万物,由万物相混而成,因而包含着种种差异,并有内在地走向分化的可能。也就是说,混沌有混乱无序的一面,又内在地包含着规则、有序的成分。公元前450年左右,庄子也曾说过:"南海之帝为倏,北海之帝为忽,中央之帝为浑沌。倏与忽时相与遇于浑沌之地,浑沌待之甚善。倏与忽谋报浑沌之德,曰:'人皆有七窍以视听食息,此独无有,尝试凿之。'日凿一窍,七日而浑沌死。"(《庄子·应帝王》)

庄子所说的倏、忽,就是迅速灵敏,混沌有无知愚昧的意思,分别代表三个皇帝,而混沌竟在中央。应当说,庄子说的是政治,隐喻的是哲学。因此,是庄子最早把混沌的思想引入政治学的研究之中。他的"中央之帝为浑沌"的思想则是对人类行为的混沌性态的最早的描述。

在古希腊文化中,公元前8世纪诗人赫西奥德(Hesiod)在其《神谱》中对"卡俄斯"(Xaos)的描述影响深远。卡俄斯指的也是一种"万物之先的东西"——混沌的自然状态,从中可以演化出有秩序的世界,即"万物之先有浑沌;然后才出现宽胸的大地。"② 这与中国古代的浑沌思想基本相同。恩格斯很赞赏古希腊人的混沌辩证思想,他说:"在希腊哲学家看来,世界在本质上是某种从浑沌中产生出来的东西,是某种发展起来的东西、某种逐渐生成的东西。"③ 黑格尔也评价说:"把物质当作本来就存在着的并且自身没有形式的这个观点,是很古老的,在希腊人那里我们就碰到过,它最初是以浑沌的神话形式出现,而浑沌是被设想为现存

---

① [美] J. 布里格斯、F. D. 皮特:《湍鉴》,刘华杰、潘涛译,商务印书馆1998年版,第16页。
② 转引自上书,第16页。
③ [德] 恩格斯《自然辩证法》,人民出版社1971年版,第10页。

世界的没有形式的基础的。"① "在巴比伦创世故事里，浑沌叫作提阿马特（Tiāmat）。她与其他较早的诸神包容了浑沌的各种面目。例如，有一个神象征了原始无形的无限伸展；又有一种神叫作'大隐'（the hidden），表征了潜伏于浑沌之混乱中的不可察性和不可悟性。巴比伦人领悟到，浑沌之无形性事实上具有不同的面貌，换句话说，具有一种隐秩序，或许需等待千百年，才能被现代科学重新发现。"② 18 世纪末，果真"我们又在拉普拉斯那里看到过这种浑沌；和它近似的是星云，这种星云也还只有形式的开端。此后分化便发生了。"③

2. 现代科学对混沌的理解

19 世纪末，法国数学家彭加勒在研究天体的三体问题时第一次真正发现了混沌现象。他认识到三体引力相互作用能产生出惊人的复杂行为，确定性动力学方程的某些解有不可预见性。这就是我们现在所讲的混沌。他认为，"偶然性并非是我们给我们的无知所取的名字"，"对于偶然发生的现象本身，通过概率运算给予我们的信息显然将是真实的，即使到这些现象被更充分地了解的那一天也不失其真。"④ 彭加勒承认偶然的客观性，对"机械决定论"持批判态度，认为"即使自然定律对我们已无秘密可言，我们也只能近似地知道初始状态。如果情况容许我们以同样的近似度预见后继的状态，这就是我们所要求的一切，那我们便说该现象被预言到了，它受规律支配。但是，情况并非总是如此；可以发生这样的情况：初始条件的微小差别在最后的现象中产生了极大的差别；前者的微小误差促成了后者的巨大误差。预言变得不可能了，我们有的是偶然发生的现象。"⑤ 这一认识为发现混沌现象从思想上清除了一大障碍。事实上，他当时已经意识到确定性系统具有内随机性，发现了某些系统"对初始条件的敏感依赖性"，即所谓的"蝴蝶效应"。1904 年，彭加勒提出了著名

---

① 转引自［德］恩格斯《自然辩证法》，人民出版社 1971 年版，第 221 页。
② ［美］J. 布里格斯、F. D. 皮特：《湍鉴》，刘华杰、潘涛译，商务印书馆 1998 年版，第 18 页。
③ ［德］恩格斯：《自然辩证法》，人民出版社 1971 年版，第 221 页。
④ ［法］昂利·彭加勒：《科学的价值》，李醒民译，光明日报出版社 1988 年版，第 388—389 页。
⑤ 同上书，第 390 页。

的彭加勒猜想——在一个封闭的三维空间中，假如每一条封闭的曲线都可以收缩成一点，那么这个空间就一定是一个三维的圆球（任何单连通封闭的三维流形与三维球面同胚）。这样，他就把动力学系统和拓扑学两大领域结合起来，指出了混沌存在的可能性，从而成为世界上最先了解存在混沌可能性的人。

1954年，苏联概率论大师柯尔莫哥洛夫（A. N. Kolmogorov）在探索概率的起源过程中，注意到了哈密顿系统中微小变化时条件周期运动的保持，并提出了最早形式的KAM定理。后来阿诺德（V. I. Arnold）和莫泽（J. K. Moser）证明了这一定理。该思想为如下结论奠定了基础，即"不仅耗散系统有混沌，而且保守系统也有混沌"。从此，经典力学进入了一个新的阶段；有了KAM定理，人们就好像在黑暗中有了一盏引路的明灯。KAM定理指出：在一定条件下"弱不可积系统"的运动图像与"可积系统"差不多。可这时物理学家手里已经有了新式武器——电子计算机，能够突破解析方法的局限，对KAM定理的条件大作反面文章，结果是完全出乎意料的。原来，只要破坏该定理所假设的任何一个条件，运动都会变得无序和混乱。当然，这种运动所遵循的仍然是决定性的牛顿力学方程。也就是说，只要精确地从同一点出发得到的仍然是同一条确定的轨道。然而，只要初始条件有微小的改变，其运动轨道就会"差之毫厘，失之千里"，变得面目全非。

另外，还有几个经过严格数学证明的实例，说明某些牛顿力学所描述的运动，实际上可能同掷骰子所得的结果一样，是随机的和不可预测的。因此，决定性的牛顿力学从计算和预测的观点来看，实际上具有内秉随机性，这就是微观层次（即个别粒子，或所谓无内在自由度的个体的层次）上的混沌运动。可见，科学中的混沌概念不同于古典哲学和日常语言中的理解，简单地说，混沌是一种确定性系统中出现的无规则运动。混沌理论所研究的是非线性动力学系统中的混沌现象，其目的是要揭示貌似随机现象的背后可能隐藏的简单规律，以求发现复杂问题所普遍遵循的一般规律。

（二）"混沌之父"——洛伦兹

从20世纪60年代起，人们开始探索科学上的那些莫测之谜，使混沌革命走上了正轨道路并得以迅速发展。美国气象学家爱德华·洛伦兹（Edward N. Lorenz）在这方面做了很多工作并取得了很大的成功，也正因为他关于混沌理论的开创性研究而被誉为"混沌之父"。

1. 洛伦兹模型的提出

1960年的一天，洛伦兹正在用计算机求解一组描述地球大气的非线性微分方程。为了检查某些细节他做了一次重复预测，把温度、气压和风向等数据送入机器，这次他为了提高运算速度将方程中变量的有效位由原来的6位减到了3位。他让计算机运行方程，随后出去在休息室喝了一杯咖啡。当他回来时，大吃一惊，从屏幕上看到，新的结果并不近似于原来做出的预测，它变成了一种完全不同的预测。两个解只因有效位有小小的三个小数位之差，被解方程中固有的迭代过程彻底地放大了。这样，他得到了一幅意想不到图画，上面标出了两种极不相同的天气系统。

这时，洛伦兹迅速认识到，正是非线性与迭代的组合，把两次计算机运行中的三位小数位的差别放大了。结果相差如此之大，意味着像天气这样复杂的非线性动力学系统必然是相当敏感的，连细节上最小的误差也能影响它们。正如一句新格言所讲，在巴西一只蝴蝶拍打几下翅膀，可能有助于在美国得克萨斯州产生一个陆龙卷。[1] 洛伦兹及其他科学家马上意识到，在确定性的（因果性的）动力学系统中，生成混沌（不可预测性）的潜在可能性就蜷伏在每一个细节当中。[2]

1963年，洛伦兹在此基础上提出了著名的"洛伦兹模型"，率先在非常具体的3阶微分方程系统中发现了混沌。他的论文题目是《确定性非周期流》，发表在不引人注目的《大气科学杂志》上，并指出，在气候不能精确重演与长期天气预报无能为力之间必然存在着一种联系，这就是非周期性与不可预见性之间的联系。他还认为一串事件可能有一个临界点，在这一点上，小的变化可以放大为大的变化，而混沌的意思就是这些点无

---

[1] ［美］E. N. 洛伦兹：《混沌的本质》，刘式达、刘式适、严中伟译，气象出版社1997年版，第172页。

[2] ［美］J. 布里格斯、F. D. 皮特：《湍鉴》，刘华杰、潘涛译，商务印书馆1998年版，第115—116页。

处不在。[①] 这一研究清楚地反映了复杂系统"对初始条件的敏感依赖性"这一混沌的基本特征,实际上就是著名的"蝴蝶效应"。洛伦兹后来告诉《发现》杂志的编辑,"我那时很清楚,如果真实大气的行为正如这个(数学模型)所描述的,则长期天气预报是不可能的。"[②] 所以,我们说,是天气预报和气象学研究叩开了混沌科学的大门;反过来,混沌学的研究又为气象学研究提供了崭新的科学方法;爱德华·洛伦兹也因此被尊称为"混沌之父"。

洛伦兹本是搞数学出身的,后来在麻省理工学院(MIT)研究气象问题,但他的思维方式仍然是数学式的,善于在思维中把握实在,从复杂的现象中提炼出抽象的、本质性的东西。1962年萨尔兹曼(B. Saltzman)在研究与气象预报有关的热对流问题时,从瑞利-贝纳偏微分方程出发,得到一个7阶常微分方程,从中发现了非周期解。洛伦兹把这一方程进一步简化,将7阶降为3阶,但保持了原方程的根本特征。最后得出几乎无法再化简的下述方程:

$$dx/dt = -\sigma(x - y)$$
$$dy/dt = rx - y - xz$$
$$dz/dt = xy - bx$$

其中 σ, r, b 都是正参数。此方程虽然能在一定程度上描述天气的复杂变化过程,但它的真正意义并不在气象预报上。由于洛伦兹首先是一位数学家,习惯于用数学来思考问题,因而他的模型及其所揭示出的新的运动机制的意义,就远远不止于气象学了。现在人们已清楚,在二维连续系统中不可能出现混沌,三维是出现混沌所要求的最低维数,洛伦兹模型恰好只有三维。事实上,混沌热以来,人们对各种各样的系统尝试建模,试图发现新的混沌类型。但是做来做去,发现所能找到的生成混沌的最简单模型与洛伦兹模型总是大同小异,奇怪吸引子的形状也非常类似于洛伦兹吸引子,如图8—4所示。

[①] [美] E. N. Lorenz. "Deterministic nonperiodic flow." *Journal of Atmospheric Sciences* 20 (1963), pp. 130—141.

[②] 转引自 [美] J. 布里格斯、F. D. 皮特《湍鉴》,刘华杰、潘涛译,商务印书馆1998年版,第116页。

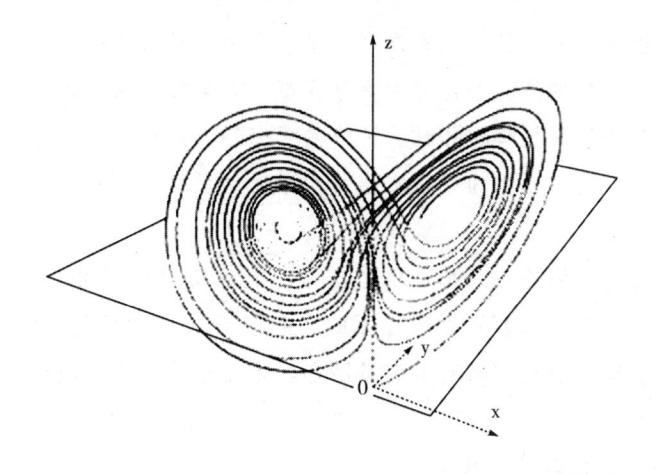

图 8—4　洛伦兹吸引子

它很像一张光滑的曲面,但并非一张曲面,而是由无限多张无限接近的曲面构成的一个复杂几何对象,具有非零"厚度"。

对于洛伦兹方程,一般是固定参数 σ 和 b,单独考察 r 变化时系统行为的变化。当 $0 < r < 1$ 时,有一个稳定不动点 $O(0, 0, 0)$;当 $1 < r < r^* \equiv 1.34561\cdots$ 时(对于 $\sigma = 10$,$b = 8/3$),又出现两个新的稳定不动点 A 和 B,这时共有 3 个不动点,不动点 O 已变为不稳定不动点。A 和 B 的性质总是相同的,因为方程在变换 $(x, y, z) \to (-x, -y, z)$ 下是不变的。当 r 继续增大到 $r_t = \sigma(\sigma + b + 3)/(\sigma - b - 1) = 24.7368\cdots$ 时(对于 $\sigma = 10$,$b = 8/3$),方程的 3 个不动点都变得不稳定,r_t 是系统行为变化的临界点,这时就出现了洛伦兹发现的"确定性非周期流"。1963 年洛伦兹研究时 3 个参数的取值为:$\sigma = 10$,$b = 8/3$,$r = 28$,这组参数值通常称为标准情形(canonical case)。当年洛伦兹就是在这一组参数值下,采用计算机数值计算,发现了"奇怪吸引子"〔当时还没有这一概念,直到 1971 年吕埃勒(D. Ruelle)和塔肯斯(F. Takens)才在一篇论文中提出了"strange attractor"(奇怪吸引子)一词,并把流体中的湍流现象作为混沌的一个例子〕。

洛伦兹的伟大贡献是多方面的,我们可以轻易举出几条:一是发现了"不仅耗散系统有混沌,而且保守系统也有混沌";二是揭示了确定性系统中的非周期性、对初始条件的敏感依赖性、长期行为不可预测性等混沌特征；三是发现了第一个奇怪吸引子；四是为非线性动力学研究提供了一个绝好的数学模型；五是最先采用定性的数学分析与定量的计算机模拟相结合的方法研究混沌。这些工作都具有开创性的意义，显示了作为一位杰出科学家的惊世功力。[①]

由此可见，洛伦兹1963年发表的这篇论文是一篇划时代的优秀论文——混沌的丰富内容几乎尽在于此，但在当时数学家们却很少看到它，看到的人也根本没有理解它的奥妙所在。十多年后它才大放光彩，引起了学界的轰动。

2. 洛伦兹以后的发展

20世纪70年代，科学家们开始考虑在许多不同种类的不规则之间有何联系。这时，人们带着几分怀疑，几分企盼，还有几分担心，更多的还有几分抑制不住的激动心情，摆开了各显神通的架势，共同创建大家都感觉属于自己的新学科。罗伯特·梅（Robert May）从澳洲来美国，放弃了理论物理到普林斯顿搞起生态研究；费根鲍姆（M. J. Feigenbaum）大学毕业后到处碰壁，在洛斯阿拉莫斯国家实验室（Los Alamos National Laboratory）整天思考着"八竿子打不着"的问题，他会津津有味地大谈传统物理学在方法论上的不足，也会煞有介事地论述绘画的原理以及艺术地把握实在的方式；斯美尔（S. Smale）研究最抽象的数学，却始终关心着力学中的非线性振动以及经济学中一般均衡的实现问题；芒德勃罗（B. B. Mandelbrot）更是在不同的学科领域里折腾来折腾去，跳过来跳过去，兴奋点一会儿是通信中的噪声，一会儿是股票与棉花的价格波动，再一会儿是英国的海岸线有多长，等等，甚至被人称为"流浪汉学者"。

然而，这些科学怪才终于成功了。"跨越学科界限，是混沌研究的重要特点。普适性、标度律、自相似性、分形几何学、符号动力学、重正化群等概念和方法，正在超越原来数理科学的狭窄背景，走进化学、生物学、地学，乃至社会科学的广阔天地。越来越多的人认识到，这是相对论和量子力学问世以来，对人类整个知识体系的又一次巨大冲击。这也许是

[①] 刘华杰：《混沌研究》，金吾伦：《跨学科研究引论》，中央编译出版社1997年版，第213—214页。

20 世纪后半叶数理科学所作的意义最为深远的贡献。"[①] 对于自然事物内在规律的探寻,直接把人们的视野引向了自然界本身——云彩的形状、雷电的径迹、血管在显微镜下所见的交叉缠绕、星星在银河中的集簇等。因此,20 世纪 70 年代成为混沌理论发展史上最光辉灿烂的年代。1975 年,中国学者李天岩和美国数学家约克(J. Yorke)在美国《数学月刊》上发表了题为"周期三意味着混沌"的文章,第一次在数学上引入了"混沌"的定义,并深刻地揭示了混沌的本质特征:混沌动力系统关于初始条件的敏感性以及由此产生的解的最终性态的不可预测性。1976 年,美国生物学家罗伯特·梅在《自然》杂志上发表了"表现极为复杂的动力学的简单数学模型"一文,向人们表明了混沌理论的惊人信息:简单的决定论数学模型竟然也能产生貌似随机的行为。这种行为实际上具有精巧的微细结构,不过它的每一小块看起来都与噪声不可区分。1977 年,第一次国际混沌会议在意大利召开,标志着混沌科学的诞生。1978 年,美国物理学家费根鲍姆在《统计物理学》杂志上发表了关于普适性和尺度变换的文章《一类非线性变换的定量普适性》,在混沌系统解密的道路上又迈出了关键的一步,成为"这门新科学得以转动的枢轴"。简单地说,"如果你用正确方式来看非线性系统,就会看到其中有永远相同的结构,这真是使人非常高兴和震惊的发现。"[②] 这一发现其实是 1975 年 30 岁的费根鲍姆用 HP—65 计算器计算"逻辑斯蒂映射":

$$X_{n+1} = \mu X_n(1 - X_n) \qquad (0 \leq X_n \leq 1, \mu \geq 0)$$

得到的两个普适常数 δ、α,如图 8—5 所示。

(1) 随着控制参量 μ 的增加,横轴方向的倍周期分叉间距 Δ_1、Δ_2 $\cdots$ 渐进地按因子 δ 衰减:

$$\delta = \lim_{n \to \infty} \frac{\mu_n - \mu_{n-1}}{\mu_{n+1} - \mu_n} = \lim_{n \to \infty} \frac{\Delta_n}{\Delta_{n+1}} = 4.6692016 \cdots$$

(2) 随着控制参量 μ 的增加,纵轴方向的倍周期分叉宽度 ε_1、ε_2 $\cdots$ 渐

[①] 郝柏林:《混沌:开创新科学》校者前言,[美]詹姆斯·格雷克:《混沌:开创新科学》,张淑誉译,郝柏林校,郝柏林校,高等教育出版社 2004 年版。

[②] [美]詹姆斯·格雷克:《混沌:开创新科学》,张淑誉译,高等教育出版社 2004 年版,第 165 页。

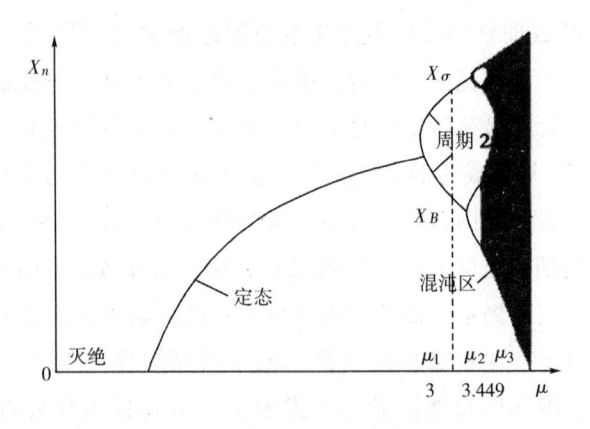

图 8—5　倍周期分叉进入混沌

进地按因子 α 衰减：

$$\alpha = \lim_{n \to \infty} \frac{\varepsilon_n}{\varepsilon_{n+1}} = 2.502907\cdots$$

我们知道，在自然科学中，普适常数的发现都具有重大的科学价值，比如，万有引力常数 G、光速不变原理中的光速 c、普朗克常数 h……。同样，费根鲍姆常数的发现表明系统从有序到混沌的转变过程遵循同样的自然规律——几何收敛：前一个常数使人们可以预料倍周期分岔在何时发生；后一个常数则表征了系统演化中的标度不变性，即混沌区的自相似嵌套结构。它的地位与圆周率 π 几乎平起平坐，两者在数学上以及数学与自然的关系中，似乎都具有无比寻常的重大意义，也正是由于这一普适性研究使混沌科学确立了自己稳固的地位。

（三）马康姆戏说混沌

到此为止，混沌带着古来传说的神秘和当代科学前沿的探索，正不胫而走，引起了越来越多的关注和讨论。混沌，在古代，乃指"原始混沌"，在热力学中，乃谓"终极混沌"，这宇宙开端和终极的奇点，正是科学可以到达而未能逾越的界限。作为当今科学革命的混沌学，恰恰指的是"日常混沌"。它不仅继相对论和量子力学后，突破了经典力学在宏观领域的界限，而且是人们在科学的整体观与看待世界方式方面的一次重大转变。那么，究竟什么是混沌，混沌理论有何稀奇之处？下面我们将主要借轰动全球的小说《侏罗纪公园》里混沌学家马康姆（I. Malcolm）之口，通俗地介绍混沌的特别之处。

按照小说的描写（实际上也和这差不多），马康姆是新一代数学家中公开对"世界如何运转"这类问题高度着迷的人。他们在如下几个重要方面和传统数学家决裂："第一，他们随时随地都使用电脑，这是传统派数学家们所不齿的。第二，在新兴的所谓混沌理论领域中，他们毫无例外地运用非线性方程。第三，他们似乎非常关注这样一个问题：他们的数学描述了真实世界中实际存在的东西。第四，他们的衣着和言谈似乎都为了表明他们正从学术王国走进真实世界……"[①]

马康姆对律师简罗（D. Gennaro）是这样解释混沌理论的：

"物理学在描述某些问题的行为上取得了巨大的成就：轨道上运行的行星、向月球飞行的飞船、钟摆、弹簧、滚动的球之类东西。这都是物体的规则运动。这些东西用所谓的线性方程描述，数学家想解这些方程是轻而易举的事。几百年来他们干的就是这个。

"可是，还存在着另一类物理学难以描述的行为。例如与湍动有关的问题：从喷嘴里喷出的水、在机翼上方流动的空气、天气、流过心脏的血液。湍动要用非线性方程来描述。这种方程很难求解——事实上通常是无法解出的。所以物理学从来没有弄通这类事情。直到大约十年前（小说写于 1990 年），出现了描述这类东西的新理论，即所谓的混沌理论。

"这种理论最早起源于 1960 年对天气进行计算机模拟的尝试。天气是一个庞大而复杂的系统，它指地球的大气对陆地、太阳所做出的响应。这个庞杂的系统的行为总是令人难以理解，所以我们无法预测天气是很自然的事。但是，较早从事这项研究的人从计算机模型中明白一点：即使你能理解它，也无法预测它。原因是，此系统的行为对初始条件的变化十分敏感。"

马康姆又给简罗解释了一通"蝴蝶效应"，简罗插话说，"所以说，混沌状态是随机的，不可预测的？"

[①] M. Crichton. *Jurassic Park*. New York: Ballantine Books, 1990, p. 72. 中文版：[美] 迈克尔·克莱顿：《侏罗纪公园》，文彬彬译，北京科学技术出版社 1994 年版，第 77 页。

"不，"马康姆说，"事实上我们从一个系统复杂多变的行为之中，发现了其潜在的规律性。所以混沌理论才变成一种涉及面极广泛的理论。这种理论可用来研究从股市到暴乱的人群、到癫痫病患者的脑电波等许许多多问题，并可以研究处于混乱和不可预测状态的任何复杂系统。我们可以发现其中潜在的规律。

"混沌理论谈了两个问题。第一，像天气这样的复杂系统也具有潜在的规律性。第二，它的对立面——简单的系统也可能出现复杂行为。"[1]

"我搞的是混沌理论。但是我发现没有人愿意倾听这门数学理论的意义。其实，它暗示了对人类生活的许多重大意义，其意义远远超过人人都在喋喋不休地谈论的海森堡原理或哥德尔定理。那些理论事实上学究气十足，是哲学的思考。而混沌理论却涉及人类的日常生活。"[2]

最后，马康姆对葛林（A. Grant）说："混沌理论告诉我们，从物理学到虚构的小说中的直截了当的线性，我们都视为理所当然，然而它们从来就不存在。线性是一种人为的观察世界的方式。真实生活，不像项链上穿着的一粒挨一粒的珠子，构成一件接一件发生着的事件。生活实际上是一连串遭遇，其中某一事件也许会以一种完全不可预测的、甚至是破坏性的方式，改变随后的事件。

"这是关于我们宇宙结构的一个深刻的真理。可是由于某种原因，我们却执意表现得仿佛这不是真的。"[3]

（四）确定性混沌的基本特征

马康姆的讲解未必都准确，但基本上是正确的。小说《侏罗纪公园》就是以混沌理论为背景写出来的，小说人物马康姆实际上就是作者的代言人，作者的用意是非常明显的。原书每一章不叫"chapter"，而叫"iteration"（迭代），如第五章写作"FIFTHITERATION"。每章标题下是一幅表示迭代进程（当然也表示小说情节的发展）的分形生成图。再下面的章首引语都是马康姆说的与混沌理论有关的格言。初看起来这好像是在故弄

---

[1] M. Crichton. *Jurassic Park.* New York：Ballantine Books，1990，pp. 73—75. 中文版，第79—81页。

[2] M. Crichton. *Jurassic Park.* New York：Ballantine Books，1990，p. 158. 中文版，第177页。

[3] M. Crichton. *Jurassic Park.* New York：Ballantine Books，1990，p. 171. 中文版，第193页。

玄虚，其实不然。过去用以理解世界的是简单性科学与欧氏几何，现在则是非线性的复杂性科学与分形几何。自然观再上升一步就是世界观，所谓"世界观是人生在世和人在途中的人的目光，是具有时代内涵的关于世界的根本观点。""它为人们认识世界提供具有时代内涵的总的概念框架，也为人们评价世界提供具有时代内涵的总的意义框架，从而为人们变革世界提供具有时代内涵的总的世界图景及其解释原则。"① 一旦获得这种认识，就会发现处处有混沌，正如以前总看到处处有周期性一样。从更广阔的视角来看，混沌研究还将影响到人们的价值观，因为世界观决定着人们的价值观。混沌在真、善、美几方面都有重要体现。"真"已经比较清楚，混沌图景比以前的图景更真；混沌"美"也是有目共睹的；混沌图像更自然、更舒展，奇怪吸引子比极限环美得多；"善"比较复杂，不同人有不同的看法，儒家与基督教蔑视混沌，而道家尊崇混沌。果真如此，现代混沌与古代混沌又真正沟通了。② 经过当代科学家整整半个世纪的辛勤劳动，"混沌已经成为一种迅速发展的学术运动的简称，而这个运动正在改变着整个科学建筑的结构。"③ 笔者在借鉴前人成果的基础上，也归纳了确定性混沌的一些基本特征：

1. 确定性

在混沌系统中，描述系统演化的动力学方程的确定性，是指方程（常微分方程、差分方程、时滞微分方程）是非随机的，不含任何随机项。系统的未来（或过去）状态只与初始条件及确定的演化规则有关，即系统的演化完全是由内因决定的，与外在因素无关。这是至关重要的一条限制，所以我们现在讲的混沌也叫"确定性混沌"。正因为确定性系统出现了复杂行为，所以也叫内随机性，人们才兴奋起来，才一往情深地钻研混沌。当然，从长远的观点来看，人们肯定会研究带有随机项的更复杂系统的非周期运动。然而，目前由于公众对混沌还有相当的误解，所以我

---

① 孙正聿等：《马克思主义基础理论研究》（上），北京师范大学出版社2011年版，第40页。

② 刘华杰：《混沌研究》，金吾伦：《跨学科研究引论》，中央编译出版社1997年版，第246—247页。

③ [美]詹姆斯·格雷克：《混沌：开创新科学》，张淑誉译，高等教育出版社2004年版，第4页。

们严格区分是否为确定性至关重要,还不能笼统地从现象的层次把一大堆似是而非的东西都称为混沌。总之,混沌概念的狭义化总比泛化好一些。现在我们考虑的混沌主要是一种时间演化行为,不直接涉及空间分布变化,所以暂不考虑偏微分方程。

2. 非线性

产生混沌的系统一定含有非线性因素,有了非线性未必产生混沌,但没有非线性是肯定产生不了混沌的。也就是说,非线性是产生混沌的必要条件。这里我们需要指出的是,"分段线性"并不等于线性,其实它是一条光滑曲线的近似描述,整体上相当于非线性。分段线性的系统可以出现混沌运动。从形式上看,非线性在方程中是指相关变量含有二次或二次以上的项。从功能上看,非线性是通过线性来定义的,设 Φ_1 和 Φ_2 是任意两个(向量)函数,a 和 b 是任意两个常数,若算子 L 满足如下叠加原理:

$$L(a\Phi_1 + b\Phi_2) = aL(\Phi_1) + bL(\Phi_2),$$

则称 L 是线性算子,否则 L 是非线性算子。包含非线性算子的系统称为非线性系统。应当注意的是线性与非线性也不是绝对分明的。对于某些复杂现象,在一定条件下,既可以把它视为非线性现象也可以把它视为线性现象,这与人们看问题的角度和所关心的变量的时空尺度不同有关。在非线性科学大规模涌现之前,人们自觉不自觉地普遍持有一种过分乐观的态度,以为任何问题都可以线性地获得圆满解决。现在看来,非线性是普遍存在的,多数问题不能通过线性的办法或线性化的办法来解决,因而直接面对非线性是不可避免的。

3. 对初始条件的敏感依赖性

1963 年,洛伦兹发表了关于混沌理论的开创性研究成果,并提出了形象的"蝴蝶效应"。但在冷落了近 10 年之后,1971 年数学家吕埃勒和塔肯斯建议了一种湍流发生机制,认为流体向湍流的转变是由少数自由度决定的,经过两三次突变,运动轨道就到了维数不高的"奇怪吸引子"上。这里所谓"吸引子"是指运动轨迹经过长时间演化之后所进入的终极状态,即目的态:它可能是稳定的平衡点,或周期性的轨道;但也可能是继续不断变化、没有明显规则或次序的许多回转曲线,这时的吸引子被称为"奇怪吸引子"。奇怪吸引子上的运动轨道对初始位置的微小变化都极为敏感，但吸引子的大轮廓却是相当稳定的。可见，"吸引子"是一个数学概念，它描述运动的收敛类型，存在于相平面，一般具有终极性、稳定性和吸引性三个主要特征。

但对初始条件的敏感依赖性，是奇怪吸引子上的运动轨道的首要特征。在各种确定性的动力学系统中，由于能量耗散而使有效的运动自由度减少，最终局限到低维的奇怪吸引子上。这就是宏观层次上的混沌运动。洛伦兹把这种对初始条件的敏感依赖性称为"蝴蝶效应"。控制论的创始人维纳也曾引用一首民谣来描述这种对初始条件的敏感依赖性：

> 丢了一个钉子，坏了一只蹄铁；坏了一只蹄铁，折了一匹战马；折了一匹战马，伤了一位骑士；伤了一位骑士，输了一场战斗；输了一场战斗，亡了一个帝国。[1]（见《维纳全集》第3卷第371页）

在科学上如同在生活里一样，"人们知道一串事件往往具有一个临界点，在那里小小的变化也会被放大。然而，混沌却意味着这种临界点比比皆是。它们无孔不入，无时不在。在天气这样的系统中，对初始条件的敏感依赖性乃是各种大小尺度的运动互相纠缠所不能逃避的后果。"[2]

4. 非周期性

在数学中，周期性的定义是很明确的。对于函数$f(x)$，若能找到一个最小正数T满足关系：

$$f(x+T) = f(x)$$

则称$f(x)$是周期函数，T为其周期；否则$f(x)$就是非周期的。非周期性也叫无周期性，意味着构成奇怪吸引子的积分曲线从来不重复原曲线而封闭。这样，向着奇怪吸引子演化的系统，从来不以同样的状态重新出现。所以非周期性说明，混沌运动的每一瞬间都是"不可预见的创新"的发生器。应当注意的是"非周期性"这个概念比"混沌"要广、要大得多。比如，准周期是非周期的，但不是混沌；遍历运动是非周期的，但单纯遍

---

[1] 转引自苗东升、刘华杰《混沌学纵横谈》，中国人民大学出版社1993年版，第72页。

[2] ［美］詹姆斯·格雷克：《混沌：开创新科学》，张淑誉译，高等教育出版社2004年版，第21页。

历还不是混沌。混沌运动要求有"混合"的性质，即"对初始条件的敏感依赖性"。但这并不能因此就说，混沌运动是杂乱无章而无用的，相反，混沌不是无序和紊乱。一提到有序，人们往往会想到周期排列或对称形状。但是，混沌更像是没有周期性的次序。在理想模型中，它可能包含着无穷的内在层次，层次之间存在着"自相似性"或"不尽相似"。在观察手段的分辨率不高时，只能看到某一个层次的结构；提高分辨率之后，在原来不能识别之处又会出现更小尺度上的结构。所以，混沌运动表现出一种"无限嵌套的自相似几何结构"。

在这里还要郑重明确一点，混沌运动（或混沌序列）与混沌系统（或混沌函数）是有区别的。混沌运动一定是非周期的，但混沌系统（函数）恰恰包含周期轨道（解）！也就是说，混沌运动常与周期运动缠绕在一起。在混沌系统中，周期轨道并不是个别的，而是稠密的！因此应该注意的是：以上讲的四条都是必要条件，给出混沌运动的充分条件是非常困难的。

5. 分叉与分形性

分叉（或分岔，bifurcation）是有序演化理论中的基本概念，它的出现是混沌产生的先兆。在动态系统演化过程中的某些关节点上，系统的定态行为（稳定行为）可能发生定性的突然改变，即原来的稳定态变为不稳定态，同时出现新的稳定态，这种现象就是分叉。发生分叉现象的关节点叫作分叉点，在分叉点系统演化发生质的变化。动态系统演化中的分叉现象充分说明了量变引起质变的规律。分叉又是一种阈值行为，只要系统的非线性作用强到一定程度，就可能出现分叉。所以，凡是产生混沌的系统，总可以观察到分叉序列。费根鲍姆把它称为"周期倍增分岔"，并发现了两个著名的极限率——费根鲍姆常数。

分形性是指奇怪吸引子的结构具有自相似性和不可微性。它不是传统欧氏几何所描述的直线、平面等整形几何形状（具有可微性），而是芒德勃罗分形几何所描述的"分形物"，具有结构自相似性和不可微性（不连续性）。目前所发现的奇怪吸引子，如马蹄铁吸引子、洛伦兹吸引子、埃农（Michel Henon）吸引子、若斯勒（Otto Rössler）吸引子等都具有分形维数。所以，分形并非是纯数学抽象的产物，而是对普遍存在的复杂几何体的科学概括。自然界中分形体无处不在，如：起伏蜿蜒的山脉、凹凸不平的地形地貌、弯弯曲曲的海岸线，等等。可见，"自相似"是指细节在递减尺度上能够复现的一种现象,它与混沌的内随机性、对初始条件的敏感依赖性有着本质的联系。人们对这种自相似现象也早有认识,古代宗教有所谓"一沙一世界,一花一天堂。袖里有乾坤,壶中有日月"的说法。英国讽刺文学大师乔纳森·斯威夫特(Jonathan Swift)更是形象地描绘了一幅自相似的生动图景:"科学观察惟仔细,大蚤身上小蚤栖,更有小蚤在其上,层层相咬无尽期。"美籍法国数学家芒德勃罗(B. B. Mandelbrot)也是在考察了自然界的许多精致形式及其细节后说:"我很清楚,自相似决不是一种平淡无奇的、无意义的性质,它是生成图形的一种非常有力的方法。"①

综上所述,我们认为:"混沌本质上是非线性动力学系统在一定控制参数范围内产生的对初始条件具有极度敏感依赖性的回复性的非周期性行为状态。"②这一理论从20世纪60年代初,洛伦兹发现"蝴蝶效应",提出了著名的"洛伦兹模型",到20世纪70年代末,费根鲍姆的普适性研究,发现了著名的"费根鲍姆常数",经过了整整两代人的艰苦努力,使它成为一门严密的自然科学理论。它不仅是定性的,而且是量定的;它不仅是结构上的,而且是量度上的;它不仅表现在模式中,而且表达为精确数字,因而被誉为20世纪物理学上的"第三次大革命"。

四 现实世界中的几何体——分形

美国著名物理学家约翰·惠勒(John A. Wheeler)曾经指出,"在过去,一个人如果不懂得'熵'是怎么回事,就不能说是科学上有教养的人;同样,在将来,一个人如果不能熟悉分形,他就不能被认为是科学上的文化人。"③惠勒的话指明了这样一个事实:科学是随着研究方法所获得的成就而前进的。研究方法每前进一步,我们的认识就提高一步,随之

---

① 转引自[美]J. 布里格斯、F. D. 皮特《湍鉴》,刘华杰、潘涛译,商务印书馆1998年版,第156页。

② 包和平、李笑春:《混沌是确定性系统的内在随机性吗》,《自然辩证法研究》2001年第2期,第21页。

③ 转引自[美]J. 布里格斯、F. D. 皮特《湍鉴》,刘华杰、潘涛译,商务印书馆1998年版,第156页。

在我们前面也就开拓了一个充满着种种新鲜事物和更广阔的远景。20世纪60年代以来,随着电子计算机的广泛应用和由计算机的应用而诞生的"计算物理"和"实验数学"两个新兴领域的出现,以孤子(Slaton)、混沌(Chaos)和分形(fractal)为主体的非线性科学似乎总是把人们从对"正常"事物和现象的认识转向对"反常"事物和现象的探索。孤子排除了牛顿关于波和粒子绝对对立的幻觉,找到了一种同时集波粒二重性于一体的客观实在;混沌打破了拉普拉斯决定论的可预见性的狂想,发现了一种确定性方程所描述的对初始条件极为敏感的无规则运动。20世纪70年代中期,美籍法国数学家伯努瓦·芒德勃罗(Benoit B. Mandelbrot)把弯弯曲曲的海岸线、坑坑洼洼的火山口以及变幻莫测的云烟等一系列所谓"病态"的形状也纳入了几何学的范畴,于是刻画混沌运动的直观的几何语言——无限嵌套的自相似几何结构——分形理论诞生了。然而,这些貌似不正常的现象、无规则的形状却使我们的认识更接近于自己的研究对象——自然界本身。

(一) 几种有代表性的分形体

从古代的欧几里得几何到现代的非欧几何(罗巴切夫斯基(Nikolas I. Lobachevsky)几何、黎曼几何等)、射影几何、微分几何、拓扑学、流形等,几何学研究的都是规整的形状(空间的点集合),即由规整的线、规整的面、规整的体构成的形状;基本特点是连续性、光滑性(分段、分片或分块),可以统称为整形。传统几何学就是整形几何学。一直到20世纪70年代分形概念问世之前,几何学始终是整形几何的一统天下,一切事物的形状都力图用连续的、光滑或分段光滑的规则形状近似刻画。笛卡尔把数和形的概念统一起来,建立了解析几何,再通过牛顿—莱布尼茨的微积分理论发展到现代的分析数学,为描述连续光滑的各种运动提供了解析工具。

然而,自然界的许多事物具有自相似的层次结构,在理想情况下甚至有无穷多层次。适当地放大或缩小几何尺寸,整个结构并不改变。所以,自相似是跨越不同尺度的对称性,具有这类结构的几何体被称为分形,不少复杂的物理现象,实际上都可以用分形几何来描述。因此,分形一般是指 n 维空间中一个点集的一种几何性质,它们具有无限精细的几何结构,在任何尺度下都具有自相似的性质,具有小于所在空间维数 n 的非整数维数。这种空间点集又被称为分形体。分形几何就是以这类几何图形为研究对象的数学分支，目前已成为一个最引人入胜的数学研究领域。

1. 迪勒五边形

分形理论的出现是 20 世纪 70 年代中期至 80 年代初的事情，但分形体的实例却早已有之。16 世纪德国画家、艺术理论家迪勒（A. Dürer）基于一个正五边形生成了一个分形体。具体做法如下：已知一个正五边形，以每条边向外生成另外五个正五边形，就构成了一个大的正五边形的轮廓，如图 8—6，a 所示；再在每个小五边形中放入五个更小的五边形，重复这个过程以至无穷，就得到了一个如图 8—6，b 所示的图形。这是一个真正的分形体，它具有无限精细的几何结构，并且具有分形的两个最基本的性质——粗糙性（不规则性）和自相似性（部分与整体相似）。

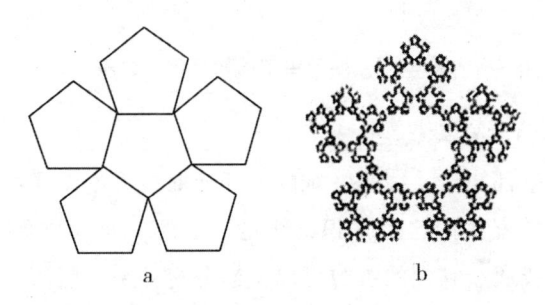

图 8—6　迪勒五边形与分形

2. 康托尔集合

19 世纪，集合论发展起来之后，数学家们构造出一些具有极其怪诞性质的集合，其中许多在今天被列入分形集合中。最著名的例子是德国数学家康托尔（G. Cantor）于 1872 年构造的康托尔三分集，它是针对傅立叶（J. B. J. Fourier）级数收敛性的研究而引出的，也是笔者早年学习《数学分析》时最先感受到的一种怪异结构。其构造过程十分简单：从闭区间 [0，1] 的实线段开始，截去中间 1/3 区间（1/3，2/3），余下闭区间 [0，1/3]，[2/3，1]；对每个闭区间再重复上面的过程，之后再重复该过程，以至无穷，余下的点集合就构成一个典型的康托尔三分集，如图 8—7 所示。显然这是一个比例自相似的图形。此外，容易算出，截去的区间长度总和为 1。这也就是说，康托尔集中的点尽管有无穷多个，但却如同"灰尘"一般"拥挤"在一个长度为 0 的区间上（即勒贝格测度为

0)。这些点显然是不连续的,然而可以证明,它们却是一一对应于[0,1]区间中所有实数的。这种构造的自相矛盾的性质,曾经使19世纪的数学家感到困惑,但芒德勃罗却把康托尔三分集看成电子传输线中发生误差的一种模型。在从小时到秒的每一时间尺度上,芒德勃罗发现误差与无误差传输的比值保持恒定。所以,他认为在模拟阵发混沌时这样的"尘土"是必不可少的。

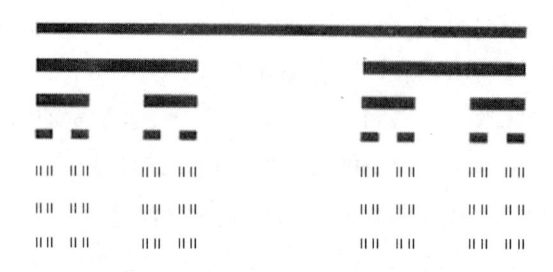

图 8—7　通向尘埃的康托尔三分集

3. 皮亚诺的填空曲线

每个中学生都知道,线是一维的。任何曲线无论怎样弯曲,它都必然是一维的。数学家认为这是常识,线是一维的,面(比如一张纸)是二维的;面与曲线通过它们的维数可以截然分辨开来。然而,意大利数学家皮亚诺(G. Peano)于1890年左右发现了一种称之为"填空曲线"的东西,如图8—8所示。它是以非常复杂的方式扭折而成的,如果把它画在纸上,竟可以充满整张纸面。纸面上没有哪一点是皮亚诺曲线无法到达的。这件事惹烦了许多数学家:"一个物体怎么可能既是一维的又是二维的呢?"尼古拉·威兰金(Nicolai Y. Vilenkin)在《集合的故事》中描绘了当时数学家们的反应:"一切都垮台了!很难用言辞表达皮亚诺的结果对于数学世界的影响。似乎所有东西都处于崩溃之中,所有的数学基本概念都失去了意义。"[①] 就连大数学家彭加勒也摆出了一副防御性的姿态,称这种奇异曲线为"妖怪画廊"。

4. 科赫曲线与门格海绵

1967年,B.B.芒德勃罗发表在美国《科学》杂志上的"英国的海岸

---

① 转引自[美] J. 布里格斯、F. D. 皮特《湍鉴》,刘华杰、潘涛译,商务印书馆1998年版,第161页。

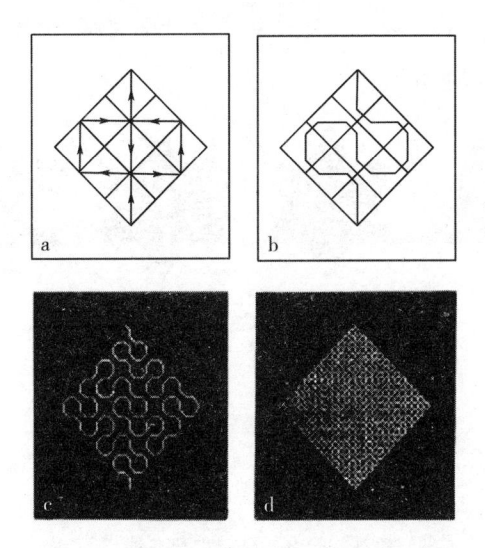

图8—8 用于生成皮亚诺曲线的步骤。这些步骤可以连续进行下去，直至无穷，最后整个二维空间都被这条曲线所填满。

线有多长？"的论文，是他分形思想萌芽的重要标志。这与一种理想化的"雪花"密切相关。因为它是由瑞典数学家科赫（H. von Koch）于1904年描述的一种不论由直段还是由曲段组成的始终保持连通的图形，所以叫科赫曲线，如图8—9所示。这种与常规几何不相干的复杂性实质上是通过迭代生成的，其中每一步都是在越来越小的尺度上进行的。第一步，在平面上设想有一个边长为单位长度的正三角形，并将每条边分成三等分，中间部分用两条长1/3的折线替代，结果形成一个形如盾牌的六角形。第二步，将六角形的12条边再分别三等分，中间的一段用两条长$1/3^2$的折线替代。第三步，按照上述方法重复进行，以至无穷。这样，一条科赫曲线就生成了。"对于数学家来说，这幅图倒不十分令他们吃惊。当尝试测量岛屿的周长，即弄清楚它的海岸线长度时，让人吃惊的事情发生了。"我们略动一下脑筋就不难发现，"任何在持续渐小的尺度上仍包含细节的图形，必有无限的长度"[①]（实际上是有上限和下限的）。后来，芒德勃罗把它作为"粗糙而生动的海岸线模型"，迭代方法也成为人们用数学描述

---

① [美] J. 布里格斯、F. D. 皮特：《湍鉴》，刘华杰、潘涛译，商务印书馆1998年版，第162、164页。

自然分形的一种有效手段，但也产生了一个匪夷所思的悖论：无限长的边界，包围着有限的面积。

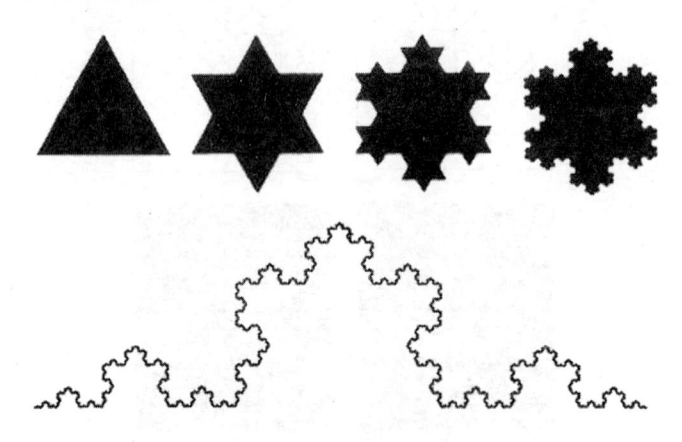

图 8—9　科赫雪花曲线

除了以上四种有代表性的分形体外，数学家们还想出了一些别的图形，它们同样具有科赫曲线和康托尔三分集的古怪性质，比如：希尔伯特曲线（1891）、谢尔宾斯基（W. Sierpinski）地毯（1916）、门格海绵，等等。其中，门格海绵是一种通用曲线，也称为空间万有曲线，如图 8—10 所示。因为它的拓扑维数为一，并且其他任何曲线或图形都与门格海绵的某个子集同胚。它也是康托尔集和谢尔宾斯基地毯在三维空间的推广，所以有时也称为门格—谢尔宾斯基海绵。那是在 1926 年的一天，奥地利数学家卡尔·门格（Carl Menger）正在研究拓扑维数的概念，他把一个正方体的每一个面分成 9 个正方形，这样就把正方体分成了 27 个小正方体，像魔方一样。然后把每一面中间的正方体去掉，再把中心的正方体也去掉，留下了 20 个小正方体，同时出现了 6 个通道。接着把每一个留下的小正方体都重复以上步骤，此时留下了 20×20＝400 个更小的正方体，通道增加了 6×20＝120 个。如此操作，以至无穷，就得到一块门格海绵。门格海绵的每一个面实际上就是谢尔宾斯基地毯；同时门格海绵与原立方体的任何一条对角线的交集都是康托尔集。这种"百孔千疮"，"有皮没有肉"的"中空"立方体的体积趋于零，而表面积却趋于无穷大，所以，它是化学反应中多孔催化剂最理想的结构模型。

图 8—10　门格—谢尔宾斯基海绵

（二）芒德勃罗分形几何的创立

以上这些工作表明，数学家们很早就注意到了分形物体的存在。但是真正导致分形理论的产生，应归功于法国数学家朱利亚（G. M. Julia）和法图（P. J. Fatou）对复平面上动力系统的研究。他们于 1918 年发表的著名论文使复平面上有理映射迭代理论得以发展。他们不仅研究以上列举的具有高度有序性和可预见性的分形图形（即具有在任意放大和平移变换下的自相似性——用数学语言表示，就是它们在线性变换下保持不变），而且试图研究在非线性变换下不变的分形。他们的工作把复多项式和复有理函数迭代的研究推向了繁荣，但在随后的 50 年内这方面的工作进展不大，一个很重要的原因是计算机还没有出现，手、铅笔和直尺已经耗尽其所能。看来美好愿望的实现还要等待时机！

1. 分形和分形维数概念的提出

芒德勃罗早年受其叔父佐列姆·芒德勃罗（Szolem Mandelbrot）和老师朱利亚的影响，从 20 世纪 60 年代中期开始研究彭加勒的著作，最初考虑与彭加勒研究过的"克莱因群的极限集"相关的集合，得到了深刻的思想启发。后来他又把过去数学家们认为是"病态"的"怪物"视为"宝贝"，并试图将它们在一种新的几何里统一处理。由此，他首先揭示了分形的本质特征，确定了分形几何的理论框架。20 世纪 70 年代中期至 80 年代初，由于电子计算机技术（特别是图像显示系统）的发展，才真正开辟出分形几何这一崭新的数学领域。

1975年，芒德勃罗创造了"分形"（fractal）这一新术语。"fractal"一词原本出自拉丁语 fractus，意思是不规则的、破碎的或断裂的。同年他出版了《分形对象：形、机遇和维数》一书，认为大量的物理、生物和数学现象都会产生分形，并证明这些"妖怪般的曲线与外在世界的几何不是没有关系"，而是"其中隐藏着通向测度真实世界不规则性的秘密——分形的秘密"[①]。这也就是说，世界本质上是非线性的，而分形是非线性特征的一种几何表现。因此，所谓分形是指自然界中没有特征长度而又具有自相似性的形状或现象。为了刻画这些不规则点集的共同特征——粗糙性和自相似性，芒德勃罗给出了集合的复杂度和不规则程度的定量回答，引进了"分形维数"（fractal dimension，简称分维）的概念。他指出，1919年"从豪斯多夫（F. Hausdorff）开始的数学家们补充了某些维数不再是整数的理想化的图形。它们的维数可以是一个分数，如1/2，3/2，5/2，也可以是一个无理数，如 $log4/log3 \approx 1.2618$，甚至可以是一个复杂方程的解。"[②] 为此，他定义说："如果一个集合的豪斯多夫维数严格大于它的拓扑维数，则称之为分形集。"豪斯多夫维数就是一种典型的分形维数，比如门格—谢尔宾斯基海绵的维数约为2.726833。由此可见，分形几何研究的是比欧氏几何更为复杂的几何图形，是不光滑且不可微的。从这个意义上说，"分形"和"分维"概念否定了微分，它是一个划时代的革命，将建立在一个全新的理论基础上。

科学概念的诞生，往往需要一个整体的社会环境和社会意识。20世纪初，相对论和量子力学的建立催生了许多新概念的问世，一方面，由于当时整体的技术有了很大的发展；另一方面，经典理论与新发现的实验事实产生了尖锐的矛盾。"分形概念的诞生也有类似的原因，决定论框架中的随机性的发展导致了混沌动力学的建立，而这些优美的动力学几何图像则鲜为人注意，分形正是在这方面显露才华，并引起各个领域的研究工作者的注意。"[③]

[①] 转引自 [美] J. 布里格斯、F. D. 皮特《湍鉴》，刘华杰、潘涛译，商务印书馆1998年版，第161页。

[②] [法] B. B. 芒德勃罗：《分形对象：形、机遇和维数》，文志英、苏虹译，世界图书出版公司1999年版，第7页。

[③] 汪富泉、李后强：《分形：大自然的艺术构造》，山东教育出版社1996年版，引言。

2. 芒德勃罗集：嫩芽和卷须

1978—1979 年，芒德勃罗与 IBM（国际商用机器公司）的马克·拉夫（Mark Laff）合作，开始研究在非线性变换下保持不变的分形。但要想知道相应分形的样子，必须借助于计算机把图形画出来。1979 年年底，芒德勃罗认为利用计算机研究反馈方程 $X_{n+1} = X_n^2 + C$ 的行为就值得一试（这里变量 X 与参量 C 均为复数）。1980 年，他在哈佛科学中心的地下室利用一台新的超微机，由一名叫莫尔代夫（P. Moldave）的助教自愿担当程序员展开了研究。他们获得的第一张图是粗看像甲虫的双圆斑（如图 8—11（a）所示）——完全符合理论的预测。接着，对偏离主形的小圆斑做精细观察，它乃是主形的小型翻版——一种分形自相似行为。更精密的计算获得了更精细的图形，直到图形呈现严重的混乱。为了证实这一点，他们又在一台 IBM 计算机上进行计算，混乱不仅没有消失，而且惊奇地发现，原来这些越来越多的杂乱是某种真实事物的迹象。嫩芽和卷须从主形上慢吞吞地生长出来，有些小圆点正是他们预料的一种漂亮的螺旋形图案——一族形似海马的图形。这就是奇妙的芒德勃罗集，边界上形似海马的图形被称为朱利亚集（如图 8—11（b）所示）。这些图形的优美与复杂出人意料，一些配有彩色的优美图形简直可以同艺术品相媲美。后来，这些图形又被视为"数学恐龙"，成为当今数学中最复杂而有序的对象之一。它的赞赏者甚至这样说：

"用无限的时间也不足以观察它的全貌，它那饰以多刺荆棘的圆盘，它那弯曲外绕的螺线和细丝，上面挂着鳞茎状的微细颗粒，无穷尽的杂色斑驳，好像是上帝私人葡萄树上的累累果实。通过可调节的计算机彩色屏幕的窗口考察时，芒德勃罗集看来比其他分形还要分形，它跨越尺度的复杂情况是如此丰富。""即使已经把'简单性孕育复杂性'这一命题确立为自己智力活动的中心，芒德勃罗也并未立即理解，那些在国际商用机器公司和哈佛大学的计算机屏幕视野之外翱翔的对象是多么非同寻常。"[①]

[①] ［美］詹姆斯·格雷克：《混沌：开创新科学》，张淑誉译，高等教育出版社 2004 年版，第 193、195 页。

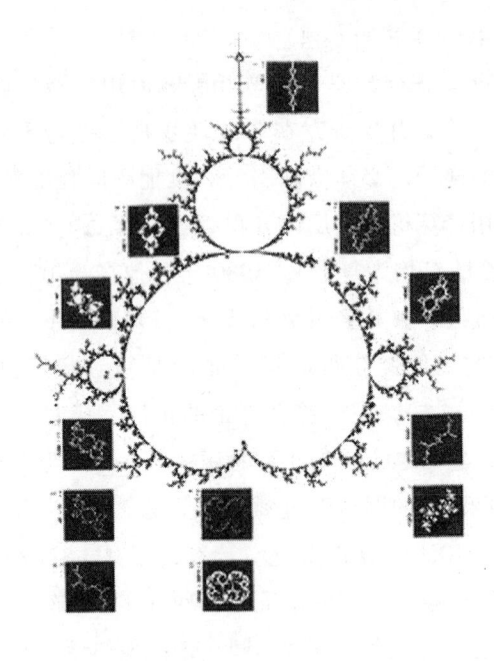

(a) 集合边界的"复杂"图案
(b) 从边界得到的朱利亚集

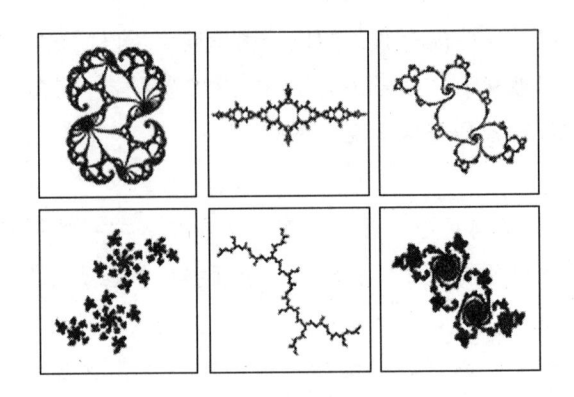

图 8—11 芒德勃罗集合

　　由此，我们很容易从这些图形中感受芒德勃罗集的美丽和奇妙，但要真正掌握它对数学的意义则要困难一些。不过，1982 年芒德勃罗又出版了一本更全面的著作《自然界中的分形几何》。从此，分形的概念和分形几何不胫而走，成为数学研究的热门课题；芒德勃罗集也成为混沌的一种国际性标志，经常出现在会议小册子和工程季刊的华丽封面上。所以，分形几何的产生进一步印证了这样一条原理：科学上每一次大的跨越，都会引发一个自然界的模式，为我们建构一个新的方法论平台。正如英国著名数学家哈代（Godfrey Harold Hardy）所言："一位数学家就像一位画家或诗人，是模式（pattern）的创造者。如果他的模式比画家或诗人的模式的生命更加长久的话，那是因为他的模式是用思想（idea）所造就的。画家用形状和色彩创作模式，诗人则用语词。……数学家的模式，就像画家和诗人的模式一样，必须是优美的；这些思想，就像色彩或者字词一样，必须以和谐的方式统一起来。优美性是第一道检验标准：这个世界没有为丑陋数学准备长久的地盘。"[1]

其实，早在1933年爱因斯坦就指出："在某种意义上，……纯粹思维能够把握实在"。于是他相信，"这种创造的原理却存在于数学之中"[2]。"现在已经清楚，分形不但抓住了混沌与噪声的实质，而且抓住了范围更广的一系列自然形式的本质，这些形式的几何在过去的2500多年里是没办法描述的，它们包括海岸线、树、山脉、星系、云、聚合物、河流、天气模式、大脑、肺以及血液供给。物理学过去总是设法把自然界许多精致性质堆放在泛泛的'混沌'与'无序'标题之下，与此类似，自然界的许多精致形式及其丰富细节，过去也被常规几何学所忽略了。"[3] 因此，芒德勃罗认为，传统的欧氏几何是"呆滞的"，不规则的分形几何却是活跃的，它不仅是扰乱欧氏几何的"噪声"，而且成为理解自然现象的新钥匙和自然界自身创造力的醒目标志。

总之，芒德勃罗经过十余年的冥思苦想、艰辛探索，结果就好像挖到了一块钻石。这颗钻石竟是一个令人倾倒的数学奇怪吸引子，迅速在科学界乃至流行文化领域掀起了一股"分形热"。今天，他的非凡智慧帮助我们看到了《星球大战》中一幕幕激动人心的特效场景，把自动化仪表设计得一目了然，把手机天线微缩在了机身内；甚至可以根据血流图的不同分形特征发现早期癌症……。

---

[1] ［英］G. H. 哈代：《一个数学家的辩白》，王希勇译，商务印书馆2007年版，第62—63页。

[2] 许良英等编译：《爱因斯坦文集》第1卷，商务印书馆1976年版，第316页。

[3] ［美］J. 布里格斯、F. D. 皮特：《湍鉴》，刘华杰、潘涛译，商务印书馆1998年版，第156—157页。

（三）分形几何与复杂性研究

1967 年，芒德勃罗在《科学》杂志上发表了"英国的海岸线有多长？"一文，标志着分形几何的诞生。但是，分形几何的源头却可以追溯到 1875 年雷蒙德（Dubois Reymond）首次报告维尔斯特拉斯（Karl T. W. Weierstrass）不可微曲线所引起的一场数学危机。如何评价分形几何与这场数学危机或数学革命的关系，学界存在一定的分歧。美籍英裔数学物理学家戴森（Freeman Dyson）认为："19 世纪的经典数学与 20 世纪的现代数学之间为一个巨大的思想革命所分隔。经典数学扎根于规整的欧几里得几何结构和牛顿的连续演化动力学。现代数学开始于康托尔集合论和皮亚诺那充满空间的曲线。在历史上，革命的出现是由于发现了不适合欧几里得和牛顿模式的数学结构。"[1] 我国系统科学家苗东升教授则认为，"把分形几何与那场数学危机联系起来是正确的，但把它看作 20 世纪现代数学中与泛函分析、不动点理论等并列的另一个新分支，并不恰当。那场数学革命的主旨是力求把一切数学分支都还原到康托尔集合论，直接结果是用集合论的概念定义其他数学概念，用集合论的公理和定理证明其他数学命题，从而给现代数学确立了严密的逻辑基础。"[2] 事实上，到 1925 年随着危机的消除建立起现代数学的宏伟大厦，但它本质上仍然是欧氏几何与牛顿模式的直接延伸。所以，分形几何不能像抽象代数、泛函分析和拓扑学一样包括在这座大厦之内。那么，分形几何给我们带来怎样的范式变换呢？

1. 分形几何与范式转换

芒德勃罗曾经指出："分形几何并非 20 世纪数学的直接'应用'。它是数学危机的一个晚产的新领域。"[3] 他的这一说法尽管有一定道理，但问题的关键并不在于分形几何产生的迟早，因为任何一门学科，只有当它是所处时代的社会生存和发展的自然产物，同时其内在逻辑所需的前期条件又基本具备时，它才会应运而生并得以发展。在 20 世纪 60 年代之前，

---

[1] 转引自苗东升《分形与复杂性》，《系统辩证学学报》，2003 年第 2 期，第 7 页。
[2] 苗东升：《分形与复杂性》，《系统辩证学学报》2003 年第 2 期，第 7 页。
[3] ［法］B. B. 芒德勃罗：《大自然的分形几何》，陈守吉、凌复华译，上海远东出版社 1998 年版，第 4 页。

与计算机应用相关的"计算物理"和"实验数学"还没有诞生，一切关于非线性问题的研究人们还只能"望洋兴叹"。在这样的时代背景下，像芒德勃罗这样一位在数学垃圾筒和故纸堆里寻找金子的"流浪汉"，也只能是东一榔头西一棒子，打一枪换一个地方。所以，星系结构、布朗运动、棉花价格、通信噪声、词频分布，等等，都进入过他的视野，但是他的这些研究很难得到传统科学的承认。直到1973年，他才意识到"政治上"的翻身之日，使他多年的荒野生涯行将结束。

另外，从最近50多年复杂性研究的成果来看，它把传统科学热衷于对部分的解析、预测和控制转变到关注事物的不可预见之整体的涌现方式上来，即从线性、确定、有序的"孤岛"扩展到了非线性、不确定和无序的复杂性海洋。这也就是说，传统科学在对事物本质及其规律进行科学探索的同时，也给自己划了一道无形的界限，并把自己封闭起来。然而正是这些科学地图上的空白区才是当代科学新的生长点，它给有教养的研究者提供了最丰富的机会，同时也使科学的目标从追求简单性转向了探索复杂性。因此，由欧氏几何和牛顿模式发展而来的20世纪现代数学，其主干是建立在集合论基础上的形式化、公理化和系统化了的现代几何、抽象代数和数学分析等，描述的是现实世界的数量关系和形式结构的简单性。苗东升教授称之为"简单性数学"，属于传统科学的数学工具。而危机期间和危机之后发现的一系列与欧氏几何和牛顿模式相冲突的数学结构，由于它们否定的是函数的"可微性"这一现代数学的基本要求，故不能在集合论基础上实现逻辑的严密化，曾被当作"病态"结构扔进了"妖怪画廊"。这一事实恰好表明这类数学结构有违"简单性数学"的基本范式，是数学复杂性的载体，即"复杂性数学"的研究对象。[1] 因此，分形几何的产生是20世纪数学史上的一次颠覆性变革，这一范式转换开创了关于"复杂性数学"的新篇章，为当代复杂性研究提供了强有力的数学工具。的确，哪里有复杂性运动，哪里就会出现分形维数。

事实上，"当库恩于1962年初次发表自己关于科学家们如何工作、科学革命怎样发生的看法时，赞赏和反对意见几乎同样多，所引起的争论至今尚未结束。他对那种科学进步基于循序渐进、温故知新、新实验要求新

---

[1] 苗东升:《分形与复杂性》,《系统辩证学学报》2003年第2期,第7—8页。

理论的传统观点施以针砭。他抛弃了科学是规规矩矩地提出问题和寻求答案的过程这种看法。他强调要区分科学家们在各自学科范围内从事的规律已知的工作和那些例外的、非正规的、开创革命局面的研究。他把科学家们描述成不那么完全的唯理论者，这不是偶然的。"[1] 库恩曾写道："在正规条件下，一位研究科学家不是革新者，而是解难题的能手；他所专心致志的难题正是那些他确信可以在现存科学传统的范围内提出和解决的问题。"[2] 然而，每一位早期转向复杂性研究的科学家都有一段辛酸史。在分形几何建立初期，一位粒子物理学家在听说这门新鲜数学之后，也许会自己玩一番，认为它的确是美妙的东西，但是他感到决不能对同事们提起。另外一些人则感到他们是在自己的职业生涯中第一次目击科学楷模的更替和思维方法的转变。

所以，在库恩的范式理论中，范式（paradigm）通常是指那些公认的科学成就，它们在一段时间里为实践的共同体提供模型化的问题和解答[3]，而范式的转换导致科学革命，从而使科学获得一种全新的面貌。库恩对范式的强调对于促进心理学的研究也有重要意义。我们在芒德勃罗分形几何的建立过程中也能发现范式变革的心理学功能。早在19世纪末，彭加勒就曾发现动力系统的同宿轨道横截栅栏图像复杂得他当时根本无法画出来。这绝非偶然一例。20世纪以来，随着人类探索事物本质的不断深入，不同领域的学者经常遇到一些类似的现象，如岛屿形状、金属断面、股市价格、通信噪声、血液供给、词频分布，等等。特别是20世纪60年代之后，这类现象越来越多地呈现在人们面前，继续置之不理已不可能了。这类现象所反映的情景正如圣菲研究所多伊恩·法默（J. Doyne Farmer）教授所言："这里是一枚有正反面的硬币。一面是有序，其中冒出随机性来；仅仅一步之差，另一面即是随机，其中又隐含着有序。"[4]

---

[1] ［美］詹姆斯·格雷克：《混沌：开创新科学》，张淑誉译，高等教育出版社2004年版，第32页。

[2] 转引自上书，第33页。

[3] ［美］T. S. Kuhn. *The Structure of Scientific Revolutions*. London: The University of Chicago Press, 1970, p. ⅷ.

[4] 转引自［美］詹姆斯·格雷克《混沌：开创新科学》，张淑誉译，高等教育出版社2004年版，第221页。

这种有序和无序、连续和不连续相互缠绕的复杂性正是人们长期陷入困境的根本原因。

这时，笔者突然想起大哲学家维特根斯坦的一句名言："一个人陷入哲学困境，就像一个人在房间里想要出去又不知道怎么办。他试着从窗子出去，但是窗子太高。他试着从烟囱出去，但是烟囱太窄。然而只要他一转过身来，他就会看见房门一直是开着的！"① 其实，芒德勃罗在科学的变革时期，采取的正是一种与众不同的心理状态和思维方式——"流浪汉学者"的心理和博物学家的思维——这种返璞归真的创造背后，存在着一个趣味盎然的世界。正如他在《谁是谁》的名人录中自己名字下面增加的一段话："如果（和体育一样）把竞赛置于一切之上，如果为了阐明竞赛规则而退缩到狭隘定义的专业中去，科学就会毁灭。对于已经确立的学科的理性利益，那些少有的挑选出来的流浪汉学者是至关重要的。"② 可见，芒德勃罗的这种创新理念和跨学科研究的思想方法，也道出了我们今天探索东西方创造教育会通的重大意义，因为西方侧重于外在事物的客观规律和对物质利益的追求，而东方则侧重于主体的内在觉悟和身心境界的提高，两者的融合必将带来中国科学技术和文化建设的新气象。

2. 简单性孕育了复杂性

芒德勃罗曾经指出："科学的目的总是把世界的复杂性还原为简单的规则。"③ 难道他是要拥护还原论吗？不是的，他是在倡导一种新的思想方法——"简单性孕育复杂性"。这与霍兰（John Holland）认为"涌现的本质就是由小生大，由简入繁"④ 异曲同工。现在我们知道，自然界中存在着三种类型的因果关系，即自下而上、自上而下和同层次的因果联系是并存的。在这种相互交织的普遍联系中当然包括分形机理，因此，弄清楚分形结构的形成机理和它们之间的内在关系，能使我们更好地理解复杂

---

① ［美］诺尔曼·马尔康姆：《回忆维特根斯坦》，李步楼、贺绍甲译，商务印书馆1984年版，第45页。

② 转引自［美］詹姆斯·格雷克《混沌：开创新科学》，张淑誉译，高等教育出版社2004年版，第82页。

③ 转引自［美］J. 布里格斯、F. D. 皮特《湍鉴》，刘华杰、潘涛译，商务印书馆1998年版，第188页。

④ ［美］约翰·霍兰：《涌现：从混沌到有序》，陈禹等译，上海科学技术出版社2006年版，第2页。

系统的演化规律。分形作为一种没有特征长度而又具有无限嵌套的自相似几何结构，一方面高度复杂；另一方面又特别简单。它之所以复杂，是因为有无限精致的细节和独特的数学特征；但又非常简单，是因为可以运用同一种简单的迭代操作来生成。在自然界中，几乎所有的复杂系统都存在着反馈演化的特征，图 8—12 对这一反馈特征做了图解说明：

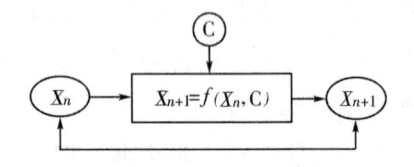

图 8—12　复杂反馈系统

实际上，这个过程在形式上与"面包师变换"、酶反馈、生长动力学、差错突变等涉及的过程相同。下面我们就以面包师变换为例做一说明。

普里戈金提出的"面包师变换"（baker transformation）是一个不连续变换。它的要旨是通过简单的几何操作使得一个确定性系统变得不确定。如图 8—13 所示，把一个图案（这里是一张面孔）像生面团一样拉伸至它的二倍，高度减半，然后从中间切开；两部分重新放在一起形成一个正方形。这是一个简单的、严格确定性的程序。如果一个点——比方说，眼睛的瞳孔——随着这个过程反复迭代，那么我们就会发现不可预言的不连续性。这个点开始到处跳跃，最后从系统中消失无踪。

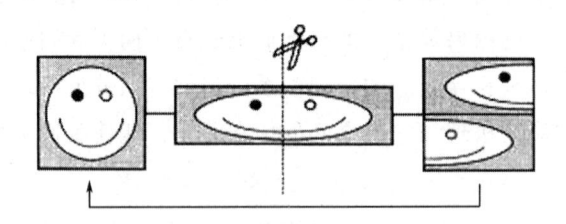

图 8—13　正方形图案"面包师变换"

自然界中的非线性系统事实上存在于输入 X_n 和输出 X_{n+1} 之间，即基本方程 $X_{n+1} = f(X_n, C)$ 所描述的反馈关系要比简单的比例关系 $X_{n+1} = kX_n$ 更复杂。这种关系取决于参量 C 的值，每次迭代它都要重新进入到过程之中。虽然这个过程是由它的动力学方程和初始条件的选择所决定的，但其结局却是不可预言的。因此，芒德勃罗认为："具有巨大复杂性的分形图形可以仅仅通过重复简单的几何变换而得到，并且变换中参数的小变化就将引起全局性的变化。这就意味着，很少量的生成（遗传）信息就可以导致复杂的形体，生成（遗传）信息小的改变就会导致形体根本性的变化。"① 在这里，简单性与复杂性是交织在一起的，基本方程的简单迭代使复杂性得以释放，带来的却是一种奔放的野性美感和自然感化的生命力。霍兰指出："在研究涌现现象的过程中，可识别的特征和模式是关键的部分。除非一种现象是可以识别的并且重复发生，否则我是不会称这种现象为涌现现象的。"② 因此，芒德勃罗声称，"真正的创造性在于迭代和分形"，其中关键的一步是迭代中引入了随机项，细节才会因尺度而异。所以，分形几何比欧氏几何能更好地映现大自然的秩序和创造性。③ 这也意味着自然界的演化是"迭代"和机遇二重作用的结果，是"生长出来的复杂性"。

20世纪80年代以后，分形几何开始在诸多学科领域中引领我们去探索，无论是从宇宙学到生物学，从经济学到冶金学，还是从解剖医生到电气工程师都发现了一系列极不相同的形状和现象可以用分形几何来描述。目前，分形几何不仅已成为当代科学技术研究的一种有效工具，而且越来越多的人也相信芒德勃罗的分形几何就是大自然本身的几何学。一个令人信服的结论是：混沌（分形）是自然系统的内在特征。换言之，世界的基本结构是非线性的，尽管有序岛（在那里简单的线性定律仍然适用）持续不断地从这个确定性混沌中涌现出来，但它们完全像孤岛一般，而自然系统的复杂性尤其明显地表现在这些孤岛的"海岸"或边界上。④ 所以，"混沌的边缘"是有序和无序的汇合处，是系统自动趋向的临界状态，也是复杂性不断从低层向高层涌现的策源地。我们可以将它概括为这

---

① 转引自［美］J. 布里格斯、F. D. 皮特《湍鉴》，刘华杰、潘涛译，商务印书馆1998年版，第187页。
② ［美］约翰·霍兰：《涌现：从混沌到有序》，陈禹等译，上海科学技术出版社2006年版，第5页。
③ 转引自［美］J. 布里格斯、F. D. 皮特《湍鉴》，刘华杰、潘涛译，商务印书馆1998年版，第188页。
④ ［德］弗里德里希·克拉默：《混沌与秩序》，柯志阳、吴彤译，上海科技教育出版社2010年版，第183页。

样一个公式：在混沌的边缘上，复杂性＝简单性×迭代，即在人的维度确定之后，从简单性过渡到复杂性的关键就在于特定条件下的迭代。

3. 无理性丰富了有理性

每个医学院的学生都知道，肺是人和高等动物的呼吸器官。它设计得令人惊讶，能容纳巨大的表面积，正常人的肺展开之后比网球场还要大。所以，人吸收氧气的能力大致正比于肺的表面积。作为附加的复杂性，气管的迷宫还必须高效地与动脉和静脉交织起来，并在肺泡之间形成非常丰富的毛细血管网络。可见，肺是一种特别形象的分形结构，如图8—14（a）所示。另外，肺的分形结构还裸露了大自然的韵律，告诉我们，什么是尺度变换。

据说，2500多年前，古希腊数学家毕达哥拉斯（Pythagoras）就提出了一种著名的尺度变换，即把一条线段分成两部分，使其中一部分与全长之比等于另一部分与这部分之比：假设 $\alpha > \beta$，则有 $\alpha/(\alpha+\beta) = \beta/\alpha$。这个比值逼近于一个无理数0.618…。由于它的广泛应用和美学价值，被后人誉为"黄金分割"（golden section）。有趣的是：这个神奇的比例关系也可以出现在一种每一项都是前两项之和的级数中：1，1，2，3，5，8，13，21，34，55，…，即 $F_n = F_{n-1} + F_{n-2}$。这个级数就是我们熟悉的斐波那契（Leonardo Fibonacci）数列。在这里，我们要关注的是两个相邻的整数之比（有理数）却无限逼近于黄金数0.618…这个无理数。

研究表明，人体肺部的支气管在肺内反复分岔可达到23—25级，最后形成肺泡。前七级支气管的长度比率遵循斐波那契标度律，气管的直径也比较标准。但是在这些初始级之后，尺度发生了显著的变化。大约经过20次迭代之后，分岔出现在一个较小的尺度上，但气管的直径却与上一次迭代基本相同，以致创造出一种分形树冠。所以，"最终的产物我们称之为'分形/斐波那契肺树'，它在生理秩序与混沌之间提供了一种惊人的平衡。"[①] 这里的图8—14（b）实际上是科赫曲线的一种推广。尽管它不是肺的一个很好的解释模型，但足以表明以下两方面的联系：一方面是使这个器官得以建立空气与血液之间密切接触的内在关联；另一方面，充

[①] ［美］J. 布里格斯、F. D. 皮特：《湍鉴》，刘华杰、潘涛译，商务印书馆1998年版，第195页。

分展示了分形概念的奇妙特征。

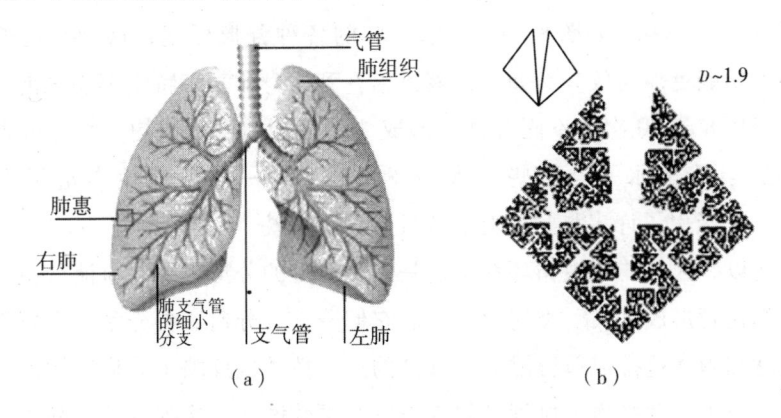

图 8—14 肺及其乔木状图解

从动力学的角度分析，秩序与混沌之间的相对重要性一般取决于相关系统的非线性程度。随着非线性的增加，椭圆轨道不断地消失而混沌则四处扩散。这一新近才认识的事实——分割秩序和混沌的边界揭示了和谐的一个要素——它们是否是有理数还是无理数？理解这一问题的钥匙，是所谓的卷绕数（winding number）①。线性系统的映射要么表现出周期行为，要么表现出混沌行为；而在非线性系统中，"有理"和"无理"的程度是十分重要的。"最有理的"轨道对非线性扰动的反应最敏感，且不稳定；而"最无理的"轨道最持久，也最稳定。彭加勒和伯克霍夫（George D. Birkhoff）早已认识到有理轨道在扰动下会断裂成一连串的"列岛"；而对于无理轨道，即使受到扰动，它们也有机会保存下来。莫泽和阿诺德的工作也表明，不是所有的无理卷绕比率都同样无理。黄金分割数 $d = (\sqrt{5} - 1)/2 = 0.618\cdots$ 与它的"近亲" $1 + d = 1/d = 1.618\cdots$，$1 - d = d^2 = 0.382\cdots$，等等，可视为"最无理的"，因而它们应当能最长久地抵御混沌的冲击。这已被计算机模拟所证实，并且它们与映射的细节无关。显然，一个普遍和谐的要素就内在于黄金分割卷绕数的性质里。② 大自然的

---

① 卷绕数是拓扑学中的一个基本概念，它表示曲线绕过某一点的总次数，并规定逆时针方向为正值。

② ［德］弗里德里希·克拉默：《混沌与秩序》，柯志阳、吴彤译，上海科技教育出版社 2010 年版，第 159—160 页。

奇妙之处就在于，自然形态的构形与人的生理结构之间存在着一种"异质同构"的关系。如图8—14显示了肺的各种分形标度，这种尺度变换使肺的功能更加高效。又如，血液供给在到达身体某一特定部位之前，血管要经历8到30次的不同分岔，形成一种复杂的网络结构，总的分形维数接近于3的水平。这些令人惊讶的事实——"无理性丰富了有理性"——吸引了许多科学家对非线性映射的关注。

所以，人体的血液循环系统也是一种典型的分形组织。血液从主动脉到毛细血管形成了又一类连续分布。它们分岔、分岔、再分岔，直到细得使血球细胞被迫排成单行滑动。分岔的这一性质也反映了分形结构的独特优势：作为生理必需，血管必须变换一些维数魔术，像神奇的科赫曲线一样，循环系统也必须把巨大的表面积挤进有限的体积。就体内资源而言，血液是昂贵的，空间也必须珍惜。大自然创造的分形结构工作得如此神奇，以致在躯体的多数组织中，永远找不到一个细胞与血管的距离超过三四个细胞之远。即使如此，血管和血液只占用了很小的空间，不超过人体的5%。芒德勃罗形象地指出，这是《威尼斯商人》里的场景，你非但不能不流血地割去1磅肉，连割1毫克也办不到。这种精致的结构——实际上是动脉和静脉相互缠绕的两棵树，远非一种例外。[①] 正是由于生物体内充满了这种复杂性，反馈就成为支配所有生命过程的主要机制，系统也不得不朝向临界性的趋势演化。因此，一些中国学者就从天人观的角度考察自然界演化的本质问题，并得出了天人合一于"创"的重大结论；西方学者考夫曼（Stuart Kaufmann）和巴克（Per Bak）也力图证明，这种趋势是复杂系统的一种内在本质，一旦系统具有了这种自组织能力，便会有一种"自然的"推动力促使其组织优化、功能完善。可见，大自然是多么神奇！

综上所述，分形几何将我们带入了一个神奇的世界，精彩之处在于它的无标度性和自相似性。自然界进化的最高产物——生命系统和人类智慧，是人们至今都难以认识的现象。整个生物体像脑、肝、肺、血液循环系统和神经网络系统都是由自相似几何结构编织而成的，各种功能与结构

[①] [美]詹姆斯·格雷克：《混沌：开创新科学》，张淑誉译，高等教育出版社2004年版，第99页。

息息相关，而且随着层次的跨越，它们的整体性和复杂性也更加明显。比如与神经生理过程相比，心理过程和意识事件就更具有整体性。甚至意识事件并不需要与大脑事件在构造上或事件上对应和同位，意识在整个脑的系统中没有特殊的定位。从物理学的角度看，斯佩里（R. W. Sperry）主张的脑—意识关系，非常类似于导电线圈和电磁波之间的关系。佘振苏教授甚至把生命起源和智能起源与量子时空的对称破缺联系起来，认为"量子真空场的高级相变导致生命物质的产生和进化，点出了一个在当代生命起源学说中被忽视的因素，即量子相位场。这是一个宏观的、非局域的场对微观分子结构、特别是微观分子体系的影响。同时，这一学说在逻辑上将更高级的生命系统的进化，如细胞的形成、组织的形成、高等生命体的形成乃至于智能的产生和高级智慧的诞生置于一个统一的框架下。"① 笔者认为，上述事例是分形研究的进一步延伸，需要我们继续深入探讨。

总之，在过去的岁月里，分形几何使人们了解和学到了不少的东西，并开始探索自然界的复杂性本质。这也就是说，分形研究与复杂性探索是相辅相成的，它们既相互联系、相互影响，又相互制约、相互促进，共同展现着自然界的新图景。可以说，所有的复杂性探索都为分形几何开辟了新的疆域、提供了新的思想；分形研究也为复杂性探索提供了强有力的数学工具，并且极大地推动了其他领域的复杂性研究。这种交叉发展的趋势正如刘华杰教授所言："实在比人们早先想象的更复杂，实在总是逃避人们的捕捉。模型是渔网，但实在中总有漏网之鱼。我们并不晓得实在之鱼是什么样，只是根据过去的经验去猜测。要捕到不同的鱼，就需要多种不同的网，既要缩小网眼，也要改变网的结构。"② 普里戈金也曾指出：在当今这个"大转变的年代"，"科学本身也正经历着一个理论变革时期"。所以，我们的思想观念和思维方式要适应这种时代的转变和科学自身的变革，才能在自己的研究工作中取得更好的成就。

（四）分形结构的复杂性特征

"复杂性"（complexity）这一概念具有多重含义，正如埃德加·莫兰

---

① 佘振苏、倪志勇：《人体复杂系统科学探索》，科学出版社2012年版，第223页。
② 刘华杰：《浑沌有多复杂？》，《系统辩证学学报》2001年第4期，第29页。

(Edgar Morin) 所言："我们不可能通过一个预先的定义了解什么是复杂性；我们需要遵循如此之多的途径去探求它，以致我们可以考虑是否存在着多样的复杂性而不是只有一个复杂性。"① 因此，笔者也只从哲学的视角阐述分形结构的复杂性特征。一般认为，复杂性是一个信息量的概念，是一种相对性的范畴，首先是相对于简单性或简单系统而言；其次是相对于研究者在认识上要求什么样的粗粒化程度而言。正如我们已经指出的：在人的维度确定之后，从简单性过渡到复杂性的关键就是在特定条件下的迭代。分形理论表明，最基本最简单的函数经过反复迭代就会出现极为复杂的图像。在我们对数学分形和自然分形进行了初步考察之后，对其"复杂性"一定也会产生这样一种观点："既存在认识论意义上的复杂性，也存在本体论意义上的复杂性；凡本体论意义上的复杂性一定也是认识论意义上的复杂性，它们在被人认识后仍然是复杂的；但有些复杂性仅仅是认识论范围的，不具有本体论的意义，一旦被认识，它们就不再是复杂的了。"② 下面我们就按照这一观点来进一步分析分形的复杂性特征。

1. 自相似性

苗东升教授认为，在汉语中，"复杂"一词是由"复"和"杂"两个字组合而成的。"复"的主要含义指多样、重复、反复，形成某种层次嵌套的自相似结构。"杂"的主要含义指多样、破碎、纷乱，形成某种不规则的、无序的结构。但"复而不杂"还不是真正的或完全的复杂性。部分与整体严格相似的事物，即在极多的层次上重复出现完全相同的结构（只有尺度的不同），与欧氏几何研究的规整对象并无实质的差别，仍然不是真正的完全的复杂几何对象。科赫曲线、门格－谢尔宾斯基海绵等数学分形就属于这类几何对象，它们的生成规则和描述方法源于整形几何，本质上有相同之处。但"杂而不复"，即巨量的组分毫无规则地聚集在一起，杂乱无序，无重复性，未形成不同层次的嵌套结构，部分与整体之间没有任何相似性即规律性，也不是真正的或完全的复杂，因为它的生成毫无规则可言。但无规则本身也是一种规则，可以直接从微观过渡到宏观，

---

① [法]埃德加·莫兰：《复杂思想：自觉的科学》，陈一壮译，北京大学出版社2001年版，第139页。

② 苗东升：《分形与复杂性》，《系统辩证学学报》2003年第2期，第8页。

没有任何中间层次，因而属于典型的随机性，服从统计规律，可以用概率论方法来描述，实质上也是简单的。

"既复且杂"，即把层次嵌套的自相似性与无规则性、破碎性、混乱性有机地结合起来，才是真正的完全的复杂性。这种事物的部分与整体之间既是相似的，又不严格相似，因为在反复迭代即生成演化过程中不时地有随机因素侵入，而且是不可预料的，导致严格自相似性的破缺，因而不能用确定论方法描述。这种对象也不能用概率统计方法描述，因为它们的生成演化过程毕竟有某些规则在不断重复，具有明显的尺度（层次）变换下的不变性，即规律性。复杂性在拉丁语 complexus 中，是"纠缠着"、"缠绕在一起"的意思，与中文的"既复且杂"的"复杂性"概念比较接近。

分形，更准确地说是自然分形，恰好就是这种几何对象。自然界的分形有两个无法分离的特征：一是层次嵌套的自相似性，部分与整体相似，因而有规律可循；二是粗糙性、破碎性、不规则性，即无规则性。因此，一切自然分形都是自相似性与无规则性的对立统一，确定性与随机性的对立统一，结构精细性与粗糙性的对立统一。所以，自然分形是复杂的，无法像20世纪的主流数学那样还原到集合论。原因有二：其一，还原论的前提是假设对象具有最基本的组成元素，可以把整体对象还原到这些元素。传统的欧氏几何假定几何图形都可以还原为直线段或圆之类的基本元素，但分形不存在这种基本元素，缺乏应用还原论的前提。其二，还原论的另一个前提是假定部分比整体简单，把整体还原为部分可以简化描述。传统整形几何的对象符合这个要求，但分形的本质特征是不同层次之间的自相似性，部分与整体同样复杂，把整体还原到部分不可能获得简化描述的效果，反而会丧失整体的一些信息，因为"部分不包含整体的全部信息"[1]。这也意味着非全息性也是分形复杂性的原因之一，这说明"相似的差别与差别的相似"是紧密地联系在一起的。

2. 无标度性

自然界中的许多事物，具有自相似的"层次"结构，在理想情况下，甚至具有无限的层次，适当地放大或缩小它们的几何尺度，整个结构并不

---

[1] 苗东升：《分形与复杂性》，《系统辩证学学报》2003年第2期，第9页。

改变。不少复杂的物理现象，就反映了这类层次结构的分形特征。所以，分形结构的自相似性与"无标度性"有密切关系。"无标度性"也称为"标度不变性"。所谓标度也就是客观事物的特征尺度，用来表示事物运动变化的空间范围和时间跨度。我们知道，对一些地质现象进行拍照时，一定要放上一个能表示尺度大小的物体，比如站上一个人。案件证据的获取，我们也经常看到在拍照时放上一把直尺。所以，在观察标度变化时，如果几何体（或集合）的许多性质保持不变，就叫标度不变性。

楚辞《卜居》中有所谓"夫尺有所短，寸有所长"。用现代科学术语来讲，就是事物有它自己的特征长度，要用恰当的标尺去测量。用尺来量万里长城，或者用寸来测大肠杆菌，前者失之太短，后者又嫌太长，都是不恰当的，从而产生了表示事物特征量的概念——特征尺度——它是特征空间尺度（特征长度）和特征时间尺度（特征时间）的统称。与特征长度（空间范围）相对应的特征时间是指能够体现事物运动变化过程特征的最小时间跨度，比如，描述宇宙演化的时间从普朗克时间 10^{-43} 秒到现在的宇宙年龄 150 亿年。另外，自然界中还有一些事物没有特征尺度，就必须同时考虑从小到大的许许多多尺度（或者叫标度），这就是"无标度性"的问题。物理学中的湍流现象就具有这一特征。

所以，特征长度、特征时间等特征量都是很有益的概念，可以帮助人们用来想事推理，简便地得出带有普遍性的结论。例如，从特征尺度来考虑，可以推测计算机的微型化会达到什么程度。如果元件的微型化以分子尺度为极限，还会有很大的发展空间；但是打印机、显示屏、键盘之类与人发生直接关系的设备，必须与人体尺度一致，不可能无限制地缩小。火柴盒似的荧光屏、指甲盖大小的键盘、微雕艺术品一样的打印效果，为了表明现代技术的威力，当然不妨制造几件，但决不会成为常规产品。在建立和求解数学模型，试图定量地描述自然现象时，抓住特征尺度更是关键环节。一个好的模型，往往要涉及三个层次：一个是由特征尺度决定的基本层次；更大尺度的环境要用"平均场"、决定外力的"位势"等替代；而更小尺度上的相互作用，需要化成摩擦系数、扩散系数这样一些通常取自实验的"常数"。如果要从理论上推算摩擦系数或扩散系数，那就必须转入更细的层次，从物质运动的更为微观的图像出发。因此，看准了特征尺度，问题就比较容易解决。

比如，一块处于高温下的磁铁，微观磁矩杂乱无章地排列着，表现不出宏观的磁性。当温度逐渐下降到"居里点"时，它突然沿着某个方向出现了宏观磁矩，对称性虽然降低了，但进入了更为有序的磁化状态。在这里，磁矩之间的关联长度是一个自然的特征尺度。我们知道，磁体中磁矩之间的关联是按指数规律衰减的，每增大一个关联长度的距离，关联就衰减到约 $1/2.7$。在临界点上，关联长度为无穷大。既然是无穷大，那么不管你用的尺子是大还是小，它总是无穷大的。也就是说，与所用的尺子（标度）无关，这就是"无标度性"。如果接近临界点而又不恰好在临界点上，这时关联长度虽不是无穷大，但仍然很大；在大于微观尺度而小于关联长度的尺度范围内，也应该存在着与所用尺子无关的"无标度性"。

存在无标度性，就可以在很宽的范围内作尺度变换。物理系统在尺度变换下的不变性，决定了相变的基本定量特征——各种各样的"临界指数"。因此，在进行理论描述时，就要考虑到系统的整个涨落谱。20世纪70年代初，威尔逊（K. G. Wilson）发展了这一思想，引入重正化群变换方法，全面阐述了物质接近于临界点的变化情况，还提供了这些临界值的计算方法，因此获得了1982年的诺贝尔物理学奖。在获奖公告中指出，威尔逊的理论代表着一种新的思想，他的方法还可用来解决其他一些尚未解决的重要难题（例如湍流现象）。现在我们知道，相变点附近的涨落花斑、发达湍流的高旋涡区域，都是典型的分形实例。这类以"无标度性"为特征的问题往往是物理学上的难题。

现在我们还知道，广义相对论和量子力学是不相容的。"广义相对论的核心原理——光滑的空间几何的概念——被小距离尺度的量子世界的剧烈涨落破坏了。"这也就是说，"在超微尺度上，量子力学核心的不确定性原理与广义相对论核心的空间（以及时空）的光滑几何模型是针锋相对的。"[①] 这一冲突目前已成为物理学研究的中心课题。为了把广义相对论与量子力学融合起来，我们必须转移关注的焦点，用"无标度性"的思想方法去考察空间的微观性质，因为我们对宇宙深层次认识的理论基础不可能是由两个虽然都有力但却搭配不起来的数学框架拼接起来。20世纪80年代中期，弦理论带来了一种解决方案，缓解了两者之间的紧张关

---

① [美] B. 格林：《宇宙的琴弦》，李泳译，湖南科学技术出版社2007年版，第128页。

系。在弦理论中,由于弦的延展性(一维而不是一个点),引力和光滑的时空观念在比"弦尺度"还小的距离上失去了意义,时空量子涨落也由"弦几何"替代了。超弦带来了新的曙光:在这个新的框架下,广义相对论和量子力学不仅不是对立的,而且是"相互需要的"。"根据超弦理论,'大'定律与'小'定律的结合,不但是幸福的,也是注定了的。"它将有能力证明,"发生在宇宙间的一切奇妙的事情——从亚原子世界夸克疯狂的舞蹈,到太空中飞旋双星高雅的华尔兹;从大爆炸的原初火球,到星河的壮丽旋涡——都体现着一个伟大的物理学原理,一个伟大的数学方程。"[①]

3. 分维性

维数是几何对象的一个重要特征量。直观地说,维数就是为了确定几何对象中一个点的位置所需要的独立坐标的数目,或者说独立方向的数目。在平直的欧氏空间中,维数是很自然的:地图上的点有经纬两个坐标,一只集装箱有长、宽、高三个尺度,它们分别是二维和三维的几何对象。对于更复杂、更抽象的研究对象,只要在每个局部可以和欧氏空间相对应,就能很容易地确定出它们的维数。即使把这样的几何对象连续地拉伸、压缩、扭曲,维数也不会改变,这就是拓扑维数,用字母 d 来表示。

维数和测量有密切关系。为了测量一块平面图形的面积,可以用一个边长为 l、面积为 l^2 的"标准"方块去覆盖它,所得的方块数目就是它的面积。如果用标准长度 l 去测面积,就会得到无穷大;相反,如果用标准立方体 l^3 去测量没有体积的平面,结果就会是零。由此,我们发现,用 n 维的标准体 l^n 去测量某个几何对象,只有 n 与拓扑维数 d 一致时,才能得到有限的结果。如果 $n<d$,结果是 ∞;如果 $n>d$,结果则为 0。这个简单的观察事实,被用来定义一般几何对象的维数。

下面我们换一种方式来考虑问题。如果把一个正方形的每个边长增加到原来的 3 倍,得到一个大正方形,它正好等于 $3^2 = 9$ 个原来的正方形。类似地,把一个正方体的每个边长增加到原来的 3 倍,就得到 $3^3 = 27$ 个原来大小的立方体。推而广之,把一个 d 维几何对象的每个独立方向,都增加到原来的 l 倍,结果就得到 N 个原来的对象。这三个数之间的关

[①] [美] B. 格林:《宇宙的琴弦》,李泳译,湖南科学技术出版社 2007 年版,第 4—5 页。

系是：

$$l^d = N \to d = \log_l N = \frac{\log N}{\log l}$$

这样一来，d 就不一定是整数了，比如，我们前面谈到的康托尔三分集和门格海绵的容量维分别是：

$$do = \frac{\log 2}{\log 3} \approx 0.63093, \quad d_0 = \frac{\log 20}{\log 3} \approx 2.7268$$

但是，它们仍可以称为空间（点集）的维数，由此引出了分形维数的概念，简称分维。不难验证，对于一切普通的几何对象，这个简单关系都是成立的。

可见，分形和分维同其他数学概念一样，都是从客观存在的数和形的关系中抽象出来的。虽然数学家们早就给出了它们的基本定义，但"分形热"是在20世纪80年代之后才蔓延开来的，电子计算机及其图像显示技术协助人们推开了分形这座艺术宫殿的大门。它是一座具有无穷多结构的宏伟建筑，每个角落里都存在无限嵌套的迷宫和回廊，使许多科学家和艺术家留连忘返。在物理学家手中，分形宝库与自然界里的真实事物发生了不解之缘。银河系中若断若续的星体分布、地球上空参差不齐的云彩、地面上曲曲折折的海岸线、布朗运动中花粉的运动轨迹、植物界美妙的螺旋图案和不同茎叶的"黄金比例"（如图8—15所示）……，仔细观察我们的世界，分形几乎无处不在。自然界中的分形，真是俯拾可得。"过去我们认为，时间是衡量变化的不可变易的刚性标尺。可是，时间本身也像湍动的溪流一样是演化着的、变换着的吗？时间是一种奇怪吸引子吗？也许这就是心理时间似乎像橡皮一样拉长了或缩短了，有的时候光阴如梭，而有的时候又度日如年。奇怪吸引子有自相似性。这就是为什么历史似乎既在重复过去又永不自身重演！"[1] 不过，自然界只能在"无标度区"里做尺度变换的游戏，我们必须看清在大小两方面客观存在的特征尺度，才不会弄巧成拙。

---

[1] [美] J. 布里格斯、F. D. 皮特：《湍鉴》，刘华杰、潘涛译，商务印书馆1998年版，第197页。

图 8—15　植物茎叶的螺旋图案与黄金比例

综上所述，最近 50 年来，孤子、混沌和分形理论的形成与发展使非线性科学取得了巨大的成就，也使人们的思想观念发生了根本性的变化：不再把自然界看成是简单与和谐的统一，而是在复杂性视域下复活了整体与部分、秩序与混沌、自相似与不规则、对称性与对称破缺之间古老的和谐意蕴。这一变化是极为深刻的，它促使现代科学和传统哲学都开始了"一种人与自然的新的对话"。因为"哲学为天人之学。天者广大自然，人者最优异之生物。"[①] 所以，"我们相信，我们正朝着一种新的综合前进，朝着一种新的自然主义前进。也许我们最终能够把西方的传统（带着它对实验和定量表述的强调）与中国的传统（带着它那自发的、自组织的世界观）结合起来。"[②] 这也是笔者多年从事非线性科学研究，在探索复杂性的过程中得到的启示和形成的愿望。

---

① 张岱年：《天人简论：人与自然》，《孔子研究》1987 年第 3 期，第 79 页。
② ［比］伊·普里戈金、伊·斯唐热：《从混沌到有序》，曾庆宏等译，上海译文出版社 1987 年版，第 57 页。

第九章 非线性是事物发展的终极原因

恩格斯在《自然辩证法》中明确指出:"自然科学证实了黑格尔曾经说过的话(在什么地方?):相互作用是事物的真正的终极原因。我们不能比对这种相互作用的认识追溯得更远了,因为在这之后没有什么要认识的东西了。"[①] 时隔100多年,特别是20世纪60年代以来,以孤子(Slaton)、混沌(Chaos)、分形(fractal)为主体的非线性科学的诞生和迅速发展,使物理学家认识到非线性科学是继相对论、量子力学之后的"又一次科学革命"。它从根本上改变着世界的科学图景,使人们对自身以及周围世界的认识产生了新的思考:事物发展的真正的终极原因似乎还有待于进一步说明?笔者从1985年起在非线性科学的学习和研究中,深感自然界的灵魂深处隐藏着一种非线性,因为非线性会给事物及其演化发展带来真正的差别,有时候看起来像是无理取闹,或无中生有。正如圣菲研究所多伊恩·法默教授所言:"从哲学水平上来说,使我吃惊之处在于这是定义自由意志的一种方式,是可以把自由意志和决定论调和起来的一种方式。系统是决定论的,但是你说不出来它下一步要干什么。同时,我总觉得在世界上,在生命和理智中出现的种种重要的问题必然与组织的形成有关。但是你怎么研究它呢?"[②]

所以,本章试图在法默思想的引导下,在笔者已有几篇论文的基础上,通过分析非线性相互作用在系统演化发展中的地位和作用,提出非线性是系统复杂性之根源,非线性是系统结构有序化之根本,非线性是人类

[①] 《马克思恩格斯选集》第4卷,人民出版社1995年版,第328页。

[②] 转引自[美]詹姆斯·格雷克《混沌:开创新科学》,张淑誉译,高等教育出版社2004年版,第221页。

创造性思维之源泉。三层意思可以汇成一句话：非线性相互作用是事物的真正的终极原因。

一　非线性是系统复杂性之根源

以相对论和量子力学的建立为标志的 20 世纪物理学革命，使人们从宇观和微观两个认识方向上对宇宙演化奥秘的探索和微观世界结构的了解达到了前所未有的深度。然而，当今世界上有幸直接从事这类研究的科学家越来越少，多数人只能从旁欣赏他们的成果与发现。这两方面的研究结果，有重大的认识论意义，在历史尺度上而不是计日程功地改变着人类的生产方式、生活方式和思维方式。与此形成尖锐的对比，宏观层次的自然科学，包括广义的物理科学、生命科学、地球与环境科学等却集中了众多的人力和物力，也同人类的生产和生活更加息息相关。这里的研究对象斑驳陆离、五花八门，有没有共同的理论线索呢？复杂性的刻画看来是一个贯穿了不少领域的课题。[①] 由此构成了人类探索世界奥秘的第三个方向，即对"道生一，一生二，二生三，三生万物"的量的变化导致物质运动由简单到复杂，从低级到高级的各种形态和阶段，直至生命和意识这个没有止境的发展过程的基本规律的认识上，也取得了长足的进步。

我国著名物理学家郝柏林院士形象地给出了一个人类知识的纺锤体模型，如图 9—1 所示。他认为，今天人们在探索宇宙演化奥秘和微观世界结构两个尖端方向上的难度越来越大，而在宏观层次上探索复杂性的研究却取得了突破性的进展。特别应当指出的是，20 世纪 60 年代以来，由于电子计算机作为研究手段的广泛运用，与理论、实验手段相结合，促成了非线性科学的建立。这方面研究的迅速进展，使人们对一些久悬不解的基本难题，诸如物理学的确定性描述和概率性描述的关系、复杂系统形成的机制、自然界有序和无序转变的条件以及人类创造性思维形成的机理等有了新的认识，并开始影响人类的自然观和思维方式，促进人们从事物整体的角度去探索和把握自然界的复杂运动形式。为了阐明复杂性，我们先从简单性讲起。

---

① 郝柏林：《复杂性的刻画与"复杂性科学"》，《科学》1999 年第 3 期，第 3 页。

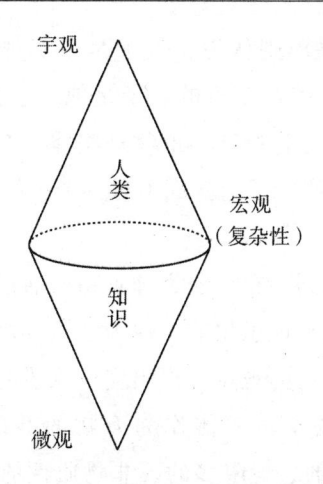

图9—1 人类知识的三个发展前沿

注：纺锤体体积代表人类知识的总和

（一）简单性原则的局限性

在科学的美学准则中，最重要的是简单性原则。它历史悠久、最为科学家们所重视，其他一些美学准则，如和谐性、对称性、统一性等也可以归结为简单性，或者说是简单性原则的引申。

1. 何为"简单性原则"？

在非线性科学诞生之前，大多数科学家都相信现实世界是简单的，并一直把简单性看作是科学追求的最高目标，认为"简单是真的标志"（Simplex Sigillum Veri）。简单性是一个古老朴素的哲学观念，一般说来可以分为两大类，即本体论意义上的简单性和认识论意义上的简单性。

本体论方面的代表人物有牛顿、莱布尼茨等。再早还可以追溯到泰勒斯（Thales）的水、赫拉克利特的火、德谟克利特的原子论和中国古代的"五行说"，都试图把世界的本原归结为一种或几种简单的物质或要素。牛顿在他的《自然哲学之数学原理》中写道："自然界不做无用之事。只要少做一点就成了，多做了却是无用；因为自然界喜欢简单化，而不爱用什么多余的原因以夸耀自己。""所以对于自然界中同一类结果，必须尽可能归之于同一种原因。"[①] 牛顿把简单性作为一种科学信念，并把它置

---

① ［美］H. S. 塞耶编：《牛顿自然哲学著作选》，王福山等译，上海译文出版社2001年版，第3页。

于众法则之首。莱布尼茨则认为,上帝是以实现最大限度的"简单性"和"完美性"的方式来统治宇宙的。于是他"引进了一个'单子'的陌生概念,这指的是一种不进行通信的物理实体,'它没有任何窗口可供东西进出'。""这样,所谓单子论就成了对一个去掉了演化的宇宙的最重要的表述。"①

但是,当我们考虑到莱布尼茨为理解物质活性所作出的努力时,就会发现他的单子论是富含辩证思想的。他为了抛弃机械论自然观单纯从量或广延的角度说明自然事物的观点,提出应该从质的角度、能动性的角度寻求一种无形的、单纯的永恒实体作为万物的基础。因而,他的"所谓'单子'就是客观存在的、无限多的、非物质性的、能动的精神实体,它是一切事物的'灵魂'和'隐德来希'(内在目的)。"② 于是,莱布尼茨将单子的这种内在的原则和能动的本性称为"力",每个单子都是一个"力的中心",它表现为"欲求"或"欲望",单子就是在这种"欲望"的推动下自己实现自己的本性。由此可见,莱布尼茨所说的"力"不同于传统机械论的外力,而是事物的内在目的。

从认识论方面提出简单性原则的应首推古希腊的亚里士多德。他在《形而上学》一书中说,"所包涵原理愈少的学术比那些包涵更多附加原理的学术更为精确(有益),例如算术与几何(度量)。"③ 14世纪唯名论哲学家奥卡姆的威廉(William of Ockham)继承了亚里士多德的这一思想,使出了著名的"奥卡姆剃刀"——"如无必要,勿增实体",要把那些多余的、无用的东西毫不留情地统统剃掉。后来力学家马赫也提出过"思维经济原则",主张把科学看成是一个"用最少的思维最全面地描述事实的"最小值问题。爱因斯坦更是推崇简单性思想,他认为"一切科学的伟大目标,即要从尽可能少的假设或者公理出发,通过逻辑的演绎,概括尽可能多的经验事实。"④ 他还进一步说明:"我们所谓的简单性,并不是指学生在精通这种体系时产生的困难最小,而是指这体系所包含的彼

---

① [比]伊·普里戈金、伊·斯唐热:《从混沌到有序:人与自然的新对话》,曾庆宏、沈小峰译,上海译文出版社1987年版,第360页。
② 张志伟:《西方哲学史》,中国人民大学出版社2010年版,第313—315页。
③ [古希腊]亚里士多德:《形而上学》,吴寿彭译,商务印书馆1959年版,第4页。
④ 许良英等编译:《爱因斯坦文集》第1卷,商务印书馆1976年版,第262页。

此独立的假设或公理最少;因为这些逻辑上彼此独立的公理的内容,正是那种尚未理解的东西的残余。"① 可以看出,爱因斯坦是把自然规律的简单性作为一种客观事实接受下来的,并认为:"正确的概念体系(scheme)必须使这种简单性的主观方面和客观方面保持平衡。"② 这也就为认识论意义上的简单性提供了本体论的基础。

综合他们的论述,简单性原则的内涵应该是:在构建和评价科学理论时,要包含尽可能少的基本概念、公理或公设,在形式上要尽可能使用简单的数学语言、符号、方程,但在内容上要涵盖尽可能多的经验事实和表象。由此埃德加·莫兰指出:"'经典'科学建立在下述观念的基础上:现象世界的复杂性能够和应该从简单的原理和普遍的规律出发加以消解。因此复杂性是现实的表面现象,而简单性构成它的本质。"③ 这一观念又集中表现为三个原则:普遍性原则、还原论原则和分离性原则,这三个原则共同支配着经典科学的认识所特有的理解方式。普遍性原则要求科学必须追求规律的普遍性和绝对性,科学规律意味着科学真理;还原论则是科学方法论的内核,近现代科学的发展历程就是还原论原则不断深化的过程;分离性原则强调科学是一种客观活动,科学认识必须保持主客分离、对象与环境分离。

长期以来,人们把认识论意义上的简单性原则看作是一个有助于真理的原则。直到20世纪上半叶,根深蒂固的简单性原则一直是许多物理学家和哲学家的"共识",是指导科学家建立理论体系的出发点。古希腊数学家毕达哥拉斯关于事物构成方式的数的和谐完美性思想可谓规律简单性的经典认识。近代自然科学的泰斗牛顿以机械运动规律的单一性、对称性、可逆性和严格决定性将数的和谐简单性思想表现得淋漓尽致。20世纪最伟大的科学家爱因斯坦甚至把追求简单性作为他一生的最高目标。可以毫不夸张地说,爱因斯坦一生的科学活动非常成功地实践了简单性原则,卓有成效地得到了几个普遍的基本定律,并由此用单纯的演绎法建立起新的世界图景。科学发展的历程支持了他们的这一观点。哥白尼日心说

---

① 许良英等编译:《爱因斯坦文集》第1卷,商务印书馆1976年版,第299页。
② 同上书,第214页。
③ [法]埃德加·莫兰:《复杂思想:自觉的科学》,陈一壮译,北京大学出版社2001年版,第266页。

对托勒密地心说的替代、牛顿力学对开普勒三定律的涵盖、爱因斯坦相对论对牛顿力学的超越,以及德布罗意物质波理论的建立、狄拉克方程对正电子的预言,等等,都表明了上述简单性原则的有效性和正确性。这也使得许多科学家和公众把简单性原则与真理相等同,认为"简单是真的标志"。果真如此吗?不一定。下面几个方面的论述表明了这一点。

2. 数学的真理性并不保证

1926年春天,德国物理学家海森堡在一次与爱因斯坦的谈话中坦白承认,"我被自然界向我们显示的数学体系的简单性和美强烈地吸引住了。你一定也有这样的感觉:自然界突然在我们面前展开这些关系的几乎令人震惊的简单性和完整性,而对此,我们中谁也没有一点准备。这种感受完全不同于我们在特别出色地完成了一项指定工作时所感到的那种喜悦。"[1] 这表明科学家在构建科学理论时,运用简单性原则的一个重要方面是数学方法的应用。它使测量成为可能,也使数学与物理学联系起来,从而使人们对自然事物加以数学说明。由于数学本身的严密性和应用的广泛性,该说明是准确、简洁、普遍和不变的。准确性在于由数字定位的特定存在(如某物温度的连续变化),如果用其他方式就无法准确地表达。普遍性在于测量能够使我们以数学的形式化语言去表达与它相关的事实,使得测量语言被科学共同体一致地和普遍地理解。不变性在于测量是客观的而不是主观的,它构建了某种恒定的描述。从表面上看,采用数学方法所获得的这种准确的、简洁普遍的、不变的对自然对象的认识形式是科学所追求的理想目标,但是,大量事实表明自然这本书并不是或者至少不全是由数学的语言写成的。

当时,海森堡已经意识到"自然规律的简单性具有一种客观的特征,它并非只是思维经济的结果。如果自然界把我们引向极其简单而美丽的数学形式,……我们就不得不认为这些形式是'真'的,它们显示出自然界的真正特征。……但是,我们永远不能由我们自己来达到这些形式,它们是自然界显示给我们的,仅仅这一事实就有力地提示我们,……数学体系的这种简单性有进一步的后果,那就是它应当有可能导致一系列实验,

---

[1] [德]海森堡:《物理学及其他——遭遇和谈话》,许良英等编译:《爱因斯坦文集》第1卷,商务印书馆1976年版,第217页。

而这些实验的结果是能够事先由理论加以预测的。如果事实上有实验证实这些预测，那么，认为这个理论在这一特殊领域内准确地反映了自然界，该是没有什么可疑的了。"爱因斯坦也同意这一观点，他说："实验的检验当然是任何理论的有效性的一个必不可少的先决条件。但是一个人不可能什么事都去试一试。这就是为什么我对你关于简单性的意见如此感兴趣的原因。可是，我却永远不会说我真正懂得了自然规律的简单性所包含的意思。"①

这是一次关于量子力学的哲学背景问题的谈话，两人经过了一段既激烈而又富有诚意的长时间交流之后，海森堡欣然告辞了。他们下一次见面是一年半以后在布鲁塞尔的索耳末会议（Solvay Congress）上。在那个会上，量子理论的认识论基础和哲学基础再一次成为最热烈讨论的主题。因此，数学方法在科学中的应用是在数学的真理性没有保证的情况下（非欧几何的创立表明了这一点），运用人们所发明的而非完全发现的思维产物——数学（这一点体现得越来越明显）对自然加以规定的结果。这本身并不能保证以此所构建的科学理论的正确性②，因为逻辑上简单的东西，不一定就是物理上真实的东西。

3. "万物理论"的困难

所谓"万物理论"，也称"终极理论"（TOE），即试图用同一组方程式描述全部粒子和力（四种基本相互作用）的物理性质的理论或模型的总称。有些言过其实的物理学家声称，他们的"圣杯"是一个界定 TOE 并能在一件 T 恤衫前面写下来的单一方程式。对此，提出弱电统一理论而获得 1979 年诺贝尔物理学奖的温伯格有一段精彩的论述：

"在我们的 20 世纪，最为明确地追寻终极理论目标的人是爱因斯坦。就像他的传记作者派斯（Abraham Pais）说过的，'爱因斯坦是个典型的旧约人物，抱着耶和华式的态度：有律在，必须发现它。'爱因斯坦最后 30 年的大部分生命都献给了所谓的统一场论，

---

① ［德］海森堡：《物理学及其他——遭遇和谈话》，许良英等编译：《爱因斯坦文集》第 1 卷，商务印书馆 1976 年版，第 216—217 页。

② 肖显静：《简单性原则等同于真理性吗？》，《系统辩证学学报》2003 年第 4 期，第 28 页。

那个能统一麦克斯韦（James Clerk Maxwell）电磁论和爱因斯坦广义相对论（也就是他的引力论）的理论。爱因斯坦的奋斗没能成功，据现在的观点，我们可以说他的构想是错误的。他不但拒绝了量子力学，他的奋斗目标也太狭窄了。爱因斯坦年轻时只知道电磁力和引力，那恰好也是在日常生活里显现的力，但自然界还存在其他类型的力，包括弱力和强力。实际上，现在已经取得的向着统一的进步，是把电磁力的麦克斯韦理论与弱核力的理论统一起来，而不是与引力理论统一起来，引力理论的无穷大问题还很难清除。不过，爱因斯坦昨天的奋斗也是我们今天的奋斗，那就是寻找终极理论。"①

由此可见，"根据较少的统治自然的力的规律去进行解释的模式，并最终达到一个统一的规律，是物理学家把世界看作是简单的核心"，② 也是科学家们长期追求的目标。它的极端表现就是要找出一个可以用来解释所有自然力的理论，因此也称为"万物终极理论"。实际上，这一尚未找到的理论也可以看作是爱因斯坦为此奋斗 30 年而没能成功的统一场论（Unified Field Theory）。

目前，对万物理论的追求已取得了一定的进展。格拉肖、温伯格和萨拉姆根据规范场理论建立了弱电统一理论，统一说明了弱相互作用和电磁相互作用，从中预言了 $W^\pm$ 粒子和 Z^0 粒子的存在，并且得到了实验的检验。之后，人们进一步试图建立统一电磁相互作用、弱相互作用和强相互作用的理论，常称为大统一理论（GUT）。结果是构建了多种这样的理论，但是哪一种理论比较正确至今不能确定。丽莎·兰道尔夫人指出："尽管大统一理论有一些吸引人的特征，但我并不确信它们的研究最终形成对自然的正确认识。在我们已知的能量和推想的能量之间存在着一条巨大的鸿沟，这中间究竟会发生什么，有太多可能供我们想象。无论哪种情形，除非我们发现质子衰变（或其他一些预言）——如果它存在，否则我们都不可能确定力在高能量上是否真的会统一起来。在此之前，这一理

---

① [美] S. 温伯格：《终极理论之梦》，李泳译，湖南科学技术出版社 2007 年版，第 14 页。

② Barrow John D. Is the world simple or complex? In: Williams Wes, eds. *The Value of Science*. Boulder: West view Press, 1999. p. 84.

论只能是一个伟大的理论设想。"[①]

至于建立将四种相互作用统一起来的万物理论，那就更加复杂了，其正确性也更难验证。现在最让科学家感到有希望的能够统一四种相互作用的理论是"超弦理论"。因为它纳入了量子引力并包括了所有的已知粒子和力，许多物理学家就把它当成万物基础的终极理论（TOE）。弦理论比大统一理论的抱负还要远大：在比大统一能量还要高的能量上，物理学家希望以弦理论将所有的力（包括引力）统一起来。它引进了十个维度——九个空间维度和一个时间维度，其中有六个维度的尺寸小于10^{-33} cm。由于超弦的尺寸太小了，就算是有一个像星系一样大的粒子加速器，也不可能探测到超弦的尺寸以证明它的存在。况且物理学家对超弦理论的评价也是莫衷一是。当代著名物理学家史蒂芬·霍金是大统一理论的积极探索者之一，现在他的观点也发生了微妙的变化。2002年8月17日，霍金在北京国际弦理论会议上发表了题为《哥德尔与M理论》[②]的报告，认为不太可能建立一个单一的能协调和完善地描述宇宙的理论。霍金坦言自己对这个结论也有一个接受的过程。

这也就是说，即使我们创立了一个万物理论，也没有办法证明它是正确的，从而也就不能肯定它正确解释了世界上的万物。由此我们也就不能最终确认简单性原则的正确性和自然界是否是简单的。并且，根据哥德尔不完备性定理，在任何公理化的形式系统中，总存在着在定义该系统的公理的基础上既不能证明也不能证伪的问题。也就是说，任何一个理论体系都是不完备的，都有它解决不了的问题。即便我们已经获得了对世界的最终理解，也永远不可能证明这一理解就是对世界的最终解释，尽管可能有那样一个更深刻、更简单的统一性等待我们去发现。

4. 自然界的本质并非是简单的

如果自然界真的像简单性原则所反映的那样——"简单是真的标

[①] ［美］丽莎·兰道尔：《弯曲的旅行：揭开隐藏的宇宙维度之谜》，窦旭霞译，北方联合出版传媒（集团）股份有限公司2011年版，第175页。

[②] M理论是指一个既包括超弦理论又包括超引力论的十一维理论，其存在是通过膜的认识推测出来的。这一术语的创建者爱德华·威腾（Edward Witten）有意不对它作出解释，所以有人说它是"膜"，有人说它是"魔幻的"，也有人说它是"神秘的"，还有人说它是"迷失的理论"。

志",那么,自然的本质就应该是简单的。这一观点被大多数传统哲学家和近现代科学家所坚信,近现代自然科学的发展和机械论自然观的形成也支持了这一观点。主要表现在自然的外在分离性、还原性、对称性、可逆性、相似性、最优性等方面。但是,如果我们考虑非线性科学对自然界中复杂性现象的研究,就会发现在自然界中,偶然性、不可逆性、非线性等显著特征,混沌、分形、湍流等复杂性现象是大量存在的。此外,自然界还存在结构的复杂性、边界的复杂性、运动的复杂性。具体体现在:不稳定性、多连通性、非集中控制性、不可分解性、非加和性、涌现性、进化过程的多样性以及进化能力的复杂性上。[①] 不仅如此,目前对自然系统的进一步研究,还展现出了自然存在的经验性、不可分离性、非还原性和目的性等。所有这些是上述简单性原则所不能涵盖的,需要有相应的具体方法去认识。这说明自然界的本质并非是简单的,还存在着复杂性的一面。这对简单性原则的运用是一个沉重的打击。这一点尼科里斯和普里戈金在《探索复杂性》一书第一章的开篇语中就指出:"理化现象同生物现象的区别、'简单'性能同'复杂'性能的区别,并不像人们直觉想象的那么明显。这使我们对于物质世界有了一个多元论的观点,在这个世界里,各种现象作为影响体系的条件一个挨一个共处其中,而这种条件本身又是变化的。对于开放世界的这个观点是本书作者希望奉献给读者的主要礼物。"[②]

笔者在本书第八章中也以"非线性是世界的本质"为题,专门论述了"复杂性和非线性是物质、生命和人类社会的进化中最显著的特征",重点阐述了"物理世界的非线性本质"、"复杂世界中的相干结构"、"确定性系统中的无规则运动"和"现实世界中的分形几何体"。从中我们可以发现,非线性科学对于世界本质的新认识、新理解和新描述是深刻而具体的。它是对传统线性科学的一次真正的颠覆,因此,非线性科学被誉为"21世纪的科学"。由此可见,科学的转向是难以与文化和社会变迁截然分开的。美国科学社会学家李克特(Maurice N. Richter, Jr.)指出:"科

---

① 吴彤:《科学哲学视野中的客观复杂性》,《系统辩证学学报》2001年第4期,第45—46页。

② [比] G. 尼科里斯、I. 普里戈金:《探索复杂性》,罗久里、陈奎宁译,四川教育出版社2010年版,第2页。

学是一个从个体层次向文化层次的认知发展的延伸,是一个传统的文化知识之上的认知发展生长物,而且是一个文化进化之特殊化的认知变异体和延伸。"[1] 在这种科学文化的视野下,复杂性思想的涌现有着当代科学技术与文化的深刻烙印,或者说正是当代科学技术与文化的转向才使复杂性问题及其理论成为可能和必要。"转向"一词通常在汉语中是指由一个方向转变为另一个方向;"turn"在英语中的含义是指"改变方向、位置以便面对或以某一特别的方向开始移动"[2]。这两种解释都把转向设定为"一"向"一"的改变,而"复杂性转向"却不取此意,它更强调的是转向的多元化。该转向不是由一种简单性向另一种简单性、一种文化向另一种文化、一种范式向另一种范式的改变,而是指我们由"一"向"多"转变,由基于简单性、现代性的单一视野向多元的复杂性与后现代视野转向。[3]

(二) 简单规则导致复杂行为

纵观科学发展的历史,我们发现简单性思想主要表现在三个方面:物质构成的简单性、运动规律的简单性和科学方法的简单性,这正是奥卡姆的信念:把那些不必要的东西像快刀斩乱麻一样统统剃掉。使复杂现象简单化,非线性问题线性化,虽然它在300多年的时间里极大地推动了科学的发展,使人们对自然界从模糊的定性认识转变为精确的定量分析,然而却是以牺牲复杂性为代价的。技术处理上的成功并不意味着对客观现象的真实描述。"今天看来,这是一种过分的简单化。我们可以把它比作是把一些建筑物归结为几堆砖。然而用同一些砖,我们可以建成一座工厂,一座宫殿,或一座教堂。从建筑物整体的层次上,我们把它理解为一个时间的创造物,理解为某种文化、某种社会、某种风格的产物。"[4] 因此,要

---

[1] [美] 小摩尔斯·N. 李克特:《科学是一种文化过程》,顾昕、张小天译,生活·读书·新知三联书店1989年版,第87页。

[2] 参见《牛津高阶英汉双解词典》(第四版增补本),商务印书馆、牛津大学出版社2002年版,第1638页。

[3] 刘劲杨:《哲学视野中的复杂性》,湖南科学技术出版社2008年版,第13页。

[4] [比] 伊·普里戈金、伊·斯唐热:《从混沌到有序》,曾庆宏等译,上海译文出版社1987年版,第40页。

真正地认识现实世界,把握世界的本质,就必须摒弃以往的那种把现实世界简单化的想法和做法,从寻找世界万物终极之石的幻影中解脱出来,把注意力转向研究系统之间以及系统与要素之间的非线性相互作用。因为整个宇宙在本质上是非线性的,在一个非线性的宇宙中,什么事情都可能发生,而且我们自己也处在一个线性和决定论只适用于有限的简单孤岛,而非线性和随机性却占统治地位的世界之中。① 那么,什么是复杂性?复杂性又是怎样产生的呢?

1. 何为"复杂性"?

第八章第四节在论述"分形结构的复杂性特征"时,我们曾引用苗东升教授的观点。他认为,在汉语中,"复杂"一词是由"复"和"杂"两个字组合而成的。"复"的主要含义指多样、重复、反复,形成某种层次嵌套的自相似结构。"杂"的主要含义指多样、破碎、纷乱,形成某种不规则的、无序的结构。但是"复而不杂"和"杂而不复"还不是真正的完全的复杂性,只有"既复且杂"才是真正的完全的复杂性,它把层次嵌套的自相似性与无规则性、破碎性、混乱性有机地结合起来。这种事物的部分与整体之间既是相似的,又不严格相似,因为在反复迭代,即生成演化的过程中不时有随机因素侵入;但又是不可预料的,导致严格自相似性的破缺,因而不能用确定论方法描述。这种对象也不能用统计方法描述,因为它们的生成演化过程毕竟有某些规则在不断重复,具有明显的尺度(层次)变换下的不变性,即规律性。分形,更准确地说自然分形,恰好是这种几何对象。自然界的分形有两个无法分离的特征:一是层次嵌套的自相似性,部分与整体相似,因而有规律可循;二是粗糙性、破碎性,即无规则性。因此,一切自然分形都是自相似性与不规则性的对立统一,确定性与随机性的对立统一,结构精细性与粗糙性的对立统一。所以,"复杂性"(complexity)就是指"复杂"的性质或状态。②

通过以上分析,我们对复杂性的认识也会产生这样一种观点:"既存在认识论意义上的复杂性,也存在本体论意义上的复杂性;凡本体论意义

---

① 武杰、李宏芳:《非线性是自然界的本质吗?》,《科学技术与辩证法》2000年第2期,第4—5页。

② 黄欣荣:《复杂性科学与哲学》,中央编译出版社2007年版,第5页。

上的复杂性一定也是认识论意义上的复杂性，它们在被人认识后仍然是复杂的；但有些复杂性仅仅是认识论范围的，而不具有本体论意义，一旦被认识，它们就不再是复杂的了。"① 吴彤教授明确提出"复杂性存在论"和"复杂性演化论"是属于本体论的问题，连带的认识论问题是，复杂性是人们认识能力不足造成的，还是事物本身所具有的性质？他指出："承认复杂性是从简单性中生成演化而来，并不妨碍承认复杂性是世界的基本属性。有一种陈旧的类比观点认为，凡后出现的属性一定是先前属性的从属属性，一定不是可与在先属性并列的、处于相同地位的属性。既然这个世界是演化发展的，为什么不能承认后演化出来的属性也同样是世界的属性？产生在先的属性已经不能概括整个后演化出的世界，而复杂性又是一种凸显、超越，为什么不能承认这种复杂性不可还原？"② 先开端的因素也许先退化，后发展的因素也许后来居上。所以，我们不应该太把属性看成是从来就有的。如果把属性看成是演化的过程因素，承认整个世界是一个过程的集合体，一切问题也就迎刃而解了。难怪恩格斯把"过程论"的思想看成是"一个伟大的基本思想"③

综合上述观点，我们认为，复杂性是相对于简单性而存在的，它是在客观事物的联系、运动和变化中表现出来的一种状态，表达了一种不可还原的特征，而不是孤立、静止和显而易见的特性。刘劲杨博士在埃德加·莫兰研究的基础上，认为："在科学上，复杂性科学对传统科学的否定是根本性的，但这一否定并非激进后现代主义式的反科学、反规律。复杂性科学与传统科学都坚信存在着秩序，只是在对秩序的理解上有了根本不同。传统科学的基本范式是简单性范式，复杂性科学的新范式则是复杂性范式。"④ 并且，他还对莫兰概括总结的两类不同范式的十三条相互对比的原则⑤，作了进一步的提炼、归纳和重新命名，简化为十一条并以表格

---

① 苗东升：《分形与复杂性》，《系统辩证学学报》2003 年第 2 期，第 8 页。
② 吴彤：《科学哲学视野中的客观复杂性》，《系统辩证学学报》，2001 年第 4 期，第 45 页。
③ 《马克思恩格斯选集》第 4 卷，人民出版社 1995 年版，第 244 页。
④ 刘劲杨：《哲学视野中的复杂性》，湖南科学技术出版社 2008 年版，第 36 页。
⑤ ［法］埃德加·莫兰：《复杂思想：自觉的科学》，陈一壮译，北京大学出版社 2001 年版，第 266—270 页。

形式列出（见表9—1）。[1] 这些原则对于我们区分两类不同范式，促进理解研究对象的多方面特点具有重要的参考价值。

表9—1　　　　　简单性范式与复杂性范式的综合对比

简单性范式	复杂性范式	简单性范式	复杂性范式
摒弃目的论原则	必要目的论原则	对象环境分离原则	对象环境一体化原则
普遍化原则	统一性多样性共存原则	单值逻辑原则	两重性或多值逻辑原则
决定论原则	非决定论原则	构成性原则	生成性（过程性）原则
线性因果性原则	非线性因果性原则	还原论原则	涌现论原则
时间可逆性原则	时间不可逆性原则	量化和形式化原则	有限量化和形式化原则
客体性原则	主客体相统一原则		

2. 简单性向复杂性的转化

由上可知，简单性一向是传统自然科学、特别是物理学的一条指导原则。尽管复杂性现象比比皆是，人们还是努力要把它们还原成更简单的组分或过程。事实上不少复杂的事物或现象，其背后确实存在简单的规律或过程。所以，我们应当遵循"简单性孕育复杂性"的思想方法，首先学会比较和刻画来自简单机理的复杂性，否则就很难正确分析那些机理不明的复杂事物或现象。郝柏林院士在《复杂性的刻画与"复杂性科学"》一文中为我们介绍了几种由简单变复杂的具体途径。[2]

（1）重复使用简单的规则，可能形成极为复杂的行为或图形。芒德勃罗指出："具有巨大复杂性的分形图形可以仅仅通过重复简单的几何变换而得到，并且变换中参数的小变化就将引起全局性的变化。"[3] 这既是"复杂性"的本意所指，也道出了"涌现的本质就是由小生大，由简入繁"。

一维非线性函数的迭代导致混沌，是一个熟知的例子。像 $f(x) = a - x^2$ 这样的抛物线函数，只要相当任意地选取一个初始值 x_0，不断进

---

[1] 刘劲杨：《哲学视野中的复杂性》，湖南科学技术出版社2008年版，第37—38页。

[2] 郝柏林：《复杂性的刻画与"复杂性科学"》，《科学》1999年第3期，第4—5页。

[3] 转引自[美] J. 布里格斯、F. D. 皮特《湍鉴》，刘华杰、潘涛译，商务印书馆1998年版，第187页。

行迭代，即计算 $x_{n+1} = f(x_n)$，在参数 a 的某些取值范围内，所得到的"轨道" x_0、x_1、x_2……可能具有极其复杂的结构。如果把上面的实数 x 扩展成复数，在整个二维复平面上进行迭代，那么就有可能得到层出不穷的花纹图样。芒德勃罗集合（参见图 8—11（a）芒德勃罗集合与其"复杂"图案）就是一例。有人称它为目前数学所知的最复杂的对象，因为在精益求精、小而又小的无穷层次上，都要出现新的、与已有结构并不严格相似的花纹图案（参见图 8—11（b）从芒德勃罗集边界得到的朱利亚集）。

简单规则导致复杂行为的另一例子，是所谓一维元胞自动机。取多枚硬币排列成一条直线，每个硬币可能正面向上，也可能反面向上。根据每一枚硬币自身和左右两邻的状态，确定下一时刻是否翻动。这样，使用只涉及最近邻的简单生成规则，却可能得到各种各样的图案，包括只能由万能的图灵计算机模拟的复杂行为。如图 9—2 所示：

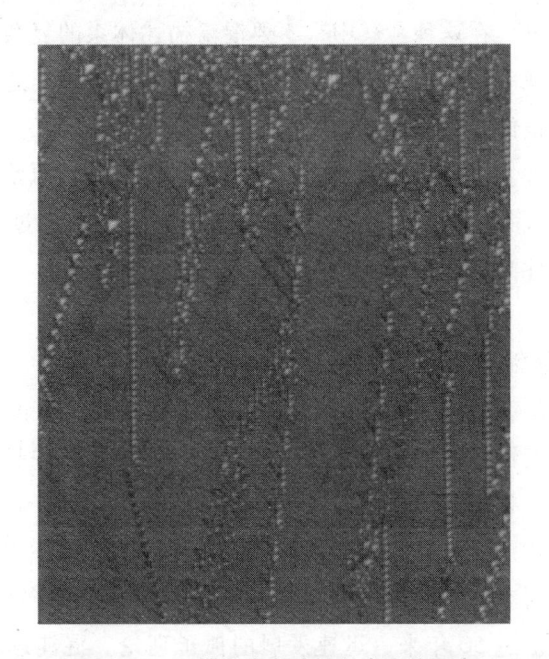

图 9—2　一维元胞自动机所产生的图案

这是第 110 规则产生的花样，时间由上往下发展（原作者为 S. Wolfram）

（2）把物理过程从高维空间投影到低维，会使它们看起来更复杂。或者倒过来说，增加新的参数或变量，扩大参数空间或相空间，往往可使事情简化。

随意放置在三维空间中的一条曲线，一般不会自己相交；即使发生自交，也可以用小扰动排除，因而自交是非实质的。然而，如果把它投影到二维平面，一般说来定会产生自交，而且不可能由小扰动排除，看起来也比三维空间中的曲线复杂。某些非线性问题可以嵌入更高维的空间，成为线性问题。某些非马尔可夫过程可以靠增加新的随机变量，成为马尔可夫过程（Markov Processes）。许多连续模型的离散化方案，也可看成从无穷维空间投影而来，它们一般具有比原来更复杂的性质。

（3）错误的参考系可能带来不必要的复杂化。历史上托勒密的地心系就是如此。为了描述当时对太阳和六大行星运行的观测结果，曾经不得不引入80多个"本轮"和"均轮"。一旦换成哥白尼的日心系，天体运行的图像就变得简单多了。

随后，郝柏林院士指出："考察种种事物由简单变复杂的途径，颇具启发意义。不过，在这种考察中，不要混淆描述体系的复杂性和刻画客观的复杂性。客观地定义和量度复杂性，与人们对自然界描述体系的复杂性是两回事。这很像是美和美感的关系。前者应有客观定义，而后者涉及接受者的主观条件。……只有站得高，事物才显得简单。原始人心目中的复杂事物，现代人看来未必复杂。"[①] 这就是我们前面谈到过的关于认识论意义上的复杂性与本体论意义上的复杂性的区别。

（三）非线性与系统复杂性

在第八章第一节中我们已经比较详细地谈到，在20世纪初彭加勒首先意识到在确定性系统中有混沌现象的存在，人们才从牛顿力学的光环中走出来，重新审视周围的世界，领悟到演化才是事物的一种更普遍的运动形式。演化规律的实质是跨层次的有质的差异性的非线性因果关系，其形式可以表现为时空对称破缺的非线性偏微分方程，具有多变量、不可逆、多值解等特点。近50年来，迅速发展的孤子理论、混沌理论和分形理论以及概率论描述方法已成为现代科学研究和刻画复杂系统及其演化的崭新手段。这样，我们就能更深入地认识系统存在与演化的基本特征。一般地讲，只有一定数量的同类元素之间的相互联系和相互作用是无意义的、无

---

① 郝柏林：《复杂性的刻画与"复杂性科学"》，《科学》1999年第3期，第5页。

效的，拉兹洛把这种局域化的加和性复合体称为"堆"，即非系统；只有异质性之间的关联才可能产生新的特性，因而只有系统要素之间的关联才可能产生非加和性或非线性。①

吴彤教授指出：非线性是系统复杂性产生和演化的动力学机制，是连接简单性与复杂性的桥梁。并举例说，混沌和分形是复杂性在空间和时间上的形态，涨落和突变是可编码外的复杂性演化的内在根据，随机性和被冻结的偶然性是其在复杂性演化道路上的表现。② 从本体论的角度，复杂性可分为运动复杂性、结构复杂性和边界复杂性；从认识论的角度，复杂性又可分为计算复杂性、算法复杂性和语法复杂性；另外还有生态复杂性、经济复杂性和社会复杂性等。

不管复杂性如何划分（只因复杂性的普遍性意义），其产生的根源是一致的，这就是非线性相互作用。因此，一个事物是简单的还是复杂的，并不在于其构成要素的多少，也不在于构成要素的能量如何，而在于要素之间的相互作用是线性的还是非线性的。如果是线性相互作用，不论其构成要素的数量多么庞大，其整体性质也仅是部分性质的简单叠加，其行为也是简单的。例如一个热力学系统包含的分子数目非常巨大，但由于分子之间的相互作用非常简单，其整体行为也并不复杂，人们使用统计方法就能很容易地解决。又比如被拉兹洛称为"堆"的一堆沙子，尽管由无数沙粒组成，同样不具有复杂性。如果系统构成要素之间是非线性相互作用，它所具有的非独立的相干性就会使系统各要素之间相互依赖、相互制约，甚至互根互补，出现协同效应，使整个系统表现出子系统（或要素）所不具备的性质，并使系统的行为表现得更加复杂而难以预测，哪怕一个微小的扰动都可能导致系统整体的剧烈变化，而出现分岔、突变和混沌等现象。③

---

① 吴彤教授认为，元素是组成系统的所有基本单元，即从量上构成系统的数量性单元，它可以是同质的；而要素则是组成系统的、彼此相互独立的单元，即是一种从性质上相互区别的质元。他是在做了这一区别后讲的这句话。——吴彤：《论系统科学哲学的若干问题》，《系统辩证学学报》2000年第1期，第15—16页。

② 吴彤：《"复杂性"研究的若干问题》，《自然辩证法研究》2000年第1期，第6—10页。

③ 田宝国、谷可、姜璐：《从线性到非线性——科学发展的历程》，《系统辩证学学报》2001年第3期，第64页。

但是应该注意是，系统复杂性的产生虽然不在于要素的多少，但一般来说，不应少于三。吴彤教授用老子的一句话对此进行了解释，即：道生一，一生二，二生三，三生万物，其中根本的原因在于"三"的稳定性。"一"是不稳定的，"二"也不稳定，极易演化到"三"，只有到了"三"，才是稳定的。在这里"三"是稳定性产生的基本单位，它联系着宇宙之初和万物之始，具有生化万物、涵容万物、勾连混沌与秩序、形成演化转折点的含义。① 所以，我们说"三"既是稳定性产生的临界点，也是复杂性开始的转折点和生长点，因为在今天，"三"代表着非线性作用形成的最少要素的数目。然而，任何一个复杂系统，尽管它是复杂的，但它同时又必须是稳定的；没有稳定性而言的系统，必定谈不上是复杂系统，也就没有复杂性可言。所以，"我们应该注意，稳定性、非稳定性这对概念与平衡、非平衡这对概念是有区别的。这种区别在于：平衡态往往是不稳定的，而非平衡态则往往是稳定的。这与平衡态（熵值最大）以及非平衡态（开放和流动）的性质有关。"②

由此可见，非线性相互作用的存在的确使非线性系统复杂难解，但这也是线性系统不可媲美的。然而，非线性不等于复杂性，它们之间的区别表现为因与果的关系。也就是说，是非线性导致了复杂性。一般来说，非线性导致系统复杂性主要体现在以下两个方面③：

1. 涌现性

复杂性总是在层次的交界处涌现，几乎所有的复杂性问题都是跨层次的涌现性问题。因此，系统科学家切克兰德（P. Checkland）把"突现与层次"、"通讯与控制"看作是系统思想的重要内核。④ 所谓涌现性，通常是指多个要素组成系统后，而出现了系统组成前单个要素所不具有的性质。这个性质并不存在于任何单个要素当中，只因系统在低层次构成高层

---

① 吴彤、黄欣荣：《复杂性：从"三"说起》，《系统辩证学学报》，2005年第1期，第7页。另外，吴彤教授并不否认系统要素等于二的情况下，体系也可能演化出更复杂的结构。——吴彤：《自组织方法论研究》，清华大学出版社2001年版，第39页。
② 谭长贵：《动态平衡态势论研究》，电子科技大学出版社2004年版，第24页。
③ 同上书，第72—75页。
④ ［英］P. 切克兰德：《系统论的思想与实践》，左晓斯、史然译，华夏出版社1990年版，第93—116页。

次时才表现出来，所以形象地称为"涌现"（emergence，也译为"突现"）。系统功能之所以往往表现为整体大于部分之和，就是因为系统涌现了新质的缘故。其中"大于部分"就是涌现的新质。

"涌现"（突现）这一概念可追溯到近代逻辑学家密尔（J. S. Mill，旧译穆勒）的两种因果关系学说。1843年密尔在其《逻辑系统》一书中指出，存在两种因果关系，一种是"合成因果关系"，即由同质的原因以合力的原则导致其结果，这个结果等于诸种同质原因分别作用的总和（例如，力的合成），这种因果关系由同质定律所支配；另一种因果关系称为"异质效应"，其特征是多因共同作用产生的结果，不等于各个原因单独作用的总和，这种因果关系由异质定律所支配（例如，氢和氧合成水，水不是氢、氧分别作用的总和）。1875年，哲学家路易斯（L. H. Lewes）继承了密尔的思想，将第二种因果关系称为"突现"，由此正式赋予突现以哲学意义。

但作为一种哲学思潮"突现论"起源于19世纪末20世纪初关于生命本质的活力论与机械论的大论战。当时英国突现主义学派，在哲学层面上构建了一个层级突现进化论的体系。这个重要的哲学学派后来由于量子力学的冲击而被遗忘，但其学术价值在当代又被重新发现和认可。他们将突现问题的实质视为层次之间的关系问题，并勾画了一个关于突现理念与问题的全景。[1] 这些思想对当代复杂系统突现的研究具有重要的启示[2]：

（1）世界是一种层级结构和突现进化的过程。也就是说，世界的层次结构是按照事物的有组织复杂性不断提高而划分的。按摩根（C. L. Morgan）的说法，最基本的层次是物理物质、生命与心灵三大层次。每一大层次还可再划分为若干小的层级，例如物质层级可进一步划分为电子—夸克、原子核、原子、分子和有机物等，而心灵的层次又可划分为感觉、知觉与理智等。从一个层次到一个更高层次的发展被称为突现进化。[3] 每一层次都对应着一门或几门专门的学科。

---

[1] 范冬萍：《突现论的类型及其理论诉求》，《科学技术与辩证法》2005年第4期，第49—50页。

[2] 范冬萍：《复杂系统突现论——复杂性科学与哲学的视野》，人民出版社2011年版，第14—23页。

[3] C. L. Morgan. *Emergent Evolution*. London：Williams and Norgate LTD. 1927, p. 27.

(2) 复杂系统的突现性可归纳为跨层阶定律。这一定律认为，每一个层次都具有某些基本的、不可还原的性质与规律，高层次性质是从低层次性质中突现出来的，它由跨层次的"突现定律"所支配。高层源自低层，那是它的根，但又不可还原为低层。突现的根本原因不是活力、灵魂或其他二元的东西，而是"构型"的作用，即相同的基本物质微粒在高层的排列不同而使得高层具有不同于低层的突现的性质，例如同素异形体金刚石和石墨的硬度就明显不同。所以，每一次突现都至少是一个跨层阶规律作用的结果。布劳德（C. D. Broad）明确指出："高层次 B 具有低层次聚合体 A 所不具有的性质，并且这些性质是不可从 A 性质以及 B 复杂性结构中通过任何在低层次中支配自身的组成规律中演绎出来。"[1]

(3) 突现具有以下四个主要特征：①突现性是高层次所具有的新性质。如亚历山大（S. Alexander）所强调的，高层次性质来源于低层次的存在，那是它的根；但是既然它从那里突现出来，就已经不属于那个层次了，而构成一个新的存在阶层并拥有自己特殊的行为规律。②突现具有不可预测的新奇性。也就是说，在突现出现之前，即使我们对支配它的组成部分的特征及其规律有完备的认识，也不能预言它的出现。③突现表现为层次间具有不可还原性。每一个层次都具有某些基本的、不可还原的性质与规律，高层次性质是从低层次性质中突现出来的。跨层阶定律陈述了一个不可还原的事实：一个由相邻低层次以某种比例和方式组成的集合体，就会拥有某种特征和不可演绎的性质。④高低层次之间存在着两种因果关系。一方面高层次由低层次经组合而产生，它不能脱离低层次事物而独立存在。这是所谓"自下而上"的上向因果关系，用摩根的话来说就是："没有心灵是不包含生命的，没有生命是不包含物质的"。另一方面，高层次具有低层次所不具有的性质并对其组成部分（低层次）有支配作用。即突现意味着高层因果作用——下向因果关系的出现。

可见，英国突现主义者提出的许多观点已经触及到了突现与层次的主要问题。但是由于时代的局限性，当时他们主要是从静态的观点来研究整体性和突现现象的，无法深入探讨突现产生的具体过程，也无法像今天计算机模拟那样，跟踪全局性的突现性质是怎样一步一步由局域性的相互作

---

[1] C. D. Broad. *The Mind and Its Place in Nature*. London: Routledge &Kegan Paul. 1925, p. 77.

用扩展到全域而产生出来,即他们无法了解突现的动力学机制。因此,当涉及突现何以可能和如何产生时,他们就只好采取"自然崇拜"的态度,把它当作一种经验事实加以接受。

最近几十年的复杂性研究,比较好地回答了这个问题。系统为什么会具有这种涌现性呢?就是因为系统要素之间的非线性相互作用。正因为系统要素之间的这种非线性作用显得如此神奇,所以被布里格斯称为"非线性妖魔"。非线性作用导致系统新质的涌现与非线性作用的因果非等当性有关。线性的因果等当性将系统和组成要素视为均匀的、等价的,其功能是可积的,即可以进行简单的叠加。但在非线性系统中,由于组成要素或子系统之间的相互作用是非线性的,它表现为非均匀的、不等价的。当子系统或组成要素哪怕是出现一小点变化,都可能引起系统相当大的变化。因此贝塔朗菲说:"这里所存在的不再是因果等当原理所适用的守恒因果性,而是触发因果性。"[1] 普里戈金说得更加明白:"线性律与非线性律之间的一个明显的区别就是叠加性质有效还是无效:在一个线性系统里两个不同因素的组合作用只是每个因素单独作用的简单叠加。但在非线性系统中,一个微小的因素能导致用它的幅值无法衡量的戏剧性效果。"[2] 这里的"戏剧性效果"即指系统在非线性作用下而出现了涌现性特征。

总之,近年来,由于复杂性科学、认知科学和心智哲学的兴起和发展,"涌现"(突现)这个曾经极富争议、甚至有点声名狼藉的哲学概念,在多年的沉寂后,又重获新生,并成为当代复杂性科学和哲学研究的一个前沿和热点。以研究复杂性著称的美国圣菲研究所明确提出:"复杂性,实质上就是一门关于突现的科学。我们面临的挑战,……就是如何发现突现的基本法则。"[3]

2. 涨落

所谓涨落(fluctuation),是指系统"对本征值的偏离"。本征指的是系统的宏观状态,所以涨落就是对这一既定宏观状态的局部偏离,它既是建设者、引导者,又是干扰者、破坏者。涨落之所以能够导致有序结构的

---

[1] 转引自赵凯荣《复杂性哲学》,中国社会科学出版社2001年版,第20页。

[2] 同上书,第21页。

[3] [美]米歇尔·沃尔德罗普:《复杂:诞生于秩序与混沌边缘的科学》,陈玲译,生活·读书·新知三联书店1997年版,第115页。

形成，普里戈金做了如下解释："在非平衡过程中，我们可能发现刚好相反的情形，涨落决定全局的结果。我们可以说，涨落在此时并不是平均值中的校正值，而是改变了这些均值。这是一种新的情形。由于这个原因，我们愿引入一个新词，把由涨落得出的情形称为'通过涨落达到有序'。"[①] 通过涨落达到有序，是指一个系统在远离平衡态的过程中通过失稳而重建稳定态的过程。系统不稳定性的存在可以看作是某个涨落的结果，这种涨落起初局限在系统的一个小区域内（微涨落），随后扩展开来，并引出一个新的宏观态。普里戈金认为，"当一个新的结构出自某个有限的扰动时，从一个状态引向另一个状态的涨落大概不会在一步之内就把初始状态压倒。它首先必须在一个有限的区域内把自己建立起来，然后再侵入整个空间：这里有一个成核机制。根据初始涨落区域的尺寸是低于还是高于某个临界值（在化学耗散结构的情形，这个阈值特别与动力常数及扩散系数有关），该涨落或是衰退下去，或是进一步扩展到整个系统。"[②] 这个成核机制就是系统要素之间的非线性作用，涨落被放大形成"巨涨落"也是因为系统要素之间的非线性作用。按照涨落发生在不同的空间位置，又可以把涨落分为内涨落和外涨落。内涨落主要是由于系统要素或子系统之间的随机运动而形成；而外涨落则主要取决于环境的扰动，来自环境的扰动通过系统要素的非线性相互作用而转化为内涨落，继而促进系统的有序演化（否则，仅仅发生在系统外部的涨落是不会导致系统的有序演化的）。因此，促成系统有序演化的内在因素本质上是系统的内涨落。所以说，涨落是有序结构形成的触发器。

系统在演化过程中，一般都存在稳定性与非稳定性两种相反的属性或力量。稳定性表现为系统对涨落的抑制，非稳定性则表现为涨落对系统宏观稳定态的扰动。正是这两种相反力量之间的竞争，决定了系统存在着一个涨落是否放大或衰减的"临界值"。当某个涨落区域的尺寸小于临界值时，意味着阻止涨落扩张的力量大于涨落自身扩张的力量。在这种情况下，涨落主要表现为对系统稳定性的干扰。而当某个涨落区域的尺寸大于

[①] ［比］伊·普里戈金、伊·斯唐热：《从混沌到有序》，曾庆宏等译，上海译文出版社1987年版，第225页。

[②] 同上书，第235页。

临界值时，涨落扩张自身的力量大于"外部世界"的阻尼力量，此时，该涨落被迅速放大而扩展到整个系统，取代原有状态而形成新的宏观有序结构，并与后来形成的宏观结构在本质上是同构的。所以我们说，涨落是系统自组织性质的体现，是有序结构形成的方式，它对于系统更新，进而使系统呈现新的活力具有重要意义。在整个有序结构形成的过程中，无论是基核的形成，还是涨落的放大，都表明了非线性作用的存在。没有非线性作用，就不可能出现巨涨落，也就不可能形成新的宏观有序结构。这表明"通过涨落达到有序"的"生序原理"必须具备两个条件：一是涨落必须处于非平衡的非线性区；二是通过非线性作用涨落能迅速放大而形成巨涨落。这样的涨落才能对系统的有序演化产生决定性作用。

综上所述，非线性相互作用作为系统复杂性的根源，不仅表现在系统演化过程的伪随机性上，而且还表现在系统形态结构的无规则分布上。那弯弯曲曲的海岸线，变化莫测的湍流现象，起伏波动的股票市场……千姿百态的大千世界，风云变幻的人类社会，扑朔迷离的思维现象，这一切都是非线性相互作用所引起的结果。我们的世界本质上是非线性的，也正是由于世界是非线性的，才使其具有无限多样性和奇异复杂性。正如普里戈金在《探索复杂性》一书中所言："自（20世纪）60年代以来，我们目睹着数学和物理学中掀起的革命，它们正迫使我们接受一种描述大自然的新观点……复杂性不再仅仅属于生物学了。它正在进入物理学领域，似乎已经植根于自然法则之中了。"[①]

二 非线性是系统结构有序化之根本

1875年，恩格斯在《自然辩证法》导言中明确指出，打开形而上学自然观第一个缺口的，不是自然科学家，而是一个哲学家。即1755年康德发表了《自然通史和天体论》（中译本为《宇宙发展史概论》），首先提出关于太阳系起源的"星云假说"。从此"关于第一推动的问题被排除了；地球和整个太阳系表现为某种在时间的进程中生成的东西。"于是，

---

① ［比］G. 尼科里斯、I. 普里戈金：《探索复杂性》，罗久里、陈奎宁译，四川教育出版社2010年版，第5—6页。

恩格斯提出"自然界不是存在着,而是生成着和消逝着"的著名论断。[①] 这也就是说,自然界的演化有进化和退化两个方向。所谓进化是指"复杂性和多样性的增长",是"分化了的秩序或复杂性的展开史",而"展开"即意味着"过程的交织,这些过程导致了在不同的等级层次上同时形成结构的现象"[②]。因此,我们试图沿着康德—恩格斯等伟人的思路[③],结合现代系统科学的最新成果,首先从"序"的概念出发介绍几种关于有序度的描述;进而通过分析有序与对称破缺的关系,阐明"世界不是既成事物的集合体,而是过程的集合体"[④],得出"对称性破缺创造了现象世界"的基本原理;最后,通过对这一原理的系统学诠释,揭示非线性在系统结构有序化过程中的根本作用。

(一) 序的概念和有序度的描述

在第七章第六节中,我们已经充分论证,由于不可逆过程的双重作用,导致了自然系统的演化有两个特定的方向,即进化与退化。进化一般是指事物上升的、从无序到有序、从低序到高序的不可逆过程或复杂性与多样性的增长;而退化则是指事物下降的、从有序到无序、从高序到低序的不可逆过程或从宏观有序态到"混沌态"以及不同"混沌态"之间的更替。从哲学上讲,进化与退化这对范畴同有序与无序、对称与对称破缺又有十分密切的关系,所以,我们首先要从"序"的概念谈起。

1. "序"概念的探析

"序"(order)的基本含义是"次序"和"排列",也可引申为一种有规则的状态。但是在现代科学中,"序"的概念不仅表现为空间结构的某种规则性,而且反映了时间演化的某种规律性。因此,广义的序或有序一般是指客观事物或系统构成要素之间有规则的联系、运动和转化。这种

---

① 《马克思恩格斯选集》第4卷,人民出版社1995年版,第266—267页。
② [美] 埃里克·詹奇:《自组织的宇宙观》,曾国屏等译,中国社会科学出版社1992年版,第87页。
③ "因为在康德的发现中包含着一切继续进步的起点。"120年之后,恩格斯又充分肯定和论证了康德的思想,指出"如果立即沿着这个方向坚决地继续研究下去,那么自然科学现在就会进步得多。"——《马克思恩格斯选集》第4卷,人民出版社1995年版,第267页。
④ 《马克思恩格斯选集》第4卷,人民出版社1995年版,第244页。

规则性既可以用来描述自然系统的状态，也可以用来反映自然系统演化的过程。同时，序是一个整体性概念，单个事物或孤立的要素是无序可言的。例如，晶体空间的有规则排列，行星的绕日运动，DNA 的自复制过程，等等，都是自然界中的有序现象，而一盘散沙或者孤立的一个原子就无所谓序的概念。其实，有序与无序是一对相对的概念，如果说有序是指客观事物或系统构成要素之间有规则的联系、运动和转化，那么，无序则是指客观事物或系统构成要素之间无规则的联系、运动和转化。在以往对无序的理解中，人们往往将无序和混乱与"死"结构联系在一起。[1] 埃德加·莫兰却在无序的概念中注入了生命的迹象。他一方面认为："如果说有序使我们可能预见从而可能控制，那么无序则带来面对不可控制、不可预见、不可判定的东西的不确定性所引起的焦虑。"[2] 即无序是一个包含着几个层次的手提箱式的概念：在第一个现象的层次上，它包含着无规律性、变异性、不稳定性、动荡、耗散、碰撞、不测变故等内容。在第二个层次上出现了所有这些无序现象的共同成分：随机性或偶然性。达到第三个层次，偶然性向我们剥夺了任何规律和原理来认识一个现象。另一方面，他又说，"无序充满了宇宙。当然，无序没有在宇宙中完全代替有序，但是宇宙中没有一部分不存在无序。无序存在于能量中（表现为热）。无序存在于亚原子结构中。无序存在于我们宇宙的偶然的起源中。无序存在于恒星的烈焰熊熊的核心中。无序的存在与我们宇宙的进化不可分离。无所不在的无序不只是与有序对抗，也和后者奇妙地合作以创造组织。当然，随机的相撞以动荡因而也以无序为前提，但它产生了物理的组织（原子核、原子、星体）和最初的生物。因此无序帮助产生了有组织的有序。同时，存在于各种组织的起源中的无序，也不断地用解体威胁着组织。"[3] 这样，埃德加·莫兰就将有序和无序紧密地联系在了一起。

我们看重有序，追求有序，是因为有序代表合理性和前进性；而无序则代表随机性和偶然性，但我们也不能因此漠视无序的存在和作用。一方

---

[1] 武杰、李润珍：《非线性相互作用是事物的终极原因吗？》，《科学技术与辩证法》2001年第 6 期，第 16 页。

[2] ［法］埃德加·莫兰：《复杂思想：自觉的科学》，陈一壮译，北京大学出版社 2001 年版，第 166 页。

[3] 同上书，第 157 页。

面有序和无序是不可分离的,没有绝对的有序,也没有绝对的无序;另一方面,有序是从无序中走出来的,无序能使有序的层次提升,耗散结构就是一种通过涨落从无序中走出来的有序,一种经过提升的有序。对此,埃德加·莫兰做了很好的诠注:"在这里几乎不需要强调唯一的有序概念的局限性以及唯一的无序概念的局限性。一个严格的决定论的宇宙是一个只有有序性的宇宙,在那里没有变化,没有革新,没有创造。而一个只有无序性的宇宙将不能形成任何组织,因此将不能保持新生事物,从而也不适于进化和发展。一个绝对被决定的世界和一个绝对随机的世界都是片面的和残缺的,前者不能进化而后者甚至不能产生。"①

此外,我们还应特别看到,"由于结构的概念的出现,有序的概念需要另一个概念即组织的概念。事实上一个系统的独特的有序性可以设想为它的组织结构。系统的概念其实是组织的概念的另一个方面。因此,我认为结构的概念处于从有序的概念到组织的概念的中途。但是,组织不能化归为有序,虽然它包含和产生有序。确实,一个组织形成和维持为一个不可化归为其组成部分的总体或'整体',因为它具有整体特有的约束和突现的性质,并包含着'整体'的突现性质对组成部分的反馈作用。正是由于这个原因,各种组织能够建立它们各自特有的恒定性;它们是能动的组织、机器、自组织系统和生物。它们能够建立它们的调节机制并从而产生它们的稳定性。因此,组织产生有序,同时又通过有序原则的参与作用被产生,宇宙中所有有组织的事物都是如此:原子核、原子、星体、生物。它们是一些特殊的组织,产生着它们各自的恒常性、规律性、稳定性、各种特性,等等。这样,有序的被加以丰富的概念不仅没有消除组织的概念,反而要求我们承认这个组织的概念。"②

于是,埃德加·莫兰给出了一个四元联立的概念体系,并指出:被丰富了的有序概念,既然它需要"相互作用"的概念和"组织"的概念,既然它不能排斥无序,它就是一个实际上比决定论的概念丰富得多的概念。但是有序的概念在变得丰富的时候,它也被相对化了。复杂化和相对

---

① [法]埃德加·莫兰:《复杂思想:自觉的科学》,陈一壮译,北京大学出版社2001年版,第159页。

② 同上书,第156页。

化是相并而行的，从此不再有绝对的、无条件的、永恒的有序。同理，无序的现代概念要比偶然性的概念丰富得多，而且它总是包含后者，如图9—3所示。这说明我们需要从这四项的对话（联立）出发来认识宇宙，其中各项是彼此呼应的，每一项都需要其他项以形成自身，每一项和其他项都是不可分离的，每一项在与其他项互补的时候又与其他项对立。这个四元联立的概念体系使我们认识到：这个宇宙从物理的相互作用出发自我产生的时候宇宙的有序就产生了，同时也产生了组织和无序。因此，这个四元联立的概念体系就成为我们认识形态发生过程（现象世界）的必不可少的工具。[①]

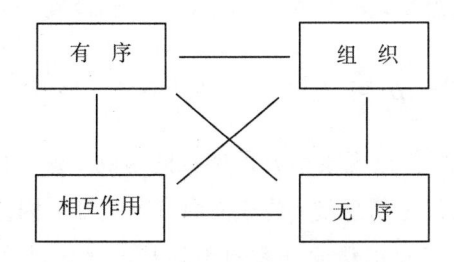

图9—3 一个四元联立的概念体系

2. 有序度的几种描述

由此可知，任何系统都是有序和无序的辩证统一，这种统一的不同程度就构成了系统的一定秩序，即有序度。如果系统向有序化发展，我们就说它的有序度愈来愈高；反之，如果系统向无序化发展，我们就说它的有序度愈来愈低。前者是从低级有序到高级有序的上升或进化过程，后者则是从高级有序到低级有序、再到更低级有序的下降或退化过程。这样，我们就可以解释一个更宽泛的概念——演化（evolution）。"演化"除了指称事物上升的、从无序到有序、从低度有序到高度有序的不可逆过程，即"进化"之外，还包括了事物下降的、从有序到无序、从高度有序到低度有序的"退化"和从宏观有序态到远离平衡的"混沌态"以及不同"混沌态"之间的更替。因此，系统的演化（有序度）可以用不同的参量来描述和量度。

---

① ［法］埃德加·莫兰：《复杂思想：自觉的科学》，陈一壮译，北京大学出版社2001年版，第160—161页。

(1) 用"熵"表示系统的有序度。在热力学中，系统的宏观参量熵 S 与相对应的微观状态出现的概率 P 的对数成正比，即有：

$$S = k\ell nP$$

式中 k 是玻尔兹曼常数，P 为热力学几率。这一公式表明，宏观参量熵 S 是系统微观组分混乱程度的度量，并随着热力学几率的增大而增大，即熵增对应着无序化程度的增加，熵减对应着有序化程度的增加。

(2) 用"信息量"表示系统的有序度。在信息论中，信息被看作是人们对事物了解的不确定性的减少或消除，因而信息量愈大，系统的结构就愈有序；信息量愈小，系统就愈无序。计算信息量的公式为：

$$I = k\log_a \frac{1}{P} = -k\log_a P \quad （a\text{ 表示可能的状态数，其他同上}）$$

即信息量 I 为事件出现概率 P 的倒数的函数。这与前面计算熵的公式十分相似，不同的仅是信息量 I 公式前面有个负号。因此，控制论的创始人维纳指出："信息量的概念非常自然地从属于统计力学的一个古典概念——熵。正如一个系统中的信息量是它的组织化程度的度量，一个系统的熵就是它的无组织程度的度量；这一个正好是那一个的负数。"[①] 既然信息量是负熵，那么，系统的信息量愈大，熵就愈小，系统的有序度就愈高。例如，人的大脑是一个具有复杂结构的系统，它包含着巨量信息，因此，人脑是一个高度有序的系统。

(3) 用"序参量"表示系统的有序度。序参量（order parameter）概念源于相变理论，它是由著名物理学家朗道在研究平衡相变（如物态相变、铁磁相变等）时首先提出的。后来，协同学的创始人哈肯将这一概念引入自组织过程，认为子系统的合作形成序参量，序参量又支配子系统，从而主宰系统演化的进程和结局。序参量一般是可以测量的物理量，但也可能是某种抽象的量。随着控制参量趋于临界值，序参量会突然出现并迅速放大，它标志着系统已达到某种有序的时空结构和功能行为，系统已运行于某种特定的模式之中，或以这种模式自行组织起来并投入运行。所以说，系统的自组织过程也就是序参量产生的过程。

---

① [美] 维纳：《控制论》，郝季仁译，北京大学出版社 2007 年版，第 19 页。

(二) 有序与对称性破缺的关系

在人们的日常生活中，常常将对称与完美等同起来，认为对称之所以吸引人，是因为它的整齐和匀称。另外，对称还有助于我们的学习，因为无论是空间还是时间上的重复，都会在我们的大脑里形成难以磨灭的印象。也正是由于大脑对对称的天生取向及纯粹的审美意识，我们才会让自己的周围布满了对称。然而，我们已经知道，序的概念是同"差别的相似与相似的差别"紧密地联系在一起的，实际上，它同对称与对称破缺也密切相关。完全的对称、绝对的均匀以及各向同性是无序可言的，只有在对称性发生了破缺、各部分之间出现了差异，才能谈得上排列或有序。这与人们的常识不大相容。在日常语言中，秩序往往意味着整齐划一、均匀协调；而在系统科学中，不均匀、不对称才是真正的有序。另外，序与对称性表现为反向消长的关系，即对称性越大，有序性越低；对称性越小，有序性则越高。因此，我们可以用对称程度来描述系统结构的有序性。[①]

1. 对称与对称破缺

进入 20 世纪，对称与对称破缺已成为自然科学的重要概念。其中"对称"（symmetry）概念由来已久，从古希腊的基于整数比例关系的对称到毕达哥拉斯的"数是万物始基"和谐之美的对称，再到柏拉图的宇宙是以地球为中心的中心对称，直至几何学中反射和旋转不变性的对称。可见，对称性思想在人类认识史上发挥着潜在的作用，引导人们的认识不断地走向物质的深层。但是，随着现代自然科学的迅猛发展，特别是非线性科学的诞生，人们发现，对称与非对称并非是绝对对立的，对称破缺也绝非是不美的、令人讨厌的。其实，对称和对称破缺是与有序和无序相对应的一对范畴。

（1）对称、无序和不可分辨性。所谓对称，是指对象的某种特征在一定变换（运动或操作）下的不变性。例如，可逆性过程中的时间反演对称性（时间对称）、空间对称（结构对称）和功能对称等。另外，还可

---

① 李润珍、武杰、程守华：《突现、分层与对称性破缺》，《系统科学学报》2008 年第 2 期，第 9—13 页。

以有物质对称的概念，这是指物质分布的均匀性，例如，颜色的均匀分布就是物质对称的常见形式。如果一块已经着色的平板，经过平移或旋转后其分布不变，就说它的颜色是均匀的或对称的。在此意义下，均匀和对称是一个概念，所以时空对称性也常称为时空均匀性。对称性与不变性密切相关，它总是指对象在某些变化中的不变性。因此，在数学和物理学中，对称性常与不变量和守恒律有关。例如，在粒子物理学中处理的是关于不同粒子类型的内部对称，这种对称是将粒子以及生成粒子的场都看作是可以对调的。换句话说，内部对称变换是以不可察觉的方式交换或混合不同的对象后，仍然遵循相同的物理定律。它有点抽象，但下面的例子与这一特定类型的内部对称非常相似：在电影院里或美术课上通常见到有红、绿、蓝三盏射灯，它们同时发光会产生白色光。如果将三盏灯的位置调换，新的布置仍旧会产生白光。在这种情况下，进行内部对称变换（对调不同的光源）不会产生任何可见的影响。

然而，最高的对称性是在一切变换下都不变的状态，它实际上对应着无序。最对称的世界是没有任何秩序和结构的，没有任何特殊方向和特殊点，这是平衡态的特征。在完全对称的系统里具有无穷多个对称元素，在这里一切对称操作都是允许的、反演不变的。据说"我们的宇宙"起源于混沌，起源于最高的对称性。可以想象宇宙处于大爆炸前的混沌状态时，空间不分上下、左右、前后，时间不分过去与未来，物质不分正反粒子与场，是完全对称的。海森堡曾经指出，物质的初始状态或"终极"状态，"是由其对称性所决定的物质客体"，"在粒子的谱，及其相互作用以及宇宙结构和宇宙史基础上所建立的自然规律，可能取决于某种基本的对称性。"[1]

另外，对称性还是一种"不可分辨性"，即对象特征在运动前后保持不变，它意味着没有显示可分辨的变化。例如，一个色泽均匀无标记的圆盘，沿着圆心旋转任意角度都是不可分辨的。对称性越高，可分辨性越差，它向观测者提供的信息就越少。"绝对"的对称意味着完全不可分辨或完全不可观测。物理学中的"不可观测量"正是这种不可分辨性的表征。[2]

---

[1] [德] W. 海森堡：《严密自然科学基础近年来的变化》，《海森堡论文选》翻译组译，上海译文出版社 1978 年版，第 201 页。

[2] 杨晓雍：《对称、对称破缺和认识》，《科学技术与辩证法》1999 年第 1 期，第 14—18 页。

(2) 对称破缺、有序演化和可分辨性。与对称概念相反，对称破缺是指在一定变换下所表现的可变性，或对称性的降低。也就是说，对象的某一特征在一定变换（经历一个运动或操作）下不再保持不变，其对称性遭到了破坏，所以人们一般把对象的对称性降低称为"对称破缺"。例如，附以一条半径或一个标记点的圆盘是均匀、无标记点的圆盘的对称破缺，椭圆是圆的对称破缺，固态是液态的对称破缺，梯度不为零的场是梯度为零的场的对称破缺，等等。显然，各种不均匀的现象都可称为对称破缺。任何不均匀分布都不能保持时空变换下的不变性；在各种处于非平衡的物理系统中都存在某些不均匀性（如存在某种梯度），因此，非平衡、不均匀是平衡、均匀对称破缺的结果。

在物理学中，对称破缺是量子场论的重要概念，指理论的对称性为真空所破坏，对探索宇宙的本原有重要意义。它包含"动力学对称性破缺"和"自发对称性破缺"两种情形。假若在物理系统的拉格朗日量[①]中存在着一个或多个违反某种对称性的项目，导致系统的物理行为不具有这种对称性，我们便称之为"动力学对称性破缺"。而当物理系统所遵守的自然定律具有某种对称性，但物理系统本身不具有这种对称性，此现象就被称为"自发对称性破缺"。这也就是说，当一个系统不能维持它本应呈现的对称性时，就出现了自发的对称破缺。自发对称性破缺不仅在物理中比比皆是，在我们的日常生活中也普遍存在。如何理解这一抽象概念，最好的办法还是举两个例子来说明。

如图9—4所示，假想在墨西哥帽的帽顶有一个圆球。对于绕着帽子中心轴的旋转，圆球暂时处于旋转对称状态，即圆球的位置不变。这时圆球处于局部最大引力势的状态，极不稳定，稍有扰动，就可以使圆球滚落到帽子谷底的任意位置，因此也降低到最小引力势位置，使得旋转对称性被打破。尽管这圆球在帽子谷底的所有可能位置因旋转对称性而相互关联，但圆球实际在帽子谷底的位置不具有旋转对称性——对于绕着帽子中心轴的旋转，圆球的位置会发生改变。要注意的是，决定圆球滚落方向的

---

① 在分析力学中，将力学系统的动能与位能之差定义为拉格朗日量，例如：设拉格朗日量L等于闭合系统的自由能F，则有：L = F = E − ST，其中E为系统之内能，S和T分别为其熵和绝对温度。（参见第五章第三节）

并非物理定律本身，无论圆球掉到谷底的什么位置，决定该系统的物理定律都是一样的。因此，自发破缺的对称是物理定律仍旧维持的对称，在现实世界中事物的排列却很难做到这一点。

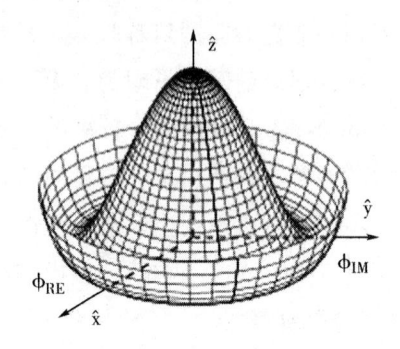

图 9—4　自发对称性破缺的概念体系

我们再看另一例子：假设有一张圆形餐桌，桌边围坐了几个人，桌上的杯子都摆在两人中间。那么，一个人该用哪个杯子呢？这不好说。按礼仪，你应该用右边的。但礼仪规范也是人为确定的，实际上左边和右边的杯子都是一样的。可是，一旦有一个人自动选择了用左边的杯子喝水，那么旁边的人也会用左边的，结果是桌上的所有人都用左边的杯子喝水。此后，左右便不再相同，因为对称性已不复存在，你也不能再将两个杯子交换了。

1960 年，南部阳一郎率先将超导现象中的"自发对称破缺"概念引入量子场论，并提出了著名的南部-戈德斯通定理（Nambu-Goldstone Theorem）。1973 年，小林诚和益川敏英又引入了描述夸克质量的 CKM 矩阵，认为造成 CP 对称性破缺的原因是夸克的反应衰变速率不同，并预言存在三代 6 种不同的夸克，因此获得 2008 年的诺贝尔物理学奖。

对称破缺之于对称相对的另一特征是可分辨性。因为对称破缺是指对象的某一特征在一定变换下的不变性遭到了破坏，即出现了运动前后的状态差异，所以可分辨的正是也只有差异。我们知道，人的感觉和认识首先就在于分辨，但只有有差异的、客观上彼此不同的事物或状态才有可能被人的感觉所分辨。所以说，人的认识发生于对认识对象的对称破缺所造成的差异的分辨。没有对称破缺所造成的客观状态的差异就不可能引起人的感觉，也就不可能发生对事物状态的分辨和认识。其实，我们的一切科学观察都是建立在被观察对象的某种不均匀、不对称的基础上的；我们的一切科学研究实际上总是在研究对称破缺：它的发生、发展、表现形式以及这一切的原因。显然，对象的可分辨性越高，其对称性越低，即对称破缺的程度就越大。因此，某些对称性的破缺不仅是"不足为奇"的，而且是人类认识上的一大幸事。因为这些对称破缺意味着一些原来的不可观测量现在变得可观测了，也表明一些原来未知的东西变成了已知的东西。因而，心理学上提到的有关对称破缺是认识产生之源的观点在此从物理学意义上得到了更准确的说明。[①]

另外，对称破缺不只是一种客观存在，而且是自然界的演化过程。因此，自然演化也可以看作是一系列对称破缺发生的过程。从混沌初开后的"大统一"开始破缺，夸克—强子相变、中性原子形成、物质从辐射背景中退耦（破缺），到分子态物质出现、星系和恒星形成及其演化等。所有这些，都是新物质形态从原来的时空背景中经过对称破缺而退耦的结果。[②] 按照大爆炸宇宙学说，如果说逆演化时间而上溯的宇宙学看到的是对称性越来越高、状态越来越简单单一的世界，那么在演化时间的前进方向上，看到的则是对称性越来越低、状态越来越复杂多样的世界。"可观测宇宙"正是一个因不断发生的自发对称破缺而使对称性不断降低的世界。特别是每一较高层次的物质形态，在对称性上总是低于其（低层次的）结构组分的。例如，氢分子的对称性低于氢原子；DNA 的对称性低于构成它的碱基。这一切实际上对应着系统的有序演化，即系统的层次性、复杂性来源于某种对称性的破缺。这也就是说，自然界的有序演化（即结构的形成）是对称破缺的结果，也正是由于对称性不断破缺才使系统向着有序化、组织化和复杂化的方向演化。

在第七章第四节中我们已经提到，20 世纪 70 年代，美国系统哲学家拉兹洛发展了物理学家韦斯科夫的"量子阶梯"概念，指出："低层次系

[①] 杨晓雅：《对称、对称破缺和认识》，《科学技术与辩证法》1999 年第 1 期，第 14—18 页。

[②] 根据 E. 特雷恩（Edward Tryon）"免费午餐"的思想，"我们的宇宙"具有两种能量形式，一种与引力有关，是负能量；一种与质量有关，是正能量。宇宙的总能量可能是零，对应于宇宙空无一物时的状态，即正负能量相等。由于不稳定性的存在，便有可能引力是与时空曲率相联系的，因此时空可以产生物质。

统有较强的结合力（如核力与电力结合成原子结构），而高层次系统明显地是由较弱的结合力造成的（有机体有化学键，群体与生态系统的结合则依靠位置的结构，共生行为是由基因编码造成，社会系统的结合通常要求有价值、规范和法律等）。"① 由此，他将自然界的物质系统划分为次有机组织、有机组织和超有机组织三个等级。② 这种层次等级的推进表现为系统之上再叠加系统，组成了一个连续的等级结构，形成了一个"体积—组织层次—结合能量"的连续统一体出现于从宇宙的基本粒子到最高层次的生物界的整个进化领域，它们随着结合能量的递减而相应的组织层次递增。有了这样的认识，我们就会意识到，进化的产物分布在多重等级层次上。正如拉兹洛所说："具有强大结合力的相对小一些的单位就好像是在构造较高组织层次上的、较大的并且结合较弱的系统时所用的建筑板块一样。所构成的这些系统又依次成为构造体积更大、组织层次更高、结合得更松的单位的建筑板块。"③

2. 对称破缺与自然界的有序演化

从演化的观点来看，人是生物进化树上对称破缺的一支，而人的认识的产生，同样也是自然界演化过程中出现的最重大的对称破缺事件。根据宇宙学的"人择原理"自然界在演化的过程中既创造了人类，也创造了人类的认识。那么，人为什么能够认识自然界呢？无论从认识的起源，还是从人直到今天的每个具体的认识来看，这无非是由于自然界在创造人类的时候就已经创造了无限丰富多样的物质状态，创造了无限丰富多样的状态差异。人的感觉和认识首先就在于分辨这些物质状态及其差异。下面我们再来看一下"我们的宇宙"是怎样从最初的混沌状态到弥漫的星际物质再到形成星系、恒星、太阳系、地球、地球上的生命以至人类社会的。这是一个从完全对称到对称性逐步丧失、非对称性逐步形成的过程，即对称破缺的过程。

大爆炸宇宙学告诉我们，物质世界的演化呈现出宏观和微观两个序

---

① [美] Ervin Laszlo. *Systems Science and World Order*. Oxford：Pergamon Press. 1983，p. 117.

② [美] E. 拉兹洛：《用系统论的观点看世界》，闵家胤译，中国社会科学出版社 1985 年版，第 25 页。

③ [美] E. 拉兹洛：《进化——广义综合理论》，闵家胤译，社会科学文献出版社 1988 年版，第 32 页。

列。具体地说，我们是想证明如下的论点：当我们的大脑在巡视宇宙的各种特征时，可以说我们是在望远镜和显微镜之间来回变换范围和焦点。这样，我们就可以从下面图9—5和图9—6中初步看出自然界宏观系统与微观系统之间存在着一种协同作用和共同演化的图景。[①]

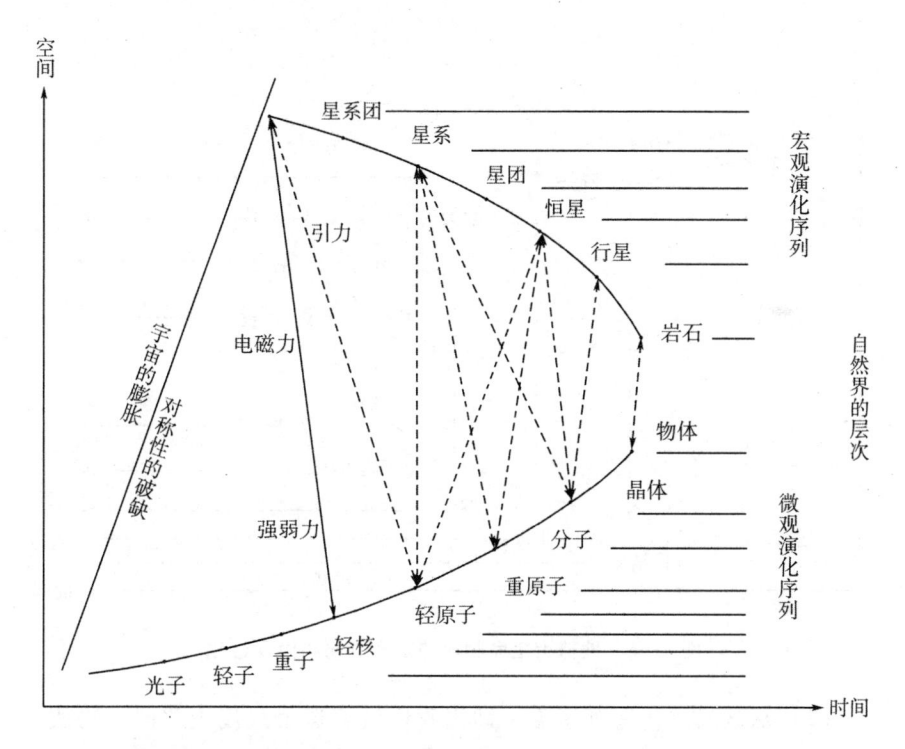

图9—5 在四种力的作用下宇宙的宏观演化序列和微观演化序列

（1）从宏观演化序列来看，即当我们沿着这个尺度下移时，物质层次是由一个大系统整体（总星系）通过不断地对称破缺、内部分化和自组织，从而不断增加系统内部的复杂性而逐渐形成的。这是一个在下向因果关系的作用下"自上而下"形成的过程。宇宙从大爆炸的混沌态中分化出各种星系团，它们碎裂为各个星系。原始星系因自组织程度的提高，分化出各种恒星和恒星系统，在发展中再分化出行星。在行星表面由于组织性、复杂性的提高再分化出生物圈（盖亚系统）。生物圈中分化出物种

---

① ［美］埃里克·詹奇：《自组织的宇宙观》，曾国屏等译，中国社会科学出版社1992年版，第107、149页。

种群,再从猿群中分化出人类社会(前一段看图9—5,后一段与图9—6衔接)。这时我们得到的主要是精确性而失去了视野的广度;对于这一宏观演化序列及其组织层次突现的形成,我们只有从下向因果关系的脉络解释中才能理解。在这个意义上,我们是一个整体论者。

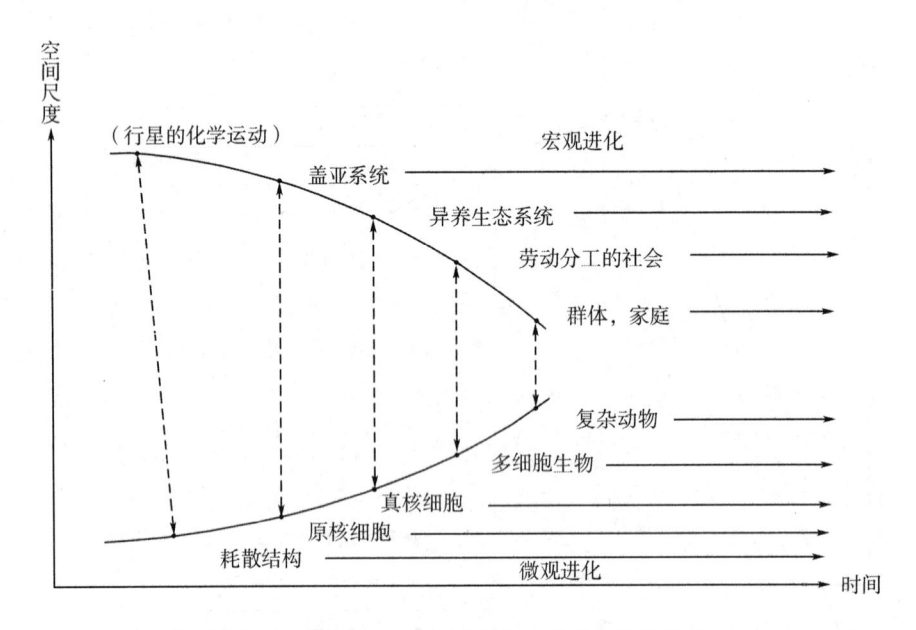

图9—6 地球上生命物质的宏观进化和微观进化

(2)从微观演化序列来看,即当我们沿着这个尺度上移时,物质层次主要是通过不断地自会聚和自组织,突现出愈来愈复杂的层次结构而形成的。从前不可辨认的、不曾想到的、新的相关特征便进入了视野;这是一个在上向因果关系的作用下"自下而上"形成的过程。例如,基本粒子合成原子核,原子核和电子合成原子,原子化合成不同的分子,分子又构成晶体或其他耗散结构,生命大分子再通过超循环和自催化合成细胞,细胞组成各种组织和器官以及生命个体,等等(前一段看图9—5,后一段与图9—6衔接)。在这个意义上,我们是一个还原论者,着重从微观还原分析中对这些系统的形成作出了还原论的解释。[①]

[①] 颜泽贤、范冬萍、张华夏:《系统科学导论——复杂性探索》,人民出版社2006年版,第112—113页。

(3) 这些在宇宙演化中突现出来的新奇事物就是自然界的宏观样本，即它们所反映的是由微观样本所组成的过程的集合体，亦即由"体积—组织层次—结合能量"所显示的连续统一体——星系、恒星、地球、晶体、生命、人类社会，等等。这就需要一种新的机制和语言对它们进行解释和描述，不能靠人的比喻或暗中诉诸于神话。实际上，过程哲学和量子场论的最新成果在很大程度上支持了这种本体论观点。20世纪20年代，哲学家怀特海就在《过程与实在》一书中指出："一个实际事物是一个过程，是不可以借助于'质料'这个词来描述的。"① 同时他认为，"过程自身就是实际事物的内部结构"②。英国生物学家摩根也认为，他自己的哲学思考最重要之处在于，理论以关系或结构为中心。③ 这些思想无疑开创了以过程结构实在论代替实体实在论的先河。既然实体与质料不过是过程结构的表现，那么过程结构本身就具有了因果力。现代量子场论也认为，粒子只是存在的一种形式，从根本意义上讲，场是一种永无终止的活动（activity）与过程，具有大量自由度，是遍及全域的，服从热力学第二定律；粒子只不过是场的一种激发态，是局域的。这也就是说，所有不同层次上的事物都是量子场的一种构型（量子化的结果），全域的场应该比局域的粒子更基本，因此不存在因果力还原到低层次的实体与过程的问题。这样就可以用场作为基础来取代基本粒子的还原性地位，同时也为我们提供了一个由场到能量、物质、信息和意识依次进化的多元世界。

由此可见，上述两大演化序列及其组织层次的突现并非互不相关，而是紧密地联系在一起的。宏观演化为微观演化提供了舞台与环境，而微观演化则构成宏观演化的基础与内部机理。这也就是说，无论是把整体分解为部分的下向因果链，还是把部分整合为整体的上向因果链都是在探寻事物的生成过程，只是寻找的方向不同罢了。所以，组织层次的突现不仅仅是微观系统的聚合和自组织过程，也不只是宏观客体的分化和复杂化过程，而是宏观分化与微观整合的协同过程（这种协同进化可以从图9—5和图9—6的虚线联系中看出）。可见，自然界的有序演化都是对称破缺

---

① ［英］A. N. Whitehead. *Process and Reality*. Cambridge：Cambridge University Press，1929，p. 55.

② 同上书，p. 309。

③ ［英］摩根：《突创进化论》，施友忠译，商务印书馆1938年版，第24页。

的结果。在这里整体论和还原论是相容的,也是相互联系的。在用系统方法看待和分析层次与突现时,我们既是整体论者又是还原论者。所以说,"世界不是既成事物的集合体,而是过程的集合体。"自然界的有序演化达到了两极相通:一方面,事物的演化是一种自我决定与自我形成的实现,即事物具有作为发生而完成的自律性;另一方面,事物的演化还不时显露自己存留的对未知他物的影响。整个演化是一个由过去指向未来的不可逆过程,充满着对称破缺的创造性进化。所以,人为的过程可以是决定论的和可逆的,而自然的过程一定包含着随机性和不可逆性的基本要素。"这就导致了一种新的物质观。其中,物质不再是机械论世界观中所描述的那种被动的实体,而是与自发的活性相连的。这个转变是如此深远,所以……我们真的能够说到人与自然的新的对话。"①

3. 完全对称必然导致死亡

下面我们从遥远的理论空间回到现实世界中来。一杯水的一半是半杯水,然后这样一直分下去会怎样呢?当然,一般就只剩下一个水分子了。学化学的人总喜欢说,分子是保持物质化学性质的最小单位。原因很简单,"在这里纯粹量的增多或减少,在一定的关节点上就引起质的飞跃"②,水分子再往下分就不叫水分子了(这里所说的分子包括单原子分子)。我们这个形形色色的世界就是由元素周期表中的100多种原子结合成分子而组成的。事实上,周期表中的原子也不是平等的,它们也分主角和配角。比如6号元素碳,它形成的分子种类占总数的一半以上;而组成人体的元素除了C、H、O、N、P、S等比重较大外,其他几十种微量元素只占极少的一部分。

大家知道,分子比原子复杂得多,那么原子又是凭借什么方式组成了如此种类繁多的分子的呢?比如,最简单的氢气分子,两个电中性的原子之间最多会有一丁点儿类似于分子间作用力的剩余电磁力,怎么可能会有强烈的吸引作用呢?为什么氢分子是由两个原子组成的而不是三个或更多呢?学化学的人更喜欢的另一句话是:结构决定性质(功能)。1997年,

---

① [比]伊·普里戈金、伊·斯唐热:《从混沌到有序》,曾庆宏、沈小峰译,上海译文出版社1987年版,第42页。

② [德]恩格斯:《反杜林论》,《马克思恩格斯选集》第3卷,人民出版社1995年版,第384页。

汉弗莱斯（P. Humphreys）在《性质如何突现》一文中明确提出熔合突现的逻辑表达之后[1]，近年来，他又提供了熔合突现的一些案例，其中最具代表性的当属共价键案例。[2] 以氢分子为例，可以用图9—7来表示。

假设将两个H原子远距离分开，则它们各带有一个独立的质子和电子，两个H原子中的四个客体都是相互可区分的。但是，当这两个H原子在空间上相互接近以后，就熔合形成H_2分子，其中各自的质子还可以区分，但是两个电子的波相互重叠，无法将它们分开，所以也就无法分辨哪个电子属于哪个H原子了。因此，熔合后形成的实体是一个统一的整体。突现的过程就是熔合的过程，突现的结果就是更高一层次的新实体的出现。所以，只有了解了原子组成分子的方式，了解了分子结构，才有可能了解我们身边的事物。然而，我们又是如何了解分子结构的呢？

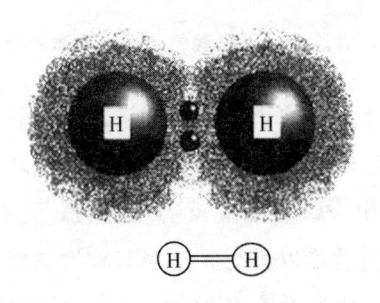

图9—7　H_2分子的共价键结构

大家知道，大多数动物在外观上都具有左右对称性，但体内的器官就不那么对称了。如果深入到分子层次，就会发现一种普遍存在于生物界的更深刻的左右不对称性。1844年，米彻尔里希（E. E. Mitscherlich）发现酒石酸钠铵和葡萄酸钠铵的结晶具有相同的晶型、一样的化学性质，但溶液的旋光性不同：前者使偏振面右旋，后者无旋光性。1848年，巴斯德（L. Pasteur）发现酒石酸的异构盐能使偏振光平面发生反向偏转，是具有互为镜像对称的两种晶体。[3] 当时，人们解释这一现象的信念是：光活性

---

[1] Humphreys, P. "How Properties Emerge." *Philosophy of Science*, 64 (1997), pp. 8—9.

[2] Humphreys, P. "*Emergence and Logical Analysis* (draft only)." （2009年5月在北京讲学时的讲稿）

[3] ［美］亨利·M. 莱斯特：《化学的历史背景》，吴忠译，商务印书馆1982年版，第207页。

有与生命过程相联系的起源。

现代生物化学指出：有机化合物的旋光异构现象与有机分子中碳原子四个键的空间构形有关，一般用 L 和 D 分别表示左右型旋光异构体，（+）和（-）表示该物质溶液的旋光方向，（-）表示左旋，（+）代表右旋。例如，甘油醛中四个基团 L、D 两种构型和丙氨酸的旋光异构体就明显地反映了分子结构的左右不对称性，如图 9—8 所示。

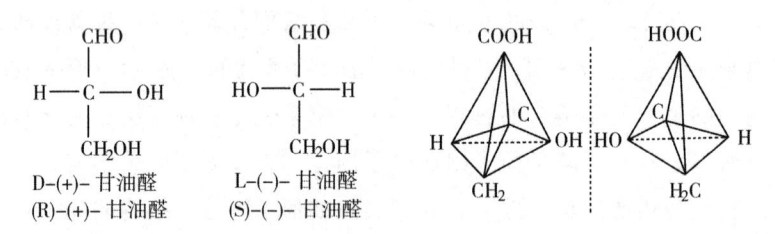

$$
\begin{array}{cc}
\text{CHO} & \text{CHO} \\
| & | \\
\text{H—C—OH} & \text{HO—C—H} \\
| & | \\
\text{CH}_2\text{OH} & \text{CH}_2\text{OH} \\
\text{D-(+)- 甘油醛} & \text{L-(-)- 甘油醛} \\
\text{(R)-(+)- 甘油醛} & \text{(S)-(-)- 甘油醛}
\end{array}
$$

图 9—8　甘油醛和丙氨酸的旋光异构体的分子结构

另外，现代有机化学从原子和分子的微观结构和运动中，还揭示出了对称与对称破缺的辩证转化。例如，在丁二烯的电环化反应中，如果反应物的分子轨道对称性相一致，反应就容易进行，这在化学上叫对称性允许；如果不一致，反应就难以进行，这叫对称性禁阻。遇到对称性禁阻情况，可以采取物理化学方法改变其对称性，从而变对称禁阻为对称允许，实现物质的转化。现在量子生物学已经证明，在生物酶的催化作用下，可以使某些生化方面的对称禁阻反应转变成对称允许反应。这种方法在工业上已有广泛应用。

生命的形成和演化，也是一个对称破缺的过程。现在人们都知道，生命的基本物质是生物大分子，它包括蛋白质、核酸、多糖和脂类。其中蛋白质是生命功能的执行者，其分子是由氨基酸组成的长链。每种氨基酸都应有 L、D 两种对映异构体，但实验证明组成生物蛋白质的 20 种氨基酸都是 L 型（左旋）的，D 型（右旋）氨基酸只存在于细菌细胞壁和其他细菌产物中。而生命体中的糖与糖苷，以及承担生命信息复制任务的核酸都是 D 型的，却没有 L 型的异构体，这正是生物大分子的手性特征。生物体内化合物的这种左右不对称正是生命力的体现。维持这种左右不平衡状态的是生物体内的酶，生物一旦死亡，酶便失去活力，造成这种左右不平衡的生物化学反应也就停止了。

由此可见，生命与分子的不对称息息相关。也就是说，生命系统的许多功能都来自这种对称性的破缺。没有这种左右对称性的破缺也就没有生命世界，正如没有质子与反质子的对称破缺就没有实物世界一样。著名生物学家巴斯德早在1860年出版的《关于分子不对称性的研究》一书中就断言："生命向我们显示的乃是宇宙不对称性的功能。宇宙是不对称的，生命受不对称作用支配。""分子的旋光性也许是生命的唯一判据，因为自然界有机物分子的不对称性，是至今在死的化学和活的化学间唯一明确的分界线。"①

为了解释光学活性的起源，目前已有许多假说，其中最突出的是弱相互作用下宇称不守恒和电弱统一理论。它们认为在生命开始以前的化学进化阶段，自然界中某种手性物理力作用于外消旋化合物或前手性底物，使某一对映体数量增加，这种过剩被随后的非手性化学机制放大。如果该物理力手性不变，作用始终，最后将导致纯手性物质的产生。② 近年来，普里戈金学派也发现了许多非生命物质在远离平衡态条件下获得全新属性的例子：比如，在贝纳德（Bénard）花样中，非常微小的引力场也可以被系统"察觉"，从而创造出新模式选择的可能性。化学钟也是一个很典型的例子：某些化学反应随时间振荡，其频率只依赖于浓度和温度，并且在一定的边界条件下均匀的空间分布变得不稳定，出现了空间不均匀的结构。这种内部存在着宏观流动，状态随时间变化的结构，或者说内部存在着宏观差别，以致对称性发生破缺的结构，可以统称为非平衡有序结构。非平衡意味着"对外开放"（交换）和"对内搞活"（流动）。它是耗散结构的宏观特征，并且是自组织过程中不可缺少的第一个基本要素。普里戈金之所以把非平衡有序结构称为"耗散结构"，"为的是强调在这样的情形中，一方面是结构和有序；另一方面是耗散或消费，这二者之间有着初看上去是悖理的密切联系。"③ 混沌现象更为有趣：混沌的对称性几乎为零，

---

① 转引自王文清《生命起源问题》，孙小礼：《现代科学的哲学争论》，北京大学出版社2003年版，第312—313页。

② 王文清：《生命起源中的对称性破缺问题探讨》，孙小礼：《现代科学的哲学争论》，北京大学出版社2003年版，第313页。

③ ［比］伊·普里戈金、伊·斯唐热：《从混沌到有序》，曾庆宏等译，上海译文出版社1987年版，第187页。

对任何变换都表现出巨大的变动性。从表观上看，似乎是完全无序的一团乱麻，然而在混沌表现无序的现象背后，却潜藏着更为复杂、更为深刻的高级有序——无限嵌套的自相似几何结构。

总之，生命的产生和维持，正是由于生物体内的大分子和细胞中的物质分布高度不均匀和不对称造成的。一旦生物体内的物质分布变得很均匀和很对称，生命也就完结了。可见，氨基酸和核糖分子的非对称性或对称破缺是生命产生、维持和进化的物质基础，这正如皮埃尔·居里（P. Curie）所说：世界上，你能想出的所有对称几乎都不能维持，"某些对称性要素的丧失是必然的"[①]。从宇宙的起源、天体的演化、地球的变迁到物质的生成、生命的进化、社会的发展，可以说都是"一个从完全对称到对称性逐步丧失，非对称性逐步形成的过程"[②]。正是在这个意义上，我们领悟到了"非对称创造了世界"，甚至"我们自己也是对称破缺的孩子"。由此，笔者提出"对称破缺创造了现象世界是自然界演化发展的一条基本原理"[③]。目前，人们已经普遍接受"对称破缺"这一概念，2008年诺贝尔物理学奖第三次颁给了对称破缺这一研究领域（其他两次是1957年和1980年的诺贝尔物理学奖，相关内容可见本书第五章第五节"非平衡是有序之源"的讨论）。

（三）非线性与系统结构的有序化

自然科学和科学哲学的研究表明，人们距离通往一个一劳永逸地获得对物质世界的终极解释的目标渐行渐远。心理学的研究也证明，人的心理和行为本身就是一个多维的存在；凝结着人类社会长期发展所积淀下来的种种文化传统也是一个多元的存在，因为人的心理既有同物质世界相同的一面，又有同物质世界相异的一面。但无论如何科学意识具有某种完整性，人的认识行为和心理行为与人的直接经验是一个整体。从整体主义原则出发，立足于关系，我们就能看到整体中的区分，以达到对事物的说

[①] Tina Yu Cao, *Conceptual Development of 20th Century Field Theories*. Cambridge：Cambridge University Press, 1997, p. 281.
[②] 陈其荣：《自然辩证法导论》，上海复旦大学出版社1995年版，第99页。
[③] 武杰、李润珍、程守华：《对称性破缺创造了现象世界：自然界演化发展的一条基本原理》，《科学技术与辩证法》2008年第3期，第62—67页。

明、理解和解释。在这里我们把"说明"看成得到"理解"的一个前提,把"理解"看成得出"解释"的一种手段,或者说,解释是建立在说明和理解的基础之上的。所以,一个成熟的理论通常会经历三个层次的活动:经验的适当性,形式的说明,理论的理解与解释。这三个层次的活动构成了科学理论的三个清晰的目标。① 有鉴于此,笔者试图对对称破缺这一自然界演化发展的基本原理进行一次系统学的解读。②

1. 非线性是对称破缺的动力源泉

20 世纪 40 年代以来,科学上的转向是难以与文化和社会变迁截然分开的,它一再向人们表明这样一个事实:每一种重要科学分支的前缘都正在大大地扩展着。宇宙的起源、天体的演化、地球的变迁令我们"越思考就越神奇,越值得敬畏";物质的生成、生命的进化、社会的发展更远远超出我们的想象。这一切都是一个从完全对称到对称性逐渐破缺、非对称性逐步显现的过程,同时它们也是一个从混沌到有序、从低序到高序的发展过程。正是在这个意义上,我们领悟到了"对称性破缺创造了现象世界"。这也就是说,现实世界具有对称破缺的性质。对称破缺产生了序,通过序我们可以追踪物质世界的演化历程。然而,对称性之所以会发生破缺,其根源却在于系统构成要素之间的非线性相互作用。就一般情况而言,真正的物理学定律不可能是线性的;在描述"化学或生物活性"的微分方程中,一定也少不了非线性项;复杂的社会现象就更是非线性的了。这就是说,现实世界本质上是非线性的。而这种非线性的形成与存在正是系统演化中,相干效应(长程关联)、临界效应(状态突变)和分叉效应(多重选择)的终极原因。对此,普里戈金也曾指出:"对于耗散结构所必须的另一个基本特征是在系统的各个元素之间的相互作用中存在着一种非线性机制。"③

其实,人类很早就认识到了事物之间存在着相互作用。黑格尔曾明确

---

① 成素梅:《在宏观与微观之间:量子测量的解释语境与实在论》,中山大学出版社 2006 年版,第 30 页。

② 武杰、李润珍:《对称破缺的系统学诠释》,《科学技术哲学研究》2009 年第 6 期,第 30—37 页。

③ 湛垦华、沈小峰:《普里戈金与耗散结构理论》,陕西科学技术出版社 1982 年版,第 156 页。

地把相互作用作为一个哲学范畴加以论述，认为相互作用是比因果关系更高、更具体的范畴。① 恩格斯也指出："相互作用是事物的真正的终极原因"，"只有从这种普遍的相互作用出发，我们才能达到现实的因果关系。"② 当代非平衡自组织理论进一步揭示了非线性相互作用是自然界演化发展的内在机制。线性一般是指量与量之间按比例成直线的关系，在空间和时间上代表着规则和光滑的运动；而非线性则指不按比例、不成直线的关系，代表着不规则的运动或突变。试问两只眼睛的视敏度是一只眼睛的几倍？人们很容易想到的是 2 倍，但实际上是 6—10 倍！$1+1\neq 2$，这就是非线性相互作用的结果。

相对于线性相互作用，非线性相互作用可以说是对称破缺的微观机制，更是它得以产生的动力源泉。从非线性方程我们可以看出，非线性具有以下三个明显的特征：

（1）变量之间存在非独立的相干性。非线性方程中交叉项的出现表明组成系统的各个要素之间并非各自独立、互不干涉，而是相互渗透、互相制约，融合在一起产生了相干协同效应；在考虑向量的情况下，非线性方程表达了明显的不可逆性和非对称性，交叉项 $\vec{XY}$ 和 $\vec{YX}$ 可能完全不同，即相互作用的对象之间存在着支配与从属、策动与响应、催化与被催化等不对称关系。

（2）各项变化不均匀、不成比例，具有非加和性。非线性方程中一个变量的微小变化，可能对系统的其他变量产生不成比例的甚至是灾难性的变化，即系统的整体性质不等于各个孤立部分性质的机械叠加，突现了一种各个孤立要素不曾有的系统新质。

（3）没有唯一确定的封闭解。非线性方程在一个确定的变量下，可以同时有多个不同的分支解，从而使系统演化的结果呈现出复杂多样性和随机选择性。也就是说，方程的解是多元可能的，且不稳定，随时间、地点和条件的不同而变化，这使系统的演化具有了多重选择的可能性。即在系统演化中预先包含了系统失稳（对称破缺）以后进入新的稳定态的多种可能性；一经选择，不确定性消除了，对称破缺发生了，非平衡有序结

---

① [德] G. 黑格尔：《小逻辑》，贺麟译，商务印书馆 1980 年版，第 320 页。
② 《马克思恩格斯选集》第 4 卷，人民出版社 1995 年版，第 328 页。

构的可能形态变为现实。

因此，普里戈金说"选择破译了信息"，这时候"每当我们达到一个分叉点，决定论的描述便破坏了。系统中存在的涨落的类型影响着对于将遵循的分支的选择。跨越分叉是个随机过程……我们又一次看到，只有统计的描述才是可行的。某种不稳定性的存在可被看作是某个涨落的结果，这涨落起初局限在系统的一小部分内，随后扩展开来，并引出一个新的宏观态。"① 可见，随机涨落实际上是非线性机制本身所预设的一个重要环节。离开了它，非线性作用就不能充分得以发挥，对称破缺也就难以产生。这就是前面我们已经提到的"生序原理"——系统通过涨落达到有序。

那么，系统在怎样的情况下才能形成或实现非线性相互作用呢？这要取决于系统是否远离平衡态。因为在平衡态和近平衡态附近，系统内部的相互作用是线性的，这种线性作用使系统具有对内外各种扰动的"抗拒力"和回归平衡的特性。而在远离平衡态时，系统内部的相互作用转变为非线性的，在这种非线性作用下，系统表现出对各种扰动的高度敏感性和相干性，一个轻微的扰动都可能被系统放大而波及整个系统，从而迫使系统趋向某个新的有序结构。所以普里戈金说："只有在系统保持'远离平衡'和在系统的不同要素之间存在着'非线性'的机制的条件下，耗散结构才可能出现。"② 这也就是说，只有满足上述条件，对称破缺才可能发生，系统的有序演化才可能实现。

综上所述，在现实世界中，无论是系统的存在还是系统的演化，都离不开非线性相互作用这个根本。所以我们说："非线性是对称破缺的源泉，是系统有序演化的根本，因为它唯一地决定着系统可能的存在方式和演化方向，也正是因为这种非线性的相互作用，才演出一幕幕复杂多变的自组织构型，从而创造了一个丰富多彩的现象世界。"③

---

① ［比］伊·普里戈金、伊·斯唐热：《从混沌到有序》，曾庆宏等译，上海译文出版社1987年版，第224—225页。

② 湛垦华、沈小峰：《普里戈金与耗散结构理论》，陕西科学技术出版社1982年版，第156页。

③ 武杰、李润珍：《对称破缺的系统学诠释》，《科学技术哲学研究》2009年第6期，第31页。

2. 突现是事物从无到有的创生过程

第七章第三节和本章第一节，已经两次涉及突现（涌现）问题，可见"突现"概念在系统科学中的重要地位。在我们讨论自然系统对称破缺的有序演化时，最令人惊奇的现象也是突现问题。范冬萍教授指出："无论是在科学史还是在哲学史上，'突现'都是一个古老而又常新的论题。"纵观历史，关于突现的研究大致可以分为两大阶段。第一阶段，突现主要被视为一种整体论的哲学理念。从1875年哲学家路易斯首次提出"突现"概念到19世纪末20世纪初，以英国突现主义学派为代表，在哲学层面上建构了一个层次突现进化论的体系，可称之为经典突现主义。第二阶段，主要是指20世纪60年代兴起的，以复杂性科学为标志的复杂系统突现论的研究。在这一阶段，突现研究的进路发生了关键性的转变：以揭示突现机理为核心，以跨学科研究为视野，以计算机模拟为手段。[①] 正是这种新的研究进路，使"突现"成为一个科学概念，并与"系统"、"自组织"、"复杂性"、"对称破缺"等现代科学术语密切相关。同时也使"突现"成为科学哲学、心灵哲学、认知科学哲学等领域研究的一个新的热点。

格尔斯坦（J. Goldstein）曾经指出，所谓突现"是指在复杂系统的自组织过程中出现的新颖的和连贯的结构、模式和性质，相对于它们所出自的微观层次的组成部分和过程，突现现象是在宏观层次上出现的现象。"[②] 大量事实表明，"宇宙在进化的每一阶段上都有新的性质、新的事物突然地、神秘般地被创造出来。"[③] 因此，突现作为自然系统有序演化的重要特征，本质上是系统的对称性不断破缺，新质逐级涌现（突现）的结果，它表征系统的"整体性"（新质）从潜在的有（无）到实在的有的创生过程。那么，如何解释有序演化中的这种突现现象呢？我们已经知道，突现是"上行"时突然出现的某种意想不到的"新奇事物"，一般表现为

---

① 范冬萍：《复杂系统突现论——复杂性科学与哲学的视野》，人民出版社2011年版，第2页。

② [美] J. Goldstein, Emergence as a Construct: History and Issues. *Emergence: The Journal of Complexity in Management and Organization*, 1999, Vol. 1, p. 52.

③ [美] R. W. Sperry, "Neurology and the Mind – Brain Problem." *American Science*, 40 (1952), p. 295.

"整体大于部分之和",原因在于"上行"时,原先系统要素之间的关系出现了对称破缺,形成了新的特定模式或构型。突现现象一旦形成,就会对系统的组成要素施加一种新的约束,改变其结构与功能,使它们整体地组织起来而共同行动,并与其环境发生新的联系。这时整体就变成一种新的实体,表现出组元集合所不具有的特殊性质和行为方式,并受某种新的规律支配。例如温度、压力这些性质是属于热力学系统的整体性质,单个分子无所谓热、也无所谓冷,更不会受到什么压力,它只有运动速度和相互碰撞的属性。因此,这就需要一种经过科学论证的新机制和术语来解释和描述这些"上行"过程中宏观层面所显现的整体特征。所以,突现现象表现出来的首要特征,就是它的(本体论的)整体性特征。

下面,我们看一个上向因果关系和下向因果关系同时发生作用的例子:雪花晶体。当我们透过显微镜,就会欣赏到各种美丽而奇妙的六角形对称结构,如图9—9所示。

图9—9 几种美丽的雪花图案

如果你错过了这种机会,那将是一件十分令人遗憾的事情。每一片雪花都是大自然在不经意中打造出的杰作,而每一片雪花又截然不同。当它融化时,这种美丽就会从世界上消失,而且不留一点痕迹。这个非常有序而精致的整体形象,是由组成它的水分子的微观物理化学性质所决定的。这种晶体结构一旦形成,其中的分子就受到严格的限制,被约束在对称结晶形状所允许的位置上。如何解释这种现象呢?我们可以用动力学系统的吸引子来说明。

它的动力学方程一般是由一组"吸引子"所决定的。这些吸引子表现为如下的状态空间——系统的运动轨线只能进入它而不能离开它。但是，由于非线性作用机制，系统的初始状态和最终达到哪个吸引子都是非决定性的。一些微小的涨落都会导致系统走向一个吸引子而不走向另一个吸引子；一旦达到某个吸引子，系统就丧失了它的自由度，被严格地限定在那里，而不能走出这个吸引子。这时，这个系统的动力学方程就是支配分子行为的规律表述，吸引子就显示出雪花的晶体形状。这也是每一片雪花各不相同的主要原因。从微观角度看，分子运动最终落入哪个吸引子是不可预测的，是由不可控制的和非决定性的外界影响所制约；但是一旦落入特定的吸引子，这个系统方程的解就严格地支配着分子的运动。[①] 所以，大自然打造的每一片雪花都折射出突现现象的一些典型特征——整体性、新颖性和不可预测性。

　　上述情况很像社会学中个人与社会的关系。大家知道，社会是由个人所组成的，理性、自利的个人在相互交往的博弈中，产生了一定的社会契约和社会规范，这是由个人所决定的。这个观点无论是方法论的个人主义还是其他群体主义都是可以接受的。但是，社会契约或社会规范是在人们的交往中突现出来的一种整体规则，并且这种规则一旦形成，便会对个人行为施加一种约束力，尽管这种约束力有时是个人预测不到的，甚至是不愿意接受的。这就是突现的"异化"或异己的下向因果关系。可见，这种突现的下向因果关系与一般因果作用相一致，但又有其明显的特点：具体表现为高层次系统对低层次组分的一种结构约束力、调节控制力和环境选择力。[②] 这种等级化的下向因果关系，在社会生活中表现得最为明显。因为在其现实性上，人是"一切社会关系的总和"，那么支配个人行为的主要约束力就不是生理规律和心理规律，而是社会的经济规律、伦理道德和其他社会规则。个人的个性和价值观念尽管与先天的遗传基因密不可分，但是更多的还是与后天的学习以及社会和环境的影响分不开。根据凯利（L. M. Keller）等人1992年发表的一项研究成果表明，在同卵孪生兄弟姊妹中，他们（或她们）的个性和价值观念40%来自基因，更多的

---

　　① 颜泽贤、范冬萍、张华夏：《系统科学导论——复杂性探索》，人民出版社2006年版，第107—108页。

　　② 同上书，第108页。

(60%)来自家庭、学校、民族历史和社会文化等社会系统。[①] 所以,突现性是通过跨层次定律得以确认的,并且每一次突现都至少是一次跨层次定律作用的结果。这从一个侧面又反映了突现现象的另外两个特征——下向因果作用和某种意义下的不可还原性。

总之,通过以上事例的机理分析我们可以发现,复杂系统的突现现象都是事物从无到有的创生过程,它们是不同层次之间多种因果关系共同作用的结果,一般具有整体性、新颖性、不可预测性、下向因果作用和某种意义下的不可还原性等五大特征。

3. 分层是自然界有序演化的突出表现

如上所述,从自然界的演化序列来看,一方面,在下向因果关系的作用下是一个"自上而下"的形成过程——从宇宙大爆炸到形成作为人类生存环境的地球;另一方面,在上向因果关系的作用下是一个"自下而上"的形成过程——从自由状态的基本粒子发展到人的大脑。两者都是物质系统由简单到复杂、由低级到高级的发展过程。这里所谓高级层次和低级层次,是按照对称程度来定义的。如果对称程度 $S_2' < S_1'$,那么 S_2 就是比 S_1 高级的层次。也就是说,系统所处的层次越高,它的对称程度就越低。尽管目前自然界具有由低级向高级演化发展的趋势,但是,在宇宙中并非所有的物质都参与了这种前进上升的全过程。物质的层次愈高级,该层次的物质系统在宇宙中的丰度就愈少,而其结构功能的多样性就愈明显。经济学家西蒙把这一现象概括为自然界有序演化的层级原理。

层级原理(Hierarchy Principle)是层级理论的内核,为我们进一步探讨跨层次现象奠定了基础。在层级理论的视野中,突现和分层是跨层次问题的一体二面,它们既相互依存,又相互规定。层次的区分依赖于较高层次具有较低层次所没有的新质;而突现的新质也只有在更高一级的层次中才得以显露。前一方面强调了突现新质在层次划分中的判据作用,落脚在层级;后一方面强调分层是突现现象得以显现的场所和条件,落脚依然在层级。因此,"层级"是一切层级理论的核心,它一方面是一种展布在空间

[①] [美] S. P. Robbins, *Organizational Behavior*(《组织行为学》). 清华大学出版社 1997 年版,第 175 页。

中的尺度序列；另一方面，它也是一种依次排列于时间中的控制序列。①

用系统科学的术语来说，层级（hierarchy）是指一个由不同层次（level）的相互联系的子系统所组成的更大系统。层级现象在现实生活中是直观、显明的。比如，人类总是处于现实世界的某一类层级中；自然科学揭示出物质世界的层级性；生物学研究的一个核心问题是不同生命形式的层级特征；社会是由不同阶层的组织、群体组成的；就连我们使用的语言符号系统也有不同的层级——音乐符号、绘画符号、文字符号、科学符号和社会符号等。贝塔朗菲从系统的视野列出了广泛分布于物质、生命、社会、文化中的九个层级系统。② 比如有：秩序层级系统、控制层级系统、包容层级系统、水平层级系统、符号层级系统……，在这一系列层级中，较高的层次一般以较低层次为条件，如生命现象以物理化学层的现象为条件，社会文化现象以人类活动层为条件。可见，层次是突现形成的一个序列的表现，同时又表示层级的次序。自然演化中产生的每一层次都带来了新的关系和新的存在尺度，需要用新的理论和模型来解释。所以，层级与层次和突现一样也是系统演化学的一个基本概念，它是由不同层次的子系统所组成的更大系统，是对系统演化的阶段性的一种称谓，是系统对称破缺后突现的等级整体，它遵循艾根提出的"一旦——永存"的选择机理。这也就是说，"分层"是自然界有序演化的突出表现，这也正是层级现象为人们重视的根本原因。目前，众多理论都在不同程度上涉及层级原理，并且颇有建树。下面我们试图在前人研究的基础上对这一原理进行一次系统的概括总结③：

——突现差异性原理。层级理论中的"层次"不是一般意义上的分层（strata 或 layer），而是自然界有序演化的突出表现——特指层级的次序性。较高层次系统源自于较低层次的突现，并以较低层次所不具有的新质为其特征，它们分处在本质上不同的关系与作用中，层次与层次之间具有不可通约性。较高层次的规律不适用于较低层次，反之亦然。能体现突现差异性原理的最好例子是物质世界的层级。在物质世界的层级中，四种

---

① 刘劲杨：《哲学视野中的复杂性》，湖南科学技术出版社 2008 年版，第 138—139 页。
② ［美］贝塔朗菲：《一般系统论：基础、发展和应用》，林康义等译，清华大学出版社 1987 年版，第 26—27 页。
③ 刘劲杨：《哲学视野中的复杂性》，湖南科学技术出版社 2008 年版，第 136—138 页。

基本力（引力、电磁力、弱力、强力）施用于不同的距离空间，这就决定了不同层次的粒子处在不同的力学关系中（广义相对论、量子电动力学、电弱统一理论、量子色动力学）。可见，微观与宏观的物理规律是严格不同的，我们不能用宏观规律来解释微观现象。

——稳定性原理。在自然界的演化过程中，各层次一定不是转瞬即逝的，总处在相对的稳定性中，这是创造性进化中的"中间稳定态"。这一原理是层次存在的基础，也可以看作是系统层次的一个存在性定律。在方法论上，层次应具备人们在观察和处理问题时对稳定性的基本要求，否则就不是层次。西蒙以著名的"钟表匠"寓言证明，缩短生命进化时间的一个关键步骤就是必须存在"中间稳定态"，而生命进化过程中的不同稳定层次提供了这一便利。他指出："复杂性经常采取层级结构的形式，层级系统有一些与系统具体内容无关的共同性质……层级结构是复杂事物的建筑师使用的主要结构方式之一。"[①] 1965年，我国科学家如果不是按照层级原理，从无机分子逐渐过渡到有机小分子、氨基酸分子和合成A链、B链，而是直接用C、H、O、N等元素合成牛胰岛素——由于其成功率几乎等于零——就不可能在人工合成领域走在世界的前列。

——分层嵌套原理。自然界在有序演化过程中形成的复杂性构造是分等级、分层次的。同一层级中，不同层次在形式上是以嵌套方式相互联系的。一般来说，层次越多、广度越大的系统是更为复杂的系统。理论上的层级可分解为等级无穷的"中国套箱"，但在经验中我们一般只处理由有限层次组成的层级。在科学研究的层级系统中，各层次是相互牵制的。较低层次的结构和行为可以限定较高层次的结构和行为；任一层次的结构和行为要与所有层次的观察结果保持一致，即各层次要服从它们所属的共同层级整体。

——短程作用原理。层级内系统联系的强弱是不同的：层次内的联系往往具有较强的作用力（相干性关系），而处于同一层次的子系统之间只有较弱的作用力（构成性关系），但它们的行为与整个层级的整体行为关系不大。比如，属于同一部门的两个雇员之间要比属于不同部门的两个雇

---

① [美] 西蒙（司马贺）：《人工科学：复杂性面面观》，武夷山译，上海科技教育出版社2004年版，第170页。

员之间有着更多的相互作用。层次间几乎没有作用力,但它们与全局有直接关系。比如,处于上下级部门的两个雇员之间就很少交往。这一原理表明大多数层级系统可视为"近可分解的系统"。因此,西蒙认为:"通过这一途径获得的主要理论发现可概括为两条定理:(1)在近可分解系统中,每个单元子系统的短期行为与其他单元的短期行为近似无关;(2)长远说来,任一单元的行为仅以总体的方式取决于其他单元的行为。"[①]例如,不可逆过程的热力学理论就要求作出宏观不平衡而微观平衡的假定,普里戈金的耗散结构理论就是在这种情形下完成的。

——等级反比原理。在同一层级中,较高层次比较低层次的结构、功能和行为都更为复杂,形态更加丰富,但结合力和稳定性则相反,这一原理也叫结合度递减律,如图9—10所示。1963年,物理学家韦斯科夫曾把它称为"量子阶梯",即自然界特定层次的物质系统的尺度 L 与它的组成要素之间的结合能 E 有反比关系,即 $L \times E = k \approx 10^{-7} cm \cdot eV$。这也就是说,物质的结构层次愈高,在"量子阶梯"上的能级就愈低,那么,物质的组织和分化程度也就愈高。反之,系统的层次愈低、尺度愈小,它的结合能则愈大,系统整体也就愈牢固。[②] 如果不是这样,系统层次结构的形成就是不可想象的。同时,特定层次系统形态的多样性与其在自然界的丰度成反比。这表明自然界物质系统的丰度与层次结构的高度成反比(第七章第四节中已有过详细论述)。其所以如此,是由于封闭系统中的熵增加原理所决定的。[③] 例如,一个社会如果没有好的制度和理念加以组织,就会走向混乱。

综上所述,复杂系统的突现与分层,首先是系统组成要素之间及其与环境之间通过非线性相互作用使对称性发生破缺,并通过新的控制关系的出现来实现层级的跃迁。因此,突现实质上是一种层次之间的跃迁,是在新的层次上出现了新的行动者或新的控制关系和行为方式。这是自然选择

[①] [美]西蒙(司马贺):《人工科学:复杂性面面观》,武夷山译,上海科技教育出版社2004年版,第183页。

[②] [美] V. 韦斯科夫:《人类认识的自然界》,张志三等译,科学出版社1975年版,第127—132页。

[③] 颜泽贤、范冬萍、张华夏:《系统科学导论——复杂性探索》,人民出版社2006年版,第113—116页。

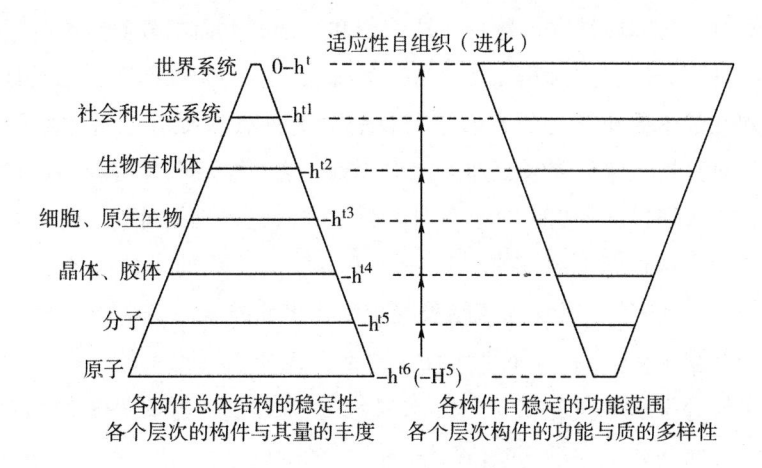

第九章 非线性是事物发展的终极原因

```
                    适应性自组织（进化）
世界系统      0-hᵗ
社会和生态系统  -hᵗ¹
生物有机体    -hᵗ²
细胞、原生生物 -hᵗ³
晶体、胶体    -hᵗ⁴
分子         -hᵗ⁵
原子         -hᵗ⁶(-H⁵)

各构件总体结构的稳定性           各构件自稳定的功能范围
各个层次的构件与其量的丰度       各个层次构件的功能与质的多样性
```

图 9—10　等级反比原理

注：本图依据拉兹洛的原图修改，参见［美］欧文·拉兹洛：《系统哲学引论》，钱兆华等译，商务印书馆 1998 年版，第 43 页。

机制发挥作用的前提和基础，并通过自然选择使这种适应环境的自组织和层级跃迁的模式稳定下来。[①]

然而，迄今为止，自然界除了给人以心灵震撼的对称现象之外，不对称现象同样普遍存在于我们的世界之中，甚至可以这样说，在世界上没有严格意义的对称，如果有的话，那也仅是理论抽象和理想近似而已。面对这一情况，李政道教授指出："既然我们生活的世界充满着不对称，我们为什么还要相信对称性呢？"[②] 这一问题的实质是，对称性是一种客观的存在方式，还是人们主观的理论构想？究竟是人们发现了大自然所固有的规律赋予它的创造物以对称，还是人们把大自然以隐约表现出来的某种不完善的对称形式加以摹制后强加于自然的？这是目前还难以明确回答的问题，也许它永远是一个开放的问题。所以，我们只能通过理论形式和逻辑推理来了解和把握世界的属性。理论的结构与自然界的结构应该是相似的，科学家以自己的方式向我们描绘了他们对世界的理解，同时也反映了人类的能力所及和置身于宇宙内部的被情景化了的当事人视域中的真理。

[①] 武杰、李润珍：《对称破缺的系统学诠释》，《科学技术哲学研究》2009 年第 6 期，第 34—36 页。

[②] 李政道：《对称与不对称》，清华大学出版社、暨南大学出版社 2000 年版，第 6 页。

总之，对称破缺在本体论、认识论和方法论方面的教益给予我们重新认识宇宙、天体、生命和社会以崭新的视角，有利于我们重新对元哲学中的客观性的本质和演化的本质进行反思。对称破缺提炼了科学经验的结构，比对称性概念的内涵更加丰富而深刻，它包含着明确解释知识预设的单元，给我们以新的启示。对于科学哲学家来说，具体科学为哲学思考提供了参考依据，剩下的工作"就在于为着一个特定的目的把能引起回忆的东西组合起来"。或者说"给苍蝇指出飞出捕蝇瓶的出路"[①]。但是有一点我们必须牢记，"科学不是而且永远不会是一本写完了的书，每一个重大的进展都带来了新问题，每一次发展总要揭露出新的更深的困难。"[②]这又是一句多么耐人寻味的话！

三 非线性是人类创造性思维之源泉

"一部近、现代科技史就是一部'挖地三尺'找证据描绘真理细节的历史，人们深信这个世界的全部奥秘就像甘泉一样埋藏在大地的深处，或是天的尽头。所以科学的前沿要么在深井里，要么在10的最大指数的电子显微镜或射电束流望远镜的视野里。"[③] 但是，贝塔朗菲、普里戈金、洛伦兹、芒德勃罗、盖尔曼等却趴在"井"沿上用哲人的睿智仰望星空，尽管他们都熟知还原论的价值旨向，并且在自己的专业领域中作出过卓越的成绩，但综其一生的科学研究，他们的学术向度、研究领域和思维方式都是不同寻常的，用实证科学的标尺是无法丈量的。正如《纽约时报》记者格雷克所言："科学革命常常具有跨学科的特色——它的核心发现往往来自那些走出本专业正常范围之外的人们。使这些理论家们倾心的问题经常被认为是离经叛道的臆想。他们的学位论文被否定，文章被编辑部退稿。这些理论家本身也不那么肯定能否在看到答案时就予以确认。他们在科学生涯中承担风险，有些自由思考者干脆独自工作。他们无法解释清楚

[①] [英]路德维希·维特根斯坦：《哲学研究》，陈嘉映译，上海人民出版社2005年版，第120页。

[②] [美]爱因斯坦、英费尔德：《物理学的进化》，周肇威译，湖南教育出版社1999年版，第203—204页。

[③] 王一方：《贝塔朗菲：隐匿中的奇才》，《中华读书报》，2000年4月12日。

正在走向何方，甚至不敢告诉同事自己在做什么。"① 这种浪漫形象是非线性作用在社会领域中的反映，它既符合库恩设想的主旨，也是早期转向复杂性研究的科学家们的共同遭遇。

（一）非线性现象带给人们的思考

科学发展的历史表明，任何具有突破性意义的变革都是在新的历史条件下，对传统观念和价值标准产生质疑，进而确立新的研究范式的过程。或者说每一种科学新思潮的形成都有其孕育、成长和壮大发展的过程，复杂性研究当然也不例外。但是，由于系统科学的庞大和复杂性研究自身的复杂性，学者们对这一新型科学产生的起点问题形成了不同意见。

1. 新型科学产生的起点问题

1979 年，普里戈金等在其《新的联盟》一书曾经建议，把复杂性科学的诞生追溯到 1811 年，其根据是：这一年，傅立叶因发现固体热传导定律②而获得法国科学院的金奖。因此，他们断言"傅立叶定律的表述可以被认为是某个新型科学的起点。……这种理论和牛顿的世界观完全不同。从这时起，数学、物理学与牛顿科学不再是同义语了。"③ 此说过于牵强，受到学界的质疑。郝柏林院士指出："作为最早的普适定律之一，傅立叶的贡献具有重大历史意义；然而，它只是一个线性律，而现代复杂性研究要面对的是非线性现象。"④ 一个能够用线性思维和线性方法表述的物理理论是进不了非线性科学殿堂的。如果把它放在历史大背景下，就会看得更清楚一些：这一时期还原论科学还远未达到它的顶峰，牛顿科学还尚未受到真正的挑战，所以说，在这个时期还谈不上有了新型科学的问世。

苗东升教授深入考察后认为，"复杂性研究的萌发期恰好是系统科学的萌发期，两者同根同源，都应追溯到 19 世纪与 20 世纪之交。"⑤ 所以，

---

① ［美］詹姆斯·格雷克：《混沌：开创新科学》，张淑誉译，高等教育出版社 2004 年版，第 33 页。

② 傅立叶定律：在导热现象中，单位时间内通过给定截面的热量，正比例于垂直于该界面方向上的温度变化率和截面面积，而热量传递的方向则与温度升高的方向相反。

③ ［比］伊·普里戈金、伊·斯唐热：《从混沌到有序》，曾庆宏等译，上海译文出版社 1987 年版，第 146 页。

④ 郝柏林：《复杂性的刻画与"复杂性科学"》，《科学》1999 年第 3 期，第 3 页。

⑤ 苗东升：《复杂性科学研究》，中国书籍出版社 2013 年版，第 22 页。

真正敲开非线性大门的时间要比1811年晚了近一个世纪。杰克逊(E. A. Jackson)在《非线性动力学概观》一书的第一章,第一句话就是"现代非线性动力学倘若有位圣父,那就是彭加勒。"① 也正是这位著名的数学家、物理学家在20世纪初首先意识到:在确定性系统中有混沌现象的存在。他认为,"初始条件的微小差别在最后的现象中产生了极大的差别;前者的微小误差促成了后者的巨大误差。预言变得不可能了,我们有的是偶然发生的现象。"② 比如,一个倒立圆锥的稳定性问题,天气预报的准确性问题,黄道带上小行星的分布,以及轮盘赌游戏,等等,这些都是"原因上的差别是难以觉察的,而结果上的差别对我来说却是至关重要的,因为它意味着我的整个利害关系。"③ 现在人们普遍认为,彭加勒对混沌研究的贡献无论怎么讲都不算过分;但是在当时的历史条件下,他的思想并不为同时代的人所理解。

又过了半个多世纪,也就是20世纪60年代以后,随着电子计算机的广泛应用和由此而诞生的"计算物理"和"实验数学"两个新兴领域的出现,孤子、混沌和分形理论等非线性科学的相继出现,一改传统线性科学的思维方式,使人们对自身以及周围宏观世界的认识形成了一幅全新的图景。分形理论的创立者芒德勃罗喜欢讲一些传统几何学家不喜欢的话:云彩不是球面,山峰也不是圆锥,闪电并不按直线前进……。这显然是他对规整几何学的怀疑而直面真正的现实世界的认识。尽管这种认识偏离了欧氏几何的"常规",但它却"是理解事物本质的关键"。所以我们说,非线性科学为人们打开了观察现实世界的新窗口,通过这一思维之窗,人们看到了更为多样而真实的自然,也使科学研究更接近于自己的研究对象——自然界本身。通过第八章的论述,我们大致可以领略非线性科学产生的"街景"。这也告诉人们一个并不复杂的法则:要了解一门新的学问,必须花功夫左顾右盼寻访"街景",同时也要走进原创者的心灵。

---

① E. A. Jackson. *Perspectives of nonlinear Dynamics* (Vol. 1). Cambridge: Cambridge University Press, 1989, p. 1.
② [法]昂利·彭加勒:《科学的价值》,李醒民译,光明日报出版社1988年版,第390页。
③ 同上书,第391页。

2. 非线性科学产生后的启示

50多年前，对孤子、混沌、分形等非线性现象的理论探索并不是在复杂性研究的大旗下发动的，创建者们最初都没有意识到自己的工作属于复杂性研究，心目中缺乏非线性科学的全局，而是依据各自的特定问题进行研究的局域行为。但在半个世纪以后再回头来看，这些系统科学的早期探索者，最终都走向了复杂性研究，成为创建非线性科学的功臣。这一现象属于科研系统的自组织行为，下面我们回顾一下这段历史。

早在1834年，英国工程师罗素看到一条木船在尤宁运河上行进时推出了一堆"孤波"。然而，他的发现竟被那些"正常"思维的学术同仁冷落了上百年之久。孤波被重新记起并命名为"孤子"则是20世纪60年代之后的事。这一时期具有了认识"孤子"的条件，人们的非线性思维与计算机实验等手段的结合，使孤子问题得到解决并成为非线性科学的主体之一。原来，孤子是一种特殊的相干结构，它是由系统中的色散与非线性两种作用相互平衡的结果。不仅如此，还解决了以往所解决不了的大如木星上直径为4万公里的大红斑，小如只有几个纳米的晶体中的电荷密度波的"涡旋"问题。总结这些认识成果，人们得出了一条线性思维无法得出的结论：在无穷维系统中之所以能够形成结构规整、相当稳定的孤子和涡旋，正是非线性相互作用所致。

对于混沌现象的探索，也使人们的认识更接近于自然界本身的面貌。20世纪初，法国数学家、物理学家彭加勒最早发现某些特殊的微分方程的可解性与解值对其初始条件的敏感依赖性。他的发现本应给当时的物理学注入一股新的活力，然而由于习惯思维的影响，彭加勒的科学思想远未受到人们的重视。直到1963年气象学家爱德华·洛伦兹在计算机上研究天气预报方程时发现，尽管描述天气变化用的方程是确定性的，但天气状态长期预测却是不可能的：初始条件的细微差别会引起模拟结果的巨大变化。著名的"蝴蝶效应"就描绘了这种对初始条件的敏感依赖性。现在人们认为，"混沌本质上是非线性动力系统在一定控制参数范围内产生的对初始条件具有极度敏感依赖性的回复性的非周期性行为状态。"[①]

[①] 包和平、李笑春：《混沌是确定性系统的内在随机性吗？》，《自然辩证法研究》2001年第2期，第21页。

由此，人们把混沌理论的创立者们说成是在科学思维方面"完全不是在用我们熟知的物理观念思考"，而是实现了"科学楷模的更替、思维方法的转变"①。

分形不但抓住了混沌与噪声的实质，而且抓住了范围更广的一系列自然形式的本质。这些形式的几何形状在过去的 2500 多年里是没有办法描述的。历史为什么要等待如此之久呢？那是因为"我们只能在我们时代的条件下去认识，而且这些条件达到什么程度，我们才能认识到什么程度。"② 在线性思维框架下的欧氏几何面对飘舞的雪花、浮动的云彩、弯曲的海岸线……显得苍白无力，甚至认为是"病态"的东西而不去理睬。倘若芒德勃罗没有怀疑和批判的精神，他也按照欧氏几何学的常规去思考问题，怎么可能设想他会"把最初认为荒谬而拒绝的形状作为显然的事物接受下来"③？

综上所述，孤子不是按周期振荡的规则进行传播的波，混沌也不是按确定性方程由初始条件严格决定了的运动状态，分形更不是规整的几何图形。面对这些"反常"甚至"肮脏"的东西，如果没有对传统线性思维的"反叛"，就不可能取得这些非线性科学的认识成果。因此，每一位在早期转向复杂性研究的科学家都有一段辛酸的经历。有人曾经警告研究生，如果他们在没有经过考验的、导师本人也不擅长的领域里写论文，就会断送前程。然而，革命不是靠铢积寸累，而是用一种自然观代替另一种自然观。旧问题要用新观点重新审视，而另一些问题则是第一次被认识到，这就像整个科学共同体被突然转移到了另一颗行星上。因此，经过几代人的呕心沥血、艰苦探索，这些曾经被看作"病态""怪物"的现象却使人们的认识更接近于自己的研究对象。如果自然界的本质确实是非线性的，那么在一个非线性的世界中，什么事情都可能发生。形态可能分解成混沌，亦可能编织成秩序；具有相干结构的孤子有出奇的稳定性，并且其几何形状是分形；对于复杂系统来说，叠加原理不再成立，整体不再等于

---

① [美] 詹姆斯·格雷克：《混沌：开创新科学》，张淑誉译，高等教育出版社 2004 年版，第 33 页。

② 《马克思恩格斯选集》第 4 卷，人民出版社 1995 年版，第 337 页。

③ [美] 詹姆斯·格雷克：《混沌：开创新科学》，张淑誉译，高等教育出版社 2004 年版，第 94 页。

部分之和……。

　　上述非线性原则是否也适用于人类的创造性活动？是否也适用于我们创造艺术作品或作出科学发现的能力？答案是肯定的。给出肯定答案的仍然是那位"率先给出非线性和混沌在宇宙尺度上运作方式线索的科学家"——彭加勒。他"对非线性和混沌在创造性思维内部的运作方式，也提供了卓越见地"。他告诉我们，"古老宇宙论的张力依然适用。……在我们的创造性活动中，混沌与秩序之间那个古老的张力历久常新。"① 彭加勒通过描述自己的科学发现过程，向人们表明："他的科学发现模式似乎是一个起初受挫、混乱和思维混沌过程，随之而来的是不期而至的洞见。"② 他在《科学的价值》一书中明确指出：任何一个人都会用已知的数学实体做出新的组合。"但这样做出的组合在数目上是无限的，它们中的大多数完全没有用处。创造恰恰在于不做无用的组合，而做有用的、为数极少的组合。发明就是识别、选择。"③

　　谈到这里，笔者突然想起贝塔朗菲曾引用英国伟大诗人雪莱（Percy Bysshe Shelley）的一段话："'健康和快乐的秘密在于适应千变万化的世界；在这个伟大的适应过程中对失败的惩罚则是疾病和痛苦。'他要求人们善于处世，这在一定意义上是正确的。但是，就字面来说，他否定了创造性活动和文化，而正是这些东西使人和丛林中的野兽大不相同。从适应的观点看，创造是失败，是疾病，是痛苦。维也纳文化历史学家费里德尔（Egon Friendell）曾对此做过精辟的分析（1927—1931年）。任何一个给世间带来杰出思想的人都不会遵循最大限度的调整、平衡和自动动态平衡，雪莱本人也肯定为追求杰出思想而付出代价。"④ 所以我们说，任何创造性活动都是一种范式的转换，都是非线性和混沌在思维中的运作方式，需要我们转变思想观念，并付出艰辛的努力！这也充分验证了玻尔的一句名言："同一个正确的陈述相对立的必是一个错误的陈述；但是同一

---

　　① [美] J. 布里格斯、F. D. 皮特：《湍鉴》，刘华杰、潘涛译，商务印书馆1998年版，第355页。
　　② 同上书，第357页。
　　③ [法] 昂利·彭加勒：《科学的价值》，李醒民译，光明日报出版社1988年版，第377页。
　　④ [美] 贝塔朗菲：《一般系统论：基础、发展和应用》，林康义等译，清华大学出版社1987年版，第183页。

个深奥的真理相对立的则可能是另一个深奥的真理。"①

(二) 发散思维与收敛思维张力常新

人们通过对孤子、混沌和分形的深入研究，构成了非线性科学的三大理论前沿，也将人类对自然界的认识由线性现象转向了非线性现象，由揭示线性规律转向了揭示非线性规律。林夏水教授在《非线性科学与决定论自然观的变革》一文中谈到非线性的哲学意义时说："它揭示出自然界存在着一类新的、更普遍的、既确定又随机的混沌现象及其特有的非线性规律，说明世界本质上是非线性的，从而把自然现象及其规律由两种（必然性现象及其动力学规律、偶然性现象及其统计规律）扩大到三种（增加既必然又偶然的混沌现象及其非线性规律）；并且从科学方面说明了三种现象的转化关系。自然现象及其规律的新发现，必将引起人们自然观的变革"②，也引起人们思维方式的转变。

在认识论上，非线性科学认为，世界的本质是非线性的，线性不过是非线性的特例；在方法论上，非线性科学提倡"把复杂性当作复杂性来处理"③，这样更能接近事物的本质。这是因为非线性系统往往存在间断点、奇异点和突现性，在这些点附近的系统行为完全不允许做线性处理。非线性因素是系统出现对称破缺、分岔、突变、自组织等非平庸行为的内在根据，用线性化处理所"化"掉的恰好是这类奇异行为。非线性现象的研究价值就在于保留非线性特性，揭示非线性规律。④ 当代非线性理论已经可以对生命运动、生态演化、思维方式、精神现象等各种复杂的非线性现象进行解释（而这对于线性理论来说就显得无能为力），从而为解决复杂性问题开启了一个重要而有效的方向。下面我们仅就思维中的"必要的张力"和"纽安斯"与灵感的产生两个方面做一阐释。

---

① 转引自〔德〕海森堡《原子物理学的发展和社会》，马名驹等译，中国社会科学出版社1985年版，第112页。

② 林夏水：《非线性科学与决定论自然观的变革》，《理论视野》2002年第3期，第22—24页。

③ 苗东升：《把复杂性当作复杂性来处理》，《科学技术与辩证法》1996年第1期，第12—13页。

④ 李宏伟、远德玉：《对非线性科学的几点思考》，《东北大学学报》（社会科学版）2001年第3期，第168—170页。

1. 思维中的"必要的张力"

1959年,美国心理学家吉尔福特（J. P. Guilford）在智力操作分析中首先提出了发散性思维和收敛性思维的概念。同年,科学哲学家托马斯·库恩在"第三次（1959）犹他大学科学人才识别会议"上发表了《必要的张力：科学的传统和变革》的讲演。他指出："科学中的大多数新发现和新理论并不仅仅是对现有科学知识货堆的补充。为吸收这些发现和理论,科学家必须经常调整他们以前所信赖的智力装置和操作装置,抛弃他以前的信念和实践的某些因素,找出许多其他信念和实践中的新意义以及它们之间的新关系。接受新的就必须重新估价、重新组织旧的,因而科学发现和发明本质上通常都是革命的。所以,它们确实要求思想活跃、思想开放,这是发散式思想家的特点,而且确实也只限于这些人。"而"收敛式思维的严格训练几乎从科学的起源开始就是它本身所固有的。我认为没有收敛式思维,科学就不可能达到今天的状况,取得今天的地位"。因此,"十分常见的是,一个成功的科学家必须同时显示维持传统和反对偶像崇拜这两方面的性格"。"科学研究只有牢固地扎根于当代科学传统之中,才能打破旧传统,建立新传统。这就是为什么我要谈到一种隐含在科学研究之中的'必要的张力'。科学家为了完成自己的任务,必须要受到一系列复杂的思想上和操作上的约束,但是如果他要出名,他又有天才也有运气能够出名,最终却又依赖于他能否放弃这一套约束,转而支持自己的新发明。"[①]

可见,在科学研究中同时存在收敛和发散两种思维方式。如果你强调"收敛"的方面,也许能培养你更加严谨的治学态度；如果你强调"发散"的方面,也许会使你的思维更加活跃、更加开放,两者之间应形成必要的张力。收敛的标准有利于规范科学,发散的标准有利于为科学打开创造之门,开启新的天地。这里的取舍可能更多依赖于个性和偏好。然而,从创造学的角度看,我们更倾向于发散的标准。无论对于科学活动还是其他类型的创造活动,创造性都是一个极其重要而又十分敏感的问题,这对创造者的思维素质提出了复杂的要求。这种要求可以简单地概括为：

[①] ［美］托马斯·S. 库恩：《必要的张力》,纪树立、范岱年等译,福建人民出版社1981年版,第224—225页。

在收敛性思维和发散性思维之间形成一种"必要的张力"①。

爱因斯坦创立狭义相对论的经历正是对这一张力的验证。当时,他发现光速不变原理和牛顿力学中的速度相加定理有矛盾,这个问题困惑了他很久。1922年12月14日他在回顾当时的情景时说:"这两个概念为什么会相互矛盾呢?这个困难确实很难解决。为了解决这个问题,我白白用了近一年的时间试图修改洛伦兹(H. A. Lorentz)理论。"

1905年春天,"我在伯尔尼的一位朋友米歇尔·贝索(Michele Besso)意外地帮助了我。那天天气很好,我带着上述问题访问了他。开始,我告诉他:'最近,我一直在钻研一个难题。今天到这儿来,请你和我一块攻攻它。'我俩讨论了问题的各个方面。"② 这次谈话给了爱因斯坦不少启发,不过问题还未解决。一天晚上,他躺在床上,又在思考那个折磨他的难题。一下子答案出现了:"终于醒悟到时间是可疑的!"时间不能绝对定义,时间与信号传播速度之间有不可分割的联系。于是,他提出了"时间的相对性"这一崭新的概念,第一次满意地解决了整个问题。五个星期后,即1905年6月爱因斯坦写出了关于狭义相对论的第一篇论文——《论动体的电动力学》。1950年2月香克兰(R. S. Shankland)教授在访问爱因斯坦的记录中写道:"这引导他相当详细地来评论精神过程的本性,因为它们似乎不是完全一步一步地走向答案的。他(爱因斯坦)强调指出,我们穿越问题的思想路线是多么迂回呀。'只有在最后,才完全有可能看出问题中的条理来。'"③

2. "纽安斯"与灵感的产生

《湍鉴》一书的作者布里格斯和皮特指出:"有创造性的人的一大显著特征,乃是对感觉、知觉和思想等某种纽安斯(nuance)的极端敏感性。'纽安斯'是指意义的细微差别,是感觉情结,抑或是知觉微妙性,思维因之不可言传或条分缕析。纽安斯出现时,创造者正在经历可称作剧烈非线性反应的过程。"④ 他们认为,纽安斯好比芒德勃罗集那丰富的边

---

① 武杰、周玉萍:《创新、创造与思维方法》,兵器工业出版社2002年版,第79页。
② [美] A. Einstein.《我是怎样创立相对论的》,*Physics Today*, Vol. 35, No. 8, 1982.
③ 许良英等编译:《爱因斯坦文集》第1卷,商务印书馆1976年版,第490页。
④ [美] J. 布里格斯、F. D. 皮特:《湍鉴》,刘华杰、潘涛译,商务印书馆1998年版,第361页。

界地带，好比分形那丰富的多样尺度。世界充满着潜在的纽安斯。纽安斯饱含形形色色的意义、感觉和知觉，是我们的语言和逻辑无法形容的一种体验。纽安斯存在于我们思想范畴之间的分形空间之中。也就是说，在我们的科学创造抑或艺术创作过程中，通过各种纽安斯，我们实则经历了十分强烈的非线性反应过程。在这之后，方才达到了创造的顶峰。[1] 所以，我们把这种思维中的非线性相互作用称作创造性思维之源泉。

可见，纽安斯类似于人们常说的灵感，它首先是一种非常私人化的情感，属于人的潜意识活动。"由于它的丰富性无法用正常形式的思想来描述或涵盖，所以纽安斯很难与别人分享。要表达他或她对纽安斯的体验，个体必须创造一种把纽安斯说清楚的形式。"美国著名作家亨利·詹姆斯（Henry James）把激励创造者创造新形式的任何载有纽安斯的思想或印象，叫作"胚芽"。一位雕塑家也曾描述她小时候的纽安斯体验："一汪小水坑因泄漏的油而显得五彩缤纷，反射着一块中西部天空，水坑突然无止境地扩展，刹那间包容了我的整个世界。"莫非科学家也对胚芽样的纽安斯作出反应。[2]

彭加勒在巴黎心理学学会上的一次讲演中描述了他解决富克斯（Immanuel Lazarus Fuchs）函数问题的奇妙过程。他首先向听众介绍了他同这个数学难题斗争了两个星期，但劳而无功，直到有一天晚上，"我破例喝了浓咖啡，无法入睡。"在那个难忘的夜晚，"各种思想念头纷纷涌现；我感到它们在相互碰撞，直到成对地结合起来，也就是构成稳定的组合。"[3] 就在那个时候，他看见从混沌中浓缩出一种秩序。不过，在那个不眠之夜他突破的仅仅是第一步。当他继续追寻时，这一秩序竟然含有新尺度的混沌。从这种混乱中又萌发出另一种秩序概念的幼芽，这种秩序甚至更加明显：

"恰恰在这个时候，我离开了我当时居住的卡昂，参加了矿业学校主

---

[1] 武杰、李宏芳：《非线性是自然界的本质吗?》，《科学技术与辩证法》2000年第2期，第3—4页。

[2] ［美］J. 布里格斯，F. D. 皮特：《湍鉴》，刘华杰、潘涛译，商务印书馆1998年版，第362—363页。

[3] 转引自上书，第355页。

办的地质考察旅行。沿途的景致使我暂时忘记了我的数学工作。到达库唐塞以后,我们乘公共汽车去一个地方游览。当我的脚踩上踏板的一刹那,一种想法涌上我的心头,即我通常用来定义富克斯函数的变换等价于非欧几何学的变换,在我以前的思想中似乎没有什么东西为它铺平道路。我一时无法证实这个想法,因为我没有时间。我坐在公共汽车的座位上,继续进行已经开始的内心独白,但是我感到它是完全可靠的。回到卡昂后,为了问心无愧起见,我抽空证明了这一结果。"[1]

接着,他回忆了出现这种模式的另一个场景:由于一个问题解不出来而感到烦恼,"于是我前往海滨消磨了几天时间,想一些其他事情。一天早晨,当我正在悬岩边散步时,一种想法浮现在我的心头,即不定三元二次型的算术变换等价于非欧几何学的变换,它正好也具有同样的简洁、突然和直接可靠的特征。……"后来,"我向它们发起了系统的攻击,一个接一个地攻克了所有的外围工事。""就这样,我一举写出了我最后的论文,丝毫没有感到有什么困难。"[2] 彭加勒对纽安斯的亲身体验,使我们对创造性思维有了更深刻的理解。有人把彭加勒描述的秩序从混沌中闪现的过程理论化——称之为"异缘联想"(dissociation),即几个不同参照系的耦合,并认为它是创造性过程的核心。笔者在《创新、创造与思维方法》一书中也专门论述了与纽安斯类似的灵感产生的主客观条件、过程和基本特点,并认为:"灵感的产生常常出现在思考对象已经不在眼前的时候,一个偶然的信息使它油然而生;然而直觉一般都是面对突然出现在眼前的事物所给出的迅速理解。尽管两者都是人的潜意识活动,'对象在不在眼前'是灵感与直觉的细微差别,也是灵感更让人感到神秘的主要原因。"[3]

(三) 从构成论向生成论的范式转换

托马斯·库恩曾经指出:科学革命是范式的转换,也"是世界观的改变"。"在革命之后,科学家们所面对的是一个不同的世界":即"科学

---

[1] 参见 [法] 昂利·彭加勒《科学的价值》,李醒民译,光明日报出版社 1988 年版,第 379 页。
[2] 同上书,第 379—380 页。
[3] 武杰、周玉萍:《创新、创造与思维方法》,兵器工业出版社 2002 年版,第 95—102 页。

家由一个新范式指引，去采用新工具，注意新领域。甚至更为重要的是，在革命过程中科学家用熟悉的工具去注意以前注意过的地方时，他们会看到新的不同的东西。这就好像整个专业共同体突然被载运到另一个行星上去，在那儿他们过去所熟悉的物体显现在一种不同的光线中，并与他们不熟悉的物体结合在一起。"①

那么，如何看待20世纪60年代以来的这场非线性革命呢？笔者认为，当代系统科学从"整体"与"信息"的全新视角出发，在不同层次、不同领域一步一步地揭示出自然系统生成演化的图景和规律：自组织理论发现了系统整体进化（新结构生成）的根据和条件；非线性科学揭示了系统随时间演化的形态生长、演化路径和信息传递；复杂适应系统（CAS）理论从主体与环境以及其他主体的交互作用去认识和描述复杂系统的"学习"行为，开辟了系统研究的新视野；复杂网络理论则正在探索已经成为网络的系统整体结构与生成演化规律。所有这一切，正深刻改变着人们认识宇宙、社会和科学本身的基本观念和方法，大大提升了人类在快速变革时代应对错综复杂、变幻莫测之未来的能力。从生成论的角度看，这无疑是20世纪最大的一次科学革命。因为这次革命不仅是"鸭子"与"兔子"的格式塔转换，而且是关于世界"有生命"与"无生命"、"活"与"死"的格式塔转换。

目前，系统科学正在从构成论走向生成论。它不仅形成了一套全新的概念，尝试用新的工具探索新的领域，而且发现了一系列以往科学未曾发现的关于生成演化的规律。一种新的科学范式正在探索中逐渐生成，我们可将其称为生成论范式。作为"最大的一次科学革命"，生成论需要创立不同于构成论的、关于世界生成的本体论预设，认识论与方法论原则，需要探讨和确立与构成论不同的逻辑起点。②

我们知道，近代科学的形而上学基础是原子论③，它预设了世界是由最小的不可再分的不生不灭的原子所构成。"原子"是世界构成的终极

---

① ［美］托马斯·库恩：《科学革命的结构》，金吾伦、胡新和译，北京大学出版社2003年版，第101页。

② 李曙华：《系统科学——从构成论走向生成论》，《系统辩证学学报》2004年第2期，第7页。

③ 作为近代科学逻辑起点的"原子论"的"原子"，不同于现代化学中道尔顿的原子。

因，它是构成一切而自身不被构成者。原子性原则的假设为近代科学提供了一个逻辑起点，它的基本特点可归纳如下：

（1）从实体或部分出发，因此"质料因"是最基本的；

（2）整体由部分构成，因此具有可分性或加和性，即"拆零—累加"原则成立；

（3）部分与整体同质，因此了解部分即可了解整体；

（4）变化是指不变原子的分解与组合，或受力点在空间的运动；

（5）原子相对不变或稳定的属性是质量，即原子量。

由此，近代科学确立了自己的基本原则：原子性原则——部分可以独立地被研究；外延性原则——真值不变，原子在系统内与在系统外不变；以及相应的实验性原则——孤立性原则、加和性原则、可重复性原则等。显然，"西方科学的发展是以两个伟大的成就为基础，那就是：希腊哲学家发明形式逻辑体系（在欧几里得几何中），以及（在文艺复兴时期）发现通过系统的实验可能找出因果关系。"[①] 所以，在传统科学看来，既然一切物质都可以还原为相同的基本层次，那么它的基本研究方法就必然是还原论的分析法；而定量研究就成为科学研究的基础，一切科学的基本定律都可以表述为量的守恒律。微积分不仅成为传统科学的数学工具，而且忠实地体现了传统科学的思想与特征。因而笔者认为，传统科学的思维方式是建立在理性、分割和有序三大支柱上的。随着系统科学的发展，特别是复杂性科学的兴起，这些支柱的基石一个个地被动摇。[②]

所以，从生成论的角度看，系统科学的形而上学基础应该是"整体论"。在中国几千年的文化和科学中，蕴藏了一种彻底的整体论和生成论传统。中国的贤哲了解存在不是从静态的既存之物入手，而是从动态的生成过程着眼。整个世界呈现为"生生不已"之"大化流行"。老子将"道生一，一生二，二生三，三生万物"和"天下万物生于有，有生于无"（《道德经》）作为宇宙万物生成的根本法则。这里的"生"是指生命的诞生。庄子曰："其分也，成也；其成也，毁也。"（《齐物论》）这里的"成"是指分化生长，直至毁

[①] 许良英等编译：《爱因斯坦文集》第 1 卷，商务印书馆 1976 年版，第 574 页。

[②] 武杰、李润珍：《复杂性科学的学科特征与方法论探析》，《科学技术哲学研究》2015 年第 3 期（待发）。

灭。所以,"生成"可理解为新事物的产生和旧事物的灭亡。"生生之谓易"(《易经·系辞上传》),在生成论的世界图景中,变化指的是生与灭,世界上唯一不变的是变易本身,由此可说"体用不二",即在变易背后不存在不生不灭的实体。在这里,过程是基本的,实体是暂存的,有条件的。生成万物的终极因,即生成万物而自身不被生成者只能是"无"。从宇宙论的角度看,"生成"是一从无→有(隐,潜在之物)→万物(显,有形之物)的过程。① 这个逐渐被认识到的观点,恩格斯将它概括为:"自然界不是存在着,而是生成着和消逝着。"②

那么,作为科学研究,系统科学应该以什么为逻辑起点?李曙华教授在中国哲学思想的启迪下,认为"生成元"这一概念可作为系统科学不同于传统科学"构成论"的逻辑起点,并将"生成元"定义为"未分化的整体"。这里的"元"取自《周易》卦辞"乾坤二元",及"元、亨、利、贞"③中"元"之含义:"元",始也。万物借助乾阳的作用开始有生命,而借助坤阴的作用得以出生。乾是主动的,"自强不息",代表生生不已的生命力;坤是从动的,"厚德载物",代表保证万物生命得以实现的载体。她还指出,生成元与"原子"的差别在于④:

(1)生成元首先凸显的是"动力因"和"目的因"而不是"质料因";

(2)生成元不是既存的,而是生成的,因此生成元可生可灭,本质上是一种过程;

(3)生成元是整体,不是部分,部分由分化生长而成,具有整体性与分形性;

(4)生成元相对不变或稳定的属性是生成规则(类似于中国传统文化中的所谓"理"或"道"),而实体则是不断生长变化的;

---

① 李曙华:《系统科学——从构成论走向生成论》,《系统辩证学学报》2004年第2期,第7页。
② 《马克思恩格斯选集》第4卷,人民出版社1995年版,第267页。
③ 据唐代孔颖达《周易正义》引《子夏传》云:"元,始也;亨,通也;利,和也;贞,正也。言此卦之德,有纯阳之性,自然能以阳气始生万物,而得元始、亨通;能使物性和谐,各有其利;又能使物坚固贞正而终。"
④ 李曙华:《系统科学——从构成论走向生成论》,《系统辩证学学报》2004年第2期,第7页。

(5) 决定生成元生长的是信息，而不是载体的原子质量。

所以，我们可以将生成过程图示如下（见图9—11）。

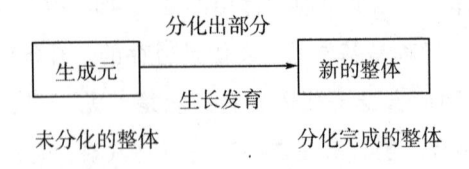

```
                  分化出部分
    ┌─────┐  ─────────────→  ┌─────────┐
    │生成元│                   │ 新的整体 │
    └─────┘  ─────────────    └─────────┘
                  生长发育
   未分化的整体                分化完成的整体
```

图9—11　事物生成过程示意图

由此可见，中国古代的"太极"可谓生成元，太极是阴阳尚未分化的整体，它象征着最根本、最普遍的生成规则和过程——"一阴一阳之谓道。"（《周易·系辞上》）目前，作为宇宙大爆炸起点的原始火球，生物的遗传基因，动物胚胎以及分形理论中的分形元等也都可以看作是生成元。这样，李曙华教授提出的"生成元"概念就为我们认识复杂事物提供了新的逻辑起点，因为它直接充当了复杂性研究的不可或缺的逻辑前提。所以，我们从生成元出发，可为当代科学研究提供不同于机械还原论的研究思路和研究方法，也许会看到更多"新的不同的东西"。

值得一提的是，一般系统论的创始人贝塔朗菲已经注意到了构成与生成的根本区别。他认为："一般说来，物理的整体组织，诸如原子、分子以及晶体，来源于先存要素的联合。反之，生物的整体组织则是由原始整体的分化（即分离为部分）而逐渐建立起来的。胚胎发育的定型就是一例"。它由原始整体经过渐进分异和渐进中心化而成为新的整体。这里，渐进分异是指系统的原始统一状态逐渐地分裂为各自独立的因果链；而渐进中心化即渐进个体化，是指生物体的某些部分获得支配作用而决定整体的行为，这样"生长发育中的生物体通过渐进中心化愈来愈统一、'愈不可分'"[①]。但是，贝塔朗菲并没有明确提出生成论思想，他将渐进分异看作是走向可分性和机械化的过程，因此他将渐进分异称之为"渐进的机构化"（progressive mechanization）。

因此，李曙华教授指出："如果坚持彻底的生成论立场，则万物都是生成的，从生成元开始生长、分化、发育而成新的整体，生成的整个过程

[①] [美]冯·贝塔朗菲：《一般系统论：基础、发展和应用》，林康义等译，清华大学出版社1987年版，第63—68页。

都是整体行为，生成物从生到成皆具有整体不可分性。因此，世界在原则上是不可分的。分，只是为了研究的方便，分的同时必须明确，分的方法是片面的，它以破坏对象的整体性为代价。"① 正是在这个意义上，我们可以说，传统科学是以精确的语言极不精确地描述了这个世界。然而，生成科学的思维方式不是要排除逻辑以便允许对逻辑规则的任何违反，也不是要排除分割以便建立不可分割性、排除确定性以便建立不确定性。相反，它的做法是要不断往返穿梭于整体与部分之间、可分割与不可分割之间、确定性与不确定性之间，把还原论和整体论、定性判断和定量分析、认识理解和实践应对的原则结合起来，形成一种必要的张力，使它们处于竞争、对抗和互补的矛盾运动中，这也许就是生成论范式的本质特征。

综上所述，从不同的本体论预设和逻辑起点出发，可推出构成论或生成论的不同体系，它们各自是逻辑自洽的。与构成论不同，生成论是先有整体，后有部分，不是部分通过相互作用构成整体，而是整体通过信息反馈、复制和转换生长出部分。物质不是既成的，部分不是已知的。生成的过程是信息指导物质的生成（如基因指导蛋白质的生成），是新事物不断出现的过程。对于生成，重要的不是物质的空间运动，而是信息和能量的跨层次传递和转换，由此生成整体必然具有突现、分层与不可还原性。②与此相应，研究作为生成整体的基本方法，不是将系统分解还原为基本层次，而是探索贯穿所有层次的普遍规律和层次间跃迁的共同规律。所关注的重点，不是系统的基本物质构成，而是系统整体突现或涌现的特性。所以，生成科学探寻的主要不是量的守恒律，而是质的相似律。它的使命在于：如何突破还原分析的传统方法，找到整体作为整体，非平衡作为非平衡，非线性作为非线性的新的研究方法；而不满足于在构成的基础上附加考虑相互作用，在局域平衡的基础上附加考虑子系统间的不同情况，或考虑如何将非线性问题转化为线性处理。③

---

① 李曙华：《系统科学——从构成论走向生成论》，《系统辩证学学报》2004 年第 2 期，第 8 页。
② 李润珍、武杰、程守华：《突现、分层与对称性破缺》，《系统科学学报》2008 年第 2 期，第 9—13 页。
③ 李曙华：《系统科学——从构成论走向生成论》，《系统辩证学学报》2004 年第 2 期，第 8 页。

可喜的是，系统科学经过三次浪潮的洗礼已经和正在形成一系列不同于传统科学的学科特征，如实践优位的立场、融会贯通的思路、文理交叉的优势和形式演算的内核。而适用于系统整体性的研究方法，诸如隐喻类比方法、仿真模拟方法、综合集成方法日显重要；一系列研究整体生成的定性数学亦先后创立，例如突变论、运筹学、分形理论、遗传算法等。与以往的解析方法不同，如今分形、混沌理论已充分利用计算机技术采用数值迭代方法，生动而形象地描绘出生成过程及其动态图像。由此，与传统科学不同，方程不再仅仅是描述一个物体的空间运动，而是给出了一种生成法则，即生成信息。这也就是说，"贯穿系统生成过程的，实际上是信息和信息规律，'生命过程就是信息过程'，'信息存在于整个生命过程之中'。因为信息决定生成元及由此生成的系统的性质，因此，只有信息改变了，系统的'序'或结构才可能改变，信息的进化才能推动系统真正的进化。"[1]

如今，从系统论到混沌学，从控制论到复杂适应系统理论，从信息论到复杂网络理论，一种新的生成科学的体系正在成长，其发展趋势越来越清晰，应用范围也越来越广泛。所以我们说，被誉为"21世纪科学"的复杂性研究极大地拓展了科学的疆域，它把传统科学热衷于对部分的解析、预测和控制转变到关注事物的不可预见之整体的涌现方式上来，即从线性、确定、有序的"孤岛"扩展到了非线性、不确定和无序的复杂性海洋。这也就是说，传统科学在对事物本质及其规律进行科学探索的同时，也给自己划了一道无形的界限，并把自己封闭起来。然而正是这些科学地图上的空白区，才是当代科学新的生长点，它给有教养的研究者提供了最丰富的机会，同时也使科学的目标从追求简单性转向了探索复杂性，使我们的认识更接近于自然界本身。[2]

四　非线性是事物运动发展之终极原因

大约 140 年前，恩格斯在研究自然辩证法时写道："相互作用是我们

---

[1] 李曙华：《信息——有序之源：探索生命性系统生成演化规律（一）》，《系统科学学报》2014 年第 2 期，第 5 页。

[2] 武杰、李润珍：《复杂性科学的学科特征与方法论探析》，《科学技术哲学研究》2015 年第 3 期（待发）。

从现今自然科学的观点出发来在整体上考察运动着的物质时首先遇到的东西。"并指出"相互作用是事物的真正的终极原因"①。这在当时无疑是正确的,而且是非常深刻的。但是,由于在恩格斯那个时代,自然科学存在的时间还不算长,人们的认识的确有很多局限;非线性相互作用还没有进入科学的视野,人们普遍认为自然界的任何问题都可以线性地加以解决。那时,科学研究的任务只在于找出可解的线性方程,去认识物质的各种运动形式及其相互转化。因而"科学家一旦面临非线性系统,就必须代之以线性近似,……人们很少讲授,很少学习具有真正混沌的非线性系统。当人们偶然遇到这类事物时——他们确曾遇到过,以往的全部训练教他们把这些都当作反常情况而不予理睬。"②

然而一个多世纪过去了,自然科学有了飞速的发展,特别是近50年来,以孤子、混沌和分形为主体的非线性科学的兴起及其蓬勃发展,极大地改变了世界的科学图景以及当代科学家的思想方法和思维方式。它使人们逐步认识到,线性是局部的,非线性才是普遍的,因此直接面对非线性系统就是不可避免的了。在这种情况下,就迫使人们深入思考这样一个问题:事物的真正的终极原因似乎还有待于进一步说明和论证?因为相互作用毕竟没有穷尽人们的认识,它还有线性和非线性之分,甚至有更复杂的东西。费米有一回感叹道:"《圣经》里并没有说一切自然定律都可以表示成线性的!"数学家乌拉姆(Stanislaw M. Ulam)也评论说,把混沌研究称为"非线性科学",好比是把动物学叫作"非象类动物的研究",因为当时只有很少人懂得自然界的灵魂深处是如何地非线性。约克和李天岩懂得这一点,认为在那里"第一个信息是存在无序"③。

(一) 线性相互作用的"绝境"

我们知道,作为近代科学大厦基础的经典力学,由于数学描述的需要和总体认识能力的局限性,只能把事物之间的真实相互作用都简化为所谓的线性关系。这种线性相互作用的本质特征是具有倒易关系的对称性,使

---

① 《马克思恩格斯选集》第4卷,人民出版社1995年版,第327—328页。

② [美]詹姆斯·格雷克:《混沌:开创新科学》,张淑誉译,高等教育出版社2004年版,第61页。

③ 同上书,第61—62页。

得发生相互作用的诸要素之间不存在支配与被支配、催化与被催化、策动与响应、控制与反馈等多元非对称关系。正如牛顿力学第三定律所描述的那样，作用力和反作用力大小相等、方向相反、作用在同一条直线上。这两个力本质上没有什么区别，只是力的作用点不同罢了。这种用线性方程描述的相互作用满足叠加原理，所以系统的整体性质就是各个要素孤立性质的简单相加，不可能使系统突现任何新质，当然也就谈不上系统的演化和发展。用这种观念看待事物之间的联系，只能是外在的、机械的，不可能增加什么新的规定，而只是带入了一种混乱的因素而已。也就是说，这种线性相互作用的观念是不符合辩证法的根本要求的，理所当然地受到了辩证法大师们的批判和扬弃。例如，黑格尔就曾深刻地指出，用这种相互作用观念说明事物，不可能克服不同事物之间的"独立自在性"和"僵硬外在性"，不可能克服用"僵死的、机械的集合体"的观点来看待整体与部分的关系。① 所以，近代科学中盛行的线性相互作用观念所指出的这种相互联系，对说明事物的演化发展只能是一条"绝路"。

时间跨入20世纪70年代，情况发生了深刻变化。1975年，中国学者李天岩和美国数学家约克在美国《数学月刊》上发表了"周期三意味着混沌"的文章，它那神秘的、恶作剧似的标题引起了学界的关注。事前有人劝他们选一个更庄重一些的字眼儿，但他们咬定了这个能代表正在成长的决定整个无序事业的词汇，并指出："过去，人们曾在众多情形中看到过混沌行为。他们做某项物理实验，实验结果是不规则的。他们就试图修正它或放弃不干了。他们解释这些不规则行为时说有噪声存在，或声称实验做得不好。"② 生物学家罗伯特·梅顺着约克等人的研究方向又迈出了关键的一步——发现了倍周期分岔现象，并于1976年在《自然》杂志上发表了被他想象为"救世箴言"的总结性文章——"表现极为复杂的动力学的简单数学模型"。他认为："如果给每位年轻学生一架袖珍计算器并且鼓励他们去玩一玩逻辑斯蒂差分方程，这世界会变得更好。……简单计算，就会抵消那些来自标准科学教育的关于世间各种可能性的曲

---

① [德]黑格尔：《逻辑学》下卷，杨一之译，商务印书馆1976年版，第164页。
② 转引自[美]詹姆斯·格雷克《混沌：开创新科学》，张淑誉译，高等教育出版社2004年版，第62页。

解。它会改变人们思考一切问题的方法，从商业循环的理论到谣言的传播。"① 因此，他主张在学校里讲授混沌理论。到了应当承认科学家的标准教育给出错误印象的时候了。

另外，罗伯特·梅还指出，不管包括傅立叶变换、正交函数、回归技术的线性数学如何成功，它不可避免地把科学家引入歧途，因为在世界上压倒一切的是非线性。他写道："这样发展出来的数学直觉，不能正确地把学生武装起来，使之能面对最简单的离散非线性系统所表现出来的稀奇古怪的行为。""不仅在研究工作中，而且在每日每时的政治经济生活里，如果有更多的人明白简单的非线性系统并不必然具有简单的动力学性质，那我们大家的日子都会好过得多。"② 下面我们就来阐明自然界的灵魂深处是如何地非线性。

（二）非线性相互作用的机制

目前，非线性科学的已有成果，不仅探索了系统复杂性的根源，揭示出纷繁复杂的事物是如何由简单要素演化而来或者由生成元分化而成的，而且深化了系统有序演化的机理，导致了一种新的物质观，甚至对人类的创造性思维也提供了卓越见地。从中我们发现非线性相互作用都扮演了主角，它是一切系统演化发展的内在根据。所谓根据，是指事物赖以存在和发展的根本因素。辩证法告诉我们，研究任何事物都要着重注意它的内在矛盾。这里所讲的根据是指对系统演化方向和发展趋势的基本规定。这种规定很像人们追求一定目的的行为。自然界的目的性是谁规定的呢？维纳曾在控制论中做过回答。他说，既然负反馈的调节方式可以把系统的状态稳定在某个预定值上，那么包括着负反馈关系的行为就是目的性行为。但是，负反馈所实现的那种预定状态，在人工系统中是人预先编好的程序；而在自然系统中，又有谁来确定这个预定状态呢？麦克斯韦曾经假设过一个神通广大的"妖精"。事实上，非线性科学用系统要素之间的非线性相互作用回答了这个问题。

---

① 转引自[美]詹姆斯·格雷克《混沌：开创新科学》，张淑誉译，高等教育出版社2004年版，第73页。

② 同上。

这种用非线性数学形式加以刻画的相互作用，在系统生成演化中的地位和作用可以做如下分析：

首先，从热力学力（用 X 表示）和流（用 J 表示）的泰勒（B. Tayler）展开式来看：

$$J(X) = \frac{\partial J}{\partial X}\Big|_0 X + \frac{1}{2}\frac{\partial^2 J}{\partial X^2}\Big|_0 X^2 + \cdots$$

在弱小约束下（X 很小），展开式中的线性项在系统中起主导作用，非线性的影响受到抑制。随着约束的增加，离开平衡态的距离相应增大，线性项的影响逐渐减弱，非线性项的影响逐渐放大，直到取得支配地位。因此，只有非平衡约束才能使潜在的非线性的力量得以展现和发挥。

其次，从系统内部机制来看，如果系统构成要素之间的相互作用是线性的，它们的组合就只有量的增加，而不会有质的变化。例如，杂乱的发光原子线性叠加后，仍然是杂乱地发出自然光，而不可能从无序的自然光向有序的激光转变。只有发光原子产生非线性相干效应后，即要素之间形成长程关联，才可能形成频率、相位和方向都一致的单色光——激光。

再次，非线性相互作用还可能同时具有两种机制：一种是当系统偏离定态后能阻止它回归定态，这叫失稳机制；另一种是当定态失稳后，能使系统不会无限发散，保证它趋于一个新的稳定态，这叫饱和机制。现代超铀元素化学证明，人类不可能无限制地合成复杂元素，即人工合成超铀元素存在一个"稳定性界限"。当原子核达到一定阈值后，就会迅速崩散而退化成简单元素，甚至基本粒子。如苏联合成 107 号元素的寿命只有 2/1000 秒；原西德合成 109 号元素的寿命只有 1/5000 秒，都说明了这个倾向。因此，在非线性系统中，这种失稳和饱和机制综合作用的结果就是稳定性的重建。

最后，非线性相互作用还会使系统的演化产生多个可能的分支，即出现多重选择性。一般来说，描述非线性系统的动力学方程在控制参量的临界点 λ_c 会出现多重定态解，其中一个解对应于平衡态，其余的解则对应于非平衡定态。这时，系统在临界点附近会表现出一系列的非平凡行为，迫使系统在多个定态分支中做出选择。比如，在生命起源的化学进化阶段曾表现出较强的结构转向特征。目前，生命有机体内蛋白质中的氨基酸都是 L—型，而核酸中的核糖和脱氧核糖都是 D—型，就是在生命进化过程中左旋与右旋选择的结果。

法国微生物学家巴斯德认为，"生命向我们显示的乃是宇宙不对称性的功能。宇宙是不对称的，生命受不对称作用支配"。计算表明，宇称不守恒能差约为 4×10^{-38} J/分子。普里戈金学派经过研究也发现物质在远离平衡态的条件下能获得一些全新的属性，其中一个惊人的例子是：系统外场力的作用。比如引力场的存在，可以被系统"察觉"，从而创造出模式选择的可能性。[1]

一个外部力场怎么能改变系统的平衡情况呢？王文清教授指出："就地球引力场而言，这是一个小数量，但在贝纳德花样中，从力学角度看，其不稳定性在于热膨胀提高了它的重心。换句话说，引力在这里起了主要作用，并导致一种新的结构，尽管贝纳德格子只有几毫米厚度。引力在如此薄层上的效果，当处于平衡态时，是可以忽略的；但由于温度差所引起的非平衡态，引力的宏观效果甚至在这薄层中也变为可见的。非平衡态扩大了引力的效果。引力显然将修正反应扩散方程中的扩散流。计算表明，在未扰动系统的分叉点附近，这种修正是十分显著的。特别是可以得到这样的结论：非常小的引力场就能导致模式的选择。"[2]

所以，当系统处于远离平衡态时，各要素就会为建立自己的模式而进行激烈的竞争。竞争的结果总会有一个或几个要素获胜，并通过不断扩大和强化自己的势力变成起支配作用的内部参量，进而去控制和役使其他要素，迫使它们协同行动，这才有了相干协同的整体效应，突现生成系统新质。正如贝塔朗菲所言："对于一个整体来说，引入组成部分之间竞争的概念，似乎是自相矛盾的。然而，事实上这两个明显矛盾的陈述都是系统的本质。任何整体都是以它的要素之间的竞争为基础的，而且以'部分之间的斗争'为先决条件。部分之间的竞争，是简单的物理—化学系统以及生命有机体和社会体中的一般组织原理，归根到底，是实在所呈现的

---

[1] 王文清：《生命起源问题》，孙小礼：《现代科学的哲学争论》，北京大学出版社 2003 年版，第 313 页。

[2] 同上。

对立物的一致这个命题的一种表达方式。"①

　　总而言之，我们不能再用老眼光来看待世界了，因为非线性科学已经为我们打开了观察世界的新窗口，通过这一窗口，人们发现自然界在灵魂深处是非线性的，并且非线性相互作用比线性相互作用有更内在、更本质的东西。在现实世界中，非线性相互作用客观地、普遍地存在于系统内部和系统之间，它的存在具有绝对性和无条件性；而线性相互作用只不过是非线性相互作用的高度简化和近似处理，它的存在是有条件的、相对的。由此，我们可以说，矛盾的斗争性和同一性是系统要素之间非线性相互作用的外部表现，而非线性相互作用则是矛盾背后更深刻的内在根据，是事物运动发展的真正的终极原因。

---

① ［美］冯·贝塔朗菲：《一般系统论：基础、发展和应用》，林康义等译，清华大学出版社1987年版，第61页。

第十章 非线性提供了一种新的思维方式

恩格斯曾经指出:"每一个时代的理论思维,从而我们时代的理论思维,都是一种历史的产物,它在不同的时代具有完全不同的形式,同时具有完全不同的内容。因此,关于思维的科学,也和其他各门科学一样,是一种历史的科学,是关于人的思维的历史发展的科学。"[①] 近年来,不仅在自然科学领域,而且在社会科学各个领域中关于复杂性问题的研究悄然兴起,几乎遍及所有的学科领域。国际上有专门的复杂性研究机构、杂志和网络资源,仅是标题与复杂性有关的书籍目前就有500多种(注:10年后的今天已经远远不是这个数字了),其中涉及计算复杂性、算法复杂性、生物复杂性、演化复杂性、语法复杂性乃至经济复杂性和社会复杂性,等等;翻阅1999年的"Science"杂志几乎成了关注"复杂性"研究的专辑。可以说,20世纪末复杂性开始倍受恩宠,是到了我们应该认真分析研究它的时候了。

非线性和复杂性是密切相关的两个概念,甚至可以说非线性是系统复杂性的根源。为此,在第八章中,我们曾在全面深入分析自然界存在的非线性现象的基础上,论证了非线性是物理世界难以逾越的界限,是自然界的本质特征。第九章我们又通过分析非线性相互作用在系统演化中的地位和作用,指出非线性是系统复杂性之根源,是系统结构有序化之根本,是人类创造性思维之源泉,总之,非线性相互作用是事物运动发展之终极原因。本章我们顺着这一思路,进一步讨论非线性给人们思维方式带来的变革。最后,作为全书的结束语,笔者试图探讨一下复杂性科学的学科特

---

① [德] 恩格斯:《自然辩证法》,《马克思恩格斯选集》第4卷,人民出版社1995年版,第284页。

征、社会影响及其在当代科学语境下的哲学启示。

一 传统自然科学的局限性

"每一个时代的理论思维……都是一种历史的产物"。1543年,哥白尼发表的《天体运行论》拉开了近代自然科学的序幕。从此,近代自然科学在自觉的理性思维基础上,沿着开普勒、伽利略、培根等人开辟的道路不断前进,先在牛顿那里得到完美的表达,又在爱因斯坦那里达到了登峰造极的地步,从而使机械论自然观和还原分析方法占据了统治地位。与此相适应,占统治地位的思维方式是笛卡尔—爱因斯坦的简单性思维,其特征是长于局部分析,缺乏整体综合。人们把这一建立在希腊哲学家发明的形式逻辑体系和文艺复兴时期形成的系统实验基础上的西方科学称为经典科学;400多年来,世代相传、延续至今并具有一定的保守性特点,所以人们亦称为传统科学。就在人们按照鼻祖培根的教导,不断拷问自然、征服自然的时候,"经典科学无能把人与环境相互关系的广泛领域包括到它的理论框架中去"[1]的局限性日益暴露。下面我们来考察其中的几个要点:

(一) 分科的知识体系

关于这一点,恩格斯在《反杜林论》的"引论"中有过一段评价。他指出:"精确的自然研究只是在亚历山大里亚时期的希腊人那里才开始,而后来在中世纪由阿拉伯人继续发展下去;可是,真正的自然科学只是从15世纪下半叶才开始,从这时起它就获得了日益迅速的进展。把自然界分解为各个部分,把各种自然过程和自然对象分成一定的门类,对有机体的内部按其多种多样的解剖形态进行研究,这是最近400年来在认识自然界方面获得巨大进展的基本条件。但是,这种做法也给我们留下了一种习惯:把自然界中的各种事物和各种过程孤立起来,撇开宏大的总的联系去进行考察,因此,就不是从运动的状态,而是从静止的状态去考察;

---

[1] [比] 伊·普里戈金、伊·斯唐热:《从混沌到有序》,曾庆宏、沈小峰译,上海译文出版社1987年版,第54页。

不是把它们看作本质上变化的东西，而是看作永恒不变的东西；不是从活的状态，而是从死的状态去考察。这种考察方法被培根和洛克从自然科学中移植到哲学中以后，就造成了最近几个世纪所特有的局限性，即形而上学的思维方式。"①

按照恩格斯的看法，传统自然科学的基本目的在于阐明自然界中各种物质运动形式所遵循的普遍规律，如力学研究机械运动规律、物理学研究分子运动规律、化学研究原子运动规律、生物学研究生命运动规律等。事实上，传统自然科学从伽利略、牛顿到20世纪前半叶正是这样做的。虽然它为人们提供了极为丰富和正确的科学知识，但在科学的各部门之间却出现了被忽视的无人区，科学的各个不同领域之间的联系被专门化的科学本身所割断。正如著名数学家、控制论的创始人维纳所言："从莱布尼茨以后，似乎再没有一个人能够充分地掌握当代的全部知识活动了，从那时候起，科学日益成为科学家在愈来愈狭窄领域内进行着的事业。……他满嘴是他那个领域的行话，知道那个领域的全部文献，那个领域的全部分支，但是，他往往会把邻近的科学问题看作与己无关的事情，而且认为如果自己以这种问题发生任何兴趣，那是不能容许的侵犯人家地盘的行为。……在这样的领域里，每一个简单的概念从各方面得到不同的名称；在这样的领域里，一些重要的工作被各方面重复地做了三四遍；可是却有另一些重要工作，它们在一个领域里由于得不到结果而拖延下来，但在邻近的领域里却早已成为古典的工作。"② 的确，由于传统自然科学的各个学科只局限于研究单一的物质运动形态，因而在一定程度上阻碍了科学事业的发展，结果出现了维纳所说的那种局面。

今天看来，这是一种过分的简单化、悖论性的研究方法。如果说在20世纪前半叶，人们对非线性与物理世界的关系认识得还不很清楚的话，那么在20世纪后半叶，以自组织、混沌、分形等为主要特征的非线性科学的诞生和兴起，则使得物理学家认识到非线性科学的产生可能是继相对论、量子力学之后的"又一次科学革命"。随着现代科学技术的发展，线性化理论的局限性也日益明显，那种用简单性思维看待工业化和绝大多数

---

① 《马克思恩格斯选集》第3卷，人民出版社1995年版，第734页。
② ［美］维纳：《控制论》，郝季仁译，北京大学出版社2007年版，第13—14页。

工程问题的思路，使人类为此付出了惨重的代价；在医学上，我们的医生和心理学家也常常以简单性思维进行诊断和治疗，然而人是一种复杂的精神和肉体的非线性生命体，结果引起了许多负面效应。同样，在思想政治领域，简单性思维导致了好与坏的简单两分法。事实上，用简单性思维是根本处理不好复杂的人际关系和国际关系的。正如法国著名社会学家埃德加·莫兰所说，如果我们不再深入一步；如果我们把起点看成终点；如果我们把充其量不过是近似的东西视为确定无疑的东西；如果我们把部分混同于整体，那我们就是采取了一种简单化的看待世界的方法，而且迟早会为此付出代价。[1] 因此，要真正认识现实世界，把握世界的本质，就必须采用跨学科研究的方法，摒弃以往的那种把现实世界简单化的想法和做法，从寻找世界万物终极之石的幻想中解脱出来，把注意力转向研究系统要素之间以及系统与环境之间的非线性相互作用，因为"世界在本质上是非线性的"，"非线性相互作用是事物的真正的终极原因"。

（二）机械论的自然观

在《神圣家族》中，马克思曾经对法国唯物主义哲学同科学技术的密切关系做过如下论述。他认为，18世纪法国唯物主义哲学起源于笛卡尔的物理学和英国的唯物主义，但又同17世纪的形而上学相对应，即与笛卡尔、斯宾诺莎和莱布尼茨的形而上学相联系。拉美特利（J. O. La Mettrie）的著作是笛卡尔唯物主义和英国唯物主义的结合，他详尽地利用笛卡尔的物理学，《人是机器》一书就是仿照笛卡尔的动物是机器的模式写成的。[2] 也正是由于18世纪的科学技术具有机械唯物论的形而上学性质，所以法国唯物主义也表现出同样的性质。

传统科学在牛顿力学的影响下，基于机器模型来理解世界：动物是机器，人是机器，国家是机器，整个宇宙是机器，按照机器模型建立描述一切科学对象的理论框架。最早建立起来的是伽利略和牛顿所奠基的机械论科学，把宇宙描述为一个自行转动的钟表，在上帝施加第一推动之后，它便自我运转不已。随着科学的发展，机器模型也在不断进化，从钟表到热

---

[1] 转引自吴彤《复杂性范式的兴起》，《科学技术与辩证法》2001年第6期，第21页。
[2] 《马克思恩格斯文集》第1卷，人民出版社2009年版，第334页。

机，从热机到自动机和电脑，机器模型越来越精巧、高级、复杂，理论解释力也越来越强。但它们归根结底还是机器，机械性、机械化渗透于科学的方方面面，显示出科学系统的特定历史形态所固有的一种持存性，具有相当大的稳定性。无论是牛顿力学，或麦克斯韦理论，还是爱因斯坦革命，一个基本的共同点是基于机器模型的宇宙观，基于还原论的方法论，以及重分析轻综合的思维方式。用普里戈金的话说，它们都是存在的物理学，而不是演化的物理学。单纯以存在的科学为原型进行哲学概括，并把它神圣化、绝对化，就形成了西方科学哲学的基调——不懂得近现代科学只是科学系统的一种历史形态。所以，普里戈金说："科学开创了与自然的一次成功对话。另一方面，这次对话的首要成果就是发现了一个沉默的世界。这就是经典科学的佯谬。它为人们揭露了一个僵死的、被动的自然，其行为就像是一个自动机，一旦给它编好程序，它就按照程序中描述的规则不停地运行下去。在这种意义上，与自然的对话把人从自然界中孤立出来，而不是使人和自然更加密切。人类推理的胜利转变成一个令人悲伤的真理，似乎科学把它所接触到的一切都贬低了。"[1]

这也就是说，机械论科学在不断发展中逐步暴露出自身的局限性，出乎意料的是，在机器模型取得越来越多成就的同时，机械性、机械化带来的负面效应也越来越大，19世纪中叶已经出现过对机械论的反思，特别是恩格斯的批判。到20世纪中叶，反思的声音不仅出现在社会各界，也从科学共同体内部响起，而且音响越来越大。如法国哲学家瓦尔（Jean Wahl）所强调的，二元论直到现在仍在困扰着西方思想，其特征是"在作为自动机的世界与上帝主宰宇宙的神学之间不断地摇摆。"[2] 这种特征被英国生物化学家、科学史家李约瑟讽刺为"典型的欧洲痴呆病"。"事实上，这两种观点是联在一起的，自动机需要一个外部的上帝。"[3] 1994

---

[1] ［比］伊·普里戈金、伊·斯唐热：《从混沌到有序》，曾庆宏、沈小峰译，上海译文出版社1987年版，第38页。

[2] ［比］伊·普里戈金：《确定性的终结》，湛敏译，上海科技教育出版社2009年版，第9页。

[3] ［比］伊·普里戈金、伊·斯唐热：《从混沌到有序》，曾庆宏、沈小峰译，上海译文出版社1987年版，第39页。

年10月，著名物理学家温伯格在《科学美国人》的"宇宙中的生命"专刊上撰文写道："我们虽然喜欢采用一种统一的自然观，但在宇宙中，智慧生命的作用仍遇到一个棘手的二元论。……一方面，薛定谔方程以一种完美的确定论方法描述了任何系统的波函数如何随时间而变化；另一方面，相当不同的一个方面，当有人进行测量时，又有一组原则规定如何用波函数推算各种可能结局的概率。"① 因此，"科学家会不时因相信从培根到库恩、波普尔等哲学家所提出的某些过分简化的科学模式而受到束缚。"② 现在科学共同体终于认识到人体不是机器，社会不是机器，地球生态系统不是机器，宇宙不是机器，必须改变科学的基本信念，抛弃机器模型，用有机论模型理解人，理解社会，理解自然，用盖娅学说解释地球环境，等等。就这样，现代有机论逐步从科学共同体中滋生发展起来，成为新型科学的主要信条之一。③

（三）还原分析的方法

通过认真的历史考察，我们还发现，科学家为了认识自然、解释世界，应用还原分析的方法不断向更小尺度、更深层次掘进，揭示了原子核的秘密、夸克的秘密、基因的秘密，等等，获得古代科学无法望其项背的成功。成功的行为必定触动系统的正反馈机制，还原论经世代相传而不断得到强化，被当成唯一可能的科学方法论。从古代的原子论到当代对夸克的苦苦探寻，人们都试图将物质的性质追溯到这些终极之石，以便用尽可能简单，尽可能少的基本概念和基本假设解释复杂的自然现象，于是大自然原则上被看成了一个巨大的确定论的保守系统。比如，物理学家对简单规律的信奉，完全忽略了初始条件和约束条件的复杂性，因而造成了决定论的可以彻底计算的幻想模型，以至宿命论的命定思想、决定论的线性思维、机械论的还原方法，几乎充斥在古代和近代的每一个文献中。原因在于：在这个世界上，谁都希望事情简单易行，能够提纲挈领，一目了然；谁都希望把复杂的现象分解成一个个组成部

---

① ［美］S. Weinberg.《宇宙中的生命》，*Scientific American* 271, No. 4 (October1994) p. 44.
② ［美］S. Weinberg. "Four golden lessons." *Nature*, 426 (2003), p. 389.
③ 苗东升：《复杂性科学研究》，中国书籍出版社2013年版，第12页。

分，然后一个一个地将它们解决。我们的概念系统和描述系统当然也是愈简单愈好。这或许是人类认识史上必不可少的一步，但却可能使人误入歧途。

进入20世纪后，科学家逐渐觉察到，随着对部分了解得越来越精细，我们对整体的了解反而越来越模糊。这表明，了解部分并不足以完全了解系统的整体特性。这种事实、感受、经验不断积累，终于使一批思想敏锐的科学家意识到：还原论不是万能的，还原分析方法也有很大的局限性，向更小尺度、更深层次掘进并非科学发展唯一可能的方向，有些宇宙奥秘需要到相反的方向去寻找破译方法。系统科学创立后，人们也逐渐认识到，曾经被传统科学否定了的亚里士多德"整体大于部分之和"的命题，原来包含着还原论无法揭示的巨大真理。科学需要超越还原论，重新回归整体论。方法论的这一转变给科学系统形成巨大的环境选择压力，如何变革科学方法论，用什么取代还原论？如何从整体上认识和解决问题，把握系统的整体涌现性？已成为科学共同体必须认真思考和解决的重大时代课题。[①]

由此可见，历史上还原论、机械论、简单性思维根深蒂固。甚至到了20世纪上半叶非线性科学诞生之前，大多数科学家都相信现实世界在本质上是简单的，一直把简单性作为科学追求的最高目标，认为"简单是真的标志"，复杂仅仅是现象，甚至在赞美简单性这个孤岛时，忘记了还有复杂性的海洋。我们用更广泛一点的语言来说，机器工业时代的传统科学倾向于强调稳定、有序、均匀和平衡。它最关心的是封闭系统和线性系统，其中小的输入总是产生小的结果，认为自然界没有质的飞跃。这种观点就是长期以来传统科学灌输给人们的线性思维。

从前人们对事物的认识和处理，受认识能力和认识手段的制约，往往把复杂事物加以简化，略去其中一些次要因素，或者把复杂系统还原分解为低层次的简单系统，在局部上求得问题的解决，即把非线性问题简化为线性问题来处理。这在认识论上是线性思维，方法论上是还原论，世界观上是机械论。非线性科学揭示了传统科学的这些局限性，主张以非线性观点来认识和处理事物，克服线性思维简单、还原、机械的缺陷，从整体上

---

① 苗东升：《复杂性科学研究》，中国书籍出版社2013年版，第12—13页。

把握事物运动变化的特性和规律，还事物的本来面目。由于世界在本质上是非线性的，因此非线性思维或辩证思维才是分析和处理事物的根本方法，线性思维只不过是非线性思维分析和处理问题的高度简化和近似处理。因此，建立更加完善的非线性系统理论，并用跨学科研究的方法解释各种复杂问题，是人们对客观世界的认识进一步深化的必然趋势。"更准确地说，近现代科学是还原论科学，科研的主攻方向是向深层次挖掘，以揭示更深层次的还原释放性，解释微观世界的奥秘；新型科学是涌现论科学，主攻方向是把握对象的整体特性，揭示那些随着层次提升而涌现出来的宇宙奥秘，特别是宇观世界和宏观世界的整体涌现性。"[1] 这一科学系统的转型演化之所以令人感兴趣，就在于它把人们的注意力引向了现实世界的另外方面：无序、不稳定、多样性、非平衡、不可逆和非线性以及暂时性——对时间流的高度敏感性。这些方面标志出今天加速了的社会变化。

综上所述，非线性科学是研究非线性现象共性问题的一类新型科学，它的产生标志着人类认识由线性领域进入了非线性领域，这是人类认识史上的一次巨大飞跃。非线性科学揭示出来的新事实、新特点和新规律，不仅对科学技术具有重要意义，而且对人们的思维方式，特别是理论思维具有重大影响。

二 迈向一种新的思维方式

德国著名系统科学家克劳斯·迈因策尔在《复杂性中的思维》一书中指出："在自然科学中，从激光物理学、量力混沌和气象学直到化学中的分子建模和生物学中对细胞生长的计算机辅助模拟，非线性复杂系统已经成为一种成功的求解问题方式。另一方面，社会科学也认识到，人类面临的主要问题也是全球性的、复杂的和非线性的。生态、经济或政治系统中的局部性变化，都可能引起一场全球性危机。线性的思维方式以及把整体仅仅看作其部分之和的观点，显然已经过时了。认为甚至我们的意识也受复杂系统非线性动力学所支配这种思想，已成为当代科

---

[1] 苗东升：《复杂性科学研究》，中国书籍出版社2013年版，第14页。

学和公众兴趣中最激动人心的课题之一。"[①] 如果迈因策尔的判断是正确的话,那么我们的确就获得了一种强有力的思维方式,使我们得以处理自然科学、社会科学和人文学科的跨学科问题。下面我们就这一问题展开讨论。

(一) 非线性系统的基本特征

非线性是相对于线性而言的,它们原本是一对数学概念,用以区分不同变量之间的两种性质不同的关系。一个系统一般都有许多相互依赖的变量,如输入量、输出量和状态量,而且它们都可能不止一个。这些变量之间的关系决定着系统的行为特性。线性和非线性系统的区别一般有以下三个方面:

首先,从系统的运动形式上看有定性的区别,线性现象一般表现为时空中的平滑运动,并可用性能良好的函数来表示;而非线性现象则表现为从规则运动向不规则运动的转化或跃迁。

其次,从系统对外界的影响和系统参量微小变动的响应上看,线性系统的响应平缓、光滑,往往表现为对外界影响成比例的变化;而非线性系统中参量的极微小变化,在一些关节点上则表现出与外界激励有本质区别的行为,比如周期驱动的非线性振动系统可以出现驱动频率的分频、倍频形式的运动,而不仅仅是重复外界频率。

最后,反映在连续介质中的波动上,线性行为表现为由色散引起的波包弥散或结构的消失;而非线性相互作用却可以促使空间规整结构的形成和维持,如孤子、涡旋、突变面,等等。

通俗一点说,线性的特点是均匀、单一、不变,即均匀的分布、单一的方向、不变的速度等,一切都随着初始条件的给定而给定。所以说,线性系统没有创新,没有意外,一切都是确定的、可预见的。而非线性系统恰好相反,非均匀的分布、多变的方向、可变的速度等是其主要特点,因而具有种种内在的不确定性、永恒的新颖性和不可预见性。

在物理学中,我们把由线性函数描述的系统叫作线性系统,而把由

---

① [德]克劳斯·迈因策尔:《复杂性中的思维》,曾国屏译,中央编译出版社1999年版,第1页。

非线性函数描述的系统叫作非线性系统。对于线性系统,由于其内部相互作用是线性的,所以系统的整体性质就是各子系统孤立存在时性质的简单叠加,即整体等于部分之和。而非线性系统往往也是由大量子系统组成的,但由于子系统之间的相互作用是非线性的,系统不再满足叠加原理,系统整体表现出来的行为也不再是个体行为的简单叠加,而是一种个体所不具有的行为。从子系统层次上升到系统层次,不仅有量的积累,而且更主要的是发生了质的飞跃。我们把这种系统在低层次构成高层次时,所表现出来的低层次上没有的性质叫作"涌现性"。前面第八章我们已经通过对经典物理学中的非线性问题(刚体定点运动、单摆的等时性和三体问题等)以及相对论、量子力学的分析考察,认为非线性是物理世界难以逾越的界限,特别是对于近年来以孤子、混沌、分形为代表的非线性科学的学习、研究,感到它们正在消除自然科学中的决定论和概率论两大对立体系间的鸿沟,使复杂系统理论开始建立在"有限性"这一更加符合客观实际的基础之上。另外,通过对创造性思维的非线性分析,也使我们感到微妙而敏感的"纽安斯"存在于人们思想范畴之间的分形空间之中,当人们在从事科学发现、技术发明和艺术创作时,它实则经历着十分剧烈的非线性反应过程。[①] 在后来的研究中我们还进一步指出,在纳米材料的自组织形成过程中[②],在计算机网络系统的拥塞现象中,非线性反应过程也是必经阶段。如此说来,非线性真是奇妙无比,它竟然无处不在。

  作为思维对象的现实系统,无论是线性的还是非线性的,都有静态和动态两种类型。系统科学主要研究动态系统;线性动态系统与非线性动态系统是最常用的两个分类概念。用非线性动力学原理和方法研究思维运动,必须熟悉线性动态系统与非线性动态系统的基本特征,以便查明传统科学如何把非线性动态系统误认为是线性动态系统,在应当运用非线性思维的地方误用了线性思维。通俗地讲,有比较才有鉴别,有鉴别才能正确选择。为此,苗东升教授在《非线性思维初探》一文中把迄今为止系统

[①] 武杰、李宏芳:《非线性是自然界的本质吗?》,《科学术与辩证法》2000年第2期,第3—4页。

[②] 孙刚、武杰、张敏刚:《关于纳米结构自组织合成的分析》,《系统辩证学学报》2003年第2期,第79—81页。

科学已经认识的这两类系统的基本特征列表对照陈述如下[①]：

表 10—1　　　　线性动态系统与非线性动态系统的特征比较

线性动态系统	非线性动态系统
1. 满足叠加原理，即解具有加和性：若 x 和 y 是解，则 $x+y$ 也是解。	不满足叠加原理，即解具有非加和性：若 x 和 y 是解，则 $x+y$ 不是解。
2. 相空间至多有一个吸引子，没有不同吸引子之间的竞争。	相空间可能同时存在几个吸引子，不同吸引子之间相互竞争。
3. 只有不动点（平衡态）吸引子，没有极限环等复杂吸引子。	不动点、极限环（周期态）、环面（准周期态）、奇怪吸引子（混沌态）应有尽有。
4. 只有平庸的稳定性交换（即丧失稳定性或获得稳定性），没有不同吸引子之间的稳定性交换。	在同一相空间中，系统可能既有稳定运动，又有不稳定运动，具有所有可能形式的稳定性交换。
5. 只可能有他激振荡。	既有他激振荡，又有自激振荡。
6. 原则上没有分岔现象。	出现分岔是常见现象。
7. 没有突变。	出现突变是常见现象。
8. 系统行为没有回归性，没有循环运动。	系统行为一般都有回归性，循环运动是常见的。
9. 不可能发生混沌运动。	混沌运动是通有行为。
10. 一切都是确定性的，未来完全可以预测，没有创新，没有发展。	既有确定性，又有不确定性，长期行为不可预测，富有创新，富于发展变化。

（二）非线性科学引起的变革

1995年5月，周光召院士在全国科学技术大会上做了题为《迈向科技大发展的新世纪》的专题报告。他明确指出："非线性科学是关于体系总体本质的一门新学科，它更着重于总体、过程和演化。因此，透过这扇窗户，看到的将是与牛顿、爱因斯坦创建的决定性的、简单和谐的模式不同，而是一个演化的、开放的、复杂的世界，这是一幅更接近真实的世界

---

① 苗东升：《非线性思维初探》，《首都师范大学学报》（社会科学版）2003年第5期，第95页。

图景。"① 笔者认为，非线性科学为人类观察世界打开的这扇新窗户、构建的这幅新图景也使我们的思维方式发生着一场深刻的变革。

1. 机械论与有机论的抗争

自 17 世纪经典力学诞生发展至今，这种传统科学的基本特征是它的机械性。基于这种机械论的世界观，传统思维总是把研究对象划分为一个个部件，然后采用分析的方法去解决问题。因而其认识领域是线性的，研究对象总体上都是简单性问题，于是形成了一种形而上学的思维方式——机械决定论。法国数学家拉普拉斯在 200 年前（1814）就曾给这种决定论自然观以生动的描述。他认为，可以"用相同的分析表达式去理解宇宙系统的过去状态和未来状态。把同一方法应用于某些其他的认识对象，它已能将观察到的现象归结为一般规律，并且预见到在给定条件下应当产生的结果。"② 他还进一步提出了一个神通广大的假想："如果有一个智慧之神，在某个给定的时刻，能够辨识出赋予大自然以生机的全部的力和组成自然之物的个别位置，如果这个智慧之神具有足够深邃的睿智而能分析所有这些数据，那么他将能把宇宙中最微小的原子和最庞大物体的运动都同样地包括在一个公式之中。对于他来说，没有什么东西将是不确定的，未来就如同过去那样是完全显著无遗的。"③ 按照这种观点，牛顿的决定论可以概括为宇宙现在的状态是它们以前状态发展的必然结果，同时又是以后状态的形成原因，牛顿系统的过去和未来可以从其当前的状态唯一地推断出来。这种线性思维的局限性在 19 世纪已露端倪，并被恩格斯所揭示，但它仍以顽强的势头发展着，并取得了巨大成就，如 20 世纪中前期相对论、量子力学和基因学说的产生，并导致了一系列科学革命。

然而，到了 20 世纪中叶，这种机械论自然观和传统科学似乎才面临着真正的挑战。一方面，人们按照传统思维方式开展的科学研究，遇到了前所未有的阻力。人们用还原分析法探寻世界"基元"的想法未获得实质性突破，遇到了"夸克幽禁"；超弦理论式的描述被美国记者约翰·霍

---

① 周光召：《迈向科技大发展的新世纪》，《时事报告》1995 年第 7 期，第 10 页。

② [法] P. S. Laplace. *A Philosophical Essay on Probabilities*. Dover: Dover Publications INC, 1951, pp. 80—90.

③ Ibid..

根（John Horgan）称为"反讽的科学"，以致叹息"科学的终结"。[①] 同时，传统科学在分析过程中割舍的东西却显示出日益重要的作用，它的作用规律同样是线性思维难以把握的。另一方面，近几十年来系统科学的发展，特别是非线性科学的兴起，给科学带来了新的活力。贝塔朗菲、维纳、申农等人的研究，都在很大程度上冲破了机械论的桎梏，相继而来的普里戈金、哈肯、艾根等人，以"耗散结构"、"序参量"、"超循环"等崭新理念，开创了一种真正摆脱机械论模式、具有强烈机体论特征的自组织理论，被认为是对传统观念的彻底批判，明确宣告了机械决定论的寿终正寝。其中，被誉为对这一转型论述最全面最深入的普里戈金，"毕其一生致力于把演化观点引入物理学，试图在存在的科学与演化的科学之间搭桥铺路，因而练就了对科学转型演化特有的敏锐嗅觉。从1979年出版的《新的联盟》始，到1996年发表的最后一部专著《确定性的终结》，普里戈金一直在倡导科学转型论，为新型科学的诞生摇旗呐喊"[②]，力图引导"科学去重新考虑过去以机械论世界观的名义被排斥在外了的东西，比如不可逆性和复杂性等课题。"[③]

由此可见，"我们正处在科学史中的一个重要转折点上。我们走到了伽利略和牛顿所开辟的道路的尽头，他们给我们描绘了一个时间可逆的确定性宇宙的图景。我们现在看到的是确定性的腐朽和物理学定律新表述的诞生。"[④] 它们促成了一些新概念的产生，比如不稳定性、不可逆性、时间之矢、熵、涌现性、复杂性等概念被赋予特定的科学含义并运用到科学研究之中；众多非线性现象、混沌现象及各种复杂巨系统都被纳入科学视野，使人们看到了一个更丰富而真实的世界。[⑤] 所以，许多学者认为，非线性科学是一种生活化的科学，追求对象自由的存在、在场的存在和现实

---

① [美] 约翰·霍根：《科学的终结》，孙雍君等译，远方出版社1997年版，第290、329页。

② 苗东升：《复杂性科学研究》，中国书籍出版社2013年版，第5页。

③ [比] 伊·普里戈金、伊·斯唐热：《从混沌到有序》，曾庆宏、沈小峰译，上海译文出版社1987年版，第145页。

④ [比] 伊利亚·普里戈金：《确定性的终结——时间、混沌与新自然法则》，湛敏译，上海科技教育出版社2009年版，致谢。

⑤ 徐治立：《试论复杂性科学对可持续发展的意义》，《襄樊学院学报》2001年第3期，第16—17页。

的此在。这种"新型科学"带来的转折,正如普里戈金所说,"人们对自然的看法正在经历着一个向着多重性、暂时性和复杂性发展的根本变化",这是"科学史上不曾有过的新形势。"① 1998年,他在最后一部专著《确定性的终结》"中文版序"中以更明确的语言指出:"在本世纪末,我们并非面对科学的终结,而是正目睹新科学的萌生。我衷心希望,中国青年一代科学家能为创建这一新科学做出贡献。"②

2. 物质实体向关系实在的转移

传统科学主要研究各个不同层次的客观物质的性质、状态及其运动规律,焦点聚集在实物上。这种探索已达到了某种相对的极限,微观已触到了"夸克"层次,宇观已探到了总星系。这种物质的相对极限似乎使科学显得一时难有作为。非线性科学则另辟蹊径,把研究的焦点由实物粒子转向了相互关系,着重研究复杂系统的总体、过程和演化,将科学研究活动引向了一个更广阔的时空范围,即"一个开放的、演化的、复杂的世界,这是一幅更接近真实的世界图景"。

辩证唯物主义认为,世界是普遍联系的、永恒发展的;当代非线性科学则进一步阐明,系统是世界普遍联系的基本方式,非线性相互作用则是事物永恒发展的根本动力。一定层次的实物要素按照一定的方式联系起来就形成较高层次的系统整体,从而确定了一种特定的相互关系。这种关系实在正是产生整体涌现性的根源(涌现性也许还与系统的要素及环境有关),因此,关系实在比物质实体具有更丰富、更复杂的内容。正是在这个意义上,恩格斯指出:"世界不是既成事物的集合体,而是过程的集合体。"③ "辩证法是关于普遍联系的科学"④。但是,形而上学恰恰与此相反,主张用孤立、静止、片面的观点去认识世界,只见局部不见整体,只见树木不见森林。

关系实在与信息进化密切相关。在系统生成演化的过程中,一切物质

---

① [比]伊·普里戈金、伊·斯唐热:《从混沌到有序》,曾庆宏、沈小峰译,上海译文出版社1987年版,第34页。

② [比]伊·普里戈金:《确定性的终结》,湛敏译,上海科技教育出版社2009年版,中文版序。

③ 《马克思恩格斯选集》第4卷,人民出版社1995年版,第244页。

④ 同上书,第259页。

和能量都是暂时的，都处于不断的新陈代谢过程中，得以保存、传递、进化的，恰恰是非实体的信息。所以，信息是标志物质间接存在的哲学范畴，是物质存在方式与运动状态的自身显示。它表征着特定物质系统的成分、结构、状态、行为、功能、属性、演化趋势等方面的内容，其中大部分内容都是由除要素（成分）之外的关系所体现的。维纳由此断言：信息是负熵，是系统组织程度的量度。通过信息来认识这些关系是非常重要的手段，也是极为复杂的过程。从信息运动的角度看，它涉及语法、语义、语用三个领域的内容，这些都是未来科学大有可为的重要方向。

非线性科学所关注的系统整体涌现性，不可能用物质能量守恒定律来解释，实质上它是通过对部分的组织整合而产生的信息增益和信息创生的结果，因为信息具有不守恒性；或者说，是通过对差异性、多样性的整合而产生的结构特性或组织特性。结构或组织的生灭转换虽然不可能使物质和能量有所增减，却能够改变物质、能量的存在形态，从而改变物质系统的复杂性。因此，贯穿系统生成演化过程的，实际上是信息和信息规律，这也正是系统整体涌现性的本质所在。[①] 因为复杂性不是物质粒子的固有属性，而是组织的属性，是在系统由低级向高级的自组织演化中涌现出来的，即简单性经过组织（或迭代）而涌现出复杂性，亦即"简单性孕育了复杂性"。古代的老子将这种生成论解释叫作"有生于无"；霍兰教授戏称这种"由小生大，由简入繁"的普遍现象往往带有"暴发致富"的味道，使得涌现变成一种神秘的、似乎似是而非的现象。[②] 然而，线性思维正是由于进行了某种不适当的简化，把一些本质上是复杂性的问题转变成了简单性问题，同时失去了有意义的信息，因而不能获得对特定关系的准确把握。非线性科学就是要通过搜索那些失去的重要信息，全面认识和把握事物的特定关系，从而进一步拓展科学研究的领域。[③]

所以，普里戈金说："今天，我们的兴趣正从'实体'转移到'关系'，转移到'信息'，转移到'时间'上。""这个观点上的改变并不是

[①] 苗东升：《系统科学的难题与突破点》，《科技导报》2000年第7期，第24页。

[②] ［美］约翰·霍兰：《涌现——从混沌到有序》，陈禹等译，上海科学技术出版社2006年版，第2页。

[③] 徐治立：《试论复杂性科学对于可持续发展的意义》，《襄樊学院学报》2001年第3期，第18页。

出自某种武断。在物理学里,它是由那些谁也不可能先知的新发现强加给我们的。谁曾预料过大多数的(而且也许是所有的)基本粒子被证明是不稳定的呢?谁曾期望过,对膨胀着的宇宙的实验验证,使我们能去想象整个世界的历史呢?"[1]

3. 还原论与整体论的有机结合

人们在认识事物的过程中,一般来说,既要认识事物的局部,又要认识事物的整体。长期以来,传统科学一直认为,认识了部分的性质,总和起来就能得到整体的性质,基本上采取了单纯分析的方法。系统科学的创始人贝塔朗菲认为,整体分为非系统整体和系统整体两类。前者具有加和性,只要认识了组成部分,把部分特性加起来就能得到整体特性。后者是"整体不等于部分之和",若干部分按照一定方式相互关联起来形成系统,就会产生整体具有而部分及其总和没有的特性;不同的关联方式会产生不同的整体特性,一旦把系统整体分解为它的部分,这些特性便不复存在;只有当整体与环境发生联系时,整体的特性才能表现出来。[2] 比如,股市的运行规律是股市作为系统整体在宏观层次上涌现出来的特性,还原到微观层次的单个股民身上就看不到了。如此这般的高层次具有、低层次没有的特性仿佛像泉水般地从地下涌现出来,这是低层次组成部分相互作用、相互激发的结果。但是,线性思维基本上把事物看作非系统整体,相信一切问题最终都可以还原到某一物质层次加以说明,因而它不能认识系统整体的涌现性。当人类认识涉及日益复杂的系统整体时,传统科学对其复杂的涌现现象不知所措,陷入绝境。科学似乎再也难以按其固有的逻辑持续发展了。

由此可见,还原论与整体论是一对矛盾,它们相互否定,又相互规定;相互抑制,又相互激发。所谓超越还原论,并非简单地否定还原论、回归整体论。实际上 B 超越 A 就意味着 A 是 B 的前行过程或前体,经历过 A 才谈得上越过 A,所以 B 对 A 既有所抛弃、否定,又有所继承、吸纳。哲学上称为扬弃:有扬也有弃,有弃也有扬。现代科学发展面临的困

---

[1] [比]伊·普里戈金、伊·斯唐热:《从混沌到有序》,曾庆宏、沈小峰译,上海译文出版社 1987 年版,第 41 页。

[2] 徐治立:《试论复杂性科学对于可持续发展的意义》,《襄樊学院学报》2001 年第 3 期,第 16 页。

境表明：不要还原论不行，光要还原论也不行；不要整体论不行，光要整体论也不行。因此，摆脱困境的出路在于既要还原论，又要整体论，把两者结合起来，以整体论克服还原论的弊端，以还原论克服整体论的弊端。但这不是机械式结合，而是有机的、具体的、历史的结合，即辩证的结合。钱学森先生由此提出一个著名的命题——"系统论是整体论和还原论的辩证统一"[①]。所以我们说，所谓把还原论与整体论有机（辩证）地结合起来，意味着科学方法论走向了系统论；或者说，非线性科学的方法论就是系统论。

（三）几种主要的非线性方法

在科学发展中"凡有禁忌，必含真理"，于是就产生了这样的问题，什么是整体论与还原论的辩证统一？如何实现这种辩证统一？这是一个必须回答而又不易回答、既尖锐而又有深度的问题。笔者经过十余年的学习和思考，才形成了一些初步的认识，认为非线性科学对涌现性认识的步步深入，为面临绝境的还原论科学带来了可持续发展的生机，人们也正在力图探寻描述复杂系统整体涌现性的有效方法。特别是由于现代计算技术的发展，大规模的数学计算和仿真模拟为研究复杂系统的行为提供了非常经济的"实验室"，使许多长期被认为是难以求解的非线性问题的定量数值分析取得了很大的成功。人们对非线性系统的研究也逐步从范例转向系统方法论的研究，目前主要应用的方法或工具有：

（1）元胞自动机，是由大量单元组成的、具有简单相互作用的计算模型。在此模型中，空间被一定形式的网络分割为许多单元，即元胞。在每个元胞上赋予一定离散化的数值，以代表格点的状态，各格点状态随时间同步更新。归纳起来，元胞自动机具有以下特点：各元素分散在离散的晶格点上；各元素的状态随时间离散地变化；每个元素都是完全相同的有限自动器（故称元胞）；每个元胞都只与周围的元胞局部连接；元胞的状态变化由确定性规则表示。[②] 元胞自动机作为一种离散化的动态模型，目前主要用来模拟一些自然现象和进行一些物理机制方面的研究。"人工生

[①] 钱学森：《书信》第 4 卷，国防工业出版社 2007 年版，第 190 页。
[②] 许国志：《系统科学》，上海科技教育出版社 2000 年版，第 118 页。

命"就是朗顿博士在2维元胞自动机中发现的一个能自我复制的"圈=Q"。它从理论上研究生命可能存在的方式,而传统生物学只研究生命的可以观察到的方式。[①]

（2）几何动力学,是通过相图及相关的图形来描述、解释非线性系统的性质和行为,能直观地展现吸引子、吸引域和系统解稳定性的全局图景,是分析分叉和混沌的有力工具。这种方法是传统相空间理论的进一步发展,包括了Poincaré映射,符号动力学、分形几何以及Melikov方法等。

（3）分叉理论,是非线性系统稳定性理论的主要部分,对于普通系统和混沌系统均有重要意义。这一理论首先是由法国数学家勒内·托姆以突变论的形式提出的,后来M. Golubitsky等人的工作系统地发展了这种理论。[②]

（4）软系统方法论,是以福瑞斯特（J. W. Forrester）创立系统动力学（1958,SD - system dynamics）为发端的、基于信息论和控制论来研究和处理工业社会中的各种管理和决策问题的一类高智能化的学科。作为系统论的一大流派,它们都力求把握系统整体大于部分的特性,克服还原论的局限性；但又都坚持对系统进行分解、分析,在分析的基础上进行综合。以切克兰德为例,他关注的重点是所谓人类活动系统,或结构不良的软问题,目标是解决硬系统方法无能为力的复杂性问题,但又离不开对系统的分解、分析。因而,他的做法是从结构角度划分出不同子系统,从过程角度划分出不同步骤（如所谓SSM七阶段循环学习系统理论[③]）,以建立相应的软模型。

（5）复杂适应系统（CAS）理论,是美国圣菲研究所（SFI）的霍兰教授于20世纪90年代初期提出的一种新理论。这种理论的基本思想是："适应性造就复杂性",即组成系统的子系统是具有自身目标和行为规则的、主动的"活"的个体（agent）,这些个体具有学习和适应环境的能力,能够通过与环境及其他个体的相互作用改变自身的结构和行为,以适

---

① [美] C. G. Langton. "Studying Artificial Life with Cellular Automata", Physica D, 22 (1986), pp. 120—149.

② 吴彤：《复杂性范式的兴起》,《科学技术与辩证法》2001年第6期,第21页。

③ [英] P. 切克兰德：《系统论的思想与实践》,左晓斯、史然译,华夏出版社1990年版,第203页。

应周围环境的变化。这种适应性行为构成了整个系统出现"涌现"性质的基本动因。① 这种建模方法已成为一种对生物、生态、经济、社会等复杂系统更贴切的描述。

回顾系统科学的发展历程,特别是非线性科学的蓬勃发展不难看出,科学方法论思想的转变像一条红线一样贯穿其间,而且越到后来越鲜明。韦弗在1948年以研究简单性或复杂性来区分科学的两种形态,已经包含了这一思想。扎德(Lotfi A. Zadeh)的模糊学,切克兰德的软系统方法论,霍兰的CAS理论,对于明确这一思想都做出了重要贡献。给出深刻论述的是普里戈金,他尖锐地批评传统科学"消除复杂性并把复杂性约化为某个隐藏着的世界的简单性"的做法②,提出了"结束'现实世界简单性'信念"的口号③,并且给出诸多具体论述。正是基于这些工作,苗东升教授于1990年提出"转向承认现实世界的复杂性,放弃把复杂性约化为简单性来处理的传统做法,提倡把复杂性当作复杂性来处理的新思维"④,并将这一新思维的主旨归结为如下两条:"其一,简化方法对复杂性科学仍然是必要而且重要的,却不再是首要的、根本的;其二,存在两种目标不同的简化描述,还原论的简化是为了消除复杂性,复杂性科学的简化是为了把握复杂性,要简化掉的是那些掩盖复杂性本质特征的现象。问题不在于要不要简化,而是简化什么和如何简化。复杂性科学告诫人们:谨防在简化描述的旗号下把造成复杂性的根源简化掉,坚持按照复杂事物的本来面目认识和处理问题,力求简化掉那些掩盖复杂性本质的东西。提高到哲学上看,复杂性科学的原则是:把握本体论意义上的复杂性,减少认识论意义上的复杂性。"⑤

由此可见,系统科学在超越还原论、走向系统论的道路上绝非一步到位,而是节节前进、逐步提高的。每个学派提出的方案都有贡献,从某个

---

① 陈禹:《复杂适应系统(CAS)理论及其应用——由来、内容与启示》,《系统辩证学学报》,2001年第4期,第35—39页。

② [比]伊·普里戈金、伊·斯唐热:《从混沌到有序》,曾庆宏等译,上海译文出版社1987年版,第41页。

③ [比] I. 普里戈金:《从存在到演化》,《自然杂志》1980年第1期,第11页。

④ 苗东升:《系统科学原理》,中国人民大学出版社1990年版,第665—666页。

⑤ 苗东升:《复杂性科学研究》,中国书籍出版社2013年版,第197页。

特定方面体现了整体论与还原论的某种统一，又都存在各自的局限性——超越其适用范围就会失去辩证性，转化为另一种形而上学。同原有的方法比较，每一家都在引入辩证观点上有所前进；与更新的方法比较，又显得不够辩证；所有这些努力的总和及其历史发展，才能充分体现出现代科学技术向辩证思维的复归。需要特别指出的是，在对还原论的超越中，勒内·托姆的思想具有重要意义。他采用开放的、动态的、历史的观点来看待系统，把整体形态的发生归结为系统的持续演化。同时，托姆也肯定还原论应有的意义，强调对系统的整体把握要建立在对事物的局部有真切了解的基础之上。这对促进整体论与还原论的有机结合具有重要的认识论意义，也为我们把宏观层次与微观层次、上向因果关系与下向因果关系有机地联系起来搭建了一座桥梁。

综上所述，20世纪后半叶思维方式发生了一场深刻的变革，其主旨集中体现在圣菲研究所第一任所长柯文的一段话中，他指出："传统的简化论的思维已经走进了死胡同，甚至就连一些核心物理学家也开始对忽视现实世界复杂性的数学式的抽象感到厌烦"，"而真实世界却要求我们用更加整体的眼光看问题"①。所以我们说，还原分析是科学方法论的一个必要而且重要的方向，整体把握也是科学方法论的一个必要而且重要方向，两者对立统一，相互补充，都是科学研究所必需的。传统科学过分抬高了还原论维度，整体论维度大大萎缩，使自己丧失了处理复杂性问题的能力。非线性科学则要求同时注意两个方向（两点论），但整体性方向要居主导地位（重点论），将两者恰当地结合起来，就算实现了整体论与还原论的辩证统一。这种统一包含着一系列的矛盾对立面的统一，其中最重要的有以下几点：整体与局部的统一；内因与外因（系统与环境）的统一；定性与定量的统一；状态与过程的统一；短期与长期的统一；对于复杂巨系统至关重要的还有宏观与微观的统一。

三 科学向辩证思维的复归

一位历史学家曾经说过，一种系统机制只有当它走向消亡时，人们才

---

① 转引自［美］米歇尔·沃尔德罗普《复杂》，陈玲译，生活·读书·新知三联书店1997年版，第72—74页。

能意识到它的存在。此话说得虽然有点绝对，但却包含着深刻的洞见。究其原因，正是系统自组织原理的自发性使然。科学、技术、经济、政治、文化、社会乃至整个人类文明系统，其历史形态的演化都是这样的。一种形态只有当它进入转型演化期，取代它的新形态开始显露其面目的时候，人们才自觉到它的存在，开始考察在它之前的形态是什么，它如何取代了早先的形态，分析它有什么弊端，预测取代它的新形态是什么，如何更好地推进系统的转型演化，等等。下面我们就对科学形态的演化做一分析。

（一）恩格斯关于科学向辩证思维复归的思想

130多年前，恩格斯面对19世纪后半叶自然科学迅速发展的大背景，最先提出了科学向辩证思维复归的思想。他指出："正当自然过程的辩证性质以不可抗拒的力量迫使人们不得不承认它，因而只有辩证法能够帮助自然科学战胜理论困难的时候，人们却把辩证法和黑格尔派一起抛到大海里去了，因而又无可奈何地沉溺于旧的形而上学。……最终的结果是现在盛行的理论思维的纷扰和混乱。"面对这种状况，他敏锐地感觉到"除了以这种或那种形式从形而上学的思维复归到辩证的思维，在这里没有其他任何出路，没有达到思想清晰的任何可能。"[①] "这种复归可以通过各种不同的道路达到。它可以仅仅由于自然科学的发现本身所具有的力量而自然地实现，……但这是一个比较长期、比较缓慢的过程，在这个过程中有大批多余的阻碍需要克服。……如果理论自然科学家愿意从历史地存在的形态中仔细研究辩证哲学，那末这一过程就可以大大地缩短。"[②] 因此，他明确提出："一个民族想要站在科学的最高峰，就一刻也不能没有理论思维。"[③] "但理论思维仅仅是一种天赋的能力。这种能力必须加以发展和锻炼，而为了进行这种锻炼，除了学习以往的哲学，直到现在还没有别的手段。"[④]

恩格斯的这一论断是在1878年5、6月间为《反杜林论》写的旧序中提出来的。他以19世纪后半叶自然科学的迅速发展与当时德国哲学理

[①] 《马克思恩格斯全集》第20卷，人民出版社1971年版，第384页。
[②] 同上书，第385页。
[③] 同上书，第384页。
[④] 同上书，第382页。

论的缓慢进程相比较,看到了二者之间的矛盾和各种哲学派别的纷扰,显示出"于无声处听惊雷"式的巨大洞察力。但是,看得远就难以看得细,我们在钦佩恩格斯远见卓识的同时,也应该指出他未能揭示科学向辩证思维复归的复杂性和曲折性。今天回头来看,恩格斯的预测受制于三个历史局限性[①]:

其一,他考察的仅仅是自然科学,那时基本上还没有称得上科学的其他学问。

其二,他考察的只是理论自然科学,没有涉及技术科学和工程技术,技术科学在他的时代尚未从理论科学中独立出来。

其三,即使理论自然科学,向辩证思维复归在当时也不是主导方向。理论自然科学是还原论最坚固的堡垒,它的核心是理论物理学。超越还原论、转向辩证思维可以在这里最先孕育,却不可能在这里首先发起攻坚战,更不可能首先在这里取胜。

另外,恩格斯的复归论是以康德—拉普拉斯的宇宙星云假说、赖尔的地质演化理论和达尔文的生物进化论为事实依据的,这些理论在当时还不是自然科学的主流,不足以挑战既有思维方式的稳定性。"非线性动力学表明,一种未失稳的系统形态不可能被其他形态取代,新旧形态的生灭替代必定伴随着稳定性的交换。恩格斯逝世时物理学正在酝酿新的革命,但仍然处在还原论的范围内,从量子论、相对论到分子生物学的半个多世纪是还原论科学攀登顶峰的时期,向辩证思维复归在整体上尚不具备历史的必要性和必然性。"[②]

(二) 普里戈金关于科学系统演化的三形态说

恩格斯关于科学向辩证思维复归的思想,在他生前和生后半个多世纪并未得到科学家的呼应。然而,"形势比人强",到了20世纪中叶,形而上学的自然观和传统科学似乎都面临着真正的挑战。一方面是科学的终结

[①] 苗东升:《复杂性科学研究》,中国书籍出版社2013年版,第291页。
[②] 同上。

论，认为"伟大而又激动人心的科学发现时代已一去不复返了"①；另一方面是系统科学的蓬勃发展，特别是非线性科学的兴起，给科学带来了新的生机和活力。复杂性研究代表人物的态度我们已基本了然，其中特别需要提到的是普里戈金。他在其最后专著《确定性的终结》的"引言"中明确指出："在本世纪末，常常有人问科学的未来可能是什么样子。对于某些人，比如霍金（Stephen W. Hawking），他在所著的《时间简史》中指出，我们接近终结，即到了接近了解'上帝意志'的时刻。相反，我们认为，我们其实正处于一个新科学时代的开端。我们正在目睹一种科学的诞生，这种科学不再局限于理想化和简单化情形，而是反映现实世界的复杂性，它把我们和我们的创造性都视为在自然的所有层次上呈现出来的一个基本趋势。"② 他把主要由欧洲学派发展起来的自组织理论应用于考察科学系统的演化，对于什么是科学的转型演化、什么是新型科学做出笔者迄今所见到的最全面最深刻的阐述。普里戈金关于科学系统演化的论述相当丰富，可以简要地概括为如下三种形态：古代科学→经典科学→新型科学。

苗东升教授在其新著《复杂性科学研究》第一章中就指出："科学是随着人类社会的发展从无到有产生出来的，它一经问世就表现为一种不断演化的系统。科学的生命在于创新，不断积累新知识，淘汰旧知识；这种新陈代谢一旦停止，科学作为系统就会寿终正寝。故演化性是科学作为系统的基本特性之一，且演化速度越来越快。"科学作为"一种历史形态从孕育、诞生、成长直到攀上顶峰是它的成型演化期，越过顶峰之后便进入它的保型演化期，同时也就忽慢忽快、或隐或显地开始孕育将来取代它的新形态，出现新旧两种不同形态的矛盾斗争。新形态取代原有形态的演化，称为系统的转型演化。转型演化是系统现有形态的保型演化和新生形态的成型演化的矛盾统一体。一系列成型演化和保型演化的矛盾统一，一系列转型演化的相继发生和完成，构成了该系统的整体演化史。"③ 但是，"科学不是一个'独立变量'。它是嵌在社会之中的一个开放系统，由非

---

① ［美］约翰·霍根：《科学的终结》，孙雍君等译，远方出版社1997年版，封面。
② ［比］伊利亚·普里戈金：《确定性的终结》，湛敏译，上海科技教育出版社2009年版，第6页。
③ 苗东升：《复杂性科学研究》，中国书籍出版社2013年版，第2页。

常稠密的反馈环与社会连接起来。"① 社会是科学分系统所隶属的总系统，总系统是分系统最接近的环境。所以，人类历史上科学形态的演化与文明形态的演化存在一种粗略的对应关系，两者之间非常稠密而复杂的反馈联系，形成了互动互应的关系网络，如图10—1所示。

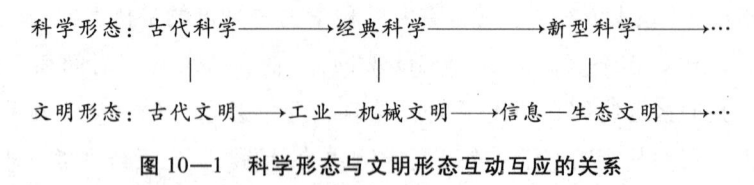

科学形态：古代科学 ──→ 经典科学 ──→ 新型科学 ──→ ……
　　　　　　│　　　　　│　　　　　│
文明形态：古代文明 ──→ 工业—机械文明 ──→ 信息—生态文明 ──→ ……

图10—1　科学形态与文明形态互动互应的关系

由此可见，科学整体作为系统，以及经济、政治、文化、社会和人类文明的整体作为系统，都存在旧形态转变为新形态的演化。每一次这样的转变都要经历百年以上甚至数百年的转变历程，人们能够明显地感受到这些变化的快节奏，却说不上突然爆发，其完成也没有明确的时间点。所以，科学整体形态的转变不同于单个学科领域的库恩范式转换的科学革命，而应称之为科学系统的转型演化。同样，目前人们正在目睹或亲身经历的经济、政治、文化、社会乃至整个文明形态的演化，都不宜称为"革命"，而应当运用系统转型演化理论来说明或解释。于是，苗东升教授对普里戈金关于科学系统演化的三形态做了如下说明②：

第一种历史形态是古代科学。不同地区、不同古老民族都对古代科学做出过贡献，它们各有特色。但作为古代科学，它们又有鲜明的共同点：尚包容于文化母体之中，科学与人文没有明确界限，科学与技术的界限亦不分明，最重要的特征是宇宙观为朴素有机论，方法论为朴素整体论。其中对后世影响最大的有两家，一个是希腊古代科学，一个是中国古代科学。前者的影响主要是提供了至今仍占主导地位的西方现代科学的源头活水；后者则为曾经辉煌数千年的中国农业文明提供了智力支撑，两者都将对新的科学形态的形成发展发挥重要而不同的影响。

第二种历史形态是欧洲文艺复兴之后兴起的西方近现代科学。它以古希腊科学、而非中国古代科学为源头，这是有深刻根源的。古希腊的有机

---

① ［比］伊·普里戈金、伊·斯唐热：《从混沌到有序》，曾庆宏、沈小峰译，上海译文出版社1987年版，前言。
② 苗东升：《复杂性科学研究》，中国书籍出版社2013年版，第3—4页。

论中包含明显的机械论，整体论中包含明显的还原论，产生了德谟克利特的原子论、欧几里得的公理论、亚里士多德的形式逻辑，为西方现代科学提供了关键性的基因组。一旦欧洲出现资本主义经济和政治这种全新的社会条件，这些基因便迅速发育成长，形成科学系统全新的历史形态，反过来又促进新的经济和政治制度的形成发展。科学基因是内因，社会制度是外因，两者历史地机缘聚合，注定只有西方社会完成了从古代科学向现代科学的历史性转变。这种形态的科学信奉机械论的宇宙观，遵循还原论的方法论，崇尚以实验拷问自然、强迫自然说出自己秘密的科研行为准则，用科学推理方法建立起一套关于自然界物质运动和能量转换的逻辑严密的知识体系。它总体上远远超越了古代科学，并为西方国家先富裕起来提供了智力武器，但也暴露出西方工业化道路和世界贫富不均的基本矛盾。所以，近现代科学还不是全人类共同富裕的智力武器。

第三种历史形态是正在孕育产生中的新型科学。20世纪中期以降，恩格斯无法摆脱的三个局限性均已被冲破：自然科学之外涌现出一系列以复杂性为研究对象的新学科；技术科学不再依附于理论科学，形成庞大的现代科学技术体系；演化的科学正在从理论自然科学中产生出来。创立复杂性科学的历史需要，探索复杂性积累的思想资料，为思维方式的转变造就了必要的土壤和气候，科学技术终于在整体上形成向辩证思维复归的大潮。这也就是说，作为科学系统第二种历史形态的西方现代科学已经攀上其顶峰。辩证法告诉我们，事物在攀上顶峰的同时也就孕育出自己的他物，开启了向他物转化的行程。作为科学系统第三种历史形态的新型科学、一种取代简单性科学或还原论科学之主导地位的复杂性科学开始孕育产生，现在正处于它的成型演化的初期。同时，"超越工业—机械文明，建设信息—生态文明，业已成为全人类共同的伟大历史使命。这一历史进程也给科学系统造成了空前严峻的环境选择压力，迫使它必须转变其历史形态，科学必须成为支撑社会可持续发展、建设全人类共享的新文明的智力工具。"[1] 为此，苗东升教授又把后两种科学形态的基本区别列表对照陈述如下，给了我们一个清晰的图谱[2]：

---

[1] 苗东升：《复杂性科学研究》，中国书籍出版社2013年版，第10页。
[2] 同上书，第15页。

表 10—2　　　　　　　　现代科学与新型科学的区别

形态＼维度	现代科学（经典科学）	新型科学
称谓	简单性科学	复杂性科学
知识论	分科的学问	跨科的学问
宇宙观	机械论	有机论
认识论	反映论	映构论
方法论	还原论	涌现论
逻辑工具	标准逻辑	非标准逻辑
实践基础	实验室实验	社会现场实践
思维方式	分析思维	系统思维
社会属性	西方的科学	世界的科学

综上所述，从文艺复兴到 20 世纪中叶这 500 多年间主要由西方发展起来的科学占据主导地位，就其整体作为系统的历史形态看，可以称为经典科学（或传统科学）；就其研究对象看，可以称为简单性科学；就其宇宙观看，可以称为机械论科学；就其方法论看，可以称为还原论科学；就其实践基础看，可以称为实验科学；就其思维方式看，可以称为分析科学。无论从哪个视角看，它都显得熟透了，过时了，即将寿终正寝。因此，我们把尚处于成型演化初期的、能反映现实世界复杂性的新型科学称为复杂性科学，它是科学系统继经典科学之后的另一种历史形态，是一种取代简单性科学或还原论科学之主导地位的新型科学。"按照其特有的知识体系看，复杂性科学由三大块组成。第一块是由各个学科领域复杂性研究所形成的知识体系，如力学的复杂性研究，生物学的复杂性研究，经济学的复杂性研究，等等。由于现有学科大多都有自己的复杂性研究，这一块相当庞大。第二块是各种跨学科研究所建立的知识体系，如创新研究、可持续发展研究、大都市管理研究、建构和谐世界研究等，它们无法归属于任何现有学科，也形不成一个单一的新学科。第三块是关于复杂性研究的方法论，即复杂系统理论。"[①] 从长远的观点看，复杂性科学也不是科

[①] 苗东升：《复杂性科学研究》，中国书籍出版社 2013 年版，第 16—17 页。

学系统的最后一种历史形态，将来还会有取代它的更新的历史形态。

（三）从形而上学思维到辩证思维的复归

哲学界认为，思维方式是"思维主体反映、认识和把握思维客体的定型化、稳定化的理性认识方式"①。一定的思维方式同一定的世界观、方法论相互适应、相互匹配、相互支持，共同支撑一定的科学形态。同古代科学相适应的是朴素的辩证思维，随着科学系统第一次转型演化而被否定。同机械决定论、还原论相互适应的哲学思维方式是形而上学思维，它稳定地支配着400多年来主要面对简单性问题的经典科学。随着复杂性现象越来越多地出现在科学共同体面前，科学系统进入新的转型演化期，形而上学思维方式在科学研究中不得不退出主导地位，为更高水平的辩证思维所取代。

所以，从思维的哲学层面看，20世纪后半叶，科学发展的最显著特点之一是向辩证思维的全面复归，其知识背景是一系列新型学科的产生，即科学系统从研究简单性转向了研究复杂性。难怪普里戈金多次说："我们正在目睹一种科学的诞生，这种科学不再局限于理想化和简单化情形，而是反映现实世界的复杂性"。这句话隐含着两个定义：局限于理想化和简单化情形的是经典科学，亦即简单性科学；反映现实世界复杂性的是新型科学，亦即复杂性科学（包括非线性科学）。所以，我们从复杂性科学涉猎的领域与已有的知识体系看，用某个学科领域的"科学革命"来评价复杂性科学兴起的意义是不够的。我们必须扩大自己的视域，因为它代表科学整体作为系统的一次"相变"，即历史形态的转换；也表明科学在整体上向辩证思维复归的大潮已基本形成。

恩格斯在《自然辩证法》中指出："所谓的客观辩证法是在整个自然界中起支配作用的，而所谓的主观辩证法，即辩证的思维，不过是在自然界中到处发生作用的、对立中的运动的反映，这些对立通过自身的不断的斗争和最终的互相转化或向更高形式的转化，来制约自然界的生活。"②简单地说，把辩证法原则贯彻于思维全过程，就是辩证思维。众所周知，

---

① 李淮春主编：《马克思主义哲学全书》，中国人民大学出版社1996年版，第650页。
② 《马克思恩格斯选集》第4卷，人民出版社1995年版，第317页。

辩证法的基本原则或规律有三条，核心是对立统一规律。这既是思维对象即客观世界的根本规律，也是思维运动即主观世界的根本规律。按照辩证法的基本规律、特别是对立统一规律运作的思维，就是辩证思维。它表现在两个层面：一是承认客观世界是对立面的统一，人在思维中应当把对象客体当作对立统一体来看待；二是承认人的思维运动也是对立面的统一，必须自觉地按照对立统一规律来推理想事，规范和组织思维活动。所以，"辩证思维接受'两者兼顾'（both – and）的方式，避免'两者择一'（either – or）的专制。"[①] 两者择一是形而上学思维的原则，属于思维领域的专制；两者兼顾是辩证思维的原则，属于思维领域的开明之举。"这样的辩证思维方法是唯一在最高程度上适合于自然观的这一发展阶段的思维方法。自然，对于日常应用，对于科学上的细小研究，形而上学的范畴仍然是有效的。"[②]

恩格斯的这一论述告诉我们，辩证思维就是主观辩证法，就是"建立在通晓思维的历史和成就的基础上的理论思维"[③]。不管科学家采取什么样的态度，他们还是得受哲学的支配。问题只在于：他们是愿意受哪种哲学的支配。复杂性科学孕育发展的历史也表明，抵制辩证思维的人不可能成为科学大家，而且往往会受到辩证法的惩罚。复杂性科学的开创者们大多是思维方式变革的自觉倡导者，其中贝塔朗菲大概是科学家中最先觉悟到需要向辩证思维复归的人。在他学术生涯的早期并未把一般系统论归属于复杂性研究，也没有明确意识到自己的学术研究代表科学思维方式的转变。但是，在20世纪60年代科学迅速发展的大背景下，他集自己毕生科学探索的经验而认识到，应该"在一切知识领域中运用'整体'或'系统'概念来处理复杂性问题。这就意味着科学思维基本方向的转变。"[④] 转变到什么方向呢？笔者认为，在科学层面上是系统思维，在哲学层面上就是辩证思维。1968年，在他出版的代表性著作中已经可以看

---

① ［日］竹内弘高、野中郁次郎：《知识创造的螺旋：知识管理理论与案例研究》，李萌译，知识产权出版社2006年版，第10页。
② 《马克思恩格斯选集》第4卷，人民出版社1995年版，第318页。
③ 《马克思恩格斯全集》第20卷，人民出版社1971年版，第552页。
④ ［美］冯·贝塔朗菲：《一般系统论：基础、发展和应用》，林康义、魏宏森译，清华大学出版社1987年版，第2页。

出把辩证法作为一般系统论的重要思想源泉，临终前的那篇文章①他的态度更加明确。

20世纪70年代以后，贝塔朗菲"提出的'新学科'的假设已经变成现实"②，他的这一科学思想在世界复杂性研究中得到了广泛的呼应，如我们一再提到的维纳、普里戈金、哈肯、莫兰等，都认为"我们的任务不是去悲叹过去，而是要试图在这科学的极不平凡的多样性中发现某种统一的线索。科学的每个伟大时期，都引出某个自然界的模型。对经典科学来说，这个模型是钟表。对十九世纪的科学，即工业革命时代来说，这个模型是一个逐渐慢下来的发动机。对于我们来说，标志可能是什么呢？"③钱学森的态度可以说最明确，他鼓动人们"换脑筋"，即用辩证思维取代形而上学思维。圣菲研究所的科学家们极少公开谈论辩证法，但从其有关著作中不难看出，他们同样在以不同的方式运用辩证思维，只是一般不使用这个词罢了。因此，笔者深信，这个对照将把复杂性科学的独一无二的特点——辩证思维赋予我们的时代；同时，笔者认为，非线性思维是辩证思维的本质内涵，也是我们学习的主要内容。

四 非线性思维的基本内涵

思维、意识等人类特征智慧是人在与其他生命相比较中突显出来的特征性品质，也是潜能发展学说的重要理论构成。其中，人类思维可以说是在生物信息加工与对象识别机能基础上，演化出来的一种特殊的信息加工与对象识别过程。与一般生物的信息加工相比，它具有明显的自觉性、创造性和多级性等特点。按照时间的先后，人类思维的发生发展可以历史地描述为一个从"动作"思维阶段经"动作—表象"思维并存阶段向"动

---

① Ludwig von Bertalanffy, "The History and Status of General Systems Theory", In *Trends in General Systems Theory*. George J. Klir (ed.), New York: Wisley, 1972.

② [美]冯·贝塔朗菲：《一般系统论：基础、发展和应用》，林康义、魏宏森译，清华大学出版社1987年版，修订版序言。

③ [比]伊·普里戈金、伊·斯唐热：《从混沌到有序》，曾庆宏等译，上海译文出版社1987年版，第57—58页。

作—表象—概念"思维并存阶段进化的过程。① 现代人的思维水准早已进入了"动作—表象—概念"思维并存阶段。就人类个体而言,思维是人脑反映外部世界本质和规律的能力,是人认识事物的活动过程和对信息的一种排序。确切地说,什么是思维?它是按照爱因斯坦如下段落所展望的方式进行的:"在接收到感觉印象的时候,记忆图像浮现出来,这还不是思维。而当这些图像形成系列,这些系列的每一成员都唤起另一成员的时候,这仍然不是思维。然而,当某幅图像在许多这类系列中突然出现,然后,更确切地说是通过这类回复,它变成这类系列的成序要素。……这样一个要素转变为一个工具,一个概念。我认为这种从自由的联想或'梦幻'到思维的转变可以通过概念在其中所起的或多或少的支配作用来规定。"② 所以说,思维是人的一种天赋能力,这种能力是需要加以发展和锻炼的。在今天科学向辩证思维复归的大背景下,本节重点讨论与认知和创新活动关系密切的非线性思维。

(一) 线性思维与非线性思维概念的提出

把线性和非线性这对范畴引入思维领域,提出线性思维和非线性思维的概念,应是20世纪80年代末的事情。那时相继出版了两本很有影响的著作:一本是詹姆斯·格雷克(James Gleick)的《混沌——开创新科学》(1987),另一本是布里格斯等人的《湍鉴——浑沌理论与整体性科学导引》(1989)。它们对线性观、线性方法和线性科学做了大量的分析批判,并着力宣传非线性观、非线性方法和非线性科学,但都没有提到线性思维和非线性思维这两个概念。格雷克是记者兼科普作家,对新术语有职业敏感性,如果当时已经出现这两个新概念,必定会收入他的"帐下"。《湍鉴》一书不止一次地谈论非线性与创造性思维的关系,提出了"非线性大脑"的说法,并宣称"大脑是非线性行星上非线性进化的非线性产物"③,实际上就是在论述非线性思维,使用这两个概念本来是十分

---

① 郭贵春:《走向21世纪的科学哲学》,山西科学技术出版社2000年版,第529页。
② [英] P. 切克兰德:《系统论的思想与实践》,左晓斯、史然译,华夏出版社馆1990年版,第4页。
③ [美] J. 布里格斯、F. D. 皮特:《湍鉴》,刘华杰、潘涛译,商务印书馆1998年版,第309页。

自然而贴切的。然而,最早使用"非线性思维"这一概念的是《科学美国人》1989年第6期上的一篇以"非线性思维"为标题的短文。[1] 该文介绍了德国学者麦耶克瑞斯用混沌模型描述美苏冷战可能引发核战争的分析,它引起了五角大楼的关注。但正文中并没有出现这一新概念,更未作任何阐释。这一现象比较符合新概念刚出现时的一般特征,所以我们推测,这可能是最早使用"非线性思维"这一术语的文献之一。

到了20世纪90年代,在学术文献中遇到线性思维和非线性思维这对概念的机会逐渐增多,讨论这两种思维方式的论著也不断问世。1994年,克劳斯·迈因策尔在《复杂性中的思维》一书中首先以"从线性思维到非线性思维"为导言,详细介绍了复杂系统与各种非线性进化,意在昭示线性思维是传统的简单性科学的思维方式,非线性思维是新兴的复杂性科学的思维方式。历史的发展要求科学向辩证思维复归,实现从线性思维到非线性思维的转变。1990年,彼得·圣吉(Peter M. Senge)博士在《第五项修炼——学习型组织的艺术与实务》一书中针对经营管理中的问题,从多方面批判了线性思维,并对非线性思维给出了许多精彩的阐述。这一期间,国内学者也有一些这方面的论述,如徐京华关于《人脑功能的非线性动力学的探索》(1996)、陈忠等人的《人脑智能产生的非线性机制——脑混沌与脑自组织》(1997)、郭爱克和孙海坚的《生命与思维——在混沌的边缘演化》(1998),等等。

2003年,苗东升教授在《非线性思维初探》一文中对这两种思维方式做了进一步的探讨。他认为,"线性思维与非线性思维是一对矛盾,要在相互对比中加以区别和界定。从科学思维的角度看,线性思维与非线性思维都有两个层面的含义,二者又是相互联系的。在第一个层面上,把思维对象作为线性系统来识物想事的思维方式,称为线性思维;把思维对象作为非线性系统来识物想事的思维方式,称为非线性思维。在第二个层面上,把思维过程(活动)作为线性动力学系统来规范、运作的是线性思维;把思维过程(活动)作为非线性动力学系统来规范、运作的是非线性思维。"[2]

---

[1] J. Horgan. "Nonlinear Thinking." *Scientific American* Vol. 260, No. 6 (1989), pp. 26—28.
[2] 苗东升:《非线性思维初探》,《首都师范大学学报》(社会科学版) 2003年第5期,第96页。

下面我们将分别对这两个层面的非线性思维展开专题讨论。

无论在理论上还是在实践中,线性思维与非线性思维的区别都是一种人们可以亲身感知的客观存在。通常我们所说的科学思维、工程思维、管理思维、政治思维乃至艺术思维,其中都有线性思维和非线性思维在活动。人们在实践经验中既可以学到线性思维,也可以学到非线性思维。不过,由于线性思维的简捷性和经济性,人们凭经验首先学到的常常是线性思维。所以,线性思维与非线性思维的差异和矛盾将永远存在。线性思维长期占据主导地位,主要是由于400年来线性科学占据主导地位所造成的。正如法默所说,现代人是在被线性科学的教科书不断洗脑中成长的,"'非线性'这个词你只能在书末看到。一位物理系学生可能选一门数学课,最后一章可能讲非线性方程。你可能跳过这一章,即使不跳,那里讲的不过是如何把这些非线性方程约化成线性方程,无论怎么说,你只能得到一些近似解。"[①] 诸如此类,从小学到大学都是一种令人失望的习题训练。400多年来,教科书如此,科学专著如此,学校教育如此,师傅带徒弟也如此。思维方式属于认知和知识创新方面最深层次的东西,一旦形成并经过教育而世代相传,就具备了极大的稳定性。粗略地说,线性思维是简单性科学的思维方式,非线性思维是复杂性科学的思维方式。所以,当非线性科学、复杂性科学迅速兴起,需要特别仰仗非线性思维时,人们不得不花很大的力气去克服线性思维的巨大惯性。

(二) 把思维对象作为非线性系统来识物想事

400多年来,线性思维能在科学发展、技术创新和人类的各种认识活动中处于支配地位,除了深刻的历史原因外还有其深层哲学观点的支持。在本体论方面支撑它的是这样一个基本假设:现实世界本质上是线性的,非线性不过是对线性的偏离或干扰。在认识论和方法论方面,支撑它的是这样一个基本假设:非线性作为一种扰动因素,一般情况下都容许忽略不计,将其简化为线性来认识和处理。人类文明发展到今天,特别是非线性科学的产生和发展要求我们从哲学思想上实现一次飞跃,放弃这种线性假

---

① 转引自〔美〕詹姆斯·格雷克《混沌:开创新科学》,张淑誉译,高等教育出版社2004年版,第220页。

设，采取非线性假设，用非线性思维来取代线性思维作为科学思维的主导方式。

为了从思维对象的层面来探讨非线性思维的基本特征，苗东升教授认为，"可以粗略地把思维对象划分为两类系统：不考虑人的活动的是广义的物理系统；着眼于人的活动的是事理系统，即人们办事情、处理事务的各种活动。不论作为研究对象的物理系统，还是人们参与从事的事务活动，本质上都是非线性系统或非线性过程，承认这一点是贯彻非线性思维的前提。"[①]

首先，从世界观和认识论上来看，非线性思维是建立在这样一个假设之上：现实世界本质上是非线性的，但非线性程度和表现形式千差万别，线性系统不过是在简单情况下对非线性系统的一种可以接受的近似描述。用毛泽东的语言来表述，就是"事物是往返曲折的，不是径情直遂的"[②]。如果在一般情况下都把非线性简化为线性来认识和处理，势必会歪曲事物的本来面目，导致错误的理论认识和采取错误的行动方案。遵循这个观点去识物想事的是非线性思维；否则，就是线性思维。

其次，从方法论上来看，非线性思维是建立在这样一个原则之上：一般情况下都要把非线性当成非线性来处理，只有在某些简单情况下才容许把非线性简化为线性来处理。遵循这个原则去识物想事的是非线性思维；否则，为线性思维。

最后，从行动准则上来看，非线性思维是建立在这样一个准则之上："世界上没有直路，要准备走曲折的路，不要贪便宜。"[③] 没有走曲折道路的思想准备，一心只想走直线，是线性思维的典型表现；承认事物的发展是曲折的，有准备走曲折之路的自觉性，是非线性思维的典型表现。做学问搞研究、进行发明创造，以及参军、经商，乃至整个人生，都像是在旅行。旅行者总是要选择那些幽微灵秀之处作为目的地。但是"曲径通幽"，直径不通幽。你不准备也不善于走曲折之路，就不可能到达你所向往的幽微灵秀之地。

---

① 苗东升：《非线性思维初探》，《首都师范大学学报》（社会科学版）2003 年第 5 期，第 97 页。

② 《毛泽东选集》第 2 卷，人民出版社 1991 年版，第 509 页。

③ 《毛泽东选集》第 4 卷，人民出版社 1991 年版，第 1163 页。

如何研究和应用非线性思维，彼得·圣吉为我们提供了一个很好的范例。他在《第五项修炼》中总结收录了九个系统基模，反映的都是非线性系统的运行规律，涵盖了人类活动的大部分复杂问题。用它们来观察分析问题，实际上就是运用非线性思维。他的一个很有实用价值的贡献，就是教会人们如何通过寻找系统中的反馈环路来实现思维方式的转换："观察环状因果的互动关系，而不是线段式的因果关系。""观察一连串的变化过程，而非片段的、一幕一幕的个别事件。"① 两者都是非线性思维的典型表现形式。这里我们就其中一个最简单的系统基模"成长上限"（如图10—2所示）做些述评。

事实上，存在因果开链是线性系统的特征，存在因果闭链（环路）是非线性系统的特征。也就是说，按照线段式因果关系识物想事的为线性思维，按照环状或网状因果关系识物想事的为非线性思维。小至个人、家庭，大至企业、国家，其成长过程中都隐含着两种环路：一个为增强（自我繁殖）环路，一个为调节（自我抑制）环路。要认识和把握这类系统，关键在于揭示系统结构中的反馈环路。比如，在经营管理中常常看到，系统增强环路带来的快速成长期原本未达到成长极限，由于线性思维作怪，不认识对象系统的这种非线性特性而未加正确防范，结果触动了抑制环路，导致成长停止。相反，如果能按非线性思维行事，自觉防止触及抑制环路，努力消除或减弱限制因素的来源，系统就可以继续成长。

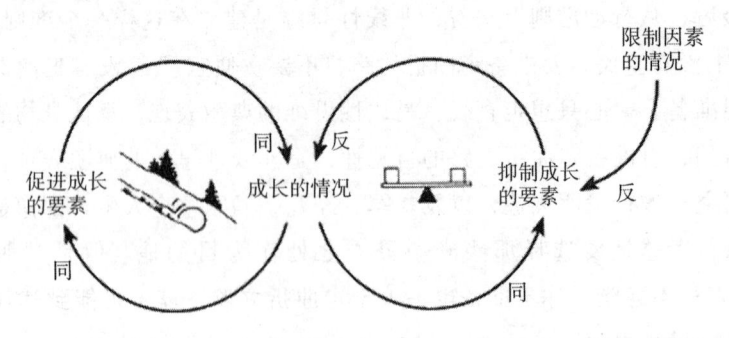

图10—2 "成长上限"系统基模的基本结构

我们以中国的发展为例来解释图10—2。正确的改革开放政策是促进

---

① ［美］彼得·圣吉：《第五项修炼》，郭进隆译，上海三联书店1998年版，第80页。

成长的要素，良好的成长又为深化改革开放提供了更好的条件，形成增强环路。但成长良好也可能激发系统自身的抑制因素，如产生自满情绪、贫富差距拉大、自身复杂性增加带来的管理困难，等等；来自外部的限制性因素，如资源不足、地球生态失衡、周边某些国家不愿看到中国比它们发展更快，特别是美国为建立"单极世界"而给我们设置重重障碍，等等。如果不能消除前者并减弱后者，发展到一定程度系统就会形成强劲的自我抑制环路，放慢甚至停止增长。严重时，增长环路将反转过来运作，可能使系统走入衰败期。所以，我们必须坚持非线性思维，推行和实施科学发展观，采取正确的内外政策，自觉防范各种自我抑制因素，尽量消除外部限制因素，才能处理好经济建设、社会发展和生态环境的关系，推动整个社会走上"生产发展、生活富裕、生态良好"的文明发展道路。

总之，我们要掌握第一层面的非线性思维，一是要有运用非线性思维的自觉性，善于观察环状因果的互动关系适时调整战略；二是要熟悉非线性系统的基本特性，善于应用这种知识考察思维对象。在这方面，彼得·圣吉的工作为我们提供了样板，不同部门、不同行业的人应当像圣吉那样，找出非线性思维在本部门、本行业的特殊表现形式，坚持以人为本，树立全面、协调、可持续的发展观，努力把自己的本职工作搞好。

（三）把思维过程作为非线性系统来规范运作

第一层面的非线性思维总是联系着思维科学的应用，需要有关对象领域的知识。这方面的研究无疑是极为重要的，但却不属于思维科学的主干；第二层面的非线性思维才是思维科学的本体部分。这方面的研究，尤其是作为基础学科层次的思维学的建立，必须大量应用非线性动力学原理来考察思维过程。

作为理论研究的前提，首先需要确认：人脑思维过程是不是一种非线性动力学系统？答案无疑是肯定的。前面我们已经提到：非线性思维是指思维主体把自己的思维活动作为非线性系统来规范和运作的思维方式。布里格斯明确指出："大脑是非线性行星上非线性进化的非线性产物"，是一种特别复杂的非线性动力学系统。作为大脑机能的思维，本质上是按照非线性动力学规律运行的，非线性系统的各种现象、特征、运作机制在思维活动中都有表现。这些机制都是中性的，运用得当将使思维运动迅速有效地趋达目标，运用失当必然会降低思维效率，甚至无法达到目标。承认这一点，就应当自觉地按照非线性动力学原理来认识和驾驭思维活动。经验也告诉我们，人的思维活动有中断，有跳跃，有饱和，有振荡，有时候思如泉涌，"神思方运，万途竞萌"（刘勰：《文心雕龙》），有时候"六情底滞，志往神留。兀若枯木，豁若涸流。"（陆机：《文赋》）这一切都是非线性动力学系统的典型表现。现在脑科学已经发现典型的非线性现象都存在于思维运动中，甚至我们有理由假设：思维运动中可能存在某些外部世界没有或不典型的非线性动力学现象，这就需要我们趋利避害，给以特殊的关注。

关于第二层面的非线性思维的研究，苗东升教授归纳为以下几个方面：

（1）剖析、辨识、清理人们在思维实践中形成的各种线性思维模式，找出那些由于将思维的非线性误认为线性而形成的模式、成见，查明所以造成误解的根源，研究如何消除积淀于心智模式中的线性思维，用非线性思维取而代之；

（2）重新认识和评价现有思维科学著作对思维活动的各种现象、运作方式、内在机制等所给出的阐释，揭露其弊病，运用非线性动力学原理给以新的阐释，引出新的结论；

（3）收集人类思维实践中各种尚未受到思维科学关注的新现象、新事实、新问题，特别是那些复杂的、难以解释的、多少有些令人感到神秘的东西，它们必定与大脑神经网络的非线性特性有关，需要用非线性动力学原理给予解释。

随着这些研究工作的展开，应在可能的情况下引进数学模型方法，开展实验研究，特别是计算机模拟实验研究。这类成果积累到足够程度，就可以着手建立阐明非线性思维运作机制的理论体系，建立思维学。[①]

[①] 苗东升：《非线性思维初探》，《首都师范大学学报》（社会科学版）2003年第5期，第98页。

第十章　非线性提供了一种新的思维方式

关于这方面的进展，迈因策尔的《复杂性中的思维》一书提供了不少线索，但未做进一步的具体解释。圣吉的《第五项修炼》提出和分析了人的潜意识活动怎样被语言、文化、意志、信念等因素"程式化"的问题，讨论了人的心智模式如何从非系统思维向系统思维转换，包括从线性思维向非线性思维转换。需要特别提到的是哈肯的《大脑工作原理》运用协同学方法系统考察了肌体运动、模式识别、行为决策中的某些问题，对思维运动的非线性、自组织等特点以及如何建立数学模型，做了一些具有启发性的工作，从中我们可以看出相关研究的许多动向。国内一些学者也试图运用吸引子、分岔、分形、混沌、混沌边缘等概念来考察思维运动。这些都反映了思维科学前沿的部分动向。最近，北京大学佘振苏教授和倪志勇博士合著的《人体复杂系统科学探索》一书吸收了东方文化在系统思想方面朴素而深邃的精华和西方科学在系统理论方面的最新进展，集钱学森系统科学、人体科学和思维科学于一体研究复杂的人体系统，提出了"一元两面多维多层次"的人体复杂系统观。其中"一元"继承了中国古代的整体观，"两面"借鉴了《道德经》的思想，从阴阳相生相克、人有精神物质两面观察分析事物，形成了自己独具特色的一套有关人体复杂系统的思想、观点、方法和实践，是一本具有启发性的好书，也值得一读。[1]

最后，需要补充说明三点："其一，无论在哪个层面上，作为一种客观存在的非线性因素都既可能是积极的，也可能是消极的。科学思维方式要求尽量利用非线性的建设性作用，抑制其消极作用。其二，不可全盘否定线性思维。线性思维与非线性思维也是一对矛盾，各有自己的适用范围。线性思维的优点是简便而经济，不必专门学习就可以掌握，在日常生活的细小问题中还有其适用范围。其三，运用非线性思维需要有经受曲折的精神准备，但准备走曲折的路不等于有意走弯路，走弯路是错误运用非线性作用的结果，应该尽量避免。"[2]

---

[1] 顾基发：《人体复杂系统科学探索》序，佘振苏、倪志勇：《人体复杂系统科学探索》，科学出版社 2012 年版。

[2] 苗东升：《复杂性科学研究》，中国书籍出版社 2013 年版，第 303 页。

五 非线性思维的内在机制

伟大的哲学家康德曾经说过，世界上有两样东西最神秘——一是遥远的星空，二是深沉的心灵。[①] 法国著名作家维克多·雨果（Victor Hugo）也曾说，世界上最广阔的是海洋，比海洋更广阔的是天空，比天空更广阔的是人的心灵。我国宋代大文豪苏东坡也说："人之难知也，江海不足以喻其深，山谷不足以配其险，浮云不足以比其变。"（《苏轼集》补遗·论语解二首）这几位大师表达了同一个意思，就是说，人的意识（思维、心灵等）都是极为复杂的心理现象。思维作为意识的一个重要方面，从复杂性科学的角度看，它是大脑神经网络这个复杂巨系统的动力学过程，因而必须引进复杂系统非线性动力学的理论和方法才能给予深入的阐释。下面我们就通过两可图的识别、直觉的产生和灵感的形成来说明非线性思维的内在机制。

（一）两可图识别的非线性机理

人脑认识事物的一项重要内容是区别判定它的模式，称为模式识别。识别活动是非线性动力学过程，两可图是它的一种最常见的表现形式，长期以来令人难以理解。所谓两可图（ambiguous figure）（如图10—3和图10—4所示），是指同一图像中包含A、B两种不同的视知觉对象，各有一定的含混性。因识别过程的初始状态和主体的偏好不同而有不同的选择，或者看成图像A，或者看成图像B，但都不能持久，一定时间后将被另一种图像所取代，导致认知系统在A、B之间的振荡。

两可图蕴含着深刻的科学和哲学含义，借助它们可以对许多自然的、社会的和心理（思维）的复杂性现象作出解释，在认知和思维研究中具有重要价值。哈肯的协同学专著从第一部《协同学导论》（1976）起，一直都有应用协同学原理解释两可图的讨论。《大脑工作原理》（1995）更

[①] 康德的原话是："有两样东西，人们越是经常持久地对之凝神思索，它们就越是使内心充满常新而日增的惊奇和敬畏：我头上的星空和我心中的道德律。"——［德］康德：《实践理性批判》，邓晓芒译，人民出版社2003年版，第220页。

第十章 非线性提供了一种新的思维方式

是从脑科学角度给予系统研究，显示出非线性动力学方法对于揭示思维运动内在机制的有效性。

图 10—3　是天使，还是魔鬼？　　　图 10—4　是老妪，还是少妇？

具体来说，哈肯将两可图看作协同系统（即自组织系统）中的序参量协同作用产生的双稳态效应。双稳态属于非线性系统的一种运动体制，特点是相空间存在两个吸引子，彼此竞争。在一维情形下，可用图 10—5 来形象地说明。曲线上的每个点代表系统的一个状态，其集合构成系统的状态空间，简称态空间或相空间。其中 A、B、C 均为定态，其余为瞬态（系统运动状态在每个瞬态的持续时间约为 0）。A、B 是两个吸引子（稳定定态），被一个排斥子（不稳定定态）C 隔开。左图是 A 和 B 对称的情形，右图是 A 和 B 不对称（势阱深浅或势垒高低不同）的情形。

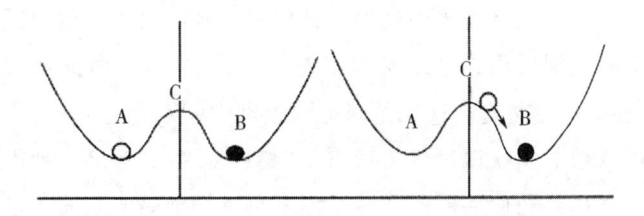

图 10—5　双稳态

两可图识别是一类特殊的模式识别。人们在日常生活中大脑积累了许多模式和信息，模式识别就是把眼前的对象与大脑中存储的模式进行对照，给对象的属性作出判决。唐代诗人李益的著名诗句"问姓惊初见，称名忆旧容"（《喜见外弟又言别》），说的就是这种情形。模式识别是一种动力学过程,即系统从初始状态趋达吸引子的过程。过程开始时刻看到的东西(初始状态)只是对象的部分图像,代表识别过程的试验模式,信息不完全,故不能判定是 A 还是 B,需要补充信息;识别过程就是补充信息的过程,信息补充完整了,识别任务也就完成了。

理论上说,A 和 B 被选择的机会是均等的,如图 10—5 中左图所示。但对于每一个具体的识别主体来说,由于性别、年龄、经历、偏好等的不同,A 和 B 对他或她一般都不对称,如右图所示,因而不同的人对同一幅两可图常常作出不同的识别。以图 10—4 为例,心理实验表明,80% 的男性首先识别为少妇,20% 的男性首先识别为老妪。由于两可图固有的含混性,性别、年龄、偏好等在两可图识别中的影响必须考虑,需要找出描述这些差别的科学方法。

根据动力学理论,控制参量的变化决定状态空间的动力学结构(定态点的数量、类型和分布等),一旦到达分岔点就会引起系统相变(由一种定态变为另一种定态)。在图 10—5 的右图中,A、B 两点的势阱深度不同,代表它们的稳定阈值大小不同,势阱浅的定态容易失去稳定性。两可图识别是注意力高度集中的有意识活动,注意力属于模式识别这种动力学系统的控制参量。识别过程中注意力参数取最大值。一种模式(如 A)一旦被识别,相应的注意力就开始减弱(参数值逐步减小),定态点的势阱开始变浅,势垒降低;注意力减弱到一定程度,该模式(定态)将接近不稳定的边缘,一点小扰动(涨落)就会驱使系统越过势垒 C,重新启动识别过程,使注意力集中到另一种模式(B)上。一段时间以后,再次启动相反的识别过程,系统又回到前一模式(A)。由此形成认知系统在 A 与 B 之间来回交换。这就是两可图识别中的双稳态效应。

哈肯在总结上述认识过程后指出:"模式识别似乎是一种由原来学到的模式、注意参量和偏倚控制的各个序参量之间的竞争过程。此外,注意参量的涨落起了重要作用。"[①] 基于这种理解,他以协同学为理论武器,以注意力为控制参量,建立了序参量方程,对两可图识别进行数学分析,并取得了一定的实验数据的支持。

[①] [德] 赫尔曼·哈肯:《大脑工作原理——脑活动、行为和认知的协同学研究》,郭治安、吕翎译,上海科技教育出版社 2000 年版,第 283—284 页。

对两可图识别的上述分析可以推广应用于非视知觉的模式识别。一个有趣的例子是毛泽东关于中国人阅读古典诗词时心理活动的分析。中国古典诗词整体上也是一种"两可图",一方为豪放派,一方为婉约派,其界限也是含混的。不同欣赏者有不同的偏爱,比如毛泽东偏爱豪放,不废婉约;李清照偏爱婉约,不废豪放。1957年8月,毛泽东在《对范仲淹两首词的评注》一文中指出:"人的心情是复杂的,有所偏袒仍是复杂的。所谓复杂,就是对立统一。人的心情,经常有对立的成分,不是单一的,是可以分析的。"[①] 在吟诗这种审美活动中同样存在双稳态现象,注意力也是系统的控制参量,不过是阅读兴趣支配注意力罢了。"读婉约派久了,厌倦了,要改读豪放派。豪放派读久了,又厌倦了,应当改读婉约派。"[②] 其实,在人们的一切审美活动中都存在这类动力学现象。

哈肯还指出,作为大脑的两种认知活动,模式识别和行为决策之间有深刻的相似之处,因而对决策亦可以做上述那样的协同学分析。[③] 一切二中择一的抉择都是基于非线性系统的双稳态效应。舆论的转向,时尚的改变,当前美国对伊朗、叙利亚和朝鲜是战是和,等等,都可以做类似的考察。第二次世界大战以来美国的对外政策就是在战争与和平这两种稳态之间来回振荡的,而且在不愿意放弃霸权主义的未来一段时期内将继续振荡下去。美国的两党制民主选举也是一种双稳态,反映的是选民群体思维的振荡现象:民主党("鸽派")在台上待久了,就想让共和党("鹰派")出来干干;共和党干久了,就想换成民主党上台试试。

(二) 直觉产生的非逻辑特征

在科学发现、技术发明和艺术创作等一系列创造性活动中,创造性思维可以分为两种基本类型:一类是逻辑式创造性思维,如一般的归纳、演绎、分析、综合等逻辑推理和假说等思维形式,是可以用语言文字或符号表达的,属于言传认识,本质上是线性的,或近似线性的,因而是有章可

---

① 毛泽东:《对范仲淹两首词的评注》,《毛泽东文集》第7卷,人民出版社1999年版,第304页。

② 同上。

③ [德] 赫尔曼·哈肯:《大脑工作原理》,郭治安、吕翎译,上海科技教育出版社2000年版,第305页。

循的；另一类是非逻辑创造性思维，如灵感、直觉、想象、顿悟等思维形式，是无法用语言文字或符号表达的，属于意会认识，本质上是非线性的，因而无章可循，长期以来被简单性科学视为不合理，受到了鄙视。

另外，人脑的意识活动也分为两个层次，一个是潜意识层次，另一个是显意识层次。所谓潜意识是大脑神经系统在主体自我意识缺失的情况下，依托主体的生理和心理这种内环境，对感性认识进行加工处理的无意识活动，属于大脑神经系统的自组织过程。显意识是大脑神经系统在主体自我意识控制下，依托主体的生理和心理这种内环境，对感性认识进行加工处理的有意识活动，属于大脑神经系统的他组织过程，"自我"就是其他组织者。显意识主要是逻辑思维，潜意识主要是非逻辑思维，即逻辑思维链条的中断或转折。所以说，人脑的思维活动是逻辑思维与非逻辑思维的矛盾统一，意会认识与言传认识的矛盾统一，潜意识与显意识的矛盾统一；它与一切复杂系统一样，也应当是自组织与他组织的矛盾统一体。所以，刘仲林教授从人的思维、认识和心理三个层面对创造性思维进行了认真研究，提出了如图10—6所示的关系图。① 下面我们就人的心理活动、认识层面和思维角度三个方面重点讨论非逻辑思维的主要形式——直觉、灵感的非线性机理。

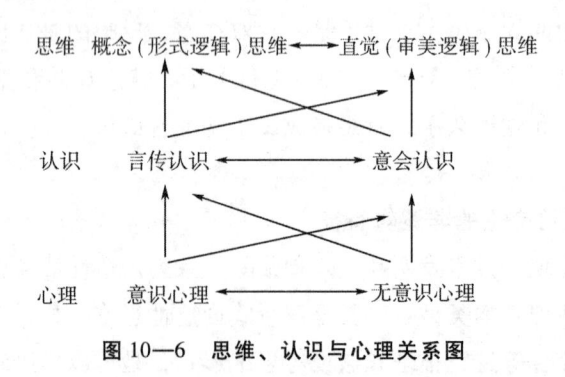

思维　概念（形式逻辑）思维　←——→　直觉（审美逻辑）思维

认识　　　　言传认识　←——→　意会认识

心理　　　　意识心理　←——→　无意识心理

图10—6　思维、认识与心理关系图

1. 直觉是一种洞察力

在人们的创造性活动中，潜意识活动的主要形式之一是直觉，灵感可以说是直觉的一种典型形式，它往往是指那种经过长时间沉思之后，受外物启发或想象而突然获得结果的一种直觉过程。尽管两者都是人们的潜意

---

① 刘仲林：《中国创造学概论》，天津人民出版社2001年版，第211页。

识活动，"对象在不在眼前"是直觉与灵感的细微区别，也是灵感更让人感到神秘的主要原因。因此，我们先来讨论直觉思维。

所谓直觉，就是人们不经过逐步分析而迅速直接地对思维对象的本质及其关系做出合理的猜测、设想或判断的一种即时性思维。它产生的模式是："问题——直觉（判断或领悟）"。从问题到直觉的产生是直接的、瞬时完成的，无须有意识的思考，就能达到对问题实质的直接把握。因此，直觉是宏观的把注意力放在事物整体上的一种思维方式，它与逻辑的、逐步的、微观的把注意力放在事物各个部分上的思维是大不相同的。它的显著特征在于得出结论的直接性，因而有利于人们从一些偶然的整体中抓住问题的实质，是人们对突然出现在眼前的事物或现象的深入洞察、本质理解和准确判断。所以，人们常说"直觉是一种洞察力"。

在传统科学或简单性科学当旺的时代，尽管科学界弥漫着一种依赖理性、独尊逻辑的氛围，但科学大师们都十分重视直觉思维的作用。爱因斯坦一再强调，"真正可贵的因素是直觉"。他在科学上的一系列重大发现并非是逻辑思维的产物，而是直觉思维的创造。也正是由于直觉在思维活动中时而发生，并具有十分宝贵的科学价值，1952年5月，爱因斯坦在给挚友索洛文的信中提出了思维同直接经验关系的著名图式[①]（如图10—7所示，与图6—1相同），对直觉在科学创造中的作用做了明确的描述。他认为，一个科学理论的形成要经过如下几个阶段：

"经验（感觉）→（直觉）→概念或假设→（逻辑推理）→科学命题→（直觉）→实验验证"

由此可见，在科学公理体系（即基本原理）的创立和科学命题的验证中，非线性的直觉思维起着关键作用；而科学公理体系的提出，又是科学创造的第一步，所以在科学创造中，直觉思维居于首要地位。从直接经验 ε 到公理体系 A 和从导出命题 S 到直接经验 ε（图10—7虚线所示），这

[①] 许良英等编译：《爱因斯坦文集》第1卷，商务印书馆1976年版，第541页。

两个直觉过程中,有以下几个问题需要特别强调①:

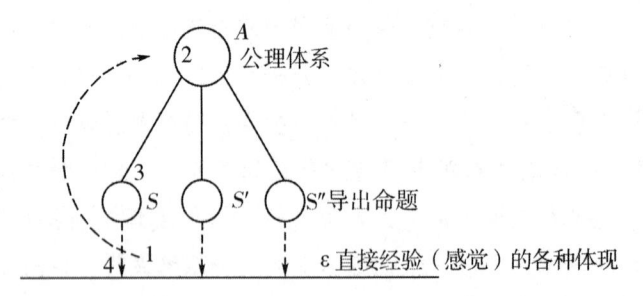

```
            A
         ②  公理体系
        /|\
       / | \
      ③  |  \
     S   S'  S″导出命题
     ↓   ↓   ↓
    ④ ↙1    ε 直接经验(感觉)的各种体现
```

图 10—7 思维同直接经验的关系图

(1) 直觉以经验为基础,并非纯粹思辨。爱因斯坦历来认为,理论必须以经验为依据。他所说的直觉的依据,是指"对经验的共鸣的理解"②。

(2) 直觉不是经验的归纳,不能单从经验中产生出来。爱因斯坦说:"一个理论可以用经验来检验,但是并没有从经验建立理论的道路。"③ 他认为:"科学并不就是一些定律的汇集,也不是许多各不相关的事实的目录。它是人类头脑用其自由发明出来的观念和概念所作的创造。"④ 因此,直觉属于人类"思维的自由创造"⑤。

(3) 直觉是一种直接的理解或迅速的判断。它不经过通常的三段式推理,往往表现为逻辑思路的中断,主体便不能意识到得出结论的全过程,从而无法用语言清晰地表达出来。但是由直觉思维所得出的公理和概念有类似几何公理一样的自明性。

(4) 直觉也是一种洞察力。科学命题与直接经验之间不存在必然的逻辑联系,但是在科学活动中两者之间必须建立起可靠无误的对应关系。为了证明科学命题的可靠性,使其获得实在的意义和内容,科学家要进行实验验证。选择恰当的实验对科学命题进行验证,确定其对应关系,都要

---

① 武杰、周玉萍:《创新、创造与思维方法》,兵器工业出版社 2004 年版,第 103—104 页。
② 许良英等编译:《爱因斯坦文集》第 1 卷,商务印书馆 1976 年版,第 102 页。
③ 同上书,第 40 页。
④ 同上书,第 377 页。
⑤ 同上书,第 409 页。

凭借卓越的洞察力。这种洞察力也就是人的直觉思维能力。[①]

爱因斯坦的这个思维图式，后来得到了许多科学家的赞同和验证。物理学家福克（B. A. Fock）说："伟大的、以及不仅是伟大的发现，都不是按逻辑的法则发现的，而都是由猜测得来；换句话说，大都是凭创造性的直觉得来的。"[②] 科学哲学家邦格也认为，假说的提出，技术的发明，以及实验的设计都是直觉作用的明显事例。它们不是纯粹逻辑的操作，因为"光是逻辑是不能够使一个人产生新思想的，正像单凭语法不能激起诗意，单凭和声理论不能产生交响乐一样。"[③] 20世纪60年代以后，随着复杂性科学的兴起促使人们认识到，重大的科学发现或创造性概念和判断的提出都是直觉思维的产物，需要突破已有理论框架的束缚。因此，直觉和理性是走向创造的不可或缺的两翼，运用直觉思维也不再是少数科学大师的"特异功能"。从事科学技术研究以及各方面创造活动的人都需要放弃依赖理性、独尊逻辑的偏见，重视直觉思维能力的培养，把逻辑思维与非逻辑思维结合起来。作为系统科学在中国的开创者，钱学森教授根据复杂性研究的需要，不仅从理论上论证了两种思维方式结合的科学意义，而且从多方面探讨如何整合理性与直觉，倡导建立思维科学，并认为前者是微观方法，靠的是逻辑推理；后者是宏观方法，利用问题本身的结构去"试出"答案。20世纪70年代，华罗庚教授大力推广"优选法"就是最典型的范例。

2. 直觉是思维的"感觉"

通过以上分析我们还发现，直觉在本质上是思维的"感觉"。为了说明这一点，我们先引用数学家施特克洛夫（Vladimir A. Steklov）的一段话。他认为，创造"过程是无意识地进行的，形式逻辑在这里一点也不参与，真理不是通过有目的的推理，而是凭着我们称作直觉的感觉得到的。……直觉用现成的判断，不带任何论证的形式进入意识。"[④] 尽管施特克洛夫的说法有夸大直觉作用的嫌疑，但通过对它的剖析在一定程度上

[①] 武杰：《三论爱因斯坦的统一性思想》，《山西高等学校社会科学学报》1998年第1期，第19页。
[②] 转引自王梓坤《科学发现纵横谈》，上海人民出版社1978年版，第122页。
[③] [加] M. 邦格：《直觉和科学》，N.J. 英文版，1962年版，第81页。
[④] 转引自周昌忠《创造心理学》，中国青年出版社1983年版，第199页。

触及到了直觉的真正含义。这就是说,直觉是一种无意识的思维,不像逻辑思维是有意识地按照推理规则进行的,因此直觉像是思维的"感觉"。人们通过感官的感觉,只能认识事物的现象,可是用直觉能够认识事物的本质和规律性,所以直觉也可以说是思维的洞察力。

直觉作为一种创造性思维,整个过程是在极短的时间内完成的,以至于难以用逻辑思维的语言来逐步加以分析与表述,所以它本质上属于非线性思维。具体来说,它对应于人类的第一信号系统,是建立在人的直观感觉上的,通过人的感觉(视觉、听觉、嗅觉、触觉等)而进行的一种思维活动;而逻辑思维一般都对应于人类的第二信号系统,是建立在人的理性认识(概念、判断、推理等)上的思维形式。然而,直觉思维虽然利用了人类的感性认识(感觉、知觉、表象等),但它绝不仅仅停留在这一步,而是超越逻辑思维达到了更高一个层次上的思维,相当于人类认识的"感性——理性——感性"循环中的后一个阶段的感性认识。表面上看,直觉思维的结果是以直观的形式表现出来的,实际上它已经在人脑中进行了逻辑程序的高度压缩,迅速地越过了"理性认识阶段",是简缩了整个逻辑思维过程的一种思维形式。所以,直觉思维既源于感性认识,又高于感性认识,达到了思维中的具体,不能与人类的第一信号系统简单地画等号。

贝弗里奇(W. I. B. Beveridge)说:"直觉用在这里是指对情况的一种突如其来的颖悟或理解,也就是人们在不自觉地想着某一题目时,虽不一定但却常常跃入意识的一种使问题得到澄清的思想。"[①] 所以,直觉思维往往表现为结果是正确的,道理却又说不出来;说不出道理来,这显然属于一种非逻辑思维形式。波普尔也意识到了这一点,他指出,新问题(P_2)"一般不是由我们有意识地创造的,它们自发地从新的关系领域中涌现出来,我们的一切行动都不能阻止这种关系产生"[②]。在这一非线性过程中,人脑潜意识层次的自组织运动起着至关重要的作用,只是目前我们对其规律性还知之甚少。

---

① [英] W. I. B. 贝弗里奇:《科学研究的艺术》,陈捷译,科学出版社 1979 年版,第 72 页。

② [英] 卡尔·波普尔:《客观知识:一个进化论的研究》,舒伟光等译,上海译文出版社 1987 年版,第 127 页。

(三) 灵感形成的非线性机理

爱因斯坦在《论科学》一文中明确说过："我相信直觉和灵感"，而直觉和灵感又都是一种顿悟。这说明三者都是重要的非逻辑思维，具有明显的非线性特征，令许多人难以区别并感到有点神秘。它们在科学创造活动中常常交织在一起，如直觉引发灵感、导致顿悟，灵感和顿悟又伴随着直觉的判断等等，但这并不等于说三者没有区别。直觉是一种能力。其作用是对事物做出价值判断或对问题的解决（途径、方法、结论等）做出直接的领悟或选择。灵感本质上是一种新的思想或想法。它在科学创造中的作用在于为问题的解决开辟了一条新的道路，使主体能够摆脱"山穷水尽"的困境。但从灵感的产生到问题的最后解决还需有一个严密的逻辑过程。顿悟只是主体对久思不得其解的问题做出了迅即解决的一种情感体验或状态。它既不是主体的某种能力，也不是某种新的构想。因此，如果说它对科学创造过程有什么作用的话，那么这种作用只在于为某个问题的解决划上了一个句号，"结束"了某个具体的创造过程。[1] 所以，我们在了解了直觉的非逻辑特征后，还要进一步考察它的孪生兄弟——灵感。

1. 灵感思维的自组织特性

灵感作为直觉的一种典型形式，它是在经过长时间沉思之后，受外物的启发或某种诱因的作用突然获得结果的一种直觉过程。它产生的模式可以概括为：

"问题——思考——思考的中断——某种媒介或诱因的出现——联想、类比——灵感"

在这里，灵感的产生与顿悟十分相似：它们的形成不是在紧张的思考之中，而是在思维饱和之后的放松阶段，如散步、娱乐甚至睡梦中。从所面临的问题到灵感、顿悟的产生都不是直接的、即时的，而是延时性的。

---

[1] 阎力：《浅谈科学创造中的直觉、灵感和顿悟》，《哲学研究》1988年第8期，第79—80页。

从这一点看，灵感与顿悟确有相似之处，但灵感的形成机制比顿悟要复杂一些。顿悟的产生常常是突发性的，不需要媒介的引发，它表现为对问题实质的直接把握和迅即领悟。它产生的模式是：

"问题——思考——思考的中断——顿悟"

从这一点看，顿悟更像直觉，它仿佛是一种"延迟发生"的直觉，而灵感的产生则需要媒介的触发，需要联想或类比等思维过程的激发。

所以，灵感的出现可以看作人的思维过程达到高潮后，受某种诱因作用而突然出现又极易消失的一种富有创造性的心理状态，它产生的是一种飘忽不定的思想闪光或顿悟。在这种状态下，科学家会突然做出发现，文学家会构思出绝妙的情节，诗人可浮想联翩，哲人可才思泉涌，发明家可奇思迭生……。思维活动的这种运作方式，就称为灵感思维。每个正常人都有灵感，不同的只是在灵感的深刻性、新颖性、创造性和频繁性上有所差别。灵感使人奇思妙想，但是至今科学对灵感的"神秘性"一直缺乏令人信服的阐述。经验表明，灵感是人脑长期思考的产物，是对辛勤劳动的奖赏，并非突然从外部降临于头脑中的。那么，在它突然出现之前，大脑是如何进行准备的呢？

思维属于意识的一个方面，意识包含潜意识和显意识两个不同层次。灵感的出现属于显意识层次的现象，灵感的准备则主要是在潜意识层次进行的。所以，灵感的产生属于潜意识与显意识两个层次之间的联系和过渡，就像我们目睹泉水从地面下喷涌而出却看不到它在地面下如何运行一样，我们能在显意识层次直接感受到灵感出现时的喷涌之势，却无法了解它在潜意识层次如何运作。要真正弄清这个问题有赖于脑科学和意识论的突破，也需要非线性科学的自组织理论、等级层次理论、突变涌现理论和动力学原理等的参与。

思维作为一种高度有组织的活动，是自组织的，还是他组织的？苗东升教授认为，思维既有自组织，又有他组织，两者既矛盾又合作；一切思维运动都是在意识的自组织和他组织过程中，彼此依存、相互触发、不断转化中发生、发展和完成的。潜意识本质上是自组织的，显意识则离不开他组织因素,"自我意识"实际上就是思维运动中主要的他组织者。① 一切有计划有步骤的思考活动都包含他组织思维。人们常说"让我想一想",说的就是自我对大脑神经网络系统下达启动思维过程的控制指令,即他组织指令。在笔试或口试之类的活动中,受试人的思维活动首先是由主考人启动和导向的,具有双重的他组织者。但是,不论在何种情况下,思维主体在头脑中对感性认识的加工处理总是自组织地进行的,特别是同时发生在潜意识中的那些思维活动只能是自组织的,自我意识无法直接加以干涉和控制。潜意识层次的这种自组织思维活动是自我在显意识层次上有计划有步骤地进行的思维活动赖以展开的基础和获得成功的保证。但潜意识也不是绝对的自组织,此一时刻的潜意识活动,是在以往长时期中显意识活动不断积累和准备的基础上进行的。大科学家彭加勒在谈论自己的灵感思维时,把个中道理说得更加直白:"这些出其不意的灵感只是经过了一些日子仿佛纯粹是无效的有意识的努力之后才产生的。"② 尽管无法预测灵感到来的时间,但只要坚持这种"有意识的努力",并且方法对头,必定会加速灵感的到来。用哲学语言讲,就是灵感只光顾那些"有准备的头脑",而不爱拜访懒惰者。

就灵感的孕育和产生而言,它在潜意识层次无意识地孕育和准备,而在显意识层次又表现出自发性和不可预见性,这两者都是灵感具有自组织特性的重要表现。自我制订的计划、主考官的发问,对灵感的出现都不会发生直接作用,有时还可能抑制灵感的产生。但思维的他组织在这里也不是全然无所作为,有意识地放松思想,或游山玩水,或与持不同观点者争论,以求开阔眼界,转换思路,诸如此类的思维他组织,都可能诱发灵感尽早出现。所以,苗东升教授总结说:"与一切复杂系统一样,思维运动也应当是自组织与他组织的矛盾统一。显意识是在潜意识的基础上运作的,显意识又反作用于潜意识。如果自我掌握得好,显意识的运作可以给潜意识创造更宽松的环境;如果掌握得不好,显意识也可能成为潜意识的禁锢。"③

---

① 苗东升:《非线性思维初探》,《首都师范大学学报》(社会科学版) 2003 年第 5 期,第 100 页。
② 转引自赵光武主编《思维科学研究》,中国人民大学出版社 1999 年版,第 355 页。
③ 苗东升:《复杂性科学研究》,中国书籍出版社 2013 年版,第 307 页。

2. 灵感思维的动力学解读

灵感思维是一种非线性动力学现象，一般的创造心理学将它的主要特点概括为：孕育的艰辛性、出现的瞬时性和引发的随机性。也有人从认识论的角度总结说：灵感思维具有认识发生的突发性、认识过程的突变性和认识成果的突破性。这些都是线性理论无法解释的，因为线性系统没有分岔、没有突变，不可能发生稳定性交换，一切都是确定性的。非线性动力学原理则可以提供令人信服的解释。例如，突发性表明灵感的发生是一种动力学临界现象。动力学是在相空间研究系统的，相空间由瞬态和定态两类状态组成。从系统的相空间看，灵感是瞬态还是定态？下面我们以灵感和顿悟的比较来做一说明。

人们长期认为灵感和顿悟是一回事，其实不然。就其共同点来说，它们都是潜意识层次大脑神经系统自组织的产物。这时大脑在无意识状态下进行思维活动，由于某种偶然情境的出现，引起系统自发对称破缺，就会突然跃入显思维层次，被思维主体意识到，让人感到"来不可遏"。两者的主要区别是，灵感"去不可止"，极易消失；顿悟不会迅速消失，没有"去不可止"的感觉。原因在于两者具有不同的动力学机制：在思维系统的相空间中，灵感对应的是鞍点，顿悟对应的是稳定的不动点（结点和焦点），如图10—8所示。

不稳定结点　　　　鞍点　　　　稳定结点

图10—8　几类不动点型定态

具体来说，图10—8左图所示的是不稳定结点，相空间的所有轨道都被它"拒之门外"，这样的定态即使短暂的实现也是不可能的，所以灵感和顿悟都与它无缘。图10—8右图所示的是稳定结点，相空间的所有轨道都收敛于该点，它反映的正是顿悟这种思维形式，尽管存在扰动也不会立即消失，当然顿悟之后还需要进一步的加工提炼。图10—8中图所示的是鞍点，鞍点的奇异之处在于它是稳定性与不稳定性的统一体，相空间有两条稳定轨道和两条不稳定轨道；附近其他轨道的特点是，沿着它们起先不断向鞍点靠近（类稳定性），后来又不断远离鞍点，总体上仍是不稳定轨道。正因为相空间存在稳定轨道，由潜意识层次中自组织运动所产生出的某个突破现有认识框架的思维成果，会立即顺着稳定轨道跃迁到显意识层次，思维主体便有豁然开朗的感觉；也正因为相空间存在不稳定轨道，无法避免的扰动很可能使新想法沿着它们迅速逃遁。因而，灵感稍纵即逝，"去不可止"，具有瞬时性；而顿悟不会迅速消失，没有这种"去不可止"的感觉。经验告诉人们，一切现实的系统都存在扰动，处于鞍点的系统离开稳定轨道而远去的概率为1。但经验也告诉人们，只要思维主体紧紧抓住闪现的新思想、新念头，灵感就不会消失。原因何在？这里的所谓"紧紧抓住"，意味着显意识这种他组织行为的立即参与。因此，一个自组织的思维运动偶然产生某个灵感，如果显意识作为他组织者立即参与进来，系统的相空间必定发生重要改变，鞍点就会变为稳定结点，灵感也就不会消失。这也反映了灵感思维产生过程的突变性。

大诗人苏轼曰："作诗火急追亡逋，清景一失后难摹。"（苏轼：《腊日游孤山访惠勤惠恩二僧》）他讲的是文学艺术实践中的灵感，科学研究也如此。在科学研究中提出假设、形成概念、开辟思路首先要通过"那种以对经验的共鸣的理解为依据的直觉"，因为这里"没有逻辑的道路"[①]。这也就是说，我们要突破原有的思维定式，涌现出新的思想火花，靠的是非逻辑思维（直觉、灵感、顿悟）。但是，这种涌现只能是大量逻辑思维活动诱发的结果，没有长期的经验积累，直觉就不会造访头脑，灵感也不会光顾我们。否则，就会"像孩子一样提着第欧根尼的灯笼闹着玩"[②]。然而，灵感一旦出现必须立即有逻辑思维跟进，使之稳定下来，因为通向鞍点的稳定轨道只有两条，附近却有无穷多条不稳定轨道在等待，这也足以说明灵感的罕见和可贵。这时需要的逻辑首先是辩证逻辑。"辩证逻辑是沟通非逻辑思维和逻辑思维、使非逻辑思维转化为逻辑思维的第一要件，形式逻辑发挥作用是下一步的事，即对运用辩证逻辑获得的成果的再加工。而辩证逻辑在这一步中发挥作用主要不是靠它的形式因

[①] 许良英等编译：《爱因斯坦文集》第1卷，商务印书馆1976年版，第102页。

[②] 同上书，第103页。

素，而是靠其逻辑模式的辩证性。辩证逻辑负有沟通非逻辑思维与逻辑思维的功能，一旦形式化，就失去这种功能，不再是辩证逻辑了。"[1]

如此说来，灵感并不神秘，它不过是潜意识层次的非线性动力学运动到达某个临界点时，突然与显意识层次接通，沿着某个稳定轨道迅速运动到相空间的鞍点，从而被自我所意识到的一种思维运动。简言之，从大脑神经网络系统的相空间看，灵感是在潜意识层次孕育而在显意识层次涌现出来的鞍点。所以，突发性包含偶然性。灵感的这种偶然性蕴含着两层含义：潜意识何时何地到达临界点有偶然性；到达临界点后能否实际发生突变而涌现到显意识层次，还要靠偶然性来实现这种对称破缺的选择。这就如诗人所言："众里寻他千百度，蓦然回首，那人却在，灯火阑珊处。"（辛弃疾《青玉案·元夕》）。

3. 养成随时捕捉灵感的好习惯

直觉、灵感和顿悟都属于非逻辑思维，具有明显的非线性特征和创造性功能，它们的区别除了前面提到的本质不同、产生的模式和条件不同外，相对于主体而言，三者的可控性也不同。直觉作为一种能力，主体对它的运用已成为一种习惯性的、本能的过程，随时随地对所遇到的问题进行着直觉的判断、选择和领悟，它的使用是无条件的，是完全自主的。灵感的产生则不能完全受主体有意识的控制，它的产生需要一定的情境条件，具有一定的偶然性。但主体可以在一定程度上创造灵感产生所需要的条件，通过有意识的联想和类比来引发灵感。现代创造工程学的许多创造方法，如头脑风暴法、反向思维法、关联词法等，都是着眼于激发主体的创造性构想。而顿悟的产生则完全不受主体的意志支配，它是人们创造能力的自然体现，取决于人的创造素质。

所以，善于非线性思维的人能够抓住突如其来的灵感（顿悟），把它变成稳定的认识，致使一般人觉得他（她）们非常聪明，颇有点神秘性。从非线性动力学原理看，此类现象不难解释。如前所述，在认知或思维活动中，注意力参数是系统的控制参量，控制参量的改变能够导致系统状态空间的性质发生变化，包括定态点类型的改变和稳定性的交换。灵感出现之前潜意识层次的准备工作是在注意力没有参与（注意力参数取零值）

---

[1] 苗东升：《复杂性科学研究》，中国书籍出版社2013年版，第308—309页。

的情况下进行的，灵感（鞍点）是零值控制参量下的系统定态，一种特殊的不稳定定态。一旦涌现到显意识层次就成为有意识的现象，这时，只要思维主体立即让注意力参加进来，努力抓住新想法，即注意力这个控制参量取足够大的非零值，就可以导致系统发生稳定性的交换，原来的鞍点就转变为稳定的定态，如图10—8（右）所示（图中给出的是稳定结点，也可能是别的稳定定态）。这里我们又一次看到他组织在思维活动中的重要作用：适当的他组织作用（注意力）足以改变系统相空间的结构，使灵感从极易消失的鞍点转化为可以持续存在的稳定定态。

灵感还具有局域性和短暂性的特点。线性系统也可能有鞍点，但它以整个相空间为吸引域。而非线性系统的鞍点必定是局域现象。灵感的短暂性表明它是系统的局域现象，而不是相空间的全局现象。这从另一方面说明灵感属于非逻辑思维，具有非线性系统的特性，因而，我们把灵感思维的主要特点概括为："孕育的艰辛性、出现的瞬时性和引发的随机性"，是比较全面的。钱学森教授也指出，灵感是有的，但是你首先得去追求它。你不去追求它，它也绝不会主动找上门来。所以，我们在自己的人生道路上要养成随时捕捉灵感的好习惯，因为"机遇只偏爱那种有准备的头脑"[1]。

综上所述，到这次世纪之交，随着科学形态、社会形态、文明形态转型演化的面目更加鲜明地呈现出来，人们对思维方式正在发生根本转变的认识也日益清晰。日本著名学者竹内弘高（Hirotaka Takeuchi）和野中郁次郎（Ikujiro Nonaka）在《知识创造的螺旋：知识管理理论与案例研究》一书对此有很好的表述：

>"由工业社会迈向知识社会，这场200年一遇的转变正在改变着我们对待矛盾的态度。工业社会里，矛盾属于被排除的一类事物之列"；"向知识社会的转变将那些曾经被铲除，或者必须避免的东西提升到需要相拥和培育的高度。矛盾、不一致、两难困境、两极分

---

[1] 转引自［英］W. I. B. 贝弗里奇《科学研究的艺术》，陈捷译，科学出版社1979年版，第35页。

化、两分法即对立面等绝非是与知识背道而驰的事物。"①

"工业社会的智力支撑是简单性科学，他们所说的知识社会就是本书所谓信息—生态文明下的社会，其智力支撑是复杂性科学。在他们看来，随着知识社会的兴起，你要获得知识，你就得容纳乃至拥抱矛盾；要掌握全面而深刻的知识，就得'同时拥抱全部对立的事物'。从社会形态转变的高度观察思维方式的转变，从知识创造的复杂性角度论述知识，在知识论中引入矛盾学说，深入剖析知识的辨证特性，是该书最出色之处。作者意在提醒读者，如果不用辩证论去理解知识的本性，就无法有效应对日益复杂化的现代社会及其未来。"② 这本世纪之作也是总结发达国家管理实践经验的产物，两位作者直截了当地说，"为了在当今动荡的年代和复杂的世界立于不败之地，企业不仅需要拥抱对立矛盾，而且还要同时接受整个对立矛盾体。"③ 日本社会在"脱亚入欧"之路上已走过近200年，在这样的环境中能够提出如此明确的辨证管理思想，并且正在产生世界性影响，足以窥测当代社会实践向辩证思维复归事实上已达到何种程度。这个问题是值得我们深长思之的！

六 复杂性科学的哲学启示

20世纪80年代以来，在"系统运动"的基础上探索复杂性的浪潮一浪高过一浪，其发展势头迅猛，学术成就喜人：新的理论成果不断涌现，新的应用领域不断拓展，新的学术流派也不断形成。1996年，诺贝尔经济学奖获得者赫伯特·西蒙从科学发展的视角将20世纪末探索复杂性的历程概括为系统运动中的"第三次浪潮"④。这一评价现在看来虽然不算

---

① [日] 竹内弘高、野中郁次郎：《知识创造的螺旋：知识管理理论与案例研究》，李萌译，知识产权出版社2006年版，第3页。
② 苗东升：《复杂性科学研究》，中国书籍出版社2013年版，第293页。
③ [日] 竹内弘高、野中郁次郎：《知识创造的螺旋：知识管理理论与案例研究》，李萌译，知识产权出版社2006年版，第4页。
④ [美] H. A. 西蒙（司马贺）：《人工科学：复杂性面面观》，武夷山译，上海科技教育出版社2004年版，第157页。

准确,但它告诉我们,这一时期系统科学的研究对象正从"一般系统"转向"复杂系统"。由此笔者认为,作为反映现实世界复杂性的新型科学——复杂性科学已经破土而出。因为科学作为一种社会存在,是由知识体系、社会活动和社会建制三大要素构成的巨系统,这一时期复杂性研究已经既是自觉的科学活动,又是有建制的社会事物,而且作为一种独特的知识体系也初露端倪。这三点齐备,标志着复杂性科学的正式诞生。狭义地讲,对于系统科学和复杂性科学而言,无论是从研究对象,还是从孕育发展的过程看,它们之间形成了一种难解难分的关系。系统科学原本是应对复杂性问题而提出的,它的主体应是非线性系统理论和复杂系统理论,特别是复杂巨系统理论;复杂性科学是建立在包括系统科学在内的各门科学基础之上的,其核心理论不仅来源于系统科学,而且是对系统科学理论的补充、拓展和深化。有鉴于此,本节试图对复杂性科学的学科特征及其社会影响进行一次系统概括,进而重点阐述复杂性科学在当代语境下的哲学启示,最后论述中国传统文化对复杂性研究的现实意义。

(一) 复杂性科学的学科特征及其社会影响

大家知道,科学研究是人的活动,人是具有自觉能动性的存在物,一旦认识到一个新的科学领域出现,就会将它转变为一种自觉的有计划有组织的研究活动,而自己充当科学发展的他组织力量,建立相应的组织机构,形成具有一定内容的知识体系。20世纪复杂性科学的孕育发展就走过了这样一条探索之路。

1. 复杂性科学的形成与主要学派

当代科学发展和科学哲学研究表明,"科学理论是一定语境条件下的产物,在一个语境中是真的科学认识,在另一个更高层次的语境中有可能会被加以修正甚至被抛弃。这种修正或抛弃是在再语境化的基础上进行的。"[①]如果把复杂性科学的产生发展看作是一个系统的孕育、创生、发育和壮大的自组织过程,那么20世纪60年代至80年代是一个关键时期。20世纪之初出现过一些零星的复杂性研究,20世纪40年代由于系统科学和信息科学

---

① 郭贵春:《"语境"研究纲领与科学哲学的发展》,《中国社会科学》2006年第5期,第31页。

的形成，特别是1948年韦弗发表了《科学与复杂性》那篇宣言式的文章，复杂性研究便开始成为一种自觉的科学活动，但还没有形成特定的科学领域，研究者也尚未汇集成一个明确的科学共同体。20世纪60年代以来，复杂性研究进入了加速发展期，无论是系统科学和信息科学自身，还是自然科学，特别是基础自然科学，都涌现出一些意义重大的新事件、新动向和新进展，或者提供处理复杂系统的有效方法，或者提出一些能够有效描述复杂性的新概念，或者形成若干对复杂性现象颇具解释力的科学理论，从不同方向把复杂性研究提升到一个新的层面，并且彼此迅速汇聚和整合，使各种复杂性研究原本属于同一科学方向的真面目逐步暴露于世人面前。1984年普里戈金明确提出"复杂性科学"的概念，为整个复杂性研究领域竖起了一面旗帜。紧接着，1986年普里戈金和尼克里斯以中英文同时出版专著，提出颇具鼓动性的行动口号——"探索复杂性"（书名）。从此，复杂性研究成为一种初具世界规模的科学事业，预示着未来的科学不再是少数科学强国支配世界的智力工具。现在看来，复杂性研究已经不是某个学科层次独立的事情，而是形成了一个从工程技术、技术科学到基础科学，再到哲学的四个层次的、内容初步确定的知识体系。

可见，现代复杂性科学的兴起，既有技术的发展做支撑，也有科学的突破为基础，还有社会意识的进化为前提，可以说已经成为当代科学语境中最重要的运动之一。所谓复杂性科学，是指以具有自组织、自适应和自驱动能力的复杂系统为研究对象，以超越还原论和整体论为方法论特征，以揭示和解释复杂系统的生成、演化和未来发展规律为主要任务，以提高人们认识世界和改造世界的能力为主要目的的一种"学科互涉"（inter-disciplinary）的新兴科学研究形态。[①] 在这一片具有复杂性意识和复杂性思维的理论丛林中，大体包括以下理论：首先是欧洲学派以自组织理论为旗帜，强调自组织产生的复杂性，其中包括耗散结构理论、协同学、超循环理论、突变论与埃德加·莫兰的复杂思想论和切克兰德的软系统方法论（简称SSM）等；其次是美国学派关注自然界的非线性现象，他们创立了混沌理论、分形理论和孤子理论等，特别引人注目的是圣菲研究所建立的

[①] 武杰、李润珍：《复杂性科学的学科特征与方法论探析》，《科学技术哲学研究》，2015年第3期（待发）。

复杂适应系统（简称 CAS）理论，以及通过计算机仿真模拟而提出的进化计算、人工生命、自组织临界性和复杂网络理论等；还有中国学派创立的开放复杂巨系统（简称 OCGS）理论、灰色系统理论等。这些可视为复杂性科学的基本理论，即复杂系统理论。尽管它们目前还处于发展之中，但已经受到学界的广泛关注和特别青睐。

目前，复杂性科学已经得到科学主流的承认，其中有四个动向特别有意义。首先，是诺贝尔奖得主普里戈金和艾根、有世界性影响的科学家哈肯等人先行介入，基于现代自然科学的基础理论探索复杂性，标志着基础科学层次的复杂性研究起步了。其次，是由另外三个名声更加显赫的诺贝尔奖得主盖尔曼、安德森和阿罗大力推动下建立的圣菲研究所，还原论科学的三个老帅倒戈批判还原论，这对世界科学界带来的震动非同凡响。再次，到 1999 年《科学》（Science）杂志推出的专集《复杂系统》，精心组织了一批正在主流科学主战场如物理、化学、生物、生态、经济、地理、环境、气象、神经系统等领域的前沿工作的著名学者，探讨各自领域的复杂性，有力地表明到世纪之交主流科学界对复杂性研究的自觉关注和认可，并开始直接参与研究。各种冠以复杂性名称的学术会议不断召开，新的学术机构不断成立，新的重大研究课题不断立项，有关复杂性研究的新著作不断问世，给人以一种欣欣向荣的感觉。最后，在这种情况下，又有一位诺贝尔奖得主温伯格于 2003 年在《金玉四言》一文中指出："科学家们偶尔会因轻信那些从弗兰西斯·培根到托马斯·库恩和卡尔·波普尔等哲学家们所提出的过分简化的科学模式而受到束缚。对付科学哲学最好的解药莫过具备科学史知识。更为重要的是，科学史可以使你觉得自己的工作看起来更有价值。"[1] 他的话启示人们：已经发展得相当成熟的传统科学尚且不应接受过分简化模式的束缚，复杂性科学就更加需要警惕了。温伯格不愧是一位科学大家，尽管他深受还原论科学的熏陶，却既能向科学哲学家吸取思想营养，又能自觉防止被科学哲学家某些过分简化的科学模式所束缚，保持思想自由，并在弱电统一理论的研究中取得卓越成就。

总之，复杂性研究经过近一个世纪的孕育、创生、成长和壮大，今天已经在科学界初步站稳脚跟，并且在 21 世纪有可能取得重大进展。因此，

---

[1] [美] S. Weinberg. "Four golden lessons." *Nature* 426（27Nov. 2003），p. 389.

笔者相信，韦弗、冯·诺依曼等人曾寄希望于20世纪实现、但终究未能实现的科学发展目标，将在这个世纪实现。所以我们说，21世纪将是复杂性科学的世纪。

2. 复杂性科学的学科特征与影响

复杂性科学作为系统运动中的"第三次浪潮"，作为科学系统转型演化的第三种历史形态，其产生和发展具有历史的必然性。因为任何一门学科（包括学科群），只有当它是所处时代的社会生存和发展的自然产物，同时其内在逻辑所需的前期条件又基本具备时，它才会应运而生并得以发展。正是在这个意义上，复杂性科学既是系统科学发展的自然产物，又是现代自然科学研究"范式转换"的必然结果，更是科学整体作为系统演化的一种自组织的历史形态。目前，复杂性科学正处于成型演化的初期，复杂性研究正以其强大的渗透力对所有传统学科或新学科进行"二次开采和利用"。因此，在每一门学科中都出现了自己的复杂性问题，比如组分复杂性（包括构成复杂性和类别复杂性）、结构复杂性（包括组织复杂性和层级复杂性）、功能复杂性（包括操作复杂性和规则复杂性）、环境复杂性、生成复杂性、描述复杂性、计算复杂性、文本复杂性、语法复杂性、语义复杂性、语用复杂性和混沌边缘、适切景观、家族相似、热力学深度，等等。尽管目前复杂性科学的理论框架还在形成发展之中，但它的研究成果已经显示出一些明显的特征：

第一，关于方法的知识。科学是随着研究方法所获得的成就而前进的，在我们还难以用科学方式和哲学方式来回答什么是"复杂性"的情况下，复杂性研究就沿着"自下而上"（bottom-up）的路径进行信息传递、过程展开和行为控制，对长期主导行为决策的"自上而下"（top-down）的思维定式形成了强烈冲击；以非线性为特色的复杂性之光已照亮了分析还原方法的死角，找到了破解复杂性之谜的钥匙——简单性孕育复杂性。然而，关于方法的知识是最有价值的知识，方法的变革往往会引起研究范式的转换和思维方式的变革。因此，通过研究方法论来界定复杂性科学及其研究对象就成为这一新兴科学形态的时代特征。

第二，学科互涉的形态。交叉学科是20世纪兴起的传统学科相互缠绕和相互渗透而产生的一大批新学科的总称，它体现了科学日益分化和日益综合的发展趋势。在这一形势的驱动下，复杂性科学被推到当代科学的前沿，它不仅是关于方法的知识，更是一种跨学科研究的方法论平台。它力图打破传统分类学科的界限，构建"实践优位"的立场，探寻各学科之间平等对话、包容异端和鼓励创新的合作机制。也正是由于跨学科研究的这一灵活机制，内在地显示了复杂性科学是"诞生于秩序与混沌边缘的科学"，具有"学科互涉"的研究形态。

第三，融贯思维的特点。复杂性科学从抽象的表征形式到具体的计量过程，都可以通过上向因果关系和下向因果关系而获得它们之间的逻辑关联。因而，它力图打破400多年来一直主宰和统治世界的经典力学的线性框架，主张非线性思维而抛弃拉普拉斯决定论的可预见性的狂想，凭借"语义上升"和"语义下降"两种模式各自具有的部分优势，即把整体论和还原论方法有机地结合起来，获得它们之间必然的逻辑关联，进而形成一种适合于复杂性研究的新的融贯思维。

第四，复杂范式的兴起。所谓范式（paradigm），是指把科学家凝聚起来的精神支柱和共同信仰，也就是科学共同体在科学活动中所遵循的理念或框架，具有规范、引导、认识和标本四个方面的作用。托马斯·库恩认为，范式的转换意味着科学革命。目前，复杂性科学作为科学系统整体的历史性"相变"正在自然科学、社会科学和部分人文学科的交互作用中普遍拓展，逐渐超越还原论、确定性和简单性范式而形成复杂性范式，主张把有序和无序、分割和结合、自主和依赖的原则连接起来，使它们处于竞争、对抗和互补的对立统一关系中，以一种新的思维模式来理解和应对自然界带给我们的各种复杂性问题。因而，复杂性范式的兴起显示了当代新型科学对传统科学的重大影响。

具有上述学科特征的复杂性科学作为一种新兴的科学形态和方法论平台，不仅极大地拓展了21世纪科学研究的疆域，而且为我们增添了理解自然和理解社会的新理念、改造自然和敬畏自然的新思想以及实现全人类共同富裕的新武器。目前，复杂性科学的思想、概念和方法已经在物理、化学、生物、生态等自然科学领域中广泛应用，甚至在经济学、社会学、语言学等人文社会科学领域中陆续展开，并取得了一系列分析还原方法得不到的科学发现和科研成果。这充分体现出复杂性科学在当代科学语境中的方法论意义。

首先，被誉为是"21世纪科学"的复杂性研究极大地拓展了科学的疆域，它把传统科学热衷于对部分的解析、预测和控制,转变到了关注事物的不可预见之整体的涌现方式上来,即从线性、确定、有序的"孤岛"扩展到了非线性、不确定和无序的复杂性海洋。这也就是说,传统科学在对自然界本质及其规律进行科学探索的同时,也给自己划了一道无形的界限,并把自己封闭起来。然而正是这些科学地图上的空白区,才是科学真正的新的生长点,它给有教养的研究者提供了最丰富的机会,同时也使科学的目标从追求简单性转向了探索复杂性。例如,目前兴起的大数据方法已成为人类获得新的认知,创造新的价值的源泉,也能为改变市场、机构、政府与公民的关系服务。

其次,复杂性科学的兴起除孕育了一大批新的学科之外,还对传统的哲学观念产生了重大影响。在本体论上,复杂性科学的兴起为我们描绘了一幅新的多元演化的科学图景,它主张世界在本质上是非线性的;在认识论上,复杂性科学的兴起对传统认识论产生了强烈冲击,揭示出复杂系统中"自下而上"这一世纪新理念的普适性和有效性;在方法论上,复杂性科学与传统科学也有很大的区别,科学家在探索复杂性问题时采用了许多新的方法,如隐喻类比、仿真模拟、综合集成和哲学思辨等,大大拓展了科学研究的方法论视域。

最后,复杂性科学的兴起对传统科学的思维方式也产生了重大冲击。大家知道,传统科学的思维方式是建立在理性、分割和有序三大支柱上的,随着复杂性科学的兴起,这些支柱的基石一个个地被动摇。然而,复杂性科学的思维方式不是要排除逻辑以便允许对逻辑规则的任何违反,也不是要排除分割以便建立不可分割性、排除确定性以便建立不确定性。相反,它的做法却是要科学复归到辩证思维,不断往返穿梭于整体与部分之间、可分割与不可分割之间、确定性与不确定性之间,把还原论和整体论、定性判断和定量分析、认识理解和实践应对的原则结合起来,形成一种必要的张力,使它们处于竞争、对抗和互补的矛盾运动中,这也许就是复杂性范式的基本特征。

(二) 复杂性科学在当代语境下的哲学启示

对科学事业进行理性的反思,从哲学上回答什么是科学,揭示科学的对象、本质、特点、社会功能、发展途径和规律等,阐明科学活动特有的认识论、方法论、价值观、思维方式等,所形成的知识体系叫作科学哲学。它发源于西方，是在把还原论科学当成科学系统唯一可能的历史形态这个未曾言明的假设下，由西方国家学术界概括、建构起来的哲学学科，本质上是为还原论科学画像立传。[①] 应该承认，它也是科学哲学作为系统的一种历史形态，即以简单性科学为背景产生的科学哲学，并非科学哲学唯一可能的、永恒不变的形态。随着科学自身的形态转换，科学哲学也会发生相应的形态转换。[②] 今天，我们要在更高层次的语境中对科学系统的转型演化进行理性反思，需要有一种与时俱进、自主创新的理念，需要面对复杂性科学这一新的历史形态，并结合中国传统文化的精华与优势，自觉承担起建设拥有中国话语权的新型科学哲学的历史责任。

目前，复杂性科学的孕育发展也使我们感到秩序与混沌这一古老张力在现代水平上的复活。这一复活昭示了当代科学特别是复杂性科学向人们展示出一幅多元多层次统一的世界图景。以往一系列对立范畴，如偶然性与必然性及与之相应的确定性与不确定性、概率论与决定论，简单性与复杂性及与之相关的有序性与无序性，继承性与创新性及与之相关的连续性与断裂性等等，都在更高的认识层次上，在宇宙演化的历史进程中达到了动态统一。"这种统一不仅超越了经典力学的单层次的统一性，而且超越了对立面的辩证综合和互斥互补的思想，正走向东方互根互补、互相包含、生生不已、道法自然的圆融境界。"[③] 值此，正当我们与西方发达国家学术界处于同一起跑线的极好时机，大片尚未开采的富矿区就在眼前，广阔天地，大有作为。下面我们就这几对与复杂性研究密切相关的矛盾概念做一探讨，以示其哲学启示。

[①] 曹志平教授认为："科学哲学"这一术语有三种指称：（1）是作为哲学思潮的科学哲学，意指"科学的哲学"（Scientific philosophy）。这是最狭义理解的科学哲学，如数学哲学、物理哲学、语言哲学、管理哲学等。（2）是广义的科学哲学，意指对科学的哲学理解（Philosophic understanding of science）。它以科学的独立存在为条件，受理解者个人哲学观的制约。通常我们也正是在这种意义上来研究牛顿的科学哲学、爱因斯坦的科学哲学。（3）是作为学科的科学哲学（philosophy of science），标志着一门哲学学科的建立，在内容上是对科学发展逻辑的研究。这里我们是在第三种意义上使用这一概念的。——曹志平：《马克思科学哲学论纲》，社会科学文献出版社2007年版，第5页。

[②] 苗东升：《复杂性科学研究》，中国书籍出版社2013年版，第18页。

[③] 李曙华：《多元的统一性——混沌学的启示》，《系统辩证学学报》1997年第1期，第62页。

1. 必然性与偶然性

必然与偶然是一对用于揭示客观事物发生、发展和灭亡的不同趋势的、古老而又常新的本体论范畴。一般的哲学教科书认为:"必然性是指客观事物联系和发展过程中合乎规律的、一定要发生的、确定不移的趋势。它由事物内部的根本矛盾决定,在事物发展中居于支配地位,决定着事物发展的前途和方向。偶然性是指客观事物联系和发展过程中并非确定发生的,可以出现也可以不出现,可以这样出现也可以那样出现的不确定的趋势。它由事物的非根本矛盾和外部条件造成,在事物发展过程中居于从属地位,对事物的发展起促进或延缓作用,使发展的确定趋势带有这样或那样的特点和偏差。"[①] 可见,与这对范畴相应的是确定性与不确定性以及属于认识论和方法论范畴的规律的决定论与概率论。现在看来,人们对这三对矛盾概念的认识是随着科学的发展不断深化的。

在经典物理学中,通常把研究对象划分为确定性系统和不确定性系统两种性质不同的类型,与此相对应,所使用的研究方法也迥然不同。描述确定性系统用的是决定论的动力学方法,描述随机性系统用的是概率论的统计方法;二者界限分明,其哲学思想是否认必然性与偶然性之间具有矛盾统一性的。比如,在牛顿力学中,事物本身发展的必然性与规律的决定论协调一致,所以长期平安无事,没有争论。冲突肇始于19世纪的热力学,大量微观分子的无规则运动,但其宏观描述又遵循统计规律。这样,本体的必然性理解与规律的随机性描述何以统一?宇宙学佯谬(包括热力学佯谬,引力佯谬和光度佯谬)困扰着上个世纪之交的科学。

进入20世纪,随着统计力学,特别是量子力学的发展,统计规律找到了本体论的依据。根据新实在论的观点,测不准原理及量子力学的统计解释乃是由亚原子粒子的客观属性——波粒二象性所造成的。事物本身的不确定性和规律的随机性获得了统一的理解,至此,统计规律对自然的描述被承认是完备的和最终的。所以,当时的问题是:如果说经典物理学是必然性和决定论的一统天下,那么,从热力学到量子力学,人们又发现上帝是在掷骰子。这就形成了20世纪上半叶,爱因斯坦同哥本哈根学派长期争论的焦点,即随机性或不确定性是不是客观物理世界的一个根本方

---

① 樊汉祯:《马克思主义哲学原理》,山西教育出版社2004年版,第120页。

面？后来的实践证明："当爱因斯坦讲'上帝不是在掷骰子'时，他错了。对黑洞的思索向人们提示，上帝不仅掷骰子，而且有时还把骰子掷到人们看不到的地方去，使人们迷惑不已。"[①] "这表示科学决定论的终结，我们不能确定地预言未来。看来上帝在他的袖子里仍有一些令人无法捉摸的诡计。"[②] 所以，问题的关键又在于上帝如何掷骰子？

20世纪60年代，复杂性科学的崛起，使科学的兴趣转向了对整体，对系统创生、演化，特别是进化的研究。自组织理论证明，在系统演化的分支点上，大数定律[③]失效，进化所特有的创造性总是使"真理掌握在少数人手里"。这种少数的决定性作用使分支点充满了偶然性和不确定性，随机涨落和少数慢变量有可能突破历史谱系严格相继的秩序，原有规律表现的必然性丧失了。显然，这是不同于热力学的另一种随机性，它是系统选择和进化的必要条件，我们必须为偶然性留下地盘。而一旦系统已经选择并稳定到某一新的分支后，必然性再度显现，其发展受新的分支上确定性定律的支配，如图10—9所示。因此，在系统的统一演化过程中，偶然性和必然性是相互依赖、相互转化、交互作用的。可以说，"一桥飞架南北，天堑变通途。"（毛泽东：《水调歌头·游泳》）偶然性和必然性、概率论和决定论在此达到了辩证统一的新综合，复杂性科学特别是非线性系统理论就成为架设在这一天堑上的桥梁。

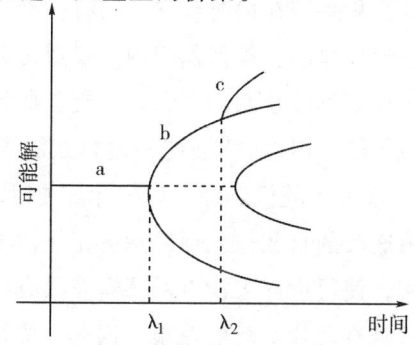

图10—9 系统演化的逐级分岔示意图

---

① ［英］S. 霍金：《时空本性》，杜欣欣、吴忠超译，湖南科学技术出版社1996年版，第23页。
② 同上书，第55—56页。
③ "大数定律"是概率论发展史上的第一个极限定理，是由数学家伯努利于1713年最先提出的，用以表达大量重复出现的随机现象会呈现出几乎必然的统计特性，即频率的稳定性和平均结果的稳定性。

"值得一提的是，我们看到了某些最近的结论与如柏格森、怀特海和海德格尔等哲学家的预期有多么接近。主要的区别是，在他们看来，这样的结论可能只是由于与科学的冲突而得到的；而我们现在把这些结论看作可以说是从科学研究的内部得出的。"① 目前，借助计算机的力量而横跨多种学科的混沌学，无疑是复杂性科学最重要的理论进展，数值、解析和实验三种手段并用，几乎魔术般地向人们揭示了以往未曾料想的实在——"混沌意味着确定论的随机"，"演化就是混沌加反馈"。而这种固有的、不可约简的随机性首先出现在经典力学中。研究表明，统计力学涉及的实质上是物质运动的偶然性，它是一种短期内无法预测，而长期运行下去在总体上呈现确定性规律的现象，故称为外随机性或真随机过程；透过这种运动的随机性而把握事物总体或长期发展规律，正是概率论研究的重大成果。而混沌学遇到的则是非线性系统时间演化行为的偶然性，它并非来自外部干扰，而深深地内在于确定性方程本身，其特点在于短期内可以确定，长期运行下去反而不可预测，人们称之为内随机性或伪随机过程；这是一种演化的随机性，研究这类随机现象背后的确定性规律，正是当今非线性动力学关注的焦点。

运用分形和重整化群理论，隐含在演化系统深处的奥秘已渐露端倪。费根鲍姆常数的发现、标度律和普适性的证明，揭示了自然界演化发展的一条普适定律。原来演化系统在何时分岔，在哪一种尺度再现自相似结构是遵循着确定性的数学规律的！貌似偶然的大量随机数字背后深藏着一种自然演化的必然性：长期不可预测的现象，在更长期的演化过程中却再次呈现出特定的确定性规律。因而，"混沌不过是摆脱了秩序和可预测性枷锁的动力学过程。"② 某种从随机选择开始的计算能以 100% 的概率给出深度信息，展现出无限嵌套的自相似几何结构。正是由于偶然性与必然性的相互渗透、相互作用，使得世界上没有两朵雪花具有同样的形成路径，但总是使所有的雪花都具有六片美丽的花瓣。因而，福特对爱因斯坦著名问题做了如下回答："上帝同宇宙掷骰子。但它们是灌了铅的骰子。而现在

---

① ［比］普里戈金：《从存在到演化》，沈小峰等译，北京大学出版社 2007 年版，第 145 页。

② ［美］约瑟夫·福特：《经典混沌的方向》，刘华杰译，《走向混沌》，上海新学科研究会 1995 年，第 56 页。

物理学的主要目的就是要找出它们是按什么规则灌铅的，我们如何能利用它们。"①

目前，混沌学已进一步在自组织理论的基础上，不仅力图架设概率论和决定论之间过渡的桥梁，而且"正在消除对于统一的自然界的决定论和概率论两大对立描述体系间的鸿沟，使复杂系统的理论开始建立在'有限性'这个更符合客观实际的基础之上。"② 决定论和概率论不仅被证明对于认识自然界是同等重要、缺一不可的，而且它们本来就是同一科学思维的"两面神"。只要我们不再静止在一个层次，而是跨越系统质变的不同层次，大自然便处处展现出偶然性和必然性、确定性和不确定性时隐时现、相互交融的奇迹。所以我们说，在大自然演化的过程中，"偶然性和必然性本来就是同一过程的两面。没有偶然的必然，是神秘和宿命；没有必然的偶然，是混乱和投机。破译神秘，阻断投机，为自然立法，正是科学的天职。"③

总之，20世纪科学系统的转型演化是与一系列偶然性、不确定性、随机性问题密切相关的，正是由于对偶然性认识的不断深化，才区分了历史决定论与其具有开放着的替代可能性，从而充分肯定选择与创造的发展观。分子碰撞的偶然性，使我们难以确定下一步的运动；粒子运动的偶然性，使我们无法同时确定其位置和动量；然而系统演化中的偶然性，恰恰为进化提供了选择的多样性和机遇的丰富性。科学通过对统计规律的研究，也丰富和加深了对必然性的理解。也正是在这个意义上可以说，是偶然性为必然性开辟了道路，但这不等于否定必然性，因为"在表面上是偶然性在起作用的地方，这种偶然性始终是受内部的隐蔽着的规律支配的，而问题只是在于发现这些规律。"④ 所以，科学系统转型演化冲击的只是自认为反映了客观必然性的具体的决定论理论和一些规律，而非必然

---

① 转引自［美］詹姆斯·格雷克《混沌：开创新科学》，张淑誉译，高等教育出版社2004年版，第276页。

② 郝柏林：《校者前言》，［美］詹姆斯·格雷克：《混沌：开创新科学》，张淑誉译，高等教育出版社2004年版。

③ 李曙华：《多元的统一性——混沌学的启示》，《系统辩证学学报》1997年第1期，第63页。

④ 《马克思恩格斯选集》第4卷，人民出版社1995年版，第247页。

性本身。蝴蝶效应的存在不是一种必然吗？混沌规律又何尝不是一种确定性的？只不过它们不再是牛顿—拉普拉斯单层次的机械决定论罢了。

2. 简单性与复杂性

人类科学的发展史，就是科学概念的形成和确定、扩展和深化、更新和变革的历史。科学所编织的概念之网，构成人类"认识世界的过程中的梯级，是帮助我们认识和掌握自然现象之网的网上纽结。"① 对此，科学家们有深刻的理解。爱因斯坦说，"物理学是从概念上掌握实在的一种努力"②。海森堡也认为，"物理学的历史不仅是一串实验发现和观测，再继之以它们的数学描述的序列，它也是一个概念的历史。"③ 由此我们也发现，在这一人类思想事物的演化过程中，存在着深刻的辩证法——"在对现存事物的肯定的理解中同时包含对现存事物的否定的理解，即对现存事物的必然灭亡的理解"④。苗东升教授将这一思维和存在的辩证关系概括为如下一种非线性模式：

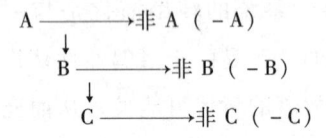

$$
\begin{array}{c}
A \longrightarrow \text{非} A\,(-A) \\
\downarrow \\
B \longrightarrow \text{非} B\,(-B) \\
\downarrow \\
C \longrightarrow \text{非} C\,(-C)
\end{array}
$$

图 10—10　人类思想事物演化发展的非线性模式

他指出，这一模式具有一定的普遍性，遵循的一般规律是："当只认识 A 类事物时，人们看到的仅仅是 A 的内部差异，并未从整体上了解 A 之为 A；只有在认识了 A 的对立面非 A 时，才真正了解了 A 之为 A，产生了 A 这个词，以及它的反义词非 A。但认识并未到此为止，人们继续前进将会发现，A 与非 A 一起构成一个新维度 B，B 也仅仅是可能有的维度之一，还存在 B 的对立面非 B，而且只有认识了非 B，才懂得 B 之为 B，产生了 B 和非 B 这一对相反的概念。同理，非 B 的发现仍然没有终结认识，继续前进还会发现 B 与非 B 一起构成新维度 C，但只有发现存在 C

---

① 《列宁全集》第 55 卷，人民出版社 1990 年版，第 78 页。
② 许良英等编译：《爱因斯坦文集》第 1 卷，商务印书馆 1976 年版，第 36 页。
③ 转引自《现代物理学参考资料》第 3 卷，科学出版社 1978 年版，第 9 页。
④ 《马克思恩格斯选集》第 2 卷，人民出版社 1995 年版，第 112 页。

的对立面非 C 时，才能真正懂得 C，产生 C 和非 C 这一对相反的概念，如此等等。"① 人类对数系（域）的认识就遵循这样一种非线性演化模式。

科学系统历史形态的演进也遵循这一模式。直到懂得了存在复杂性科学，人们才认识到 400 年来取得巨大发展的是简单性科学，产生了简单性科学这个词。简单性科学与复杂性科学一起构成科学系统的一个新维度，但这个新维度是什么目前尚不能预见，因为还没有一个概念来整体把握它；只有在足够长远的未来时代，到认识了它的对立面时，人类才能发现今天无法认识的这个新维度。简单性（A）和复杂性（非 A）是该维度蕴含的两个对立面，二者的对立统一体是 B，还存在它的对立面非 B。在没有复杂性科学之前，简单与复杂、简单性和复杂性都不是科学概念，只是一般的日常用语。简单性与复杂性是同时相伴而成为科学概念的，简单性并非简单性科学的概念，仅仅是相应的科学哲学的概念，但却是复杂性科学的概念。当然，复杂性是复杂性科学概念体系中居第一位的核心成员，一切其他概念都是为阐释复杂性而提出来的。需要注意的是，在这里简单性（A）和复杂性（非 A）是 B 的一种完备分类，即形而上层次上的划分，基本形态是一分为二：A 与 - A，或者其变体一分为三：A、中介、- A。一旦进入形而下层次，即具体科学的划分，基本形态大多是一分为多，一分为二只是它的特例。因为所谓中介是一种笼统的表述，内含种种差异，代表从一极向另一极过渡的系列。落实到实证科学中，图 10—10 表示的非线性模式就应当做相应的修正，以区分多种不同的中介形态。

这使笔者想起著名科学家彭加勒的一句话："科学发展有两种趋势，其一是走向统一与简明，其二是走向变化与复杂的道路。"② 20 世纪 60 年代以来，非线性科学的发展显然是走向后一条道路，所以人们将其纳入"复杂性科学"。但进一步的研究表明，科学中的这两条道路，本来就是首尾相接、殊途同归的，恰如一条"有界无边"的环形跑道。

复杂性科学特别是以混沌、分形、孤子理论为代表的非线性科学，研究的是复杂系统及其层次等级之间的复杂性关系、复杂的生长演化过程。它们比"原子和虚空"更接近大自然的本来面目，但它们却是哥德尔的

---

① 苗东升：《复杂性科学研究》，中国书籍出版社 2013 年版，第 16 页。
② 转引自林德宏《科学思想史》，江苏科学技术出版社 1983 年版，第 374 页。

孩子，那些奇异的分形图案，变幻无穷而深藏神秘。如此复杂神奇，负载着大量的信息，而非线性动力学的使命就是要探索这复杂性本身的规律。

在混沌现象的研究中，分形理论揭示了复杂现象深处精致而古怪的几何结构，确定了描述复杂性程度的定量参数——分维及其算法；重整化群提供了一次削去一层复杂性的技巧，从而"去精取粗"，以简驭繁；标度律和普适性则以最简单的两个自然常数（$\delta \approx 4.6692$，$\alpha \approx 2.5029$）抓住了复杂系统演化背后的简单规律。复杂性科学的进展表明，对于传统科学来说过于复杂而显得纷繁无序的系统，仍然可能遵循简单的规律；而经典的简化方法对之望而生畏、束手无策的难题，运用新的综合的整体方法却可能删繁就简，迎刃而解。由此可见，简单性和复杂性之间并不存在截然分明、非此即彼的界限，关键在于研究者要有新的观念、新的方法。"通过让受控制的混沌发挥作用，人就可以出奇制胜地解决复杂问题。"[①] 尽管复杂性科学宣布自己的任务是探索复杂性，但这并不同时意味着混沌规律也是复杂的。李曙华教授在分析了上述情况后指出，如今，简单性和复杂性这一对矛盾概念已有了新的解释，并且在更高层次的语境中获得了统一[②]：

（1）简单性和复杂性是相辅相成、互相转化的。非线性科学研究表明，"最简单的非线性系统未必有简单的动力性质，而复杂现象之下未必不是简单的数学模型，复杂形态的规则可能是复杂的，也可能是简单的。诀窍在于：不管现象如何复杂，只要对象中隐含某种分形序，运用新的思想和方法便可能以几条简洁规律将其译出。混沌学从简单中发现了复杂，又从复杂中找到了简单，由简而繁，化繁为简，繁简相通，相辅相成。"

（2）简单性和复杂性是相互包含、互为根源的。"'简单性孕育了复杂性'，而'无理性丰富了有理性'。简单系统可以产生复杂行为，复杂系统亦可产生简单行为。通过反馈的放大效应，可以使一个简单系统爆发出不可预测的复杂性；系统演化的过程中，伴随方向的随机性也可以产生惊人的复杂性。而整体形成的同时却又伴随着一定程度的简单性。因此，

---

① ［美］约瑟夫·福特：《混沌：过去、现在、特别是未来》，刘华杰译，《走向混沌》，上海新学科研究会1995年，第51页。

② 李曙华：《多元的统一性——混沌学的启示》，《系统辩证学学报》1997年第1期，第64页。

简单性和复杂性不仅互相包含，而且互为对方产生的条件。"

（3）复杂性是简单性长期演化（迭代）的结果。"复杂的混沌解的产生是非线性方程反复迭代的结果。因此复杂性不在于一次求解复杂方程，而在于千万次地重复简单计算。它启示了我们一条深刻的宇宙演化原理：即复杂性乃是某种简单的东西不断重复、长期演变的结果。尽管生命领域中复杂结构无处不在，但这亦并不一定意味着塑造实体原理的复杂性。与其说宇宙从一开始就是复杂的，或者说遗传基因确定了生命的全部复杂性，不如说宇宙和生命中包含着某种简单公式，是这公式作为反馈回路的无穷迭代，才造就了今日世界如此绚丽多彩的万千气象。这不禁使人想起中国的围棋和周易。围棋的规则很简单，变化却很复杂；易经的道理很朴素，但其阴、阳爻的排列组合却可以无穷无尽，变幻莫测。"

需要特别指出的是，非线性和复杂性是物质、生命和人类社会进化的显著特征，存在与演化在简单性和复杂性的相互关系中达到了新的统一。正如恩格斯所说，这证明一个"逐渐被认识到的观点——自然界不是存在着，而是生成着和消逝着"[①]。这也就是说，现实世界并不稳定，它充满了解构与结构、发散与收敛以及复杂系统自组织的内聚性进化、动荡和令人震惊的事情；复杂的现实世界既可预测又不可预测，复杂系统的演化没有固定的限度，只存在不同复杂程度的吸引子。因此，大自然是一个令研究者不断产生新发现和激励新思维的奇妙世界。混沌作为严格意义上的科学并成为20世纪第三次物理学革命的标志，恰在于它找到了传统科学无法简化的复杂现象的新的简化方法，发现了复杂性中深藏的简单规律。混沌，从探索复杂性开始，却走向了简单性和复杂性、有序性与无序性的新的统一，其创造性过程不断迸发着简单性和复杂性交汇相遇的灿烂的火花。或许，可以这样说，今天的数学，不是越来越复杂，而是越来越抽象。今天的科学，亦非越来越复杂，而是越来越广袤而深邃。[②] 因此，著名物理学家盖尔曼将其专著《夸克与美洲豹》的副标题称为"简单性和复杂性的奇遇"。就连科普作家詹姆斯·格雷克也认为，"混沌创造了特

[①] ［德］恩格斯：《自然辩证法》，《马克思恩格斯选集》第4卷，人民出版社1995年版，第267页。

[②] 李曙华：《多元的统一性——混沌学的启示》，《系统辩证学学报》1997年第1期，第64—65页

殊的计算机使用技术和各种特殊的图案,从而抓住了复杂性背后的古怪而精致的结构。……混沌是过程的科学而不是状态的科学,是演化的科学而不是存在的科学。"① 所以我们说,一种新的简化方法的发现要比一种新的特定现象的发现意义重大得多!

3. 继承性与创新性

历史作为自然界和人类社会的发展过程,一般具有如下两个显著特征:其一,历史具有连续性和继承性。有如时间的连续性一样,历史的连续性也是一个客观存在。历史是无法人为割断的,后一个时期的史实总是与前一个时期的史实有着千丝万缕的联系,总是对前一个时期史实的继承。其二,历史具有断裂性和创新性。历史的断裂性是指由重大历史事件造成的裂变,并使以后的发展迥然不同于此前的历史特征。也就是说,历史的过程不可能原地踏步,总是在不断的创新中向前发展的。尽管历史上不乏有历史的"停滞"甚至"倒退"现象,但历史发展的总趋势是:"前途是光明的,道路是曲折的。"②

历史发展的这两大特性四个方面并不是相互割裂的,而是相互联系和相互贯通的。其中,历史的连续性和继承性是历史的普遍特征,历史的断裂性和创新性寓于历史的连续性和继承性之中,无论多么严重的历史断裂和多么重大的历史创新,都不可能完全脱离历史的连续性和继承性。历史的连续性和继承性密切相关,历史的继承性寓于连续性之中,历史的连续性又通过继承性表现出来,所以连续性和继承性是同一历史事物的两个方面。历史的断裂性和创新性也是两个密切联系的方面,任何历史创新都包含一定的历史断裂性,而历史的断裂即意味着新的历史事物的出现,新的历史事物的出现通常就是历史的创新,所以断裂性和创新性也是同一历史事件的两个方面。总之,历史的连续性和继承性、断裂性和创新性是辩证统一的,它们统一于任何一个重大的历史变革之中;任何一个重大的历史变革或许更多、更明显地体现其中的某一特征或某一方面,但它又不可能彻底摆脱其他特征。③

---

① [美]詹姆斯·格雷克:《混沌:开创新科学》,张淑誉译,高等教育出版社 2004 年版,第 4—5 页。
② 《毛泽东选集》第 4 卷,人民出版社 1991 年版,第 1163 页。
③ 郭春生:《历史的连续性和继承性、断裂性和创新性》,《廊坊师范学院学报》2007 年第 5 期,第 37 页。

有趣的是，非线性科学的研究表明，"分支把历史引入到物理学及化学中来，而'历史'这个要素过去似乎只是留给研究生物、社会以及文化现象的学科用的。"[①] 考虑图10—9的分支图所代表的系统，假设由观察所知，该系统处在 C 状态，而且是通过 λ 值的增加到达这里的，那么对这个 C 态的解释就暗含了对于该系统先前历史的了解，即该系统一定通过了分支点 A 和 B。如前所述，对于具有分支的演化系统的任何描述都同时含有决定论和概率论的两种因素。系统在两个分支点之间遵守诸如化学动力学定律之类的决定论规律；但在分支点的邻域内，涨落起着根本的作用，并且决定系统将要遵循那个"分支"。分支的数学理论通常是非常复杂的，它常包含十分枯燥的展开式，但也有一些精彩的情况，奇怪吸引子的发现就具有重要的学术价值。

作为系统演化终极状态（目的态）的吸引子，可区分为平庸吸引子和奇怪吸引子两类。平庸吸引子具有不动点、极限环和整数维的环面三种模式，分别对应于非混沌系统中的平衡、周期运动和准周期运动三种有序稳态运动形态。一切不属于平庸吸引子的都称为奇怪吸引子，对应于混沌系统中非周期的、貌似无规律的无序稳态运动形态。科学家在研究混沌时常常通过编制程序在计算机上解出基本方程而由机器把奇怪吸引子画出来，并且将其物化为颜色多样和形状奇异的模式，如图8—4所示的洛伦兹吸引子。奇怪吸引子的出现与系统包含某种不稳定性（不同于轨道不稳定性和李雅普诺夫不稳定性）密切相关，它具有两种不同属性的内外方向：在奇怪吸引子外的一切运动都趋向于（被吸引到）吸引子，属于"稳定"的方向；一切到达奇怪吸引子内的运动都相互排斥，对应于"不稳定"方向。奇怪吸引子的另一个著名例子是罗斯勒（Rössler）吸引子，如图10—11所示。它是罗斯勒根据相空间的伸展与折叠思想，在简化洛伦兹方程的基础上于1976年设计的一个新的吸引子。在图10—11中，不稳定的平衡点在 (x,y) 平面内。运动轨道先在 (x,y) 平面内围绕平衡点由内向外绕行若干圈后，便离开平面 (x,y) 进入 z 方向空间转动，达到一定高度后又突然折回进入离平衡点较近的平面内。由于平衡点是不稳定的，每次轨道从空间折回时与准确平衡点总有某些差距。运动轨道如

[①] [比]普里戈金：《从存在到演化》，沈小峰等译，北京大学出版社2007年版，第63页。

此不断重复运行，便构成一个随机性的回转曲线。

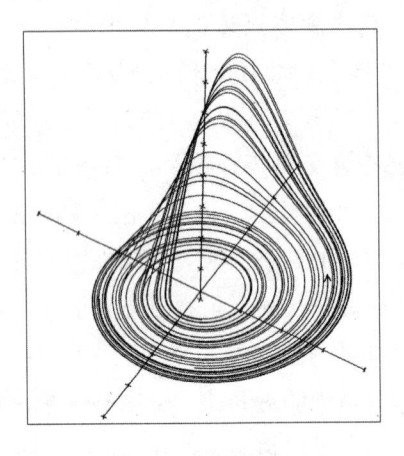

图10—11　罗斯勒吸引子

由此可见，奇怪吸引子反映了混沌运动的重要特征，它昭示了耗散系统演化的一种归宿。研究表明，奇怪吸引子具有某种双曲性，在双曲点有一个稳定方向和一个不稳定方向。它既是系统整体稳定性与局部不稳定性的产物，又是其形成的原因。所以，奇怪吸引子本身正是继承与创新、复制与变异、循环与超越的奇妙结合。我们从这一角度看，奇怪吸引子具有以下三方面的主要特征：

（1）奇怪吸引子上的运动对初始值表现出极强的敏感依赖性。在各种确定性的微分方程中，由于能量耗散而使有效的运动自由度减少，最终局限到低维的奇怪吸引子上。这就是宏观层次上的混沌运动，而在微观层次上，一个小小的变化在临界点都会被迅速放大。这就是所谓"差之毫厘，失之千里"的效果，即初始值上的微不足道的差异，会导致运动轨道的截然不同。洛伦兹将这种对初始条件的敏感依赖性称为"蝴蝶效应"。"在天气这样的系统中，对初始条件的敏感依赖性乃是各种大小尺度的运动互相纠缠所不能逃避的后果。"[1]

（2）奇怪吸引子具有非整数维或无穷嵌套的自相似几何结构。奇怪吸引子的结构不是欧氏几何所描述的直线、平面等整形几何状形（具有

---

[1]　[美]詹姆斯·格雷克：《混沌：开创新科学》，张淑誉译，高等教育出版社2004年版，第21页。

可微性），而是芒德勃罗分形几何所描述的"分形物"，具有结构自相似性和不可微性（不连续性）。一方面，自相似意味着层层"模仿"、级级递归。它是系统演化中继承、保守的一面，它使任何新的分支都带有其由之脱胎而来的原有分支的"遗传基因"，即具有继承性；另一方面，自相似不等于相同，而是同中有异。这里没有任何一个点或一批点组成的图形会再次出现，也没有人们通常理解的周期和对称。然而，对称破缺意味着演化，无周期隐藏着新的有序，关键在于时空尺度的变换。这一宽松环境为新颖性、创造性和新事物的产生留下了一片广阔的天地。因此，任何系统的演化都不可能是直线前进的。在历史的发展过程中，我们常常能看到"无可奈何花落去，似曾相识燕归来。"（晏殊：《浣溪沙》）

（3）奇怪吸引子进行着信息的创生和信息的跨尺度传递。由于构成奇怪吸引子的积分曲线既不重叠也不封闭。这表明，向着奇怪吸引子演化的系统从不重复同一状态。这种系统演化的不确定性正是其独一无二事件所具有的不可预见性的后果。出现这种令人头痛的困难，原因在于"非线性系统一般说来是不可解的，也是不能叠加的。……非线性意味着游戏本身就包括了改变游戏规则的方法。它……就像在一种特殊的迷宫中行走一样，你每迈出一步，迷宫的墙就自动改组一次。"[1] 非线性这个"捣蛋鬼"所造成的这种非周期性也说明，混沌运动在每一瞬间都是不可预见的创新的发生器。它是系统内在具有的自我革新和超越的力量。这种力量时刻都从内部焚烧着事物的质的规定性。

因此，分支间尽管具有自相似性，但又"总是相像又不完全相同，满足着某种无穷多变的指令……其中每一个新的细节，都必然自成一个新的宇宙，既是分散的，又是完整的"[2]。每改变一次尺度就产生一种新的现象和新的行为，每次扩充都带来了新的信息，它使任何演化都不可能只是简单的循环，而是能容纳更大信息量的超循环。生命的活力时时动摇着金字塔的永恒之梦，而信息创生就是系统进化的内在根据。同时，混沌既是能量的渠道，又是信息的渠道。它将信息由小世界传到大世界，又将能

---

[1] ［美］詹姆斯·格雷克：《混沌：开创新科学》，张淑誉译，高等教育出版社2004年版，第22页。

[2] 卢侃、孙建华：《混沌学传奇》，上海翻译出版公司1991年版，第260页。

量由大世界传到小世界。"蝴蝶效应"使小小的不确定性放大,奇怪吸引子就是向上传送信息的渠道,而湍流则将能量由大尺度传到小尺度。因此,进化正是"带反馈的混沌",它与达尔文的进化论不同,在这里,进化不完全是适应,也不完全是外界的选择。研究表明,"自然突变系统实际上就在误差阈上运作。具有相应适应误差率的系统,显然在进化过程中占有明显优势。"[①] 进化的个体不是适应性最强的个体,而是更少适应性的、具有"创造性的不稳定的"个体。因为进化总是需要失稳,需要超出自身存在的界限,它创生着信息,提供了新的共生关系;它更多自主的选择,同时也伴随着所有创新的风险。[②] 因此,系统演化每翻开新的一页,总会是"柳暗花明又一村"(陆游:《游山西村》)的景观。

综上所述,传统科学或简单性科学是在一个既成的世界中研究物质如何运动,所以,以往的动力学都是在一个尺度上寻找秩序,建立模型;而以复杂性科学为标志的新型科学却是采取跨学科、跨层次的研究方法,不是在特定的一个或另一个尺度上发现守恒律,而是穿越时空演化的历史过程,探寻不同尺度上共同的演化律。因而,一旦科学转换了它观察世界和建构模型的方式,它便能发现隐藏在无序数据流中出乎意料的有序,抓住了"妖魔曲线"深处看不见的尺度上异乎寻常的结构。在科学系统转型演化的过程中,秩序与混沌张力常新,一系列对立范畴在更高层次的语境中达到了新的统一。传统科学终结处,亦即其无法建立有序处,新型科学却建立起新的规则和有序。这正如"一枚有正反面的硬币。一面是有序,其中冒出随机性来;仅仅一步之差,另一面即是随机,其中又隐含着有序。"[③] 这种有序和无序、偶然和必然、简单和复杂、继承和创新,本来就是自然之境的两面。复杂性科学的发展逻辑充分证明,一切系统的演化恰如生物的进化,它是遗传和变异、自我复制和自我超越的统一。"随机突变本身将对应于自然界无差别地抛掷无偏斜的骰子,而加上自然选择和

---

① [德] M. 艾根:《相跃——生命的物理基础》,潘涛译,《走向混沌》,上海新学科研究会 1995 年,第 127 页。

② 李曙华:《多元的统一性——混沌学的启示》,《系统辩证学学报》1997 年第 1 期,第 66 页。

③ 转引自 [美] 詹姆斯·格雷克《混沌:开创新科学》,张淑誉译,高等教育出版社 2004 年版,第 221 页。

适者生存这一反馈，将导致骰子偏斜"①，以至多次抛掷后，某种进化形式不但保持下来，而且势不可挡。其间，奇怪吸引子所固有的保守和革新的内在力量，正负反馈所代表的恢复旧稳态和寻求新稳态的机制，形成演化中某种"必要的张力"，它们将继承性和创新性统一于同一历史演变的过程之中。正因为如此，科学前沿将永远面对不确定、混沌和复杂，而科学对确定性、秩序和简单的追求亦将永无止境。它们好像中国有名的"太极图"，如图 10—12 所示：阴阳两极，阴极而阳，阳极而阴，阴中有阳，阳中有阴。它生动地描绘了阴阳之间、天地之间、动静之间、显隐之间、有无之间的相互转化，表现出流水般的、不可言状的整体流图景。在某种意义上，它们构成了推动科学进步的奇怪吸引子。显然，在这一过程中，信息不仅在贮存，而且在创生。这使我想起了大哲学家黑格尔说过的一句话："意识的本质是思维，而思维的本质是否定，怀疑性就正是否定性和无限性的表现。"②

图 10—12　太极图

（三）中国传统文化对复杂性研究的现实意义

复杂性科学肩负着为世界范围内消除贫穷落后和实现永久和平而提供智力支撑，进而创造新型生产力、维护社会可持续发展、建设全人类共享文明的历史使命。通过以上分析和考察目前复杂性科学遇到的种种困难，

---

① ［美］约瑟夫·福特：《混沌：过去、现在、特别是未来》，刘华杰译，《走向混沌》，上海新学科研究会 1995 年，第 51 页。

② 参见［德］黑格尔《精神现象学》上卷，贺麟、王玖兴译，商务印书馆 1979 年版，第 136 页。

我们可以得出这样一个结论：尽管复杂性科学主要诞生于 20 世纪西方发达国家的社会文化环境，但却不可能仅仅在这样的环境中发展壮大，更遑论走向成熟。然而，目前中国正成为世界复杂性研究的基地之一，而且有其得天独厚的优势。为了弘扬中国传统文化的现代价值，建设可持续发展的美丽中国，所以我们要善于抓住这一历史机遇，树立科学信念，走前人没有走过的道路。

1. 否定之否定规律与新型科学的发展

中国传统文化不利于近现代科学的孕育发展，也饱受其缺失的苦难。经过一百多年艰苦卓绝的奋斗，中华民族对还原论科学的真谛已基本掌握，传统文化的消极面已在很大程度上被消解，她的血管里已融入相当多的新鲜血液。而人类历史演进的机缘巧合，到 20 世纪新的文明转型开始，又使中国人认识到，"五四"以来对传统文化的批判过头了，孔家店中还珍藏着许多好的东西；对于消除工业文明的种种弊端，以孔孟之道为主线的传统文化还蕴藏着欧美文化极端缺乏的思想珍品。要在中国建设新型文明，必须对 80 年来种种"过正"再次矫枉，从孔夫子到孙中山、毛泽东，从秦始皇统一华夏到新中国成立，都要认真总结，继承这份珍贵遗产。[①]

（1）社会主义的未来发展呼唤新型科学。科学系统的转型与国际社会主义运动有无关系？这是一个有趣的问题。在 19 世纪中叶，马克思和恩格斯是在资本主义尚未接近其巅峰的历史条件下阐述社会主义理论和设计其制度方案的，其理论和方案不可避免地带有鲜明的现代性特征，带有还原论科学的局限性，付诸实践时往往是以另一种现代性去反对资本主义这种现代性。难怪一些后现代主义者有"还原论的马克思主义"的说法。[②] 后来，经过列宁、斯大林（Joseph Vissarionovich Stalin）到毛泽东，他们在对社会主义作理论分析和社会制度的实际建构时，能够运用的也只有还原论科学，而还原论科学本质上不是社会主义的智力工具。它所倡导的封闭的系统观、线性观、分析思维等不可避免地使人们对资本主义和社会主义的认识过分简单化，导致国际社会主义事业几代领袖的理论框架和

[①] 苗东升：《复杂性科学研究》，中国书籍出版社 2013 年版，第 72 页。

[②] [美] 史蒂芬·贝斯特、道格拉斯·科尔纳：《后现代转向》，陈刚等译，南京大学出版社 2002 年版，第 5 页。

实践方案包含了过多的空想成分；在经历了一系列辉煌之后，又遭到巨大挫折，从理论到实践都陷入困惑，并受到猛烈的质疑。社会主义的历史经验在质疑传统科学，社会主义的未来发展在呼唤新型科学，这是造就复杂性科学所需社会文化环境的重要根源。如何在全新的历史条件下把社会主义事业推向前进，成为迫使科学系统发生新的转型演化的强大环境选择压力的一个重要方面，同时也为新型科学的产生和发展提供了必要的社会文化资源。

20世纪的中国是系统化了的地球人类基本矛盾最集中、最尖锐、最复杂的地区之一。无论前半期的民族解放运动，还是后半期的社会主义建设，其复杂性都是史无前例的，不可能从简单性科学中获得足够的思想启迪。两者都经历了曲折的过程，既遭受过重大挫折，又取得了举世瞩目的成就，积累了丰富而深刻的经验和教训，为复杂性研究准备了独特的素材，以及方法论和哲学思想的资源。曲折的实践历程必然会在中国当代思想文化中留下深刻印象，其中最突出的是毛泽东思想。钱学森对此有清醒的认识，他指出，"中国革命所取得的这样一个巨大的成绩确实是了不起的。我们这些经验，经过老一辈革命家的总结，集中成为毛泽东思想，这就是我们最宝贵的财富。而这样一个哲学思想恰恰正是指导我们研究复杂问题所必需的。"[①]也正是"在这个意义上说，复杂性科学才是建设社会主义社会所需要的科学武器，马克思主义需要并且必将随着复杂性科学的发展而面貌一新，复杂性科学时代的马克思主义才是社会主义走向全面胜利所需要的哲学的和政治学的理论武器。"[②]

（2）后现代文化环境需要科学重现魅力。20世纪60年代以来，面对共同的时代背景和历史课题，由于不同的文化传统、历史进路、发展现状和未来诉求，造成了反思现代性的两种不同视角。一是发达国家的视角，他们是在现代性过度发展的历史条件下反思现代性；二是发展中国家的视角，他们是在现代性不足的历史条件下反思现代性。两者关注的焦点、视野中的盲点、心理上的兴奋点都不同，得出的结论自然也不同。研究后现代主义的学者（包括许多中国人）心目中只有前者，完全忽视了发展中

---

① 钱学森：《创建系统学》（新世纪版），上海交通大学出版社2007年版，第133页。
② 苗东升：《复杂性科学研究》，中国书籍出版社2013年版，第56页。

国家的后现代视角。这实为一种片面性。鉴于发达国家实现现代化的理论已不适于发展中国家搞现代化建设，对这种理论进行解构、寻找适合发展中国家的现代化道路，已成为"后现代主义"的题中应有之义。走上社会主义道路却仍然处于不发达状态的中国迫切需要这种后现代主义。自70年代末以来，在整个中华民族对新中国头30年社会主义建设进行反思和总结的大环境中启动的改革开放，既有对现代性的大规模移植和效仿，在很短时期内显著提高了中国的现代化程度，却也带来一系列严重的现代性弊病，表现在环境、生态、社会、伦理等多方面。它强有力地催生了对现代性的重新反思，形成某些具有中国特色的后现代思想。对现代性既张扬又反思，这两方面在相互交织中展开，都对复杂性科学在中国的发展产生了影响，形成在发达国家看不到的景观。[①]

后现代主义有一个诱人的观点：倡导科学的"返魅"。他们认为，古代科学是"附魅的科学"，16世纪以来科学发生了从"附魅"到"祛魅"的转变，产生了"祛魅的科学"，即奉行机械论、还原论和分析思维的现代科学，它威力强大，硕果累累，却令人生畏，缺少魅力。今天的科学开始从"祛魅"向"返魅"转变，新型科学是"返魅的科学"[②]。通俗地讲，这种转型演化的历史使命在于使科学重新富有魅力。由于它的主要倡导者是宗教界人士，"返魅论"包含神学因素，容易招致无神论的完全拒斥。但"返魅论"不完全是神学，排除其中的宗教迷信因素后，可以把科学从"祛魅"转向"返魅"理解为：否定培根提倡并为科学家共同体实行了近400年的"拷问自然"的态度，把科学看成是人与自然平等对话的一种方式。科学应尊重自然，技术要与自然协调，力求在追求客观真理与重视人文关怀、改造自然与敬畏自然之间达到某种均衡，即人文与造化同工。这样的"返魅论"确实是科学哲学的一项重要理论创新。科学系统若不能实现从"祛魅"到"返魅"的转变，新形态的人类文明和社会结构就不可能建立。毋庸赘言，科学整体作为系统的这种演化模式是辩证哲学否定之否定规律的一种表现形式，即从"附魅"到"祛魅"再到

[①] 苗东升：《复杂性科学研究》，中国书籍出版社2013年版，第70页。
[②] [美]大卫·格里芬：《后现代科学：科学魅力的再现》，马季方译，中央编译出版社1995年版，第13—59页。

"返魅"的转化。

（3）事物演化发展中的否定之否定规律。否定之否定规律是辩证法的三大规律之一，是从总体上研究事物运动的全过程，并由此揭示事物演化发展的方向和道路。通过以上分析我们发现，从前工业文明到工业文明再到后工业文明，从前现代性到现代性再到后现代性（两个后都是在"之后"而非"后期"意义上讲的），从"附魅的科学"到"祛魅的科学"再到"返魅的科学"，说的都是事物发展过程中的否定之否定，即经历"前A→A→后A"的螺旋运动。历史的辩证法告诉我们，要在A的基础上建设后A（A之后），就必须回到前A中去寻找克服A之弊病的思想启迪。原因至少有三：

其一，事物演化发展的一般规律是波浪式前进、螺旋式发展，对现行状态A的否定和超越不是直线式的，而是向前A有所回归（哲学原理），而回归性是非线性动力学系统的通有特性（科学原理）。

其二，人们在建设A时不可避免地会对前A有所矫枉过正，因为对于强非线性系统来说，不过正不足以矫枉；而过正到什么程度算恰到好处很难把握，常常会走得太过头，把前A中许多珍贵的宝藏当作废物抛弃。当历史前进到要以后A取代A时，历史上曾经难以避免的过正就显得有害无益，必须予以再矫枉。

其三，前A中蕴藏着建设后A所不可缺少的营养材料，在建设A时它们显得没有价值，甚至有害，必须予以否定；但在建设后A时将发现，在确立A时被否定的那些前A因素中，还有许多对于确立后A很有价值的东西。它们的价值只有在确立了建设后A的目标后才能被发现，必须回到前A去努力发掘和吸收，否则难以建成正常而健康发展的后A。

这是事物演化发展中普遍存在的一条基本规律，苗东升教授将其形式化为如下模式①：

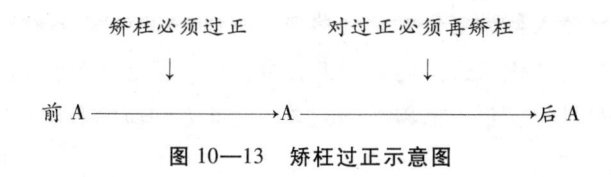

```
        矫枉必须过正      对过正必须再矫枉
            ↓                  ↓
   前A ──────────→ A ──────────→ 后A
```

图10—13 矫枉过正示意图

---

① 苗东升：《复杂性科学研究》，中国书籍出版社2013年版，第71页。

既然复杂性科学的形成发展是科学系统自身对现有形态的超越，那就必然也呈现出螺旋式运动，需要不断回到前工业文明中吸取营养。"他山之石，可以攻玉。"（《诗经·小雅·鹤鸣》）许多在工业文明建设中显得无用甚至有害的东西，在新型文明建设中可能成为智慧的源泉。

2. 中国传统文化与复杂性科学的共鸣

提起传统文化，成长于文化断层期的现代人多数没有什么清晰的概念。有所涉猎的人可能感叹地说：中国传统文化博大精深、源远流长；兼容并蓄，和而不同。中国传统文化是中华文明演化而汇集成的一种反映民族特质和风貌的民族文化，是民族历史上各种思想文化、观念形态的总体表征，是指居住在中国地域内的中华民族及其祖先所创造的、为中华民族世世代代所继承发展的、具有鲜明民族特色的、历史悠久、内涵博大精深、传统优良的文化。存在于人类历史上的四大文明古国，只有中国文化作为文化主体保留至今。以传统文化为立国之基的中国在世界上存在了长达五千多年，对比在历史上强盛一千多年的罗马帝国，早已不复存在。然而，近百年来，中国传统文化遭到了史无前例的压制和废弃。在传统文化深入人心的时代，人民身心安稳，过着"夜不闭户，路不拾遗"的生活；而当今的人们却把自己锁在一道道铁栏内，感觉到有"一种失去了标准的选择的生命中不能承受之轻的存在主义的焦虑"[①]，产生了许多"端起碗来吃肉，放下筷子骂娘"的特殊现象。这种鲜明的对照不能不让人深长思之！反思中人们惊喜地发现，与还原论科学格格不入的中国传统文化竟然跟复杂性科学有许多深刻的共鸣，具体表现在以下几个方面[②]：

（1）开放性观点。"简单性科学尊崇封闭系统观，复杂性科学尊崇开放系统观。"在我们得出这一结论时发现：西方科学的发展路径是先走向封闭系统观，后来又突破封闭系统观，建立了现代意义上的开放系统观。但是，"曾经沧海难为水，除却巫山不是云。"（元稹：《离思五首》）当封闭系统观已渗入科学文化各个角落之后，再建立开放系统观谈何容易？然而，中国传统文化从未走向封闭系统观，一直坚持开放性观点，并形成了自己独特的理解，集中体现在天人合一、天人相应的观点中。其内涵在

---

① 孙正聿：《哲学与人生》，《孙正聿讲演录》，长春出版社 2011 年版，第 175 页。
② 苗东升：《复杂性科学研究》，中国书籍出版社 2013 年版，第 73—74 页。

深度和广度上都超过西方文化中今天所倡导的开放系统观，这对于发展和完善复杂性科学极有价值。难怪纪晓岚在《四库全书总目提要·易类》中说："易之为书，推天道以明人事也。"

(2) 有机论观点。各民族的古代文化都把宇宙看成某种有机整体，中国传统文化中的有机论观点尤其丰富多彩。西方文化在近代走向机械论，用机器模型解释一切，包括自然、社会和人体等，严重压抑了有机论观点。尽管在19世纪已经开始批判机械论，但是只有到了20世纪中叶，随着复杂性科学的兴起，才真正具备了系统地清算机械论、复归有机论的社会文化条件。但机械论的思想包袱是极其沉重的，从马克思恩格斯以来，西方对机械论的历次批判似乎都很彻底，但随后又以新的形式呈现出来，至今依然存在着很大影响。历史经验表明，仅仅依靠西方学术界不可能真正消除机械论。中国文化没有发展出机械论科学，没有提出机器模型的概念和方法，也就没有背上沉重的机械论思想包袱，始终以有机论观点识物想事，对有机论的把握在许多方面是西方文化所缺失的，所以它能够给复杂性科学提供独特的思想营养。

(3) 不确定性观点。牛顿力学赋予自然界以完全的确定性。拉普拉斯把这种确定性观点推向极致，声称只要给定初值，他就能够预见宇宙中从最大的物体到最小的粒子的运动状态，进而确立了机械决定论200多年的统治地位。确定论是简单性科学的重要特征，在西方文化中影响深远。破除确定论，承认不确定性的客观存在及其建设性作用，把世界看成是确定性与不确定性的对立统一，是建立和发展复杂性科学的思想前提之一。但确定论在西方科学文化中的影响异常强大，可以说根深蒂固。尽管概率论、统计力学、量子力学的发展都产生过强力的冲击，但复杂性科学的开拓者们仍然感到有清算确定论的必要。普里戈金最后一部专著《确定性的终结》(1996) 就是在这样的背景下产生的。中国文化未能发展出牛顿理论，原因之一就在于它对客观世界的不确定性有太深的领悟，从未有过消除不确定性的努力。这固然使中国社会未能发展出基于机械决定论的巨大生产力，但也没有形成机械决定论的统治地位，这反而有利于发展复杂性科学。

(4) 演化性观点。还原论科学是关于存在的科学，它把事物的发生和演化排除在科学研究之外。虽然1859年达尔文的进化论已经把演化的思想引入科学殿堂,但演化思想进入物理学,进而形成演化的科学,则是20世纪中期以后的事情。关于存在科学的巨大发展,它所形成的科学观、认识论和方法论等,强劲地阻碍着演化科学的发展。由此缘故,演化的科学单靠西方文化的滋养不足以发展壮大,还需要从东方文化中汲取营养。中国文化则不然,《易经》的核心思想是"生生之谓易",它为中国文化定下的强调变易性和流动性这一基调,数千年来传承不已。尽管后世儒家倡导"天不变,道亦不变"(《汉书·董仲舒传》),但并未发展出西方那种重存在、轻演化的本体论。《易经》倡导的变易观深入人心,对于建立和发展演化科学是极为可贵的。普里戈金等人对中国传统文化最为推崇之处正在于此。

可见,中国传统文化中这四个主要观点与自组织有序结构形成的基本条件(开放性、远离平衡态、非线性相互作用、涨落)密切相关(详见第七章第七节),因此普里戈金认为,中国文化对人与自然的关系有深刻的理解。这对于想扩大西方科学的范围和意义的科学家和哲学家来说,中国传统始终是思想启迪的源泉。他深信"我们已经走向一个新的综合,一个新的归纳,它将把强调实验及定量表述的西方传统和以'自发的自组织世界'这个观点为中心的中国传统结合起来。"[1] 在苗东升教授的著作中除了谈到以上四个主要观点外,还强调了以下两种主要意识[2]:

(1)信息意识。现实世界和人类生活是由物质、能量和信息三大要素支撑的。古代文明使人类建立起物质意识,懂得占有和利用物质对人类生存发展的重要性。工业文明唤醒了发达国家的能量意识,认识到占有足够的能量才能更有效地占有和利用物质。还原论科学极大地发展了人类占有能量、进而占有物质的能力,却也严重压制了人们的信息意识,导致物欲横流、技术至上、唯武器论等思潮的泛滥。然而,要建设新型的信息—生态文明,必须大力抑制随工业文明发展而极度膨胀的物欲,建立信息占有重于物能占有、信息享用胜于物能享用的思想意识和生活态度。现在看来,单靠西方文化做不到这一点。中国文化是富含信息意识的文化,在某

---

[1] [比]伊·普里戈金:《从存在到演化》,沈小峰等译,北京大学出版社2007年版,中译本序。

[2] 苗东升:《复杂性科学研究》,中国书籍出版社2013年版,第74—75页。

种程度上可以说，中国传统文化是在低生产力水平上发展起来的信息文化。"除却诗书何有癖，独于山水不能廉。"（吴湖帆）数千年来，中国大多数知识分子一直富有信息享用重于物质享用的传统，具有批判精神和道义担当的信念，这对于克服物欲横流、建设信息—生态文明是极为可贵的精神财富。

（2）生态意识。生态者，生命多样性共存互兴的总态势也。生态意识的核心是尊重生命、尊重生物多样性。有人说，中国传统哲学是"生"的哲学。从《易经》以降，不论孔孟儒家，还是老庄道家，最看重的是天地人的生命、生机、生气、生意，把"生"视为宇宙的根本规律。这种意识影响渗透于中国文化的方方面面。首先，中国文学富有生态意识，"侣鱼虾而友麋鹿"（苏轼：《赤壁赋》）是文人的重要行为准则。就连以描述争权夺利、斗智斗勇为主题的《三国演义》，也把"猿鹤相亲，松篁交翠"的卧龙岗视为理想的人居环境。山水沙石在常人看来是无生命的，但在诗人笔下却具有了生命和情感，李白的"相看两不厌，只有敬亭山"就是代表。[①] 其次，中国传统产业文化，如农业、医疗、建筑等也颇具生态意识。与西方国家求助于工业化的社会生产力来发展农业的思路相反，中国传统农业富有生态意识，自觉利用自然生产力，如间种技术、杂交育种、生物自循环等。中医信奉的阴阳五行说利用相生相克的关系辨证治疗各种疾病。中医药学的药物配伍、"聚毒物以供医事"（《周礼·天官·医师》）之说，也体现了对大自然生态链的认识和利用。总之，中国传统文化富含生态意识，对于建设新型的信息—生态文明也颇具价值。

总体上说，经过数百年还原论科学的清洗，西方古代文化中保留下来的、有利于复杂性科学发展的开放性、整体性、有机论、非决定论和信息意识等成分已经非常稀缺，不能满足复杂性科学继续发展的历史需要。相反，中国传统文化没有独立发展出近现代科学是一大憾事，但却使开放性、整体性、有机论、非决定论和信息意识等相当完整地保存下来，对于发展复杂性科学无疑是一大幸事。就此而言，中国发展复杂性科学有自己

[①] 也有人解释为李白用敬亭山暗指玉真公主，以表达他对玉真公主的思念。玉真公主是唐玄宗的同母异父妹妹，晚年在安徽敬亭山修炼，公元762年死于敬亭山，终年71岁。李白也于同年在敬亭山附近去世，终年61岁。

独特的优势。所以，中国知识分子要唱响这首历史与现实的共鸣曲，善于利用自身优势，走自己的路。

3. 中国的科技发展也要走自己的道路

面对老子、孔子和孙中山、毛泽东遗留给我们的巨大精神财富，面对现实生活向我们提出的各种复杂问题，我们必须在继承中国传统文化的基础上继续前进，而不能对如此巨大而丰厚的理论遗产视而不见或等闲视之，以至于从他们那里倒退。在思想文化研究中，"忘记过去"就意味着"倒退"，"反思过去"则构成"发展"的基点。老子曰："道生一，一生二，二生三，三生万物。"（《道德经》第42章）这一古老智慧对宇宙演化的领悟，不仅是时间的，也是逻辑的。它反映了大自然生生不已的创生和演变之像，也为我们从"思维和存在的关系"出发去解读中国传统文化提供了一个新的维度。因为"我们的主观的思维和客观的世界遵循同一些规律，因而两者在其结果中最终不能互相矛盾，而必须彼此一致，这个事实绝对地支配着我们的整个理论思维。这个事实是我们的理论思维的本能的和无条件的前提。"[①] 所以，我们要在科学系统转型演化的大背景下，思考中国科学技术发展的道路问题。

首先，要抓住历史机遇敢于走自己的路。在当今激烈的国际竞争环境下，落后者的赶超需要特殊的机遇。得机遇者得天下，失机遇者失天下，机遇乃带有随机性的良好境遇。朱熹诗云："昨夜江边春水生，艨艟巨舰一毛轻。向来枉费推移力，此日中流自在行！"（朱熹：《观书有感二首》）江边春水生即行船人的机遇，没有机遇而勉力为之，难免枉费推移力，抓住机遇就会中流自在行。机遇虽然有随机不确定性，但复杂巨系统的演化并非均匀展开、匀速前进，系统及其环境固有的非线性和不确定性不时会造就出大大小小的机遇，所以机遇的出现又有某种必然性。而难得一见的科学系统的转型演化提供的是历史性的大机遇，它能给落后而有志者创造跨越式发展的客观可能性。全球化迅猛发展的人类社会就是这样的复杂巨系统，科学形态和文明形态的历史性转变，这种数百年出现一次的历史机遇为发展中国家在科学技术上赶超世界先进水平提供了绝好的机会。

鸦片战争以来的历史表明，中国问题的解决、中国社会的发展，只有

[①] 《马克思恩格斯选集》第4卷，人民出版社1995年版，第364页。

坚持独立自主，自力更生的方针，走自己的路才能成功。毛泽东关于马克思主义基本原理同中国革命具体实践相结合的命题，包含着颠扑不破的真理，中国科学技术的发展也应如此。在科学系统转型演化的大背景下，不论西方或东方，都需要跳出传统科学发展的轨迹，开创新型科学的发展道路，这给中国科学技术的发展带来了难得的历史机遇。这绝非中国人自以为是，更不是什么狭隘的民族主义。进入 20 世纪后，西方文化在同非西方文化的反复碰撞中改变着自己，尤其是中期以后，越来越多的非西方学者进入发达国家，把非西方文化带到西方，并产生了深远的影响；特别是现代西方文明的发展使人类处于深刻的全球性危机之中。这类事件对"西方中心论"构成了持久而强烈的冲击。面对一系列危及人类生存发展的重大问题，一些具有人类胸怀的西方学者开始把目光转向非西方世界，尤其对中国文化情有独钟。

若从历史大尺度来看，对中国文化评价最到位的是英国历史学家汤因比（Arnold J. Toynbee）。他在展望 21 世纪时，高度赞扬"在漫长的中国历史长河中，中华民族逐步培育起来的世界精神"[1]，以及"历来跟西欧各国根本不同的国家观、世界观和文化观念"。因此他相信，中国人"是在本质上希望本国和平与安泰的稳健主义者"，断言 21 世纪为避免人类集体自杀，中华民族肩负着重大的历史责任。[2] 一个纯种的西方人如此相信和期待中国对世界和平与进步事业发挥其应有的作用，表现出伟大的人类胸怀和眼界，更是对中国人民的巨大鞭策。所以，中国学界要紧紧抓住这次科学转型提供的历史机遇，认真思考中国科学发展的战略问题，从迷信西方的科学学和科学哲学的茫然中解脱出来，继承和弘扬中国文化的优势，勇敢地走自己的路。

其次，要唱响共鸣曲善于利用自身优势。爱因斯坦在科学研究中十分重视直觉思维的作用，并认为直觉是"以对经验的共鸣的理解为依据的"。"凡是真正深入地研究过这个问题的人，都不会否认唯一地决定理论体系的，实际上是现象世界，尽管在现象同它们的理论原理之间并没有

---

[1] ［英］阿诺尔德·汤因比、［日］池天大作：《展望二十一世纪》，荀春生等译，国际文化出版公司 1985 年版，第 287 页。

[2] 同上书，第 290 页。

逻辑的桥梁；这就是莱布尼茨（Leibnitz）非常中肯地表述的'先定的和谐'。"① 前面我们已经明确提到与还原论科学格格不入的中国传统文化竟然跟复杂性科学有许多深切的共鸣，这也表明中国传统文化与复杂性科学的一种和谐。中华民族历史源远流长，传统文化博大精深，它足以使中国人和海外华人引以荣耀和自豪，它是中华民族的重要凝聚力；另一方面，近代落伍了的中国正在现代化，虽然中国人的思想观念，思维、行为和生活方式都在发生深刻变化，中国文化也在全方位地转换和发展，但是这种转换和发展本身就是从传统开始的。中国传统文化作为一种文化形态，自身具备了深厚的科学价值，只是由于判断的标准不同，被现代人误解甚至忽略掉了。

"道可道，非常道；名可名，非常名。"（《道德经》第1章）科学代表了人类对有意义的逻辑宇宙普遍性理解的需要，但是复杂性科学已经觉悟到：真实的宇宙总是处在逻辑宇宙的一步之外。在科学形态和文明形态的历史演进中，不同系统作为主体的表现总是参差不齐。当历史走到由A形态向B形态转变时，建立A形态时走在前面的系统不一定能够继续领先；在建立A形态中落后了的系统也不一定继续落后。事物都具有两重性。B形态是在A形态基础上产生的，成功地建设起A形态的系统必定聚集了后进者系统严重缺乏的资源和能量，这是它的优势。但建立A形态的成功难免成为它的包袱，生发出向B形态转变的阻力。相反，在建立A形态中落后了的系统没有这种包袱，又是它的一大优势。系统转型带来的历史机遇总是更垂青于后进者。只要系统能够掌握自己的命运，善于发现并抓住机遇，从改革自身的结构和机能入手，采取积极而正确的路线，通过他组织去激励、调动、整合自组织，就可以轻装前进，把A形态的补课与B形态的建设结合起来，实现跨越式发展。世界上有一种"最速曲线"也表明：从曲线上的不同位置出发，总能在同一时刻到达终点，如图10—14所示。生活就是这样，不是看起来离目标远，就一定会慢很多；只要你选对了路，就能"顺势而行、借力发挥"，让自己更快地前进，中国的科学发展就处于这样一种关键时刻。但机遇终究不是"常遇"，它不仅不可能经常出现，而且总是短暂的，在历史大尺度上看，可

---

① 许良英等编译：《爱因斯坦文集》第1卷，商务印书馆1976年版，第102页。

谓稍纵即逝。①

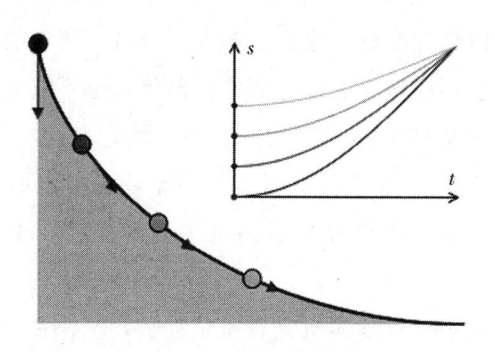

图 10—14　最速曲线示意图

所以，我们要善于抓住科学系统转型演化的历史机遇，真正明确科学现代化的历史内涵。20世纪初的科学现代化是在发展还原论科学上走在世界前列；在21世纪初的今天，现代化的标准已经发生了质的改变，实质是后现代化。在科学领域，就是在建设超越还原论的新型科学上走在世界前列。为此，我们首先要充分利用中国传统文化与复杂性科学的共鸣，用现代语言把中国传统文化的内涵表达出来，使世人真正理解中国传统文化，这是中国传统文化中已有的本质内涵。其次，今天科学已经很发达了，我们可以借助科学上的新发现和计算机的强大功能，对复杂性科学的理论体系进行系统而细致的研究，使其更具有说服力和感染力。第三，利用政策导向充分调动中国知识分子的聪明才智、批判精神和道义担当的信念，进一步挖掘中国传统文化中的宝贵资源，与复杂性研究结合起来，为21世纪中叶将要发生的"创造生产力"的社会变革做好理论准备。

再次，要转变观念勤于运用综合集成法。科学是随着研究方法的变革而前进的，因而关于方法的知识就成为最有价值的知识，方法的变革往往会引起研究范式的转换和思维方式的变革。也就是说，通过研究方法论来界定复杂性科学及其研究对象就成为这一新型科学的时代特征。所以说，"如果承认科学系统正处于新的转型演化期，科学方法论的主导地位将由还原论转向系统论，那就得承认复杂性科学代表科学发展的大方向，复杂性研究是21世纪科学发展的制高点，占领这个制高点对于中国科学技术

---

①　苗东升：《复杂性科学研究》，中国书籍出版社2013年版，第314页。

在21世纪能否走在世界前列至关重要。"① 莫兰也认为,"我们的系统观是对还原论和整体论的超越,它通过统合两派各自所有的部分真理来寻找一个理解原则:它不应该为了部分而牺牲整体,也不应为了整体而牺牲部分。重要的是阐明整体与部分之间的关系,使它们互相凭借。"② 也正是由于这种"自上而下"与"自下而上"的循环路径才形成了一种新的说明和解释。所以,复杂性研究的思路是多学科交叉、渗透和集成的融贯论。

笔者认为,复杂性科学的研究对象是复杂系统,集中体现了它的本质特征——复杂性和学科互涉性。要研究这类复杂系统或者复杂巨系统,过去的各种方法如果单独使用,可能都难以胜任,需要综合各种已有方法的优势,形成新的研究方法。这里要讨论的综合集成法(meta-synthesis)就是这样一种新方法。所谓综合集成法,广义上说,是指将各种复杂性方法综合起来,发挥各自的优势,克服其局限性而形成的某种新的综合方法;狭义上讲,是特指以钱学森为代表的中国学者针对开放的复杂巨系统而提出的一种方法。1989年,钱学森教授在研究军事、地理、社会和人体四个领域的基础上,概括总结出开放的复杂巨系统理论,并提出了"从定性到定量的综合集成方法"。这一建模方法增强了建模者的经验判断,为我们开辟了一条新的路径:即"人—机结合"以人为主的思维方式与从整体上认识问题和解决问题的研究思路。这一方法的体系结构包括三个部分——专家体系、机器体系和知识体系。具体操作时,要遵循实践→认识、感性→理性、定性→定量的认识路线:

(1)针对问题经过跨学科研讨,把专家们的经验知识、科学理论和判断力整合起来,形成和提出各种经验性假设和判断;

(2)基于对系统的深刻把握,依据观测分析所得到的各种数据和信息资料,运用现代数学工具和建模方法创建包括相应参数的系统模型;

---

① 苗东升:《复杂性科学研究》,中国书籍出版社2013年版,第321页。
② [法]埃德加·莫兰:《方法:天然之天性》,吴泓缈等译,北京大学出版社2002年版,第120页。

(3) 经过计算机仿真模拟和计算，获得对系统整体的定量描述，同时充分利用知识工程、专家系统进行人—机交互、反复比较、逐次逼近，直到从定量描述中获得证明或验证经验性假设和判断正确与否的结论。

总之，在纷繁复杂的宇宙世界中，"复杂性不仅是一个需要我们理解（understand）的现象，更是我们不得不应对（deal with）的实践问题。理解的目标在于以一定的方式使复杂性获得解释……与理解不同，应对则是致力于某一实践局域条件下的'现实解决'。"[①] 大量研究表明，我们可以凭借新的"技术领悟"超越理解，解决复杂性问题。以钱学森为代表的中国学派一贯强调对现实复杂性问题的应对，其方法在系统工程、管理科学以及其他实践中都取得不少成果，成为复杂性研究中具有代表性的应对模式。这也表明，面对复杂性问题，我们不仅要有科学家的智慧，还要有工程师的思维，将自己的专业能力、哲学思维和社会责任心提高到一个新的水平，勤于运用综合集成法，以正确解决各种复杂的理论问题和实际问题。

最后，要奋力拼搏勇于占领研究制高点。以什么为标准判断科学实现了现代化？向来是见仁见智的事情。中国科学水平的长期落后，60多年来没有培养出诺贝尔奖得主，不可避免地孕育出浓烈的诺贝尔奖情结，科学家有，广大国民也有。认为诺贝尔奖是引领现代科学水平的观点在国内学界颇为流行，并且自觉不自觉地影响着决策层。有中国学者获得诺贝尔奖当然是好事，但若以此为目标规划科研活动，则是要误大事的。美国圣菲研究所第一任所长柯文说过，"通往诺贝尔奖的堂皇道路通常是由还原论的思维取道的。"[②] 按照获得诺贝尔奖的多少来衡量科学现代化的水平，是发展还原论科学的思路。而还原论科学及相应的技术有严重的反自然、反生态倾向，基于这种科学技术的社会发展是不可持续的。如果继续沿着西方国家的道路搞科学现代化，即使培养出诺贝尔奖得主，中国不仅科学

---

① 刘劲杨：《哲学视野中的复杂性》，湖南科学技术出版社2008年版，第12页。
② [美]米歇尔·沃德罗普：《复杂：诞生于秩序与混沌边缘的科学》，陈玲译，生活·读书·新知三联书店1997年版，第72页。

技术整体上仍然落后，而且不再有适宜人居的环境，后果不堪设想。必须转变指导思想，以确保中国社会可持续发展，建设信息—生态文明与和谐社会为目标来规划和指导中国科学技术的发展。能够实现这一目标，即使中国仍然没有人获得诺贝尔奖，科学技术也将走在世界的前列。

作为一个特殊的例证，就在笔者对书稿进行自校的日子里，从瑞典斯德哥尔摩传来消息：我国药学家屠呦呦与另外两名海外科学家获得2015年的诺贝尔生理学或医学奖。屠呦呦作为中国首位获得诺贝尔科学类奖项的女科学家，她多年从事中药和中西药结合的研究，其突出贡献就是为了人类的健康，受中国传统文化的启迪，创制出新型的抗疟药——青蒿素和双氢青蒿素。可以说，"青蒿素的发现是我国医药界集体发掘中药的成功范例，由此获奖也是中国科学事业、中医中药走向世界的一项荣誉。"

那么，如何才能占领复杂性研究的制高点？按照钱学森的科学思想和现代科学技术体系组织指导科学技术的发展是一条可行的路。不妨设想，如果中国在社会科学、系统科学、人体科学、思维科学、建筑科学、地理科学、行为科学、军事科学、文艺理论等九方面都创造出一套有中国特色的理论和技术，并把它们付诸实践，使地理环境生态化、城镇建筑山水化、人民身心安康化，中国社会的面貌和人民生活的质量将发生空前的变化，也会给大自然留下更多修复空间，给农业留下更多良田，给子孙后代留下天蓝、地绿、水净的美好家园。这些科学的成就反过来必定会大大促进自然科学和数学的发展。这样的局面才是货真价实的科学技术现代化，更准确地说，是超越工业文明的后现代化。所以，当中国人真正超越自己文化中的旧传统之时，就是中国科学技术走向腾飞、中国社会驶上可持续发展的轨道之日。

在我们奋力拼搏时也要警惕另一种倾向：他们认为，中国传统文化全是精华，全是珠宝，儒学足以指导人类的未来。事实上，儒学毕竟是依托农业文明培育出来的，没有受到过多工业文明的熏染，新兴的信息—生态文明只能是对前两种文明的综合和超越。儒学、道家以至于整个传统文化既有精华，也有糟粕。唯一正确的态度是毛泽东70多年前所说的，要把它分解为精华和糟粕两部分，然后去其糟粕，取其精华。另外，我们还要"冷眼向洋看世界"，了解世界上不同民族的历史文化，从中获得启发，为我所用。这正是毛泽东当年倡导的"古为今用，洋为中用"的思想。

同时，他还指出：

"百花齐放，百家争鸣的方针，是促进艺术发展和科学进步的方针，是促进我国的社会主义文化繁荣的方针。艺术上不同的形式和风格可以自由发展，科学上不同的学派可以自由争论。利用行政力量，强制推行一种风格，一种学派，禁止另一种风格，另一种学派，我们认为会有害于艺术和科学的发展。艺术和科学中的是非问题，应当通过艺术界科学界的自由讨论去解决，通过艺术和科学的实践去解决，而不应当采取简单的方法去解决。"①

总之，跨入21世纪的人类将在20世纪人类思想巨人的肩膀上，努力探索客观世界中的各种非线性和复杂性问题，在发展和完善复杂性科学的过程中，建构符合复杂性世界的科学观、认识论和方法论，推动自然科学、社会科学以及人类社会自身的可持续发展，让世界的明天更美好！

---

① 毛泽东：《关于正确处理人民内部矛盾的问题》，《人民日报》1957年6月19日。

外国人名译名及对照

（按汉语拼音音序排列）

A1

阿贝尔（N. H. Abel）
阿波罗尼（Apollonius）
阿蒂亚（M. F. Atiyah）
阿尔—花拉子密（Muḥammad ibn Mūsā al‑Khwārizmī）
阿哈罗诺夫（Yakir Aharonov）
阿克塞尔罗德（Robert Axelrod）
阿奎那（Thomas Aquinas）
阿罗（K. J. Arrow）
阿姆斯特朗（S. J. Armstrong）
阿诺德（V. I. Arnold）
阿瑟（W. Brian Arthur）
埃克尔斯（J. C. Eccles）
埃农（Michel Henon）
埃舍尔（M. C. Escher）
艾弗里（O. T. Avery）
艾根（Manfred Eigen）
爱丁顿（A. S. Eddington）
爱因斯坦（Albert Einstein）
安德森（P. Anderson）
安德逊（C. D. Andesson）
安培（A. M. Ampère）
奥巴林（A. I. Oparin）
奥巴马（B. H. Obama II）
奥德姆（E. P. Odum）
奥尔特曼（S. Altman）
奥吉尔（L. E. Orgel）
奥卡姆（William of Ockham）
奥斯特（H. C. Oersted）

B2

巴尔的摩（D. Baltimore）
巴克（Per Bak）
巴克斯特（R. J. Baxter）
巴门尼德（Parmenides）
巴斯德（L. Pasteur）
柏拉图（Plato）
邦格（Mario Bunge）
鲍耶（J. Bolyai）
贝尔纳（J. D. Bernal）
贝弗里奇（W. I. B. Beveridge）

贝克勒尔（A. H. Becquerel）
贝纳德（H. Bénard）
贝索（Michele Besso）
贝塔朗菲（Ludwig Von Bertalanffy）
贝特拉米（E. Beltrami）
本哈彼（J. Benhabib）
比德尔（G. W. Beadle）
彼得斯（Edgar E. Peters）
毕达哥拉斯（Pythagoras）
边沁（J. Bentham）
别罗索夫（B. P. Belousov）
波利策（David Politzer）
波普尔（Karl Popper）
玻恩（Max Born）
玻尔（Niels Bohr）
玻尔兹曼（L. E. Boltzmann）
玻姆（D. Bohm）
玻色（S. N. Bose）
玻兹勒（R. G. Botzler）
伯杰（G. Berger）
伯克霍夫（George D. Birkhoff）
泊松（S. D. Poisson）
博尔丁（K. E. Boulding）
博内（P. O. Bonnet）
布阿吉尔贝尔（P. de Boisguil-lebert）
布拉赫（Tycho Brahe）
布劳德（C. D. Broad）
布里格斯（John Briggs）
布里渊（L. Brillouin）
布绕特（Robert Brout）

布瓦索（M. Boisot）

C3

朝永振一郎（Sin-itiro Tomonaga）

D4

达尔文（Ch. R. Darwin）
达朗贝尔（Jean Le Rond D'Alembert）
达留拉特（P. Darriulat）
戴，R. H.（Richard H. Day）
戴森（Freeman Dyson）
戴维森（C. J. Davisson）
戴维斯，P.（Paul Davies）
戴维斯，R.（R. Davis）
丹皮尔（W. C. Dampier）
道尔顿（J. Dalton）
德布罗意（L. de Broglie）
德尔布吕克（M. Delbrück）
德夫里斯（G. de Vries）
德雷希尔（Melvin Dresher）
德谟克利特（Democritus）
狄拉克（P. A. M. Dirac）
迪勒（A. Dürer）
笛卡尔（René Descartes）
杜尔贝科（R. Dulbecco）
多涅莱狄斯（Donelaitis）

E5

恩格勒（Francois Englert）
恩格斯（Friedrich Engels）

F6

伐里农（Pierre Varignon）
法拉第（M. Faraday）
法玛（Eugene Fama）
法默（J. Doyne Farmer）
法图（P. J. Fatou）
范德米尔（S. Van der Meer）
菲尔兹（J. C. Fields）
斐波那契（Leonardo Fibonacci）
费尔巴哈（L. A. Feuerbach）
费尔马（P. de Fermat）
费根鲍姆（M. J. Feigenbaum）
费拉里（L. Ferrari）
费里德尔（Egon Friendell）
费米（Enrico. Fermi）
费奇（Val L. Fitch）
费因曼（R. P. Feynman）
弗勒德（Merril M. Flood）
弗里德曼（A. Friedmann）
伏打（A. G. Volta）
福克（V. A. Fock）
福克斯（Warwick Fox）
福瑞斯特（J. W. Forrester）
福特（Joseph Ford）
傅立叶（Jean B. Joseph Fourier）
富克斯（Immanuel Lazarus Fuchs）

G7

伽达默尔（H. G. Gadamer）
伽勒（Johann G. Galle）
伽利略（G. Galilei）
伽罗华（E. Galois）
伽莫夫（G. Gamov）
盖尔曼（M. Gell–Mann）
盖斯（Alan Guth）
高斯（C. F. Gauss）
戈森（H. H. Gossen）
哥白尼（N. Copernicus）
哥德尔（K. Gödel）
革末（L. H. Germer）
格尔斯坦（J. Goldstein）
格拉肖（S. L. Glashow）
格雷克（James Gleick）
格罗斯（David Gross）
格罗斯曼（M. Grossmann）
葛林（A. Grant）
古斯（Alan H. Guth）

H8

哈代（Godfrey Harold）
哈肯（Hermann Haken）
哈雷（E. Halley）
哈密顿（W. R. Hamilton）
哈瑞斯（W. M. Harris）
海德格尔（M. Heidegger）
海克尔（E. H. Haeckel）
海森堡（W. K. Heisenberg）
汉弗莱斯（P. Humphreys）
豪斯多夫（F. Hausdorff）
赫德（J. G. von Herder）
赫尔姆霍茨（H. L. F. Helmholtz）

赫尔希（A. D. Hershey）
赫克斯利（Andrew F. Huxley）
赫拉克利特（Herakleitos）
赫西奥德（Hesiod）
赫兹（H. R. Hertz）
黑格尔（G. W. F. Hegel）
胡克（Robert Hooke）
怀特海（A. N. Whitehead）
惠更斯（C. Huygens）
惠勒（John A. Wheeler）
惠特尼（Hassler Whitney）
霍布斯（Thomas Hobbes）
霍尔巴赫（P. H. D. Holbach）
霍根（John Horgan）
霍金（Stephen W. Hawking）
霍兰（John H. Holland）
霍奇金（Alan L. Hodgkin）

J9

吉布斯（J. W. Gibbs）
吉尔福特（J. P. Guilford）
嘉当（E. J. Cartan）
简罗（D. Gennaro）
杰克逊（E. A. Jackson）
杰文斯（W. S. Jevons）
金兹堡（V. L. Ginzburg）
居里（P. Curie）
居里夫人（Marie S. Curie）

K10

卡恩（H. Kahn）

卡尔达诺（G. Cardano）
卡尔多（Nicholas Kaldor）
卡尔松（Per Carlson）
卡斯帕罗夫（Garry Kasparov）
卡逊（Rachel Carson）
开普勒（J. Kepler）
凯恩斯（J. M. Keynes）
凯利（L. M. Keller）
康德（Immanuel Kant）
康兰特（Fraenkel Conrot）
康纳利（William E. Connolly）
康托尔（G. Cantor）
考夫曼（Stuart Kaufmann）
柯尔莫哥洛夫（A. N. Kolmogorov）
柯瓦雷（Alexandre Koyré）
柯文（George Cowan）
柯文尼（Peter Coveney）
科布（John B. Cobb）
科恩（I. B. Cohen）
科赫（H. von Koch）
科特韦格（D. J. Korteweg）
克拉克（J. B. Clark）
克莱茵（Christian Felix Klein）
克劳斯（Georg Klaus）
克劳修斯（R. J. E. Clausius）
克里克（F. H. C. Crick）
克鲁克斯（W. Crookes）
克鲁斯卡尔（Martin D. Kruskal）
克罗宁（J. W. Cronin）
孔德（A. Comte）
库恩（Thomas S. Kuhn）

库仑（Ch. A. de Coulomb）
魁奈（Francois Quesnay）

L11

拉夫（Mark Laff）
拉格朗日（Joseph – Louis Lagrange）
拉美特利（J. O. La Mettrie）
拉普拉斯（P. S. Laplace）
拉兹洛（E. Laszlo）
莱布尼茨（G. W. Leibniz）
莱德伯格（J. Lederberg）
莱德曼（L. Lederman）
莱维（Albert Lévy）
莱辛（G. E. Lessing）
莱因斯（F. Reines）
兰道尔（Lisa Randall）
兰德曼（M. Landman）
朗道（L. D. Landau）
朗顿（Chris Langton）
朗之万（Paul Langevin）
勒威耶（Urbain Le Verrier）
雷根（Tom Regan）
雷蒙德，D.（Dubois Reymond）
雷蒙德，F. D.（F. D. Ramond）
雷沃夫（A. M. Lwoff）
黎曼（B. Riemann）
李（挪威数学家）（Marius Sophus Lie）
李嘉图（David Ricardo）
李克特（Maurice N. Richter, Jr.）
李约瑟（Joseph T. M. Needham）

里昂惕夫（W. Leontief）
里奇（C. G. Ricci）
里雅普诺夫（A. M. Lyapunov）
利奥波德（Aldo Leopold）
列宁（V. I. Lenin）
列维·奇维塔（T. Levi – Civita）
林奈（Carl von Linné）
留基伯（Leucippus）
卢岑贝格（Jose Lutzenberger）
卢卡斯（Robert E. Lucas Jr）
卢里亚（S. E. Luria）
卢瑟福（E. Rutherford）
卢梭（J. J. Rousseau）
鲁比亚（C. Rubbia）
路易斯（L. H. Lewes）
吕埃勒（D. Ruelle）
伦伯格（B. Lomborg）
伦敦（F. London）
伦琴（W. K. Röntgen）
罗巴切夫斯基（Nikolas I. Lobachevsky）
罗宾逊夫人（J. V. Robinson）
罗尔斯顿（Holmes Rolston）
罗默（P. Romer）
罗森（W. G. Rosen）
罗森布鲁克（H. H. Rosenbrock）
罗斯勒（Rössler）
罗素，B. A. W.（Bertrand A. W. Russell）
罗素，J. S.（John Scott Russell）
洛克（John Locke）

洛伦兹，E. N. （Edward N. Lorenz）
洛伦兹，H. A. （Hendrik A. Lorentz）

M12

马尔可夫（A. A. Markov）
马尔库塞（Herbert Marcuse）
马尔萨斯（T. R. Malthus）
马赫（E. Mach）
马康姆（I. Malcolm）
马克思（Karl Marx）
马库斯（Philip S. Marcus）
马斯洛（Abraham H. Maslow）
马歇尔（A. Marshall）
迈克耳孙（A. A. Michelson）
迈因策尔（K. Mainzer）
麦克劳夫林（Andrew Mclaughlin）
麦克斯韦（J. C. Maxwell）
芒德勃罗，B. B. （Benoit B. Mandelbrot）
芒德勃罗，S. （Szolem Mandelbrot）
梅，R. （Robert May）
梅多斯（Dennis L. Meadows）
梅内克谬斯（Menaechmus）
门格（Carl Menger）
蒙克莱田（A. de Montchrétien）
米彻尔里希（E. E. Mitscherlich）
米尔斯（R. L. Mills）
米勒（S. L. Miller）
闵可夫斯基（H. Minkowski）
摩尔根（T. H. Morgan）
摩根（C. L. Morgan）

莫比乌斯（A. F. Mobius）
莫尔代夫（P. Moldave）
莫兰（Edgar Morin）
莫雷（E. W. Morley）
莫诺（J. Monod）
莫塞尔（J. Moser）
莫泽（J. K. Moser）
墨迪（W. H. Murdy）
穆勒，J. （James Mill）
穆勒，J. S. （John. S. Mill）

N13

奈斯（Arne Naess）
奈特（Frank Knight）
南部阳一郎（［美］Yoichiro Nambu）
尼科里斯（G. Nicolis）
尼伦贝格（M. W. Nirenberg）
牛顿（Isaac Newton）
诺顿（Bryan G. Norton）
诺特（A. E. Noether）

O14

欧多克斯（Eudoxus）
欧几里得（Euclid）
欧拉（L. Euler）

P15

帕累托（W. Paleito）
帕斯塔（John Pasta）
派斯（Abraham Pais）

庞巴维克（E. Bohm‑Bawerk）
庞特里亚金（Lev S. Pontryagin）
泡利（W. Pauli）
培根（Francis Bacon）
佩珀（David Pepper）
佩奇（Aurelio Pec‑cei）
配第（W. Petty）
彭加勒（J. H. Poincaré）
彭罗斯（R. Penrose）
皮特（F. David Peat）
皮亚杰（J. Piaget）
皮亚诺（G. Peano）
普朗克（M. K. E. L. Planck）
普里戈金（Ilya Prigogine）
普罗泰戈拉（Protagoras）
普瑞斯（Kenneth Preiss）

Q16

齐拉德（Leo Szilard）
乔布斯（Steve Jobs）
乔治（H. Georgi）
切赫（Thomas R. Cech）
切克兰德（P. Checkland）

R17

若斯勒（Otto Rössler）

S18

萨尔兹曼（B. Saltzman）
萨拉姆（A. Salam）
萨谬尔森（P. A. Samuelson）

萨伊（J. B. Say）
塞曼（P. Zeeman）
色诺芬（Xenophon）
莎士比亚（William Shakespeare）
申农（C. E. Shannon）
圣吉（Peter M. Senge）
施太格谬勒（W. Stegmueller）
施特克洛夫（Vladimir Andreevich Steklov）
施韦泽（Albert Schweitzer）
施温格（J. S. Schwinger）
斯宾格勒（Oswald Spengler）
斯宾诺莎（Baruch de Spinoza）
斯大林（Joseph Vissarionovich Stalin）
斯蒂芬斯（C. Stephens）
斯美尔（S. Smale）
斯密（Adam Smith）
斯诺（C. P. Snow）
斯佩里（Roger W. Sperry）
斯台奈尔（J. Steiner）
斯廷罗德（N. E. Steenrod）
斯威夫特（Jonathan Swift）
梭罗（Henry D. Thoreau）
索迪（F. Soddy）
索络文（Maurice Solovine）

T19

塔尔塔利亚（N. Tartaglia）
塔克（Albert W. Tucker）
塔肯斯（F. Takens）

塔特姆（E. L. Tatum）
泰勒，B.（Brook Tayler）
泰勒，P. W.（Paul Warren Taylor）
泰勒斯（Thales）
坦斯利（A. G. Tansly）
汤川秀树（Yukawa Hideki）
汤姆孙，G. P.（G. P. Thomson）
汤姆孙，J. J.（J. J. Thomson）
汤姆孙，W.（W. Thomson；开尔文，Lord Kelvin）
汤因比（Arnold J. Toynbee）
特霍夫特（G. tHooft）
特雷恩（Edward Tryon）
特明（H. M. Temin）
图灵（Alan M. Turing）
托夫勒（Alvin Toffler）
托勒密（Claudius Ptolemaeus）
托姆（René Thom）

W20

瓦尔（Jean Wahl）
瓦尔拉斯（Léon Walras）
外尔（H. Weyl）
威尔金斯（M. H. F. Wilkins）
威尔逊（K. G. Wilson）
威兰金（Nicolai Y. Vilenkin）
威腾（Edward Witten）
韦伯斯特（Webster）
韦尔特曼（M. J. G. Veltmann）
韦弗（Warren Weaver）
韦康（John Conway）
韦斯科夫（V. F. Weisskopf）
韦伊（André Weil）
维尔斯特拉斯（Karl T. W. Weierstrass）
维尔泽克（Frank Wilczek）
维纳（N. Wiener）
维特根斯坦（Ludwig Wittgenstein）
温伯格（S. Weinberg）
沃尔德罗普（M. Waldrop）
沃尔夫（Ricardo Wolf）
沃弗拉姆（Steven Wolfram）
沃森（J. D. Watson）
沃斯（Carl Woese）
乌拉姆（Stanislaw M. Ulam）
武谷三男（Mituo Taketani）

X21

西蒙，H. A.（H. A. Simon）
西蒙，J. L.（Julian L. Simon）
西蒙斯（J. Simons）
西斯蒙第（S. de Sismondi）
希尔伯特（D. Hilbert）
希格斯（P. Higgs）
希钦（N. J. Hitchin）
锡德（John Seed）
小林诚（Makoto Kobayashi）
香克兰（R. S. Shankland）
谢尔宾斯基（W. Sierpinski）
辛格，I. M.（I. M. Singer）
辛格，P.（Peter Singer）
熊彼特（J. A. Schumpeter）

休斯（E. Suess）
薛定谔（E. Schrödinger）
雪莱（Percy Bysshe Shelley）

Y22

雅各布（F. Jacob）
亚当斯，H.（Henry Adams）
亚里士多德（Aristotle）
野中郁次郎（Ikujiro Nonaka）
益川敏英（Toshihide Maskawa）
英费尔德（L. Infeld）
英格索尔（A. P. Ingersoll）
雨果（Victor Hugo）

约克（J. Yorke）

Z23

扎鲍廷斯基（A. M. Zhabotinsky）
扎布斯基（Norman J. Zabusky）
扎德（Lotfi A. Zadeh）
詹姆斯（Henry James）
詹奇（E. Jantsch）
张伯伦（E. H. Chamberlin）
芝诺（Zeno）
朱利亚（G. M. Julia）
竹内弘高（Hirotaka Takeuchi）

参考文献

一 译著

[1]［英］A. F. 查尔默斯:《科学究竟是什么?》,查汝强、江枫、邱仁宗译,商务印书馆1982年版。

[2]［美］B. 格林:《宇宙的琴弦》,李泳译,湖南科学技术出版社2007年版。

[3]［法］B. 芒德勃罗:《大自然的分形几何》,陈守吉、凌复华译,上海远东出版社1998年版。

[4]［法］B. 芒德勃罗:《分形对象:形、机遇和维数》,文志英、苏虹译,世界图书出版公司1999年版。

[5]［美］E. N. 洛伦兹:《混沌的本质》,刘式达等译,气象出版社1997年版。

[6]［美］E. P. 奥德姆:《生态学基础》,孙儒泳等译,人民教育出版社1981年版。

[7]［美］E. 拉兹洛:《进化——广义综合理论》,闵家胤译,社会科学文献出版社1988年版。

[8]［美］E. 拉兹洛:《用系统论的观点看世界》,闵家胤译,中国社会科学出版社1985年版。

[9]［英］G. H. 哈代:《一个数学家的辩白》,王希勇译,商务印书馆2007年版。

[10]［美］G. Holton:《物理科学的概念与理论导论》上册,张大卫等译,人民教育出版社1983年版。

[11]［比］G. 尼科里斯、I. 普里戈金:《探索复杂性》,罗久里、陈奎宁译,四川教育出版社2010年版。

［12］［德］H. G. 伽达默尔：《真理与方法：哲学诠释学的基本特征》，洪汉鼎译，上海译文出版社1999年版。

［13］［美］H. S. 塞耶编：《牛顿自然哲学著作选》，王福山等译，上海译文出版社2001年版。

［14］［德］H. 赖欣巴哈：《科学哲学的兴起》，伯尼译，商务印书馆1983年版。

［15］［美］I. B. 科恩：《牛顿革命》，颜锋等译，江西教育出版社1999年版。

［16］［英］J. D. 贝尔纳：《历史上的科学》，伍况甫等译，科学出版社1959年版。

［17］［美］J. 布里格斯、F. D. 皮特：《湍鉴：浑沌理论与整体性科学导引》，刘华杰、潘涛译，商务印书馆1998年版。

［18］［德］M. V. 劳厄：《物理学史》，范岱年、戴念祖译，商务印书馆1978年版。

［19］［德］M. 艾根、P. 舒斯特尔：《超循环论》，曾国屏、沈小峰译，上海译文出版社1990年版。

［20］［美］M. 盖尔曼：《夸克与美洲豹：简单性和复杂性的奇遇》，杨建邺、李湘莲等译，湖南科学技术出版社1997年版。

［21］［美］M. 克莱因：《古今数学思想》第1册，张理京、张锦炎译，上海科学技术出版社1979年版。

［22］［美］M. 克莱因：《古今数学思想》第4册，北京大学数学系数学史翻译组译，上海科学技术出版社1981年版。

［23］［丹麦］N. 玻尔：《尼尔斯·玻尔哲学文选》，戈革译，商务印书馆1999年版。

［24］［丹麦］N. 玻尔：《原子物理学和人类知识论文续编》，郁韬译，商务印书馆1978年版。

［25］［英］P. 切克兰德：《系统论的思想与实践》，左晓斯、史然译，华夏出版社1990年版。

［26］［美］S. 温伯格：《终极理论之梦》，李泳译，湖南科学技术出版社2007年版。

［27］［美］V. F. 韦斯科夫：《人类认识的自然界》，张志三等译，科

学出版社 1975 年版。

[28] [英] W. C. 丹皮尔：《科学史——及其与哲学和宗教的关系》，李珩译，商务印书馆 1975 年版。

[29] [英] W. I. B. 贝弗里奇：《科学研究的艺术》，陈捷译，科学出版社 1979 年版。

[30] [德] W. 海森堡：《量子论的物理原理》，王正行译，科学出版社 1983 年版。

[31] [德] W. 海森堡：《物理学和哲学：现代科学中的革命》，范岱年译，商务印书馆 1981 年版。

[32] [德] W. 海森堡：《严密自然科学基础近年来的变化》，《海森堡论文选》翻译组译，上海译文出版社 1978 年版。

[33] [印] 阿马蒂亚·森：《伦理学与经济学》，王宇、王文玉译，商务印书馆 2000 年版。

[34] [英] 阿诺尔德·汤因比、[日] 池天大作：《展望二十一世纪》，荀春生等译，国际文化出版公司 1985 年版。

[35] [美] 埃德加·E. 彼得斯：《资本市场的混沌与秩序》，王小东译，经济科学出版社 1999 年版。

[36] [法] 埃德加·莫兰：《方法：天然之天性》，吴泓缈、冯学俊译，北京大学出版社 2002 年版。

[37] [法] 埃德加·莫兰：《复杂思想：自觉的科学》，陈一壮译，北京大学出版社 2001 年版。

[38] [法] 埃德加·莫兰：《复杂性理论与教育问题》，陈一壮译，北京大学出版社 2004 年版。

[39] [法] 埃德加·莫兰：《复杂性思想导论》，陈一壮译，华东师范大学出版社 2008 年版。

[40] [奥] 埃尔温·薛定谔：《生命是什么》，罗来鸥、罗辽复译，湖南科学技术出版社 2007 年版。

[41] [英] 埃里克·罗尔：《经济思想史》，陆元诚译，商务印书馆 1991 年版。

[42] [美] 埃里克·詹奇：《自组织的宇宙观》，曾国屏等译，中国社会科学出版社 1992 年版。

[43]［美］爱因斯坦：《相对论的意义》，李灏译，科学出版社 1979 年版。

[44]［美］爱因斯坦：《爱因斯坦文集》第 1 卷，许良英、李宝恒、范岱年编译，商务印书馆 1976 年版。

[45]［美］爱因斯坦：《爱因斯坦文集》第 2 卷，范岱年、赵中立、许良英编译，商务印书馆 1977 年版。

[46]［美］安德鲁·皮克林：《实践的冲撞》，邢冬梅译，南京大学出版社 2004 年版。

[47]［法］昂利·柏格森：《创造进化论》，肖聿译，华夏出版社 1999 年版。

[48]［法］昂利·彭加勒：《科学的价值》，李醒民译，光明日报出版社 1988 年版。

[49]［法］昂利·彭加勒：《科学与方法》，李醒民译，辽宁教育出版社 2001 年版。

[50]［意］奥尔利欧·佩奇：《世界的未来：关于未来问题一百页》，王肖萍、蔡荣生译，中国对外翻译出版公司 1985 年版。

[51]［美］巴里·康芒纳：《封闭的循环：自然、人和技术》，侯文蕙译，吉林人民出版社 1997 年版。

[52]［英］保罗·戴维斯：《上帝与新物理学》，徐培译，湖南科学技术出版社 2007 年版。

[53]［南非］保罗·西利亚斯：《复杂性与后现代主义：理解复杂系统》，曾国屏译，上海世纪出版集团 2006 年版。

[54]［美］大卫·雷·格里芬：《后现代科学：科学魅力的再现》，马季方译，中央编译出版社 1995 年版。

[55]［美］大卫·雷·格里芬：《后现代精神》，王成兵译，中央编译出版社 1998 年版。

[56]［英］彼得·柯文尼、罗杰·海菲尔德：《时间之箭》，江涛、向守平译，湖南科学技术出版社 2007 年版。

[57]［德］彼得·科斯洛夫斯基：《伦理经济学原理》，孙瑜译，中国社会科学出版社 1997 年版。

[58]［美］彼得·圣吉：《第五项修炼——学习型组织的艺术与实

务》，郭进隆译，上海三联书店 1998 年版。

［59］［英］查·帕·斯诺：《对科学的傲慢与偏见》，陈恒六、刘兵译，四川人民出版社 1987 年版。

［60］［美］戴维·玻姆：《整体性与隐缠序：卷展中的宇宙与意识》，冯定国、张桂权、查有梁译，上海科技教育出版社 2004 年版。

［61］［德］恩格斯：《反杜林论》，人民出版社 1970 年版。

［62］［德］恩格斯：《自然辩证法》，人民出版社 1971 年版。

［63］［德］恩斯特·卡西尔：《人论》，甘阳译，上海译文出版社 2003 年版。

［64］［美］冯·贝塔朗菲：《一般系统论：基础、发展和应用》，林康义、魏宏森译，清华大学出版社 1987 年版。

［65］［德］弗里德里希·克拉默：《混沌与秩序：生物系统的复杂结构》，柯志阳、吴彤译，上海科技教育出版社 2000 年版。

［66］［德］汉斯·萨克塞：《生态哲学》，文韬、佩云译，东方出版社 1991 年版。

［67］［巴西］何塞·卢岑贝格：《自然不可改良》，黄凤祝等译，上海三联书店 1999 年版。

［68］［美］赫伯特·A. 西蒙（司马贺）：《人工科学：复杂性面面观》，武夷山译，上海科技教育出版社 2004 年版。

［69］［美］赫伯特·A. 西蒙：《管理决策新科学》，李注流等译，中国社会科学出版社 1982 年版。

［70］［德］H. 哈肯：《高等协同学》，郭治安译，科学出版社 1989 年版。

［71］［德］H. 哈肯：《协同学讲座》，郭治安译，陕西科学技术出版社 1987 年版。

［72］［德］H. 哈肯：《信息与自组织：复杂系统的宏观方法》，郭治安等译，四川教育出版社 2010 年版。

［73］［德］赫尔曼·哈肯：《大脑工作原理：脑活动、行为和认知的协同学研究》，郭治安、吕翎译，上海科技教育出版社 2000 年版。

［74］［德］赫尔曼·哈肯：《协同学：大自然构成的奥秘》，凌复华译，上海译文出版社 2001 年版。

［75］［德］黑格尔：《逻辑学》下卷，杨一之译，商务印书馆 1976 年版。

［76］［德］黑格尔：《小逻辑》，贺麟译，商务印书馆 1980 年版。

［77］［美］亨利·M. 莱斯特：《化学的历史背景》，吴忠译，商务印书馆 1982 年版。

［78］［法］霍尔巴赫：《自然的体系》上册，管士滨译，商务印书馆 1964 年版。

［79］［美］霍尔姆斯·罗尔斯顿：《环境伦理学》，杨通进译，中国社会科学出版社 2000 年版。

［80］［美］霍尔姆斯·罗尔斯顿：《哲学走向荒野》，刘耳、叶平译，吉林人民出版社 2000 年版。

［81］［美］杰里米·里夫金、特德·霍华德：《熵：一种新的世界观》，吕明等译，上海译文出版社 1987 年版。

［82］［英］卡尔·波普尔：《猜想与反驳：科学知识的增长》，傅季重等译，上海译文出版社 1986 年版。

［83］［英］卡尔·波普尔：《客观知识：一个进化论的研究》，舒炜光等译，上海译文出版社 1987 年版。

［84］［德］克劳斯·迈因策尔：《复杂性中的思维：物质、精神和人类的复杂动力学》，曾国屏译，中央编译出版社 1999 年版。

［85］［美］肯尼思·普瑞斯等：《以合作求竞争》，武康平译，辽宁教育出版社 1998 年版。

［86］［法］勒内·托姆：《突变论：思想和应用》，周仲良译，上海译文出版社 1989 年版。

［87］［美］蕾切尔·卡逊：《寂静的春天》，吕瑞兰、李长生译，吉林人民出版社 1997 年版。

［88］［美］理查德·H. 戴：《混沌经济学》，傅琳等译，上海译文出版社 1996 年版。

［89］［美］理查德·罗蒂：《哲学和自然之镜》，李幼蒸译，北京三联书店 1987 年版。

［90］［美］丽莎·兰道尔：《弯曲的旅行：揭开隐藏的宇宙维度之谜》，窦旭霞译，北方联合出版传媒（集团）股份有限公司 2011 年版。

[91][俄]列宁:《列宁全集》第38卷,人民出版社1959年版。

[92][俄]列宁:《列宁全集》第55卷,人民出版社1990年版。

[93][美]林家翘、L. A. 西格尔:《自然科学中确定性问题的应用数学》,赵国英等译,科学出版社1986年版。

[94][美]刘易斯·沃尔伯特:《激情澎湃——科学家的内心世界》,柯欣瑞译,上海世纪出版集团2007年版。

[95][英]路德维希·维特根斯坦《逻辑哲学论》,贺绍甲译,商务印书馆1996年版。

[96][美]罗伯特·金·默顿:《十七世纪英格兰的科学、技术与社会》,范岱年等译,商务印书馆2007年版。

[97][美]罗德里克·纳什:《大自然的权利:环境伦理学史》,杨通进译,青岛出版社1999年版。

[98][德]马丁·海德格尔:《存在与时间》,陈嘉映、王庆节译,北京三联书店2006年版。

[99][德]马丁·海德格尔:《海德格尔选集》上下卷,孙周兴选编,上海三联书店1996年版。

[100][英]马尔萨斯:《人口理论》,朱泱等译,商务印书馆1992年版。

[101][英]马克·布劳格:《经济学方法论》,黎明星等译,北京大学出版社1990年版。

[102][德]马克思、恩格斯:《马克思恩格斯全集》第20卷,人民出版社1971年版。

[103][德]马克思、恩格斯:《马克思恩格斯全集》第42卷,人民出版社1979年版。

[104][德]马克思、恩格斯:《马克思恩格斯选集》第1卷,人民出版社1995年版。

[105][德]马克思、恩格斯:《马克思恩格斯选集》第2卷,人民出版社1995年版。

[106][德]马克思、恩格斯:《马克思恩格斯选集》第3卷,人民出版社1995年版。

[107][德]马克思、恩格斯:《马克思恩格斯选集》第4卷,人民

出版社1995年版。

[108][加]马里奥·邦格：《科学的唯物主义》，张相轮、郑毓信译，上海译文出版社1989年版。

[109][美]米歇尔·沃尔德罗普：《复杂：诞生于秩序与混沌边缘的科学》，陈玲译，北京三联书店1997年版。

[110][美]摩根：《突创进化论》，施友忠译，商务印书馆1938年版。

[111][英]南希·卡特赖特：《斑杂的世界：科学边界的研究》，王巍、王娜译，上海世纪出版集团2006年版。

[112][苏]尼·伊·茹可夫：《控制论的哲学原理》，徐世京译，上海译文出版社1981年版。

[113][英]牛顿：《自然哲学之数学原理》，王克迪译，北京大学出版社2006年版。

[114][美]欧阳莹之：《复杂系统理论基础》，田宝国、周亚、樊瑛译，上海科技教育出版社2002年版。

[115][丹麦]帕·巴克：《大自然如何工作》，李炜、蔡勖译，华中师范大学出版社2001年版。

[116][美]乔治·萨顿：《文艺复兴时期的科学观》，郑诚、郑方磊、袁媛译，上海交通大学出版社2007年版。

[117][英]琼·罗宾逊：《凯恩斯以后》，虞关涛等译，商务印书馆1985年版。

[118][德]施太格缪勒：《当代哲学主流》（上卷），王炳文、燕宏远等译，商务印书馆1986年版。

[119][德]施太格缪勒：《当代哲学主流》（下卷），王炳文、燕宏远等译，商务印书馆1992年版。

[120][美]史蒂芬·贝斯特、道格拉斯·科尔纳：《后现代转向》，陈刚等译，南京大学出版社2002年版。

[121][英]史蒂芬·霍金：《霍金讲演录：黑洞、婴儿宇宙及其他》，杜欣欣、吴忠超译，湖南科学技术出版社1995年版。

[122][英]史蒂芬·霍金：《时间简史：从大爆炸到黑洞》，许明贤、吴忠超译，湖南科学技术出版社1998年版。

［123］［英］史蒂芬·霍金：《时空本性》，杜欣欣、吴忠超译，湖南科学技术出版社1996年版。

［124］［荷兰］斯宾诺莎：《伦理学》，贺麟译，商务印书馆1983年版。

［125］［日］汤川秀树：《创造力和直觉》，周林东译，复旦大学出版社1987年版。

［126］［美］托马斯·S.库恩：《必要的张力：科学的传统和变革论文选》，纪树立、范岱年等译，福建人民出版社1981年版。

［127］［美］托马斯·库恩：《哥白尼革命》，吴国盛、张东林、李立译，北京大学出版社2003年版。

［128］［美］托马斯·库恩：《科学革命的结构》，金吾伦、胡新和译，北京大学出版社2003年版。

［129］［美］维纳：《控制论：或关于在动物和机器中控制和通信的科学》，郝季仁译，北京大学出版社2007年版。

［130］［美］沃尔特·艾萨克森：《史蒂夫·乔布斯传》，管延圻等译，中信出版社2011年版。

［131］［美］小摩尔斯·N.李克特：《科学是一种文化过程》，顾昕、张小天译，北京三联书店1989年版。

［132］［法］雅克·莫诺：《偶然性和必然性：略论现代生物学的自然哲学》，上海外国自然科学哲学著作编译组译，上海人民出版社1977年版。

［133］［古希腊］亚里士多德：《形而上学》，吴寿彭译，商务印书馆1959年版。

［134］［法］亚历山大·柯瓦雷：《牛顿研究》，张卜天译，北京大学出版社2003年版。

［135］［比］伊·普里戈金、伊·斯唐热：《从混沌到有序：人与自然的新对话》，曾庆宏、沈小峰译，上海译文出版社1987年版。

［136］［比］伊·普里戈金：《从存在到演化》，曾庆宏、沈小峰译，北京大学出版社2007年版。

［137］［比］伊利亚·普里戈金：《确定性的终结：时间、混沌与新自然法则》，湛敏译，上海科技教育出版社2009年版。

[138][德]伊曼努尔·康德:《宇宙发展史概论》,全增嘏译,上海译文出版社2001年版。

[139][德]伊曼努尔·康德:《自然科学的形而上学基础》,邓晓芒译,上海人民出版社2003年版。

[140][英]伊姆雷·拉卡托斯:《科学研究纲领方法论》,兰征译,上海译文出版社2005年版。

[141][美]约翰·L.卡斯蒂:《虚实世界:计算机仿真如何改变科学的疆域》,王千祥、权利宁译,上海科技教育出版社1998年版。

[142][美]约翰·霍根:《科学的终结》,孙雍君等译,远方出版社1997年版。

[143][美]约翰·霍兰:《隐秩序:适应性造就复杂性》,周晓牧、韩晖译,上海科技教育出版社2000年版。

[144][美]约翰·霍兰:《涌现:从混沌到有序》,陈禹等译,上海科学技术出版社2006年版。

[145][美]约翰·洛西:《科学哲学历史导论》,邱仁宗、金吾伦等译,华中工学院出版社1982年版。

[146][英]约翰·穆勒:《政治经济学原理》,赵荣潜等译,华夏出版社2009年版。

[147][美]约瑟夫·熊彼特:《经济分析史》第1、2卷,杨敬年译,商务印书馆1992年版。

[148][美]约瑟夫·熊彼特:《经济分析史》第3卷,杨敬年译,商务印书馆1995年版。

[149][美]詹姆斯·格雷克:《混沌:开创新科学》,张淑誉译,高等教育出版社2004年版。

[150][日]竹内弘高、野中郁次郎:《知识创造的螺旋:知识管理理论与案例研究》,李萌译,知识产权出版社2006年版。

二 中文参考文献

(一)著作

[1]鲍琳浩、佟一莹:《西门子精神》,国际文化出版公司1991年版。

[2]曹志平:《马克思科学哲学论纲》,社会科学文献出版社2007

年版。

[3] 陈其荣:《当代科学技术哲学导论》,复旦大学出版社 2006 年版。

[4] 陈其荣:《自然哲学》,复旦大学出版社 2004 年版。

[5] 陈一壮:《埃德加·莫兰复杂性思想评述》,中南大学出版社 2007 年版。

[6] 成思危主编:《复杂性科学探索》,民主与建设出版社 1999 年版。

[7] 成素梅:《在宏观与微观之间:量子测量的解释语境与实在论》,中山大学出版社 2006 年版。

[8] 范冬萍:《复杂系统突现论——复杂性科学与哲学的视野》,人民出版社 2011 年版。

[9] 桂起权、高策:《规范场的哲学研究》,科学出版社 2008 年版。

[10] 郭贵春、成素梅:《科学技术哲学概论》,北京师范大学出版社 2006 年版。

[11] 郭贵春:《走向 21 世纪的科学哲学》,山西科学技术出版社 2000 年版。

[12] 国家教委政治思想教育司:《自然辩证法概论》,高等教育出版社 1989 年版。

[13] 洪定国:《物理实在论》,商务印书馆 2001 年版。

[14] 华东师范大学:《自然发展史》,华东师范大学出版社 1981 年版。

[15] 黄景宁、徐济仲、熊吟涛:《孤子:概念、原理和应用》,高等教育出版社 2004 年版。

[16] 黄楠森:《马克思主义哲学史》,高等教育出版社 1998 年版。

[17] 黄欣荣:《复杂性科学的方法论研究》,重庆大学出版社 2006 年版。

[18] 黄欣荣:《复杂性科学方法及其应用》,重庆大学出版社 2012 年版。

[19] 黄欣荣:《复杂性科学与哲学》,中央编译出版社 2007 年版。

[20] 江晓原:《科学史十五讲》,北京大学出版社 2006 年版。

［21］金观涛：《系统的哲学》，新星出版社 2005 年版。

［22］金吾伦：《跨学科研究引论》，中央编译出版社 1997 年版。

［23］雷毅：《深层生态学思想研究》，清华大学出版社 2001 年版。

［24］李伯聪：《选择与建构：大脑和认知之谜的哲学反思》，科学出版社 2008 年版。

［25］李光、任定成：《交叉科学导论》，湖北人民出版社 1989 年版。

［26］李如生：《非平衡态热力学和耗散结构》，清华大学出版社 1986 年版。

［27］李曙华：《从系统论到混沌学》，广西师范大学出版社 2002 年版。

［28］李醒民：《激动人心的年代：世纪之交物理学革命的历史考察和哲学探讨》，中国人民大学出版社 2009 年版。

［29］林德宏：《科技哲学十五讲》，北京大学出版社 2004 年版。

［30］林德宏：《科学思想史》，江苏科学技术出版社 1983 年版。

［31］林夏水：《分形的哲学漫步》，首都师范大学出版社 1999 年版。

［32］刘劲杨：《哲学视野中的复杂性》，湖南科学技术出版社 2008 年版。

［33］刘仲林：《中国创造学概论》，天津人民出版社 2001 年版。

［34］罗嘉昌：《从物质实体到关系实在》，中国社会科学出版社 1996 年版。

［35］毛泽东：《毛泽东选集》（第 1 卷），人民出版社 1991 年版。

［36］毛泽东：《毛泽东选集》（第 4 卷），人民出版社 1991 年版。

［37］苗东升、刘华杰：《浑沌学纵横谈》，中国人民大学出版社 1993 年版。

［38］苗东升：《复杂性科学研究》，中国书籍出版社 2013 年版。

［39］苗东升：《系统科学精要》（第二版），中国人民大学出版社 2006 年版。

［40］苗东升：《系统科学原理》，中国人民大学出版社 1990 年版。

［41］闵家胤：《进化的多元论》（增订版），中国社会科学出版社 2012 年版。

［42］宁平治、唐贤民、张庆华编：《杨振宁演讲集》，南开大学出版

社 1989 年版。

[43] 庞元正、李建华：《系统论、控制论、信息论经典文献选编》，求实出版社 1989 年版。

[44] 齐良冀：《康德的知识学》，商务印书馆 2000 年版。

[45] 钱时惕：《科学革命的历史、现状与未来》，广东教育出版社 2007 年版。

[46] 钱学森：《创建系统学》（新世纪版），上海交通大学出版社 2007 年版。

[47] 乔瑞金：《非线性科学思维的后现代诠解》，山西科学技术出版社 2003 年版。

[48] 秦志敏：《自然辩证法概论》，兵器工业出版社 2002 年版。

[49] 全国干部学习读本：《21 世纪干部科技修养必备》，人民出版社 2002 年版。

[50] 任定成等：《科学前沿与现时代》，江苏人民出版社 2001 年版。

[51] 佘振苏、倪志勇：《人体复杂系统科学探索》，科学出版社 2012 年版。

[52] 沈华嵩：《经济系统的自组织理论》，中国社会科学出版社 1991 年版。

[53] 宋健、惠永正：《现代科学技术基础知识》，科学出版社、中共中央党校出版社 1994 年版。

[54] 孙小礼：《现代科学的哲学争论》，北京大学出版社 2003 年版。

[55] 孙正聿：《孙正聿讲演录》，长春出版社 2011 年版。

[56] 孙正聿等：《马克思主义基础理论研究》（上、下册），北京师范大学出版社 2011 年版。

[57] 谭长贵：《动态平衡态势论研究：一种自组织系统有序演化新范式》，电子科技大学出版社 2004 年版。

[58] 汪富泉、李后强：《分形：大自然的艺术构造》，山东教育出版社 1996 年版。

[59] 王福山主编：《近代物理学史研究》，复旦大学出版社 1983 年版。

[60] 王纪龙等：《大学物理学》，兵器工业出版社 2000 年版。

[61] 王梓坤：《科学发现纵横谈》，上海人民出版社 1978 年版。

[62] 魏宏森：《系统科学方法论导论》，人民出版社 1985 年版。

[63] 乌杰、哈肯、拉兹洛：《洲际对话》，人民出版社 1998 年版。

[64] 邬焜、巩真：《系统科学基础》，陕西科学技术出版社 1996 年版。

[65] 邬焜：《信息哲学——理论、体系、方法》，商务印书馆 2005 年版。

[66] 吴国盛：《科学的历程》，北京大学出版社 2002 年版。

[67] 吴彤：《复杂性的科学哲学探究》，内蒙古人民出版社 2008 年版。

[68] 吴彤：《生长的旋律——自组织演化的科学》，山东教育出版社 1996 年版。

[69] 吴彤：《自组织方法论研究》，清华大学出版社 2001 年版。

[70] 吴宗汉：《文科物理十五讲》，北京大学出版社 2004 年版。

[71] 武杰、周玉萍：《创新·创造与思维方法》，兵器工业出版社 2004 年版。

[72] 许国志：《系统科学》，上海科技教育出版社 2000 年版。

[73] 许国志：《系统科学与工程研究》，上海科技教育出版社 2000 年版。

[74] 薛耀文、武杰：《西方经济学教程》，兵器工业出版社 2000 年版。

[75] 颜泽贤、范冬萍、张华夏：《系统科学导论——探索复杂性》，人民出版社 2006 年版。

[76] 杨路、张景中、侯晓荣：《非线性代数方程组与定理机器证明》，上海科技教育出版社 1996 年版。

[77] 杨振宁：《杨振宁文集》上集，华东师范大学出版社 1998 年版。

[78] 殷鹏程：《基本粒子探索》，上海科学技术出版社 1978 年版。

[79] 于渌、郝柏林：《相变和临界现象》，科学出版社 1984 年版。

[80] 余谋昌：《惩罚中的醒悟：走向生态伦理学》，广东教育出版社 1995 年版。

[81] 余谋昌：《生态哲学》，云南人民出版社 1991 年版。

[82] 张奠宙：《20 世纪数学经纬》，华东师范大学出版社 2002 年版。

[83] 张志伟：《西方哲学史》，中国人民大学出版社 2010 年版。

[84] 赵光武主编：《思维科学研究》，中国人民大学出版社 1999 年版。

[85] 赵凯荣：《复杂性哲学》，中国社会科学出版社 2001 年版。

（二）期刊文献

[1] H. 乔治、S. 格拉肖：《基本粒子力的统一理论》，刘克桓译，《自然杂志》，1981 年第 7 期。

[2] R. 米尔斯：《规范场》，《自然杂志》，1987 年第 8 期。

[3] W. H. 墨迪：《一种现代的人类中心主义》，《哲学译丛》，1999 年第 2 期。

[4] 包和平、李笑春：《混沌是确定性系统的内在随机性吗？》，《自然辩证法研究》，2001 年第 2 期。

[5] 陈平：《经济混沌与经济复杂性》，《首届全国管理复杂性研讨会论文集》，2001 年。

[6] 陈忠、李金琳、章琪：《人脑智能产生的非线性机制》，《科学技术与辩证法》，1997 年第 4 期。

[7] 董春雨、姜璐：《熵如何成为系统优劣的判据？》，《系统辩证学学报》，1997 年第 1 期。

[8] 董光璧：《科学与我们的时代》，《科技日报》，1999 年 1 月 2 日。

[9] 范冬萍：《突现论的类型及其理论诉求》，《科学技术与辩证法》，2005 年第 4 期。

[10] 冯进：《数学发展中的对称破缺及其作用》，《科学技术哲学研究》，2009 年第 6 期。

[11] 奉公：《"层次"概念的混乱与对策》，《科学技术与辩证法》，1999 年第 4 期。

[12] 高策：《世纪之理论：杨－米尔斯规范场》，《科学技术与辩证法》，1999 年第 2 期。

[13] 高策：《杨振宁：与爱因斯坦比肩的物理学家》，《科学技术与

辩证法》,1998年第4期。

[14] 桂起权:《对称性破缺与宇宙设计》,《自然辩证法研究》,2007年第1期。

[15] 郭春生:《历史的连续性和继承性、断裂性和创新性》,《廊坊师范学院学报》,2007年第5期。

[16] 郭贵春:《"语境"研究纲领与科学哲学的发展》,《中国社会科学》,2006年第5期。

[17] 郭晓强、冯志霞:《生命起源RNA世界的提出者——奥吉尔》,《生物学通报》,2009年第3期。

[18] 郝柏林:《分岔、混沌、奇怪吸引子、湍流及其他》,《物理学进展》,1989年第9期。

[19] 郝柏林:《复杂性的刻画与"复杂性科学"》,《科学》,1999年第3期。

[20] 郝宁湘、郭贵春:《人工智能与智能进化》,《科学技术与辩证法》,2005年第3期。

[21] 郝宁湘、郭贵春:《数学:我们能够对你说些什么?》,《科学技术与辩证法》,2004年第1期。

[22] 黄勇、武杰:《数学名词中文化意蕴的探析》,《自然辩证法通讯》,2013年第1期。

[23] 姜璐、王德胜、于秀彬:《从平衡到非平衡:认识系统演化的方法》,《自然辩证法研究》,1993年第5期。

[24] 巨乃岐:《试论生态危机的实质和根源》,《科学技术与辩证法》,1997年第6期。

[25] 黎鸣:《试论唯物辩证法的拟化形式》,《中国社会科学》,1981年第3期。

[26] 李伯聪、李军:《关于囚徒困境的几个问题》,《自然辩证法通讯》,1996年第4期。

[27] 李宏芳:《从现代物理学看粒子到场的转变》,《自然辩证法研究》,2003年第8期。

[28] 李梅、梅素珍:《孤子的实在特性与哲学意蕴》,《系统科学学报》,2008年第2期。

[29] 李润珍、武杰、程守华:《突现、分层与对称性破缺》,《系统科学学报》,2008 年第 2 期。

[30] 李润珍、武杰:《非线性提供了一种新的思维方式》,《科学技术与辩证法》,2003 年第 2 期。

[31] 李润珍、武杰:《分形几何的创立与复杂性研究》,《自然辩证法研究》,2014 年第 7 期。

[32] 李润珍、武杰:《构建人类历史科学的四大前提》,《太原理工大学学报》(社会科学版),2011 年第 1 期。

[33] 李曙华:《多元的统一性——混沌学的启示》,《系统辩证学学报》,1997 年第 1 期。

[34] 李曙华:《系统科学——从构成论走向生成论》,《系统辩证学学报》,2004 年第 2 期。

[35] 李曙华:《信息——有序之源:探索生命性系统生成演化规律(一)》,《系统科学学报》,2014 年第 2 期。

[36] 林夏水:《非线性科学与决定论自然观的变革》,《理论视野》,2002 年第 3 期。

[37] 刘鹤玲:《互惠利他主义的博弈论模型及其形而上学预设》,《自然辩证法通讯》,1999 年第 6 期。

[38] 刘华杰:《浑沌有多复杂?》,《系统辩证学学报》,2001 年第 4 期。

[39] 刘仲林:《当代跨学科学及其进展》,《自然辩证法研究》,1993 年第 1 期。

[40] 卢风、费平:《技术、经济学、科学与哲学》,《清华大学学报》(哲学社会科学版),2002 年第 4 期。

[41] 卢侃:《振荡、涨落与药物作用》,《自然杂志》,1981 年第 2 期。

[42] 鲁兴启、王琴:《跨学科研究方法的形成机制研究》,《系统辩证学学报》,2004 年第 2 期。

[43] 鲁兴启:《贝塔朗菲的跨学科思想初探》,《系统辩证学学报》,2002 年第 4 期。

[44] 罗浩波:《人类中心主义:一个不可超越的价值命题》,《黄冈

师范学院学报》，2007 年第 4 期。

[45] 马名驹：《宇观概念的认识论意义》，《国内哲学动态》，1984 年第 3 期。

[46] 苗东升：《把复杂性当作复杂性来处理》，《科学技术与辩证法》，1996 年第 1 期。

[47] 苗东升：《非线性思维初探》，《首都师范大学学报》（社会科学版），2003 年第 5 期。

[48] 苗东升：《分形与复杂性》，《系统辩证学学报》，2003 年第 2 期。

[49] 苗东升：《科学的转型：从简单性科学到复杂性科学》，《河北学刊》，2004 年第 6 期。

[50] 苗东升：《系统科学的难题与突破点》，《科技导报》，2000 年第 7 期。

[51] 钱学森：《基础科学研究应该接受马克思主义哲学的指导》，《哲学动态》，1989 年第 10 期。

[52] 孙刚、武杰：《关于纳米结构自组织合成的分析》，《系统辩证学学报》，2003 年第 2 期。

[53] 田宝国、谷可、姜璐：《从线性到非线性——科学发展的历程》，《系统辩证学学报》，2001 年第 3 期。

[54] 王常柱、武杰：《"以人为本"价值理念的伦理学解读》，《玉溪师范学院学报》，2011 年第 3 期。

[55] 王常柱、武杰：《科学发展：人与自然关系的伦理诉求》，《巢湖学院学报》，2010 年第 4 期。

[56] 王常柱、武杰：《以人为本：科学的人类中心主义》，《巢湖学院学报》，2010 年第 5 期。

[57] 王常柱、武杰、张海燕：《自然价值的全景式界定与哲学辩护》，《科学技术哲学研究》，2012 年第 1 期。

[58] 王夔：《生命体系中的平衡和有序问题》，《自然辩证法通讯》，1981 年第 1 期。

[59] 王梅、武杰：《混沌经济学的非线性探索》，《系统辩证学学报》，2004 年第 3 期。

［60］王兴成：《跨学科研究及其组织管理》，《国外社会科学》，1986年第6期。

［61］卫郭敏、武杰：《系统科学视野下的科学整体演化图景》，《自然辩证法研究》，2013年第3期。

［62］邬焜：《存在领域的分割和信息哲学的"全新哲学革命"意义》，《人文杂志》，2013年第5期。

［63］邬焜：《哲学信息的态》，《潜科学杂志》，1984年第3期。

［64］吴彤、黄欣荣：《复杂性：从"三"说起》，《系统辩证学学报》，2005年第1期。

［65］吴彤：《"复杂性"研究的若干问题》，《自然辩证法研究》，2000年第1期。

［66］吴彤：《复杂性范式的兴起》，《科学技术与辩证法》，2001年第6期。

［67］吴彤：《科学研究始于机会，还是始于问题或观察》，《哲学研究》，2007年第1期。

［68］吴彤：《科学哲学视野中的客观复杂性》，《系统辩证学学报》，2001年第4期。

［69］吴彤：《走向实践优位的科学哲学》，《哲学研究》，2005年第5期。

［70］武杰、程守华：《量子场论的还原性问题》，《自然辩证法研究》，2007年第1期。

［71］武杰、康永征：《生态危机的经济学思考》，《科学技术与辩证法》，2004年第6期。

［72］武杰、李宏芳：《非线性是自然界的本质吗?》，《科学技术与辩证法》，2000年第2期。

［73］武杰、李宏芳：《渐近自由——自然界一种普适的性质》，《科学技术与辩证法》，2000年第1期。

［74］武杰、李润珍、程守华：《从无序到有序》，《系统科学学报》，2008年第1期。

［75］武杰、李润珍：《对称破缺的系统学诠释》，《科学技术哲学研究》，2009年第6期。

［76］武杰、李润珍：《对称性破缺创造了现象世界——自然界演化发展的一条基本原理》，《科学技术与辩证法》，2008年第3期。

［77］武杰、李润珍：《非线性相互作用是事物的终极原因吗?》，《科学技术与辩证法》，2001年第6期。

［78］武杰、李润珍：《复杂性科学的学科特征与方法论探析》，《科学技术哲学研究》，2015年第3期。

［79］武杰：《从物理学发展的几个侧面看几何学对它的影响》，《太原重型机械学院学报》（社会科学版），1986年试刊。

［80］武杰：《浅谈否定性定理》，山西高等学校《社会科学学报》，1996年第1期。

［81］武杰：《三论爱因斯坦的统一性思想》，山西高等学校《社会科学学报》，1998年第1期。

［82］武杰：《试论爱因斯坦的统一性思想》，山西高等学校《社会科学学报》，1994年第2期。

［83］武杰：《自然科学的研究对象是人化的自然》，撰写于华东师范大学1984年5月。

［84］武显微、武杰：《从简单到复杂》，《科学技术与辩证法》，2005年第4期。

［85］小约翰·B.科布：《论经济学和生态学之间的张力》，《国外社会科学》，2002年第4期。

［86］肖显静：《简单性原则等同于真理性吗?》，《系统辩证学学报》，2003年第4期。

［87］谢湘生、彭纪南、刘永清：《奇异系统的非因果性及其认识论意义》，《系统辩证学学报》，1997年第1期。

［88］徐京华：《人脑功能的非线性动力学的探索》，《自然杂志》，1996年第2期。

［89］徐治立：《试论复杂性科学对于可持续发展的意义》，《襄樊学院学报》，2001年第3期。

［90］阎力：《浅谈科学创造中的直觉、灵感和顿悟》，《哲学研究》，1988年第8期。

［91］杨立雄、王雨田：《物理学的进化与非线性经济学的崛起》，

《自然辩证法研究》，1997年第10期。

［92］杨晓雍：《对称、对称破缺和认识》，《科学技术与辩证法》，1999年第1期。

［93］杨振宁：《外尔对物理学的贡献：在纪念外尔诞辰100周年大会上的演讲》，李炳安、张美曼译，《自然杂志》，1986年第11期。

［94］杨振宁：《物理学中的宇称守恒定律和其他对称定律》，《科学通报》，1958年第2期。

［95］叶岱夫：《最低环境代价生存是人类可持续发展的原动力》，《自然辩证法通讯》，2002年第4期。

［96］曾小五：《生存方式与生态环境的危机》，《自然辩证法研究》，2003年第8期。

［97］张书琛：《学科的两大系统及其转换》，《系统辩证学学报》，2001年第3期。

［98］张兴成：《现代性、技术统治与生态政治》，中国人民大学复印报刊资料《科学技术哲学》，2003年第11期。

［99］赵国求：《自在实体、现象实体与物理实在》，《自然辩证法研究》，2006年第11期。

［100］赵凯荣：《论动态稳定性》，中国人民大学复印报刊资料《科学技术哲学》，2003年第1期。

［101］赵玉芬、李艳梅：《磷化学与生命化学过程》，《科技导报》，1994年第3期。

［102］赵玉芬、李艳梅：《生命现象中的磷》，《生命科学》，1993年第2期。

三 外文参考文献

（一）外文著作

［1］Atiyah, Michael. *Collect Works*: *Gauge Theories* V. 5. New York: Clarendon Press, 1988.

［2］Aulin, Arvid. *The Cybernetic Laws of Social Progress*. Oxford: Pergamon, 1982.

［3］Bohr, N. *The Philosophical Writings of Niels Bohr Volume* I: *Atomic*

Theory and the Description of Nature. Woodbridge: Ox Bow Press, 1987.

[4] Botzler, Richard George, and Susan Jean Armstrong, ed. *Environmental Ethic: Divergence and Convergence.* New York: McGraw-Hill, 1993.

[5] Broad, C. D. *The Mind and Its Place in Nature.* London: Routledge & Kegan Paul, 1925.

[6] Campbell, Richmond, Lanning Sowden, ed. *Paradoxes of Rationality and Cooperation: Prisoner's Dilemma and Newcomb's Problem.* Vancouver: The University of British Columbia Press, 1995.

[7] Cao, Tian Yu. *Conceptual Development of 20th Century Field Theories.* Cambridge: Cambridge University Press, 1997.

[8] Cilliers, Paul. *Complexity and postmodernism: Understanding complex systems.* London and New York: Routledge, 1998.

[9] Connolly, William E. *Identity Difference: Democratic Negotiations of Political Paradox.* Minneapolis: University of Minnesota Press, 2002.

[10] Crichton, Michael. *Jurassic Park.* New York: Ballantine Books, 1990.

[11] Devall, Bill, and George Sessions. *Deep Ecology: Living as if Nature Mattered.* Salt Lake City: Peregrine Smith Books, 1985.

[12] Frank, Philipp. *Einstein: His Life and Times.* New York: Knopf, 1947.

[13] Jackson, E. A. *Perspectives of nonlinear Dynamics (Vol. 1).* Cambridge: Cambridge University Press, 1989.

[14] Jensen, H. J. *Self-Organized Criticality.* Cambridge: Cambridge University Press, 1998.

[15] Kant, Immanuel. *The Critique of Judgment.* London: Clarendon Press, 1980.

[16] Kilrnister, C. W. *Schrodinger: Centenary Celebration of a Polymath.* Cambridge: Cambridge University Press, 1987.

[17] Klir, George J., ed. *In Trends in General Systems Theory.* New York: Wisley, 1972.

[18] Klir, George J. *Facets of Systems Science.* Amsterdam: Academic/

Plenum Publishers, 1983.

[19] Kuhn, Thomas Samuel. *The Structure of Scientific Revolutions*. London: The University of Chicago Press, 1970.

[20] Laplace, P. S. *A Philosophical Essay on Probabilities*. Dover: Dover Publications INC, 1951.

[21] Laszlo, Ervin. *Systems Science and World Order*. Oxford: Pergamon Press, 1983.

[22] Maxwell, Grover, Irvin Savodnik. *Consciousness and the Brain*. New York: Plenum Press, 1976.

[23] Morgan, C. L. *Emergent Evolution*. London: Williams and Norgate LTD, 1927.

[24] Pepper, D. *Modern Environmentalism: An Introduction*. New York: Routledge, 1996.

[25] Poincaré, H. *The Foundations of Science*. Trans. Halsted, G. B. New York and Garrison: The Science Press, 1913.

[26] Prentice, Ann E. *Information Science: Introduction*. New York: Neal-Schuman Publishers, Inc, 1990.

[27] Russell, J. S. "Report on Waves." British Association Reports. John Murray. 1844.

[28] Wes, Williams. *The Value of Science*. Boulder: West view Press, 1999.

[29] Whitehead, A. N. *Process and Reality*. Cambridge: Cambridge University Press, 1929.

[30] Yang, C. N. *Selected Papers*, 1945-1980, *With Commentary*. New York: W. H. Freeman & Co Ltd, 1983.

(二) 外文期刊文献

[1] Arthur, W. B. "Complexity and Economy." *Science*, 284 (1999): 99—101.

[2] Badash, L. "The Completeness of Nineteenth-Century Science." *ISIS*, 63 (1972): 48—58.

[3] Benhabib, J., Day, R. H. "Rational Choice and Erratic

Behaviour." *Review of Economic Studies*, 48 (1981): 459—471.

[4] Goldstein, Jeffrey. "Emergence as A Construct: History and Issues." *Emergence: A Journal of Complexity issues in Organization and Management*, 1 (1999): 49—72.

[5] Horgan, J. "Nonlinear Thinking." *Scientific American*, 260 (1989): 26—28.

[6] Humphreys, P. "How Properties Emerge." *Philosophy of Science*, 64 (1997): 8—9.

[7] Kargon, R. H. "The Conservative Mode: Robert A. Millikan and the Twentieth - Century Revolution in Physics." *ISIS*, 68 (1977): 509—526.

[8] Kelvin, Lord. "Nineteenth Century Clouds over the Dynamical Theory of Heat and Light." *Phi. Mag.*, 2 (1901): 1—40.

[9] Langton, C. G. "Studying Artificial Life with Cellular Automata." *Physica* D, 22 (1986): 120—149.

[10] Lorenz, E. N. "Deterministic nonperiodic flow." *Journal of Atmospheric Sciences*, 20 (1963): 130—141.

[11] Mclaughlin, A. "Images and Ethics of Nature." *Environmental Ethics*, 7 (1985): 293—319.

[12] Murdy, W. H. "Anthropocentrism: A Modern Version." *Science*, 187 (1975): 1168—1175.

[13] Norton, B. G. "Environmental Ethics and Weak Anthropocentrism." *Environmental Ethics*, 6 (1984): 131—148.

[14] Per Bak, Chao TANG, and Kurd Wiesenfeld. "Self - organized criticality: an explanation of 1/f noise." *Physical Review Letters*, 59 (1987): 381—384.

[15] Romer, P. "Endogenous Technological Change." *Journal of Political Economy*, 98 (1990): 71—102.

[16] Rosenbrock, H. H. "Structural Properties of Linear Dynamical Systems." *Intj Control Atom*, 20 (1974): 191—202.

[17] Sperry, R. W. "Neurology and the Mind - Brain Problem." *American Science*, 40 (1952): 291—312.

[18] Weaver, Warren. "Science and Complexity." *American Scientist*, 36 (1948): 536—541.

[19] Weinberg, S. "Four golden lessons." *Nature*, 426 (2003): 389.

[20] Wu, T. T., C. N. Yang. "Concept of nonintegrable phase factors and global formulation of gauge fields." *Phys Rev D*, 12 (1975): 3845—3857.

[21] Yang, C. N., R. Mills. "Conservation of Isotopic Spin and Isotopic Gauge Invariance." *Physics Review*, 1996 (1954): 191—195.

第一版后记

《跨学科研究与非线性思维》终于脱稿了。它是我20多年来从事具有跨学科性质的"科学技术哲学"的教学和研究，特别是近些年来深入思考非线性科学的结果。经过近一年的艰苦写作，总算到了掩卷而思的时候，想说的话很多，可又不知从何说起。

回想起1985年在上海参加"全国系统科学暑期讲习班"时的情景，那时非线性科学的研究在中国大地刚刚兴起，现代交叉学科的热潮也起始于这个时候。它们像自然科学和社会科学的汇流浇灌而出的两株新苗。有生命力的事物总是会日渐成长的，20年过去了，全国出现了一大批这方面的专家、学者，有关非线性科学研究的文章、著作如雨后春笋，令人振奋。

作为一个非线性科学的研究者、传授者，我始终没有放弃自己的探索，并萌生了写这本书的初衷。笔者最初是一名工科毕业生，后来又学过四年数学。在二十余年的教学、科研生涯中，常常感到非线性科学像诗的宇宙、歌的海洋那样玄妙无比。每每在动笔之时，而又担心自己才疏学浅，缺乏构造一个理论框架的才能。然而，面对这玄妙无比的理论，我依然不懈地探索。在这本书面世之际，想起当初志同道合的师友的勉励，以及许多相识、不相识的朋友的激励，不免感慨系之。

这部探讨跨学科研究与非线性思维相关问题的著作，耗费了我大量的心血。尽管我尽了很大努力，但仍有许多不尽如人意的地方，真诚地希望得到学界前辈与朋友们的指导、帮助；衷心希望读到本书的专家、学者和广大读者朋友给予批评指正。

本书在写作过程中查阅了不少中外书刊，吸收了许多同行研究者的成果。其中，特别是苗东升、金吾伦、李曙华、吴彤、高策、赵凯荣、刘华

第一版后记

杰等老师的研究成果给了我很大的启发和帮助，在这里特别对他们表示衷心的感谢。

本书的完成承蒙我最尊敬的老师徐永华教授在百忙之中抽出时间审阅全书并作序，借此机会对他们夫妻（徐夫人曾是我中学的老师）二人多年的教育培养表示深深的谢意。此外，还要感谢康永征、王延波两位青年教师，他们一直伴我完成了全部书稿的录入和文字校对工作，并经常与我共同商讨，对书稿的结构和观点提出了颇有见地的修改建议。特别值得一提的是，今天恰逢爱妻 52 岁生日，她为我的写作也付出了辛勤的劳动，本书的出版权且作为送给夫人的生日礼物吧！

本书的出版在很大程度上依靠中国社会科学出版社，特别是责任编辑任凤彦先生的努力，在此也表示深深的感谢。

在本书付梓之际，离我的母校太原重型机械学院更名为太原科技大学的庆典还剩数日，谨以此书献给母校，以表学子的感激之情。

祝母校学术长青，事业蓬勃！

武杰

2004 年 8 月 1 日 于汾水之滨

第二版后记

《跨学科研究与非线性思维》一书于2004年11月出版，距今已有十年了。本书第一版出版后，不到一年即已告罄。可见，非线性和复杂性是自然科学和社会科学共同关注的跨学科"热门"话题。正如刘仲林和苗东升教授在关于本书的来信中所言："将跨学科与非线性联系起来研究，视角很有特色"，"内容涉及数学、物理学、经济学、生态学与系统科学的交叉研究，中心是如何认识非线性和复杂性问题。作者从哲学的本体论、认识论和思维方式等方面对非线性做了较为系统而深入的分析，提出了一些独到的见解，有助于推动我国现行的复杂性研究。"于是，我在本书的修改稿中概括了这样一句话："跨学科研究是沟通知识的桥梁，非线性思维是创造知识的源泉。"

十年间，许多师长、同仁和学生，甚至一些未曾蒙面的读者都希望能看到这本拙著。其中，印象最深刻的一次是2006年，我给理工科硕士研究生上《自然辩证法概论》课时，同学们得知我又出版了一本专著，要求作一次学术报告，介绍本书的创作思路和基本观点。200多人的课堂，一下子就有99人登记购书，可是我手头只剩40多本。他们连夜取走了这些书，并要求我签名留念。这一动人场面促使我萌生了再版本书的想法。

进入21世纪，特别在我国现代化建设和改革开放不断深入发展的今天，学术界也愈来愈关注跨学科研究与非线性思维，并在许多方面，诸如生物工程、生态环境、医学伦理以及认知科学等领域，取得了建设性的可喜成果。当然，比之世界蓬勃发展的跨学科研究，国内的研究还仅仅是一个良好的开端。即便如此，这一开端与世界科学发展的趋势、与人类进步的历程是同步的，而且是和谐的，确是一个好兆头。所以，倡导和开展跨学科的理论研究与普及工作，传播和积累这方面的研究成果，应当是高校教师的光荣使命。正是这一神圣的使命使我坚定了再版本书的信念。

2007年起，我开始为我校科学技术哲学专业硕士研究生讲授《跨学科研究与非线性思维》课程。经过8年的教学实践，不断查阅文献、完善讲稿，使本书的内容有了新的积累和突破。这次再版中，大多数章节都做了修订，主要增补了第三、四、六、七、八、九、十章的内容，有几章的节目设置也有所变动。如果说一本书也有其关键词的话，那么这本书的关键词一是"文献积累"，二是"思想积累"。在这两个方面，本书第二版记载了我十年来在教学和科研工作中的一些体会和收获。这"两个积累"也为我再版本书奠定了良好的基础。

自20世纪60年代以来，科学研究出现了综合化趋势，自然科学和社会科学的边缘越来越模糊，纯粹学科的分界也日益脆弱和淡薄，越来越多的新兴学科则以发散性思维探索自然科学和社会科学之间相互渗透、相互交叉的多重意义和学术价值，研究对象和研究方法都呈现出跨学科之态势，并且世界先进国家的许多科学家在这方面已取得了举世瞩目的成就。所以，诺贝尔物理学奖获得者M.盖尔曼指出："历史清楚地表明，人类的进步不是由那些不时停下来猜度其冒险之最后成功与失败的人们所推动的，而是由那些先深思熟虑，看准正确的目标，然后全身心投入该事业中的人所推动的。"中国学者则更欣赏唐代诗人贾岛的《剑客》一诗："十年磨一剑，霜刃未曾试。今日把示君，谁有不平事？"

不管怎样，我用一年多的时间完成了这本著作的修改和增补工作。同时，我相信，无论是想探寻宇宙奥秘的普通读者，还是发愿走进物理世界的高中生，以及希望成为通才的当代大学生，都能在此体验到一些迷人的东西。我也相信，这本书对于不同学科的研究生都会有所帮助，而攻读科技哲学专业的硕士研究生可以将其作为了解本专业知识背景的读物。话虽如此，但我明白，写一本让专家和普通读者都能读懂的书有多么难；同样我也知道，没有几个学者愿意干这样的事情。不同学科之间的鸿沟，在今天比以往任何时候都更加宽广。而这些沟壑并不可爱，有时甚至是十分危险的。如果这本书能够在沟壑间多少起到点沟通的作用，那它至少达到了一个目的。

在本书漫长的修改过程中,我接触到了一个又一个艰深、晦涩的论题,并通过各种途径希望能寻找到令人满意的解释。为了论证分形几何的范式转换(本书第八章第四节),我突然想起大哲学家维特根斯坦说过的一句话:"一个人陷入哲学困境,就像一个人在房间里想要出去又不知道怎么办。他试着从窗子出去,但是窗子太高。他试着从烟囱出去,但是烟囱太窄。然而只要他一转过身来,他就会看见房门一直是开着的!"为了著录这段引文的出处,我在网上查询数日不见踪影,把维氏284页的《哲学研究》翻了一遍也未能找到。就在这焦头烂额、陷入困境之际,我"转过身来",在夜深人静的凌晨三点连续下载了五篇相关论文一一阅读,终于在一篇文章中找到了它的出处——[美]诺尔曼·马尔康姆:《回忆维特根斯坦》,李步楼、贺绍甲译,商务印书馆1984年版,第45页,并把它下载下来,加以认真校对。所以,"哲学家的工作就在于为着一个特定的目的把能引起回忆的东西组合起来。"或者说"给苍蝇指出飞出捕蝇瓶的出路。"(《哲学研究》§127,§309)因此,我衷心希望本书的再版能够帮助读者对系统科学这一新兴学科群有所了解,对跨学科研究与非线性思维有所感悟,也希望当代大学生和青年学者要注意把握物理、事理和人理的整体性,以正确解决各种复杂的理论问题和实际问题,为中华民族的伟大复兴贡献自己的聪明才智!

《跨学科研究与非线性思维》(第二版)凝结了许多师长、同仁对我的关心和帮助,也凝聚了上百名学生对我的支持和鼓励。在本书修改过程中同样查阅了大量的中外文献,吸收了许多同行学者的最新成果。特别是陈其荣、桂起权、闵家胤、孙正聿、邬焜、吴彤、李梅、黄欣荣、范冬萍、刘劲杨等老师的研究成果给了我很大的启发和帮助,在这里对他(她)们表示衷心的感谢。

本书的完成承蒙我最尊敬的师长苗东升教授在百忙中抽出时间审阅全书并作序,借此机会对他多年来对我的指导与帮助表示深深的谢意。此外,还要感谢李润珍教授、王常柱博士和卫郭敏博士,是他们一直陪伴我完成了全部书稿的校对工作,并经常与我商讨,对本书的部分观点提出了颇有见地的修改建议。特别值得一提的是,再过两天就是母亲91岁的生日,她的聪明、宽容、自强和无私影响了我的一生。本书的再版,权且作为生日礼物送给我敬爱的老母亲！

另外，本书的再版同样得到了中国社会科学出版社的大力支持，特别是责任编辑冯春凤女士付出了艰辛的努力，做了许多认真细致的工作，才使本书顺利面世，在此再次向她及他们表示深深的谢意。

武杰

2014年4月20日　于世纪花园